無線區域網路

簡榮宏、廖冠雄　編著

全華圖書股份有限公司

作者序

　　隨著數位時代來臨，網際網路的蓬勃發展，人們可以很方便地藉由網路來溝通與交換資訊，舉凡所有的文字、圖片、聲音及影像等資訊一旦轉換成數位資訊後，即可快速傳遞至世界各個角落，提昇通訊、交易以及資訊傳播等便利性，對工業發展、商業活動、社會文化、人際關係、教育、休閒娛樂等皆影響深遠。

　　正因為網路如此的便利，導致人們越來越依賴網路，因此希望隨時地打開筆記型電腦或個人數位助理，也能夠輕易的上網，不必到處尋找網路線，無線區域網路(Wireless Local Area Network, WLAN)解決傳統有線網路的問題，如今IEEE 802.11已是無線區域網路的主流規格。

　　本書針對802.11無線區域網路技術的網路基本原理、動向發展，以至於目前的網路標準皆有詳盡的敘述，並以循序漸進的方式幫助讀者建立無線區域網路基礎。本書共分為八章，內容涵蓋 802.11 網路架構概觀、802.11 傳輸媒介存取控制、802.11 訊框格式與連結上網、802.11 無線區域網路的省電機制、802.11 無線區域網路之網路安全、802.11 無線區域網路的服務品質協定-802.11e、802.11 無線區域網路實體層概論，以及 802.11s無線網狀網路。以下將說明各章的重點內容。

　　第一章 802.11 網路架構概觀，首先介紹無線區域網路的特性，接著介紹 802.11 的網路架構，包括無線區域網路的實體元件，以及隨意架構與基礎架構。最後說明802.11無線區域網路的軟體架構。

第二章 802.11 傳輸媒介存取控制，本章針對傳輸媒介存取控制所提供的功能作深入的探討。首先介紹可靠的訊框交換機制，包括訊框交換基本單元與隱藏工作站問題。隨後說明傳輸媒介存取控制，包括載波感測多重存取、訊框間隔、二元指數倒退機制、虛擬載波偵測，以及暴露工作站問題。最後探討 802.11 傳輸媒介存取控制協定效能分析。

第三章 802.11T框格式與連結上網，本章介紹 802.11 的訊框格式，透過 802.11 訊框的內容，可以進一步了解 802.11 的運作過程。接著介紹 802.11 如何連結上網，說明從無線網路卡啟動之後，到可以合法的收送資料之間所需的程序。

第四章 802.11 無線區域網路的省電機制，首先說明 802.11 分別於基礎架構與隨意架構下的時序同步作法。接著針對基礎架構下的省電機制與工作站甦醒時刻排程作更深一層的探討。最後介紹隨意模式下的電源管理機制。

第五章 802.11 無線區域網路之網路安全，本章將先介紹 WEP 與 802.1x 的架構與運作流程。接著針對 Wi-Fi 保護存取(Wi-Fi Protected Access, WPA)與新一代的無線網路安全標準 802.11i 作深入的說明與探討，以期讀者對無線網路的身份認證與加密方面能有全盤性的瞭解與認識。

第六章 802.11 無線區域網路的服務品質協定-802.11e，首先闡述多媒體通訊之 QoS 需求。隨後介紹 802.11 PCF 的運作方式，並說明其無法完整地符 QoS 合需求的原因。最後依序介紹 802.11e 的各項新增機制，包括 802.11e 的資料流辨識方式與傳輸優先權決定方式、加強型分散式通道存取模式與HCF控制型通道存取模式的工作原理、整批回報、直接連結協定，以及省電模式自動傳送的工作原理。

第七章 802.11 無線區域網路實體層概論，本章將先針對 802.11 無線區域網路的實體層架作一概念性的介紹。接下來針對 802.11 實體層相關無線媒介特性以及射頻調變技術的工作原理作基本觀念的介紹。最後介紹原始 802.11 標準、802.11b、802.11a 以及 802.11b 的實體層。

第八章 802.11s 無線網狀網路，首先介紹 802.11s 無網狀網路的運作模式，幫助讀者先對 802.11s 運作模式建立基本概念。接著說明 802.11s MAC 訊框格式。隨後分別介紹 802.11s 無線網狀服務、網狀路徑選擇與轉送，以及外部網路連結支援服務。

本書於每章節之後皆附有習題練習，並提供九個實驗，讓讀者加深學習印象，可訓練自己實作的能力。本書極適合作為各公私立大學與技職校院之網路資訊工程相關系所的入門教材，亦適合作為產業界人士的自修參考或訓練用書。

本書在編寫期間特別要感謝交通大學資訊工程系計算機網路實驗室研究生黃世昌、蔡嘉泰、鄭安凱、林曉伯、李奇育、陳思敏、盧牧英、詹雯甄等，幫忙整理資料與打字。尤其是曾蕙如幫忙最後的整理與校稿。沒有他們的努力，本書恐無法如期付梓。在此特別感謝他們！

本書雖經審慎校訂，但仍恐有疏漏及錯誤之處，尚祈各位先進專家不吝指正！

編輯部序

　　「系統編輯」是我們的編輯方針，我們所提供給您的，絕不只是一本書，而是關這門學問的所有知識，它們由淺入深，循序漸進。

　　本書作者多年來在無線區域網路領域的教學經驗與心得，以深入淺出的方式探索 802.11 無線區域網路技術。本書共分八章，內容涵蓋 802.11 網路架構、傳輸媒介存取控制、省電機制、網路安全、服務品質協定等。於每章節後皆附有習題練習，並提供九個實驗，加深學習印象。無線區域網路解決傳統有線網路的問題，極適合各科大、私立大學網路資訊工程相關系所或產業人士閱讀使用。

　　同時，為了使您能有系統且循序漸進研習相關方面的叢書，我們以流程圖方式，列出各有關圖旳閱讀順序，以減少您研習此門學問的摸索時間，並能對這門學問有完整的知識。若您在這方面有任何問題，歡迎來函連繫，我們將竭誠為您服務。效能分析。

相關叢書介紹

書號：0621801
書名：無線網路與行動計算(第二版)
編著：陳裕賢.張志勇.陳宗禧.石貴平
　　　吳世琳.廖文華.許智舜.林勻蔚
16K/496 頁/550 元

書號：06144
書名：無線射頻辨識(RFID)原理與應用
編著：鐘國家.施松村.余兆棠
16K/200 頁/250 元

書號：0553601
書名：行動通訊與傳輸網路(第二版)
編著：陳聖詠
16K/344 頁/400 元

書號：0595603
書名：RFID 概論與應用(第四版)
編著：陳瑞順
20K/568 頁/550 元

書號：0610001
書名：最新數位通訊系統實務應用與
　　　理論架構－ GSM、WCDMA
　　　、LTE、GPS(第二版)
編著：程懷遠.程子陽
20K/272 頁/330 元

書號：0905402
書名：GPS 定位原理及應用(第
　　　三版)
編著：安守中
20K/296 頁/350 元

◎上列書價若有變動，請
　以最新定價為準。

流程圖

書號：0621801
書名：無線網路與行動計算
　　　(第二版)
編著：陳裕賢.張志勇.陳宗禧
　　　石貴平.吳世琳.廖文華
　　　許智舜.林勻蔚

書號：06144
書名：無線射頻辨識(RFID)原
　　　理與應用
編著：鐘國家.施松村.余兆棠

書號：0610001
書名：最新數位通訊系統實
　　　務應用與理論架構－
　　　GSM、WCDMA、
　　　LTE、GPS(第二版)
編著：程懷遠.程子陽

書號：0333402
書名：通訊原理與應用(第
　　　三版)
編著：藍國桐

書號：0591601
書名：無線區域網路(第二版)
編著：簡榮宏.廖冠雄

書號：0905402
書名：GPS 定位原理及應用
　　　(第三版)
編著：安守中

書號：06217
書名：電子學
編著：范盛祺

書號：0553601
書名：行動通訊與傳輸網路
　　　(第二版)
編著：陳聖詠

書號：0610901
書名：RFID 原理(基礎篇)
　　　(第二版)
編著：鄭群星

CHWA
TECHNOLOGY

目　錄

第 6 章　802.11 無線區域網路的服務品質協定 -802.11e　6-1

第**1**章

802.11 網路架構概觀

　　常常聽到 802.11 這個名詞與無線區域網路連在一起，那麼 802.11 到底是什麼呢？它的全名是IEEE 802.11。IEEE為電機電子工程師學會的簡稱(Institute of Electrical and Electronic Engineers, IEEE)，而 IEEE中的電腦學會(IEEE Computer Society) 針對區域網路(Local Area Network, LAN)與都會網路(Metropolitan Area Network, MAN)制訂了一系列的規格，這些規格都是以IEEE 802為字首，一般稱為IEEE規格家族，而IEEE 802.11是此規格家族的成員之一，它是一種無線區域網路的規格。

　　在最近幾年，因為網際網路的技術發展極為快速，且逐漸成熟，網路不僅拉近了人與人之間的隔閡，也讓人們能在短時間內找到自己所需的資料，例如收發電子郵件，查詢股市行情，線上電子交易，查詢時刻表，上網看新聞，上網交友，甚至上網打電話(Voice over IP, VoIP)等等，因此網路不只是"秀才不出門能知天下事"，而且"能處理天下事"，這些便利也大大的改變了人類原本的生活方式。

　　正因為網路如此的便利，導致人們越來越依賴網路，因此希望隨時地打開筆記型電腦或個人數位助理(Personal Digital Assistant, PDA)，也能夠輕易的上網，不必到處尋找網路線，無線區域網路(Wireless Local Area Network, WLAN) 解決了網路線的困擾，而如今 802.11 已是無線區域網路的主流規格。

1-1　無線區域網路的特性

　　首先我們來看無線區域網路與有線網路的不同，無線區域網路有下列四個主要的特性：

(1)　網路的目的位址(Destination Address)不等於目的地點(Destination Location)

　　在有線區域網路架構裡，位址通常就相當於一個固定的地點(如固定於牆上的插孔)，然而在無線區域網路裡，主機(Station)可能隨時移動到不同的地點，因此它並不像有線區域網路有這種定點的特性。

(2)　無線區域網路的傳輸媒介會影響整個網路架構的設計

　　無線區域網路與有線區域網路的實體層有很大的不同，無線區域網路的實體層有下列特性：

① 兩點之間的距離是有限的，因為射頻傳送的訊號會隨距離衰減。

② 使用一個共享的傳輸媒介-微波頻段。

③ 傳送的訊號未被保護，易受外界雜訊的干擾。

④ 因為傳輸媒介是一個開放空間，資料傳送的安全性比有線網路差。

⑤ 網路拓樸結構常會變動。

　　由於上述所列的原因，當我們要建構無線區域網路時，必須在一個合理的幾何距離區域內，否則點與點之間的訊號是無法相互傳達的。

(3)　無線區域網路要能處理移動的主機

　　　無線區域區域網路除了能處理攜帶式主機(Portable Station)外，另一個重要的要求就是要能處理移動式主機(Mobile Station)。攜帶式主機是從某一位置移動到另一個位置，使用網路時，它通常是固定在某一位置上。而移動式主機就有可能在使用網路時不斷的移動位置。

(4)　無線區域網路和其它 IEEE 802 網路層間的關係不同

　　　為了達到網路的透明化，讓無線區域網路能夠和 IEEE 802 區域網路其他層(Layers)溝通，無線區域網路就必須在媒介存取控制層(Media Access Control Layer, MAC Layer)中處理主機的移動性及保持資料傳送的可靠性之能力，這和有線區域網路在媒介存取層所需具備的功能有所不同。

(5)　除了上面所列的四項不同之外，802.11 還有一些其他的特徵。例如：

①　802.11 採用 CSMA/CA(Carrier Sense Multiple Access with Collision Avoidance)通訊協定來降低在多個主機間爭奪傳輸媒介時所造成衝撞的機率。

②　802.11 提供分散式協調功能(Distributed Coordination Function, DCF)與集中式協調功能(Point Coordination Function, PCF)兩種不同的資料傳送方式。DCF適合傳輸非即時資料。PCF由節點協調者(Point Coordinator)掌控並以輪詢(Polling)的方式安排主機傳送資料的時機及順序。

③　802.11 提供認證(Authentication)及資料保密(Privacy)功能。無線電是一種開放性的介質，任何人都可以很容易的竊聽。認證的目的是要確認對方的身分，避免在不知情的情況下洩漏重要的資訊給陌生人。保密是利用加密(Encryption)及解密(Decryption)的技術來保護傳送的資料，防止竊聽者竊取資料而得知內容。

Chapter 1

1-2　802.11 的網路架構

　　圖 1-1 是 IEEE 802 規格家族系列，在 OSI 七層架構中的相對關係圖，802.11 規格最初訂定時包括 802.11 的媒體存取控制層(Media Access Control Layer, MAC Layer)與三種不同實體層(Physical Layer, PHY)的調變技術：跳頻展頻 (Frequency-Hopping Spread-Spectrum, FHSS)、直接序列展頻(Direct-Sequence Spread-Spectrum, DSSS)與紅外線(Infrared)。後來由於頻寬的需求逐漸增加，於是因應發展出 802.11b[1] 與 802.11a[2] 之規格技術，兩者分別使用高速直接序列展頻(HR/DSSS)與正交分頻多工(Orthogonal Frequency Division Multiplexing, OFDM)的調變技術。此外為了改善與解決無線網路許多其他的問題，更多的 802 規格家族因而誕生，像是 802.11g[3]、802.11f[4]、802.11e[5]、802.11i[6]等規格。

　　802.11g 於 2003 年六月時定案，802.11g 使用了與 802.11a 相同的 OFDM 調變技術，其傳輸速率最快也可達 54Mbps。但 802.11g 不同於 802.11a 之處在於其運作的頻帶，802.11a 運作在 5GHz 頻帶上，而 802.11g 運作在 2.4GHz 頻帶上。

　　802.11f 也於 2003 年六月時定案，802.11f 是提供行動裝置在擷取點之間漫遊的協定(Inter Access Point Protocol, IAPP)，讓行動裝置在移動的過程中可以更快速的在擷取點之間換手(Handoff)，讓換手的過程中不斷線(Seamless)。

　　802.11e 亦於 2005 年底定案，其加強了 802.11 的 QoS(Quality of Service)，以期能夠提供更好的即時性資料傳輸。

　　802.11i 於 2004 年定案，其乃是針對 802.11 在安全性方面進行強化，訂定了增強安全性的標準。

　　802.11n是實體層的標準,將利用高速MIMO(Multiple Input Multiple Output)的技術,最高將可以提供600Mbps以上的傳輸速率。

　　802.11s是制訂網狀網路(Mesh Network)的規格標準,可讓無線區域網路涵蓋的區域,進一步的擴張,提供更方便的網路連結。

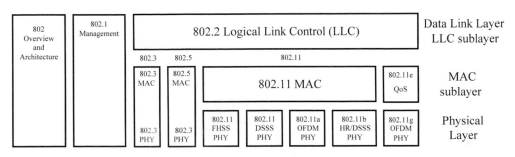

圖 1-1　IEEE 802 規格家族系列與相關的 OSI 架構

1-2-1　無線區域網路的實體元件

　　一般而言,一個無線區域網路含有分送系統、擷取點、無線傳輸媒介、主機等四個實體元件(如圖 1-2 所示),分別介紹如下:

⑴　分送系統(Distribution System, DS)

　　通常是由有線的骨幹網路所構成(如乙太網路)。數個擷取點(Access Point)可經由分送系統連結在一起形成一個比較大的涵蓋範圍,擷取點彼此間相互溝通以追蹤主機的移動,並轉送封包。

⑵　擷取點(Access Point, AP)

　　連接基本服務群(Basic Service Set, BSS)和分送系統的設備。所謂基本服務群,是指連結上擷取點的主機所成的集合。擷取點不但具有主機的功能,同時它還提供主機存取分送系統的能力,當作無線與有線端的橋樑。

Chapter 1

(3)　無線傳輸媒介(Wireless Medium, WM)

無線區域網路實體層所使用到的傳輸媒介，也就是無線電波。如802.11b所使用的2.4GHz頻帶。

(4)　主機(Station, STA)

任何裝置(Device)只要擁有IEEE 802.11之MAC層和PHY層的介面，就可稱爲一個主機，通常這些裝置使用電池作爲電源供應來源，因此具有很好的行動性，有時稱爲行動主機(Mobile Station)。

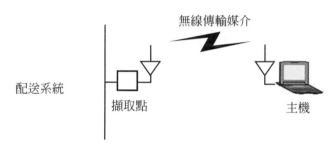

圖1-2　802.11的實體元件

802.11無線區域網路的基本建構單元，稱爲基本服務群(Basic Service Set,BSS)，基本服務群是由許多可以互相溝通之主機所形成的集合。一個基本服務群具有一個唯一的基本服務群辨識碼(BSSID)，此辨識碼爲擷取點或主機內無線網路介面卡的硬體位址(MAC address)，例如：有一擷取點的無線網路介面卡的硬體位址爲00909627DC12，則此擷取點所形成的基本服務群的辨識碼就是00909627DC12。

1-2-2　隨意架構與基礎架構

802.11所定義的無線區域網路架構，有以下兩種：(1)主機可直接對傳訊框之隨意架構無線區域網路(Ad Hoc Wireless LAN)；(2)以擷取點作為訊框轉送裝置的基礎架構無線區域網路(Infrastructure Wireless LAN)。以下我們針對這兩種不同類型的無線區域網路架構(如圖 1-3 所示)加以介紹如下：

⑴ 隨意架構的無線區域網路

隨意架構的無線區域網路為一群主機所組成，不依照特定架構而隨意架設的無線通信網路，也稱為 IBSS(Independent BSS)。在這種架構中，主機彼此之間只要在訊號傳送範圍內，就可以直接通訊，一般而言都是由少量的主機因為臨時的需求而構成，例如會議室裡經常就會使用隨意架構來連結與會者的手持式裝置。

⑵ 基礎架構的無線區域網路

基礎架構的無線區域網路為含有一個擷取點(Access Point)以及多部主機的無線網路架構。在 802.11 的定義中其簡稱為 BSS(注意：非 IBSS，IBSS指的是上述的隨意架構的無線區域網路)。在此種網路架構中，任兩個主機之間的通訊，都要透過擷取點來轉送其訊框。另外，擷取點同時擁有有線網路介面與無線網路介面，可以提供此架構內的無線主機存取有線網路中的資源，以及作為有線網路及無線網路之訊框交換。此種架構的無線網路，通常佈建在室內或戶外，供擷取點無線信號可及範圍內的主機使用，例如，商店、醫院、或是大樓的樓層等等。

基礎架構無線區域網路的主要優勢在於任一台主機不需要紀錄週遭主機的資訊，例如有多少主機在我這台主機附近，但這資訊對 IBSS 是需要的，因為在資料訊框轉送時，IBSS 內的主機要利用相鄰的主機來傳送資料。另外，基礎架構的擷取點，可以幫助主機作省電的機制，延長主機電池使用的時間。另外，我們也可以將數個基本服務群(BSS)串連起來以形成一延伸服務群(Extended Service Set, ESS)，使得整個網路的涵蓋範圍變得更大(如圖 1-4 所示)。網路管理者可以對其所佈建的延伸服務群自行定義其延伸服務群辨識碼(ESSID)，以作為網路識別之用。

Chapter 1

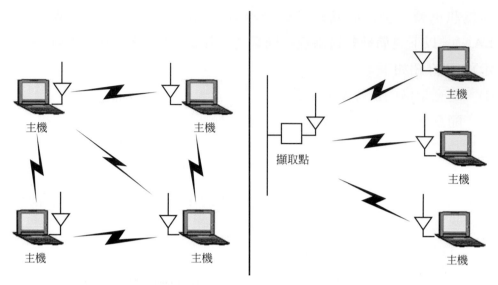

(a)隨意架構基本服務群　　　　　　　(b)基礎架構基本服務群
　　(Independent BSS, IBSS)　　　　　　　(Infrastructure BSS)

圖 1-3　802.11 隨意架構網路與基礎架構網路

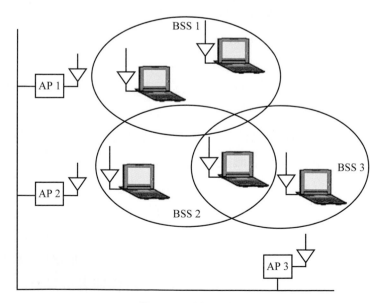

圖 1-4　延伸服務群

　　延伸服務群辨識碼爲文字串，也就是俗稱的無線網路名稱。例如交通大學工程三館四樓共有八個擷取點(如圖 1-5 所示)，此八個擷取點彼此間的涵蓋範圍串聯成一延伸服務群，此延伸服務群辨識碼設爲「WL1」。

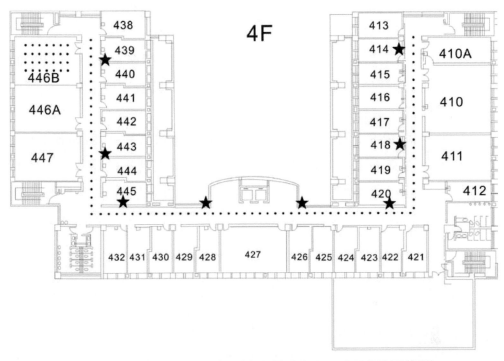

圖 1-5　交通大學工程三館四樓擷取點分佈圖(★表示擷取點位置)

　　無線網路另一特色就是在於裝置的移動性，因爲少了網路線的牽絆，使用者可以隨意移動。但由於擷取點的涵蓋範圍有限，行動裝置在移動時可以分爲下列三種情形：

① 在同一擷取點涵蓋範圍下移動：由於裝置並未離開目前擷取點的涵蓋範圍，所以不需要做任何換手的動作。

② 在同一 ESS 下跨 BSS 移動：裝置在移動時會持續偵測擷取點的訊號強度與品質，當目前的擷取點訊號越來越弱，另一擷取點訊

Chapter 1

號越來越強時，此時就會進行換手的動作，如果主機移動範圍仍在同一延伸服務群下，針對此種情形，802.11 提供了 MAC 層的換手機制。如圖 1-4，t=1 時，行動裝置在 AP1 的涵蓋範圍下，t=2 時，行動裝置由 AP1 的涵蓋範圍進入了 AP2 的涵蓋範圍，但還是在同一 ESS 下，此時行動裝置會進行重新連結服務(Reassociation)，繼續跟 AP2 進行資料傳輸。現有標準 802.11f(IAPP)制訂了在擷取點間轉換過程的細節，讓行動裝置在擷取點間的轉換更快速、流暢。

③ 跨不同 ESS：當行動裝置從一 ESS 移動到另一 ESS(如圖 1-6 所示：從交大工三館移動到浩然圖書館)，在轉換的過程中，所有網路連線動作都將會停止，因為 802.11 並沒有提供跨 ESS 的無間隙轉換(Seamless Handoff)。如果需要無間隙的轉換，必須仰

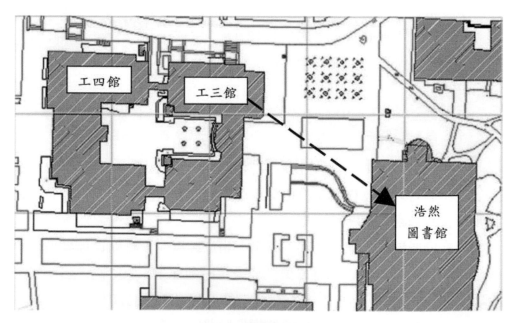

圖 1-6　跨 ESS 移動

賴第三層以上通訊協定的換手機制才能做到。以 TCP/IP 為例，可以採用 Mobile IP 做到無間隙的轉換。

1-3　802.11 無線區域網路的軟體架構

　　IEEE 802.11 為了使網路能夠順利運作而定義了九種不同的服務，也可以將這些服務視為其軟體架構的需求。其主要分為主機的服務(Station Services, SS) 和分送系統的服務(Distribution System Services, DSS) 兩部份。

(1)　主機的服務

　　這一類服務提供主機使其具有正確送收資料的能力，同時也考慮資料傳送的安全性。包含了下列四種服務：

①　身份確認服務(Authentication)：此服務的主要目的是用來確認每一個主機的身份。IEEE 802.11 通常要求雙向式的身份確認。在任一瞬間，一個主機可同時和多個主機(包含擷取點)作身份確認的動作。

②　撤銷身份確認服務(Deauthentication)：此服務的主要目的是用來終止主機已完成身份確認的關係。

③　隱密性服務(Privacy)：此服務的主要目的是避免傳送資料的內容被竊聽。無線網路和有線網路有許多不同之處，其中一點就在於無線網路的資料是在無線傳輸媒介這開放的介質中傳播，因此任何只要裝有 IEEE 802.11 介面卡的主機都能接收到別人的資料，所以資料的保密性若做的不好，資料就很容易被別人所竊聽。「隱密性服務」的主要功能就是提供一套「隱密性服務」的演算法(Privacy Algorithm)將資料做加密與解密。

Chapter **1**

④ 802.11 封包傳送(MSDU Delivery)：此服務為主機服務的最基本功能，它將資料傳送給接受者。

(2) 分送系統服務

　　此類服務由分送系統所提供，使得802.11的封包可以在同一個 ESS 中的不同 BSS 間傳送。無論主機移動到 ESS 中的哪一個地方，都能收到屬於它的資料，這類服務大部份是由擷取點呼叫使用。擷取點是唯一同時提供主機的服務和分送系統的服務的無線網路元件，它也是主機與分送系統間的橋樑。分送系統提供下列五種服務：

① 聯結服務(Association)：此服務的主要目的是要在主機和擷取點之間建立一個通訊連線。當分送系統要將資料送給主機時，它必須事先知道這個主機目前是透過那個擷取點來擷取分送系統，這些資訊就是由聯結服務來提供。一個主機在被允許藉由某個擷取點送資料給分送系統之前，它必須先和此擷取點作聯結。在一個基本服務區內必有一個擷取點，任何在這個基本服務區內的主機想和外界作通訊，就必須先向此擷取點相聯結。此動作類似註冊，因為當主機作完聯結的動作後，擷取點就會記住此主機目前在它的管轄範圍之內。請注意在任一瞬間，任一個主機只會和一個擷取點作聯結，這樣才能使得分送系統能在任一時候知道哪一個主機是由哪一個擷取點所管轄。然而，一個擷取點卻可同時和多個主機作聯結。聯結服務都是由主機所啟動的，通常主機會藉由啟動聯結服務來要求和擷取點作一個聯結。

② 重聯結服務(Reassociation)：此服務的主要目的是要將一個移動中主機的聯結，從一個擷取點轉移到另一個擷取點。當主機從一個基本服務區移動到另一個基本服務區時，它就會啟動「重聯結服務」，此服務會將主機和它所移入的基本服務區內的擷取點作

一個聯結，使得分送系統將來能知道此主機目前已由另一個擷取點所管轄了。重聯結的服務也都是由主機所啓動的。

③ 取消聯結服務(Disassociation)：此服務的主要目的是取消一個聯結。當一個主機傳送資料結束時，可以啓動「取消聯結服務」。另外，當一個主機從一個基本服務區移動到另一個基本服務區時，它除了會對新的擷取點啓動「重聯結服務」外，也會對舊的擷取點啓動「取消聯結服務」。此服務可由主機或擷取點來啓動。不論是哪一方啓動，另一方都不能拒絕。擷取點可能因為網路負荷的原因，而啓動此服務對主機取消聯結。

④ 分送服務(Distribution)：這項服務的主要是基礎架構無線區域網路中的主機所使用，當主機有資料要傳送時，資料首先傳送至擷取點，再由擷取點利用分送系統將資料傳送到該目的地。IEEE 802.11 並沒有規定分送系統要如何將資料正確的送達目的位置，但它說明了在「聯結」(Association)、「取消聯結」(Disassociation)及「重聯結」(Reassociation)等服務中該提供那些資訊，使得分送系統可以決定該資料該送往那個擷取點輸出，以便將資料送達正確的目的地位置。

⑤ 整合服務(Integration)：此服務的主要目的是讓資料能在分送系統和現存的區域網路之間傳送。如果分送服務知道這個資料的目的地位置是一個現存的 IEEE 802 有線區域網路，那麼這份資料在分送系統中的輸出點將是埠接器而不是擷取點。分送服務若發現這份資料是要被送到埠接器將會使得分送系統在資料送達埠接器後接著驅動「整合服務」，而整合服務的任務就是將這份資料從分送系統轉送到相連的區域網路媒介。

Chapter 1

1-4 結 論

　　無線區域網路對今日的電腦及通訊工業來講,將成為一項重要的技術。在無線區域網路的架構中,電腦主機不需要像在傳統的有線網路裡,必須保持固定在網路架構中的某個節點上,而是可以在任意的時間作任何的移動,也能對網路上的資料作任意的擷取,越來越多的應用也隨著無線區域網路的發展而產生,漸漸的成為一種不可或缺的需求。欲了解 802.11 的相關內容,除了研讀標準文件外,參考文獻[8][9][10]是有關 802.11 網路的書,也是不錯的參考書。

1-5 參考文獻

[1]　IEEE Std 802.11b-1999, "Wireless LAN Medium Access Control (MAC) and Physical Layer (PHY) Specifications: High-speed Physical Layer Extension in the 2.4 GHz Band", September 1999.

[2]　IEEE Std 802.11a-1999, "Wireless LAN Medium Access Control (MAC) and Physical Layer (PHY) Specifications: High-speed Physical Layer in the 5 GHz Band", September 1999.

[3]　IEEE Std 802.11g-2003, "Wireless LAN Medium Access Control (MAC) and Physical Layer (PHY) Specifications Amendment 4: Further Higher Date Rate Extension in the 2.4 GHz Band", June 2003.

[4]　IEEE Std 802.11f-2003, "IEEE Trial-Use Recommended Practice for Multi-Vendor Access Point Interoperability via an Inter-Access

Point Protocol Across Distribution Systems Supporting IEEE 802.11™ Operation", July 2003.

[5] IEEE Std 802.11e-2005, "Wireless LAN Medium Access Control (MAC) and Physical Layer (PHY) Specifications Amendment 8: Medium Access Control (MAC) Quality of Service Enhancements", November 2005.

[6] IEEE Std 802.11i-2004, "Wireless LAN Medium Access Control (MAC) and Physical Layer (PHY) Specifications Amendment 6: Medium Access Control (MAC) Security Enhancements", July 2004.

[7] 802.11 TGs Simple Efficient Extensible Mesh (SEE-Mesh) Proposal, June 2005.

[8] M. S. Gast, "802.11 Wireless Networks: The Definitive Guide", O'Reilly, 2002.

[9] J. Geier, "Wireless LANs: Implementing High Performance IEEE 802.11Networks", 2nd ed., SAMS, 2002.

[10] N. Reid and R. Seide, "802.11 (Wi-Fi) Networking Handbook", McGraw-Hill,2003.

習　題

1. 名詞解釋：Basic Service Set(BSS)與Extended Service Set(ESS)。
2. 802.11 WLAN 定義的無線區域網路架構包括隨意架構與基礎架構兩種。基礎架構無線區域網路主要有兩種優點。請描述之。
3. 請比較無線區域網路與有線區域網路兩者特性的差異。

Chapter 1

4. 一般而言，無線區域網路包含那四個主要元件，請說明之。

5. 就行動裝置與存取點的關係，行動裝置的移動可區分成那三種情形？

6. 802.11 無線區域網路軟體架構中，(a)主機服務軟體包含那幾項服務？(b)分送系統包含那幾項服務？

第**2**章

802.11 傳輸媒介存取控制

　　IEEE 802.11 的媒體存取控制層(MAC Layer)基本上是針對不可靠且存在干擾的無線網路提供可靠的資料傳送功能。它對區域網路所提供的服務更超出有線的區域網路。802.11 的媒體存取控制主要提供了下列三種功能：

(1)　針對 MAC 的使用者(例如：MAC 上層的規約)提供了可靠的資料傳送機制

　　802.11 的媒體存取控制層制訂收送雙方的訊框交換機制，來增加可靠度。

(2)　針對無線媒介的使用，提供公平分享的功能

　　802.11 的媒體存取控制層對於無線媒介的使用，制訂了兩種不同的存取機制：分散式協調功能(Distributed Coordination Function, DCF)與集中式協調功能(Point Coordination Function, PCF)。

(3)　針對所傳送的資料提供資訊的保護

　　因為無線網路不像有線網路的資料訊號是在有線的實體媒介傳送。無線網路的資料訊號是在空氣中傳遞，任何人只要在訊號涵蓋的範圍內

即可接收到訊號，因此資料的保密工作格外重要。802.11的MAC層制訂了一個資料保密服務，稱為有線等級的保密(Wired Equivalent Privacy, WEP)。資料在傳送前可利用WEP來加密(Encryption)，如此可讓未被授權的人無法輕易的看到內容。

本章節的內容將針對MAC的前兩項功能加以介紹，至於WEP我們將在第五章來介紹。

2-1　可靠的訊框交換機制

因為無線區域網路的環境充滿雜訊干擾，所以比起有線網路來，傳送的可靠度低，於是802.11的MAC利用收送雙方的訊框交換來增加資訊傳送的可靠度。另外一個問題則是在無線區域網路中，由於訊號發射功率的限制，並不是所有的工作站都能直接相互通訊，此處所謂的直接相互通訊，是指任一工作站的訊號範圍可涵蓋其他的工作站，因此產生了所謂「隱藏工作站」的問題(Hidden Terminal Problem)。802.11 提出了一個特殊的訊框交換機制-RTS/CTS來解決此問題，RTS/CTS訊框交換機制將讓所有使用此無線區域網路的工作站，都能依據所收到的訊框內容作出適當的反應，使得網路能正常運作。以下我們將依序介紹這些訊框交換機制。

2-1-1　訊框交換基本單元

在乙太網路上的工作站傳送訊框時，若能順利傳完訊框(即沒有其他訊框與之發生碰撞)，基本上訊框都能成功的傳到目的地工作站，因為有線網路訊號受雜訊干擾的機會相當低；但是無線區域網路則不然，無線頻道時常會受到來自訊號本身、自然界，或是人為的干擾，因此

802.11 的 MAC 規定傳送資料時至少要用到兩個訊框,一為來源端的工作站所送出的資料訊框,另一則是當目的地端的工作站收到並檢查訊框沒有錯誤後,目的地端所送回的「回覆」(Acknowledgment, ACK)訊框,以通知來源端該資料訊框已正確地收到(如圖 2-1 所示)。來源端的訊框與目的地端的 ACK 訊框構成一個 MAC 訊框交換的基本單元,而802.11 MAC 在工作站運作上的設計,就是要避免其他非來源端與目的地端的工作站在此 MAC 訊框交換期間進行訊框的傳送,而中斷此訊框交換基本單元(詳細的敘述,請參見下節)。

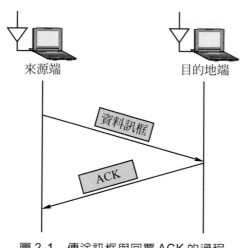

圖 2-1　傳送訊框與回覆 ACK 的過程

　　如果來源端工作站在送出訊框之後,沒有收到來自目的地端回覆的ACK 訊框,來源端會重新傳送一次訊框。來源端沒有收到 ACK 訊框的可能原因有兩種:一為訊框到達目的地端時,目的地端工作站發現訊框內容有錯誤(例如:傳送過程中發生位元錯誤,導致訊框檢查碼不正確),此時,目的地端將不做任何的回應。另一為資料訊框正確收到,目的地端也送出 ACK 訊框,而 ACK 訊框在傳送過程中發生錯誤而沒到達來源端(例如:ACK 訊框的目的地位址發生錯誤,或 ACK 訊框格式錯誤等等)。

Chapter 2

來源端利用重傳的機制來增加傳送的可靠度，但其代價則是多耗費一些頻寬。由於無線網路雜訊干擾比有線網路來得大，所以由 MAC 層來作重傳的機制，相對於由上層的通訊協定來進行資料重傳，可得到較好的傳送效能，尤其是反應時間將會較短；否則的話，若訊框傳送失敗，這項錯誤的處理會由 MAC 層的使用者，即上層的通訊協定(如：TCP 協定)，來決定是否要重新傳送。一般而言，上層的通訊協定是利用一個計時器(Timer)來處理訊息的重新傳送，所花的時間一定比較長(以秒計)。所以在 MAC 層做重傳的機制會比較有效率。

2-1-2　隱藏工作站問題

無線區域網路與乙太網路的存取控制協定都是屬於載波偵測多重存取協定(Carrier Sensing Multiple Access, CSMA)，其中乙太網路所採用的是 CSMA/CD(CSMA with Collision Detection)，而無線區域網路則是 CSMA/CA(CSMA with Collision Avoidance)。雖然兩者有些差異，但基本上都是必須在傳送訊框之前，先偵測媒介中是否有載波訊號。乙太網路的運作如下：

工作站有資料要傳送時，必須先監聽電纜上是否已經有訊號在傳送，如果沒有的話就可以立刻將資料傳送出去。如果有則表示其他工作站正在傳送，必須等待訊號消失(表示該資料已傳送完畢)之後便立刻將其資料傳送上電纜。在傳送資料期間，必須偵測是否發生碰撞。發生碰撞的工作站則必須各自等待一段隨機延遲時間之後才能重新傳送資料。

在乙太網路的運作中，只要在一個訊框傳送完畢之前，都沒有偵測到碰撞的發生，即表示該訊框已成功傳送與接收。任何連接在同一乙太網路的兩台工作站都可以直接相互通訊，這一點在無線區域網路則無法做到，因為兩台工作站有可能因不在彼此的無線訊號功率的涵蓋範圍內，而無法直接相互通訊，故在無線區域網路內會產生隱藏工作站的問題。以下我們以一個可能的例子來說明這個問題。

　　假設在一無線區域網路中有三台工作站分別為工作站 A，B，C，如圖 2-2 所示。

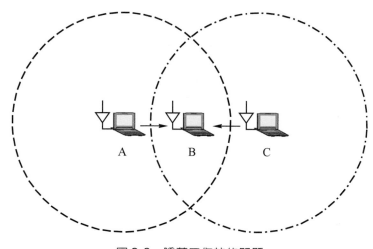

圖 2-2　　隱藏工作站的問題

　　工作站 A 正在傳送資料給工作站 B，同時工作站 C 也想要傳送資料給工作站 B，因為工作站 C 不在工作站 A 的訊號涵蓋範圍內，所以工作站 C 做載波偵測時，聽不到工作站 A 的訊號，因此工作站 C 並不知道工作站 A 與工作站 B 正在進行傳送，工作站 C 會認為現在的頻道可以使用而進行傳送。一旦工作站 C 傳送資料給工作站 B 時，訊號就會在工作站 B 發生碰撞。同理，工作站 A 也不知道工作站 C 同時進行傳送，因此工作站 A 與工作站 C 都不知碰撞的發生，也可以說工作站 A 與工作站 C 相互都不知道對方的存在。這個問題就是所謂的「隱藏工作站」的問題。

IEEE 802.11 針對這個問題,加入了兩個訊框到基本傳送單元來解決,即「要求傳送」訊框(Request to Send, RTS)與「允許傳送」訊框(Clear to Send, CTS)。如圖 2-3 所示。

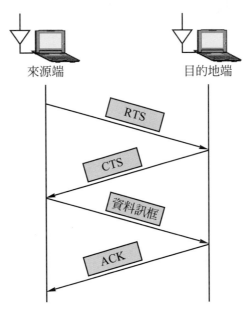

圖 2-3　加入 RTS/CTS 機制後傳送訊框與回覆 ACK 的過程

當傳送端要傳送訊框前,先送出一個RTS控制訊框,而接收端在收到這個控制訊框時,立刻回送另一種CTS控制訊框。只有當傳送端正確的收到接收端所回覆的 CTS 時(表示傳送端所傳送的 RTS 沒有發生碰撞),傳送端才能送出訊框。同時,其他工作站只要聽到此 RTS 訊框或是CTS訊框,都必須暫時停止嘗試傳送訊框,轉而等待此筆資料訊框傳送的結束(也就是ACK訊框傳送完成),才能再次嘗試訊框的傳送。因此傳送端傳送的訊框與其他工作站訊框發生碰撞的可能性,就會大大的降低。傳送端在 RTS/CTS 訊框交換完成之後,會立即送出資料訊框,而接收端則會回覆ACK訊框,如此便完成一個資料訊框交換的基本單元。

如圖 2-3 中共有四個訊框的交換，即「RTS+CTS+資料+ACK」，這是除了前述「資料＋ACK」的基本單元外，另一種訊框交換的基本單元稱為 RTS/CTS 訊框交換基本單元。

至於在此種 RTS/CTS 訊框交換基本單元中，其他工作站在聽到有人在交換 RTS/CTS 訊框時，要延遲嘗試傳送訊框的時間有多久？這個數值將攜帶在傳送端與接收端送出來的 RTS/CTS 的訊框中，供其他工作站參考，這樣的機制稱為「虛擬載波偵測」(Virtual Carrier Sense)。在虛擬載波偵測的機制中，傳送端或接收端的工作站，在其送出來的訊框中攜帶一個稱之為「網路配置向量」(Network Allocation Vector, NAV)的數值，記載目前還要佔用無線媒介多久的時間，才能完成此訊框交換的動作。其他工作站則可以根據此 NAV 資訊知道無線媒介何時才能由忙碌變空閒。以圖 2-3 來說，其 RTS 訊框與 CTS 訊框所攜帶的 NAV 值，必須設定成從該訊框傳送之後到接收端送出 ACK 訊框為止的時間長度，讓其他的工作站在這段訊框交換期間內，都把無線傳輸媒介視為處在忙碌狀態下，而暫停本身資料傳送的嘗試。此種虛擬載波偵測的機制可以彌補實體層因無線傳輸介質的不穩定特性，而導致誤判介質是否空閒的狀況。至於使用「資料+ACK」或是使用RTS/CTS訊框交換基本單元的時機，則是由訊框的長度來決定。當訊框長度超過系統所定義的 RTS 門檻值(Threshold)時，系統就會使用 RTS/CTS 機制。RTS/CTS機制的主要目的是減少長訊框的碰撞，以提昇傳輸媒介的使用率。因為傳送端必須傳送完畢之後才能發現訊框是否發生碰撞，因此要傳送長訊框之前先用短小的RTS訊框當做先鋒來防止碰撞是明智的作法。如果 RTS 訊框與其他訊框發生碰撞，也可以早點發現。

RTS門檻值的設定提供給網路設計者可依網路的環境，如使用者的數量，使用者的傳送速度等因素來做考慮。一般而言，網路卡在出廠

Chapter 2

時，就已設好RTS門檻值，一般會設成180個位元組，這個數值有些網路卡會提供使用者來更改，有些則否。至於擷取點，一般不會採用RTS/CTS方式來交換訊框，因擷取點一定是在其他工作站訊號所涵蓋的範圍之內，所以擷取點也不需去改變RTS門檻值的機定值(Default Value)，即設備出廠時已設定好之數值。除非在同一頻道下，兩個擷點訊號所涵蓋的範圍有重疊，此時才會有隱藏工作站問題的出現。

　　當一個訊框來到MAC層，MAC試著要傳送此訊框，因訊框的傳送有可能被干擾或其他問題，而發生重傳的現象。為了避免 MAC 不斷的重傳此一訊框，因此 802.11 MAC針對每一個訊框的傳送，結合了「重傳計次器」與「訊框存活計時器」的使用。重傳計次器可分為短訊框重傳計次器與長訊框重傳計次器兩種，訊框長度比RTS門檻值大則使用長訊框重傳計次器，反之則使用短訊框重傳計次器。當訊框到達MAC層，MAC將其重傳計次器設定 0，若該訊框傳送失敗，則重傳計次器每次增加1，當計次器超出事先設定的門檻值時，MAC就認為此訊框不值得再重傳，而通知 MAC 層的使用者。另一方面，對於訊框存活計時器，也是一樣，MAC 在試著傳送訊框時，就會啟動存活計時器，當計時器時間到時，MAC 也會放棄重傳此一訊框。計次器與計時器的不同是計次器是計算重傳的次數而計時器則是計算傳送訊框已花費的時間，但是只要其中有一個先到達預先設定的門檻值，MAC層就會停止傳送該訊框。

2-2　傳輸媒介存取控制

　　本節要介紹的是工作站(含擷取點)是如何來使用共用的無線傳輸媒介，這是 MAC 層最重要功能。由於無線傳輸媒介是由所有工作站所共用的，因此 802.11 MAC 層所採用的基本方法是以工作站之間相互競爭(Contention)的方式來使用媒介。如前節提到 802.11 所採用的是 CSMA/CA，此方法遠比乙太網路的 CSMA/CD 方法來得複雜，因此以下分成四個部份來加以解釋：⑴ CSMA 的基本規則；⑵ 訊框間隔(Inter Frame Space)；⑶ 倒退機制(BackOff)；⑷ CSMA/CA 的避免碰撞(CA)機制。綜合以上的機制，構成 IEEE 802.11 MAC 層所謂的「分散式協調功能」(Distributed Coordination Function, DCF)。除此之外，802.11 亦在 DCF 機制之上，架構另一個所謂的「集中式協調功能」(Point Coordination Function, PCF)，以提供輪詢式(Polling)的免競爭(Contention-free)訊框傳送服務。圖 2-4 描述了 802.11 MAC 通訊協定的架構，其中 PCF 機制必需透過 DCF 機制來完成。在網路的運作上，PCF 與 DCF 可以同時存在，一個無線網路群組中會有一個「中央點協調器」(Point Coordinator)來負責控制這兩種功能的交替進行。通常中央點協調器都是存在擷取點(Access Point)裡面。雖然市場上現有的產品大多沒有提供 PCF 的功能。但是我們會在第 6-2 節來探討 PCF 的運作方式。

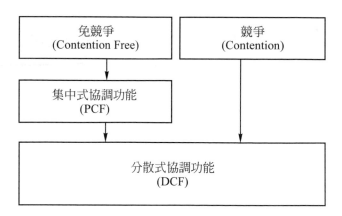

圖 2-4　MAC 通訊協定架構(DCF 與 PCF 的關係)

Chapter 2

2-2-1　載波感測多重存取(CSMA)

　　IEEE 802.11基本的存取傳輸媒介機制是CSMA/CA，並且搭配二元指數倒退機制，以避免訊框碰撞的產生。802.11的 CSMA 運作步驟如下：

步驟一：當工作站有資料要傳送，先偵測傳輸媒介是否處在空閒的狀態(即沒有載波)。如果傳輸媒介是處於空閒的狀態，則工作站馬上可以傳送資料。

步驟二：如果傳輸媒介是處在忙碌的狀態，則工作站必須等到傳輸媒介由忙碌狀態轉變為空閒狀態時，才能進行資料的傳送。

　　但上述CSMA的運作可能會發生兩個狀況：

(1)　不能保證訊框基本交換單元一氣呵成做完。

(2)　若有兩個以上的工作站有訊框在傳輸媒介忙碌時同時到達其 MAC層，因此他們將在步驟二同時發現傳輸媒介由忙碌變成空閒，進而同時傳送資料，而造成訊框碰撞。802.11針對這兩種狀況，分別利用訊框間隔與二元指數倒退機制來加以改進。

2-2-2　訊框間隔

　　為了保證訊框交換基本單元的運作期間不會被其他訊框插介而中斷，IEEE 802.11的工作站，在發現傳輸媒介變成空閒之後，不立即將資料傳送出去，而是先等待一段時間間隔，這一小段時間間隔稱為「訊框間隔」(Inter-Frame Space, IFS)。由於必須達到第一章所述的各項服務，802.11的訊框種類並不像乙太網路一樣只有單一種訊框格式，而是定義了三種不同型態的訊框(控制、管理、與資料等三種型態)，不同型態的訊框對應到不一樣的訊框間隔。根據優先順序分為以下四種不同大小的訊框間隔：

⑴　短訊框間隔(SIFS)：用來處理需要立即回應的訊框。例如要求傳送訊框 (RTS)、允許傳送訊框(CTS)、回覆訊框(ACK)等等，它們的等候時間都是 SIFS。

⑵　PCF 訊框間隔(PIFS)：在進行 PCF 免競爭式傳輸功能時，工作站傳送資料訊框前所必須等待的時間。

⑶　DCF 訊框間隔(DIFS)：在進行 DCF 競爭式傳輸功能時，工作站傳送資料訊框前所必須等待的時間。

⑷　延長訊框間隔(EIFS)：工作站在進行重送訊框時所須等待的時間。

　　上述的 SIFS、PIFS、DIFS 的時間值到底有多大？答案是這些間隔時間依傳輸媒介的種類(也就是不同的實體層)而有所不同。假設 SIFS 與時槽時間(Slot Time)為已知則 PIFS 與 DIFS 依下列式子來計算：

$$PIFS = SIFS + 1×時槽時間$$
$$DIFS = SIFS + 2×時槽時間$$

　　另外 EIFS 比 SIFS、PIFS、DIFS 長，EIFS 要根據 SIFS、DIFS 和傳送 ACK 訊框所需的時間推導而得。表 2-1 列出跳頻展頻(Frequency-Hopping Spread Spectrum, FHSS)、直序展頻(Direct Sequence Spread Spectrum, DSSS)、802.11a 正交分頻多工(Orthogonal Frequency Division Multiplexing, OFDM)和 802.11b 高速直序展頻(High-Rate Direct Sequence Spread Spectrum, HR/DSSS)四種不同實體層的時槽時間、SIFS、PIFS 與 DIFS 值。

Chapter 2

表 2-1　FHSS 與 DSSS 的時槽時間、SIFS、PIFS 與 DIFS 值

傳輸媒介	時槽時間	SIFS	PIFS	DIFS
FHSS	50μs	28μs	78μs	128μs
DSSS	20μs	10μs	30μs	50μs
OFDM	9μs	16μs	25μs	34μs
HR/DSSS	20μs	10μs	30μs	50μs

　　上述訊框間隔的時間大小的關係為 SIFS < PIFS < DIFS < EIFS。訊框間隔越短，訊框等待的時間越短，該訊框優先等級就越高，也就是優先使用傳輸媒介，該訊框被成功傳送出去的機會就越大。例如，在 RTS訊框之後，被呼叫的工作站要傳一個CTS訊框，另有一個工作站要傳資料訊框，當這兩個工作站競爭使用無線傳輸媒介時，首先都偵測到傳輸媒介處於忙碌的狀態(即RTS訊框的傳送)；一旦媒介由忙碌變成空閒時，CTS訊框因為其等待的訊框間隔(等待SIFS)比資料訊框等待的訊框間隔(等待 DIFS)要來得短，所以 CTS 訊框會優先被傳送出去。如此大大提高了RTS/CTS基本交換單元不被其他訊框中斷的可能性。

2-2-3　二元指數倒退機制

　　上一小節提到，在競爭式的多重存取控制協定中，為避免多個工作站同時偵測到傳輸媒介由忙碌變為空閒，而同時傳送訊框，因而將不同型態的訊框對應到不同長度的訊框間隔，而產生不同的優先權等級。在這種方式之下，資料訊框等待的間隔是 DIFS。但若同時有不同的工作站都想要傳送資料訊框，則這些資料訊框的等待時間都是 DIFS，也就是說他們具有相同的優先權等級，這些資料訊框在等候了 DIFS 訊框間

隔之後，若發現這段時間內媒介為空閒，就會同時被傳送出去，而造成碰撞的情形。解決此問題的方法是，工作站在等候了 DIFS 訊框間隔的時間後，再等待一段由亂數決定的時間之後才將訊框傳送出去，其亂數決定的時間是根據一個特定的演算法產生，稱為後退演算法(Back-off Algorithm)。因為每個工作站產生的後退時間相同的機會很小，所以訊框發生碰撞的機會就會大大地降低。

　　我們就以圖 2-5 簡單的說明 DCF 的運行方式，圖 2-5 的橫軸由左而右表示時間的進行，一開始，工作站要傳資料便進行傳輸媒介狀態的偵測，可是卻發現傳輸媒介目前是處於忙碌的狀態，於是工作站便開始等待一直到傳輸媒介變成空閒為止。接下來，工作站繼續等待一段 DIFS 的時間後，經過系統設定的一個時槽(Slot)時間後便進入競爭視窗時段(Contention Window)，工作站開始倒數計時，等待一段「後退時間」(Back-off Time)，同時也繼續偵測無線媒介的狀態。一旦自己的倒數時間比別的工作站早結束，就可以取得傳輸媒介的使用權開始傳送訊框。若自已的時間比別的工作站晚結束，別的工作站先搶到傳輸媒介的使用權，則在偵測到無線媒介變為忙碌後，先暫停倒數計時，等到傳輸媒介再度由忙碌變空閒後，先等待一段 DIFS 時間，然後再繼續倒數計時，直到倒數時間結束為止，才能取得傳輸權而開始傳送資料。

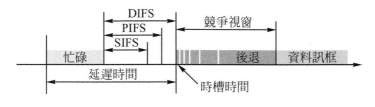

圖 2-5　基本擷取方式－ DCF

接下來我們來看後退時間是如何產生的：

首先在[1, W]範圍內取一個整數亂數值，W稱為競爭視窗(Contention Window)，而後退時間＝亂數值×時槽時間。例如取到的亂數值為5，若時槽時間為20μs，則後退時間＝5×20μs＝100μs。競爭視窗 W 大小是隨著重傳次數增加而增加，可以表成 $W = (CW_{min} + 1) \times 2N - 1$，其中 CW_{min} 表示最小競爭視窗值，N表示第N次重傳，N＝0, 1, 2 …。CW_{min} 的值在802.11 規格書已給定，依實體層不同而有所差異。例如DSSS的 $CW_{min} = 31$，訊框第一次傳送(N＝0)則 W＝31；第一次重傳(N＝1)則 W＝(31＋1)×2－1＝63；第2次重傳(N＝2)則 W＝127，依此類推。競爭視窗值最多只能增加到 CW_{max}，CW_{max} 為最大競爭視窗值，也是在802.11 規格書已給定。當競爭視窗值增加到最大值後，就一直保持在這個值，直到傳送成功或是重傳計次器(retry counter)到達設定的值，競爭視窗值才會被重設，因此競爭視窗 W 可表示成 $W = min((CW_{min} + 1) \times 2N - 1, CW_{max})$。表2-2 列出不同實體層之時槽時間、$CW_{min}$、$CW_{max}$ 值以供參考。

表2-2 FHSS、DSSS、IR(InfraRed)的時槽時間、CW_{min}、CW_{max}值

傳輸媒介	時槽時間	CW_{min}	CW_{max}
FHSS	50μs	15	1023
DSSS	20μs	31	1023
OFDM	9μs	15	1023
HR/DSSS	20μs	31	1023

例如圖2-6即為 DSSS 競爭視窗大小與訊框重送次數的關係圖。我們可以看到第一次傳送訊框時 W＝31，則取亂數值的範圍為[1, 31]。

若此次傳送失敗,要重傳訊框,W 就增加為 63,而第二次重傳 W ＝ 127,依此類推,最大只可增加到 1023。

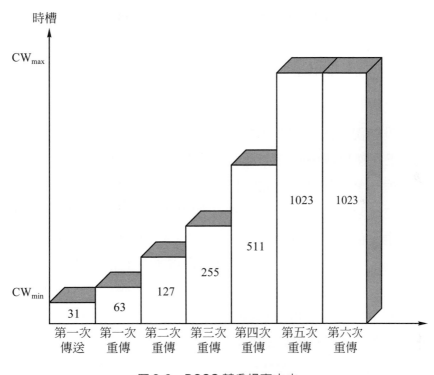

圖 2-6　DSSS 競爭視窗大小

綜合 CSMA、訊框間隔和二元指數倒退機制,我們可以將 CSMA/ CA 的運作步驟彙總如下:

步驟一:當工作站有資料要傳送,先偵測傳輸媒介是否空閒。如果傳輸 媒介為空閒,且空閒時間大於DIFS,則工作站在等DIFS時間 之後馬上傳送資料。

步驟二:如果偵測到傳輸媒介在忙碌:

Chapter 2

(1)工作站須等到傳輸媒介由忙碌變空閒時,再等DIFS之時間,然後工作站進入倒數計時,依二元指數倒退機制等待一段「後退時間」。等後退時間倒數結束後再開始傳送。

(2)如果傳送時發生碰撞,則工作站中止傳送,檢查重傳次數是否已用完,若沒用完則跳回執行步驟二之(1)。若重傳次數已用完,則停止嘗試傳送,報告MAC使用者傳送失敗。

我們來看一個有四台工作站在一起運作的實際範例,藉此瞭解傳輸媒介的競爭情況。假設圖2-7中一開始工作站2、3、4想傳送訊框,而工作站1正在使用傳輸媒介,此時工作站2、3、4偵測到傳輸媒介處於忙碌的狀態,當工作站1送完訊框時,此時工作站2、3、4會偵測到傳輸媒介由忙碌變空閒,他們在等待一個DIFS時間後,個別根據後退演算法,產生一個後退時間(假設工作站 2、3、4 產生的後退時間分別為160μs、60μs 及 100μs),然後開始進行倒數計時的工作。在這個例子中,由於工作站3產生的後退時間最小(60μs),於是率先遞減爲零並且在這次的競爭視窗中取得了傳輸媒介的使用權並在 60μs 之後傳送出訊框。此時工作站2、4的後退時間,分別剩下100μs 及40μs。在工作站3傳送訊框的過程中,工作站2、4的後退時間被暫時凍結。當工作站3傳完訊框之後,則進入第二個競爭視窗,工作站2、4再分別以此值(100μs 及40μs)爲其後退時間繼續倒數計時。結果在40μs 後工作站4開始傳送其訊框,而工作站2必須等到進入第三個競爭視窗60μs後才開始傳送其訊框。

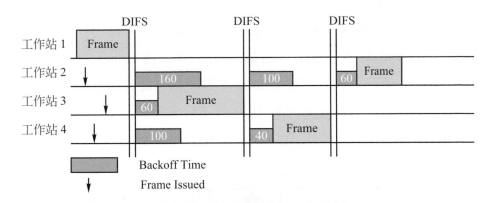

圖 2-7　工作站傳送訊框時後退程式範例(I)

　　上一個例子很理想，沒有兩台工作站資料相撞的問題，接下來的例子將考慮有相撞時的處理方式。如圖 2-8 所示，開始時工作站 1 正在傳送訊框而工作站 2、3、4、5 陸續想傳送訊框。當工作站 1 送完訊框時，工作站 2、3、4、5 在等待了一個 DIFS 時間後，就分別產生一個隨機後退時間(假設分別為 120μs、60μs、120μs 及 160μs)，然後開始進行倒數計時的工作。由於工作站 3 產生的後退時間最小，於是在這次的競爭視窗中取得了傳輸媒介的使用權，並且將訊框傳送出去。此時工作站 2、4、5 的後退時間分別剩下 60μs、60μs 及 100μs。工作站 3 傳送訊框的過程中，此三個後退時間被暫時凍結。在進入第二個競爭視窗時則分別以此值為其後退時間繼續倒數計時。結果在 60μs 後工作站 2 及 4 同時開始傳送其訊框，造成碰撞的現象。此時，這兩個訊框的接收端工作站，因為沒有收到正確的資料訊框而不傳回回覆訊息(也就是 ACK 訊框)。由於沒有收到回覆訊息，工作站 2 及 4 分別進入重送階段，並且在下一個競爭視窗中(工作站 2 及 4 此時必須等待 DIFS 時段才能進入競爭視窗)再分別重新產生另一個隨機後退時間，(假設工作站 2 及 4 的後退

Chapter 2

時間分別變為 100μs 及 120μs)。而工作站 5 則在第三個競爭視窗中(工作站 5 只需等待 DIFS 時段即可進入競爭視窗)等待 40μs 後開始傳送訊框。此時工作站 2、4 的後退時間分別剩下 60μs 及 80μs。結果工作站 2 必須等到進入第四個競爭視窗 60μs 後才會開始傳送其訊框,而工作站 4 則必須等到進入第五個競爭視窗 20μs 後才能開始傳送其訊框。

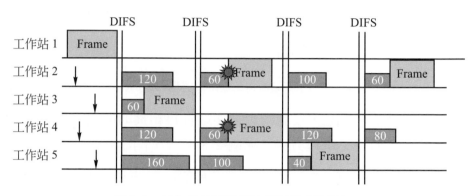

圖 2-8　工作站傳送訊框時後退程式範例(II)

　　接下來我們再用一個比較實際的範例來說明當資料訊框的大小有超過 RTS 門檻值和沒超過 RTS 門檻值,這二種情況下工作站該如何傳送訊框。

　　上述的二個簡化的例子沒有考慮完整基本傳送單元的運作,以下的例子則加入收到訊框之後等待 SIFS 就回覆 ACK 訊框,以及利用 RTS/CTS 基本傳送單元的情形。假設現有四部工作站,一開始工作站A正在傳送訊框,工作站 B 想傳 1 個 800 位元組的訊框給工作站 D,工作站 C 想傳 1 個 400 位元組的訊框給工作站 D。工作站 B 和工作站 C 的 RTS 門檻值都是 500 位元組。假設工作站B、C的後退時間分別為 160μs 和 60μs。則 RTS/CTS 運作過程如圖 2-9 所示:

　　當工作站 A 傳完訊框時，工作站 B、C 等待一段 DIFS 時間後就分別產生一個隨機後退時間，160μs 和 60μs，然後開始進行倒數計時的工作。工作站 C 等待了 60μs 後取得了傳輸媒介使用權。因為它想傳的訊框只有 400 位元組，並未超過 RTS 門檻值，所以不用傳送 RTS/CTS，直接就可傳訊框給工作站 D。工作站 D 收到訊框後等一段 SIFS 時間，回 ACK 訊框給工作站 C，當工作站 C 收到 ACK 訊框時就完成了此次傳輸。

　　然後工作站 B 再等一段 DIFS 時間再繼續之前的倒數計時工作，它等待 100μs 後取得傳輸媒介使用權。但是因為要傳的訊框超過 RTS 門檻值，必須先傳 RTS 訊框給工作站 D。當工作站 D 收到 RTS 訊框後等一段 SIFS 時間再回應 CTS 訊框。工作站 B 收到 CTS 訊框後等一段 SIFS 時間便開始傳送資料訊框，而工作站 D 收到資料訊框後等一段 SIFS 時間回 ACK 訊框給工作站 B，當工作站 B 收到 ACK 訊框時就完成了此次傳輸。

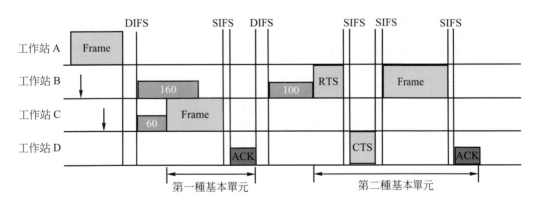

圖 2-9　工作站傳送訊框時後退程序範例(III)

Chapter 2

2-2-4　虛擬載波偵測

在無線網路系統中，除了實體層在使用載波偵測技術來判斷傳輸媒介是否忙碌。IEEE 802.11 還有另一個方法來降低傳送時的碰撞問題，這方法就是前述的傳送基本單元與虛擬載波偵測。

我們用圖 2-10 來說明 RTS/CTS 機制與網路配置向量(NAV)的使用方式，一開始工作站 A 想要與工作站 B 做資料傳送，而且資料量的大小已經超出了系統定義的 RTS 門檻值，此時工作站 A 先發出 RTS 訊框以告知其他工作站："我現在要送資料了，請你們其他人暫時別跟我搶"；其他工作站偵測到 RTS 訊框之後，便從 RTS 訊框中獲取工作站 A 所設定的網路配置向量值，將自己內部的網路配置向量設定為此值，開始等待工作站 A 與工作站 B 之間的資料傳送，防止自己在工作站 A 傳資料的中途送出資料而造成碰撞。工作站 B 一收到 RTS 訊框時便回應 CTS 訊框，用以告知工作站 A 以及其他的工作站："我已經知道了，工作站 A 可以傳送資料給我了"，並且 CTS 訊框也如同 RTS 訊框一樣，帶有網路向量配置值，可以讓接收到此 CTS 訊框的其他工作站設定自己的網路配

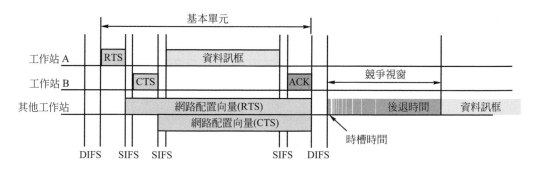

圖 2-10　RTS/CTS 機制與網路配置向量

置向量，以進入等待此次資料傳送的狀態。工作站A一旦收到CTS訊框就開始傳送資料，這樣一來工作站A與B的資料傳送時，其他的工作站就不太可能搶送訊框而發生碰撞。

2-2-5　暴露工作站問題

在前面我們介紹過隱藏工作站問題，802.11 MAC中另一個與隱藏工作站相對的問題是暴露工作站(Exposed Terminal)問題。在 CSMA/CA 機制中，當一台工作站正在傳資料時，它鄰近區域的工作站就會被封鎖住，暫時不能傳送資料給別人，即使這些工作站的資料傳遞並不會干擾到原來正在傳送的那台工作站。這樣一來網路的使用率就會降低，因而浪費了不少頻寬。下面用一個例子來說明暴露工作站問題：

如圖 2-11(a)所示，網路上有A、B、C、D四台工作站，A、C在B的涵蓋範圍內，B、D在C的涵蓋範圍內。一開始B正在傳資料給A，此時C偵測到頻道中有B傳送的訊號，所以它不能傳資料給任何人。但其實這是個太強的限制，因為C傳資料給D並不會干擾到A接收由B傳送的資料，所以C傳資料給D應該可以被允許的。

在相關研究上，有學者提出採用 MACA(Multiple Access with Collision Avoidance)的方法[1]來解決暴露主機的問題。以下是MACA的作法：

考慮圖 2-11(b)的情形，傳送端 B 在傳送資料前先送一個 RTS 控制訊框給接收端 A，RTS 控制訊框內會包含網路配置向量(NAV)欄位，用來說明傳送端想使用傳輸媒介多久的時間，然後接收端A再回覆CTS控制訊框給傳送端 B。在此網路下任何收到 CTS 控制訊框的工作站(例如工作站E)，就可以知道它離接收端A很近，所以在這段時間內不可以傳

Chapter **2**

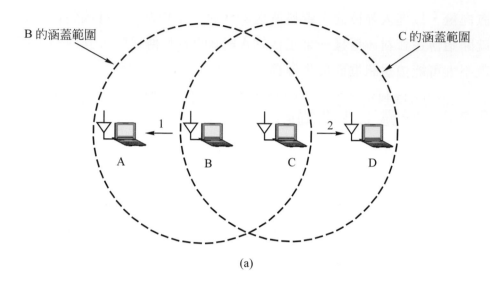

(a)

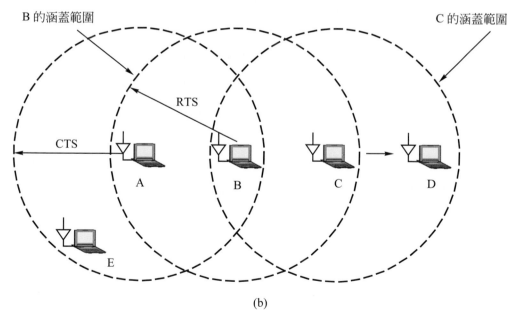

(b)

圖 2-11 暴露工作站問題

送任何資料，接著傳送端會送出資料訊框，接收端收完資料訊框後再回覆 ACK 訊框，所有暫停傳送的工作站在接收到 ACK 訊框後就可以解除封鎖了。相對地，若工作站(例如工作站 C)有收到 RTS 控制訊框，但沒有收到 CTS 控制訊框就表示它和接收端 A 離得有點遠，不在接收端 A 的訊號干擾範圍內，不會干擾到接收端 A 接收資料訊框，所以它可以自由地傳送資料，不需要暫停傳送。

　　如果某台工作站只憑有收到 RTS 但沒收到 CTS 就判斷自己是傳送端的暴露工作站，且剛好想傳資料而開始傳送資料，因為它的傳送範圍會包含到傳送端，所以可能會與接收端所回覆的 ACK 訊框發生碰撞。因此 MACA 雖能減輕但不能完全解決暴露主機的問題。

　　以下我們介紹二種解決暴露主機問題的方法：

(1)　MACA-P[2]

　　MACA-P 在 RTS、CTS 中夾帶了額外的資訊讓傳送端和接收端鄰近的工作站知道 DATA 和 ACK 會在何時開始傳送。這些時間資訊可以讓鄰近的工作站知道該如何利用時間傳送封包。一般我們稱鄰近的工作站，後來才開始的傳送過程為次傳送(Secondary Transmission)，稱原先由傳送端發起的傳送為主傳送(Master Transmission)。

　　MACA-P 在 RTS、CTS 訊框中增加了下列 2 個參數，利用這 2 個時間參數 T_{DATA} 與 T_{ACK} 去控制資料訊框和 ACK 開始傳送的時間，並稱這段間隔為控制間隔(Control Gap)。其中 T_{DATA} 表示資料訊框(DATA)在 T_{DATA} 這個區間結束後會開始傳送，而 T_{ACK} 表示 ACK 在 T_{ACK} 這個區間結束後會開始傳送。

　　在圖 2-12 中我們可以看到 T_{DATA} 結束的時間點稱為 TD，用來表示資料訊框開始傳送的時間，同樣地，T_{ACK} 結束的時間點稱為 TA，用來

Chapter **2**

表示ACK開始傳送的時間。所以由RTS、CTS訊框中的T_{DATA}和T_{ACK}這
2個參數就可以讓傳送端和接收端鄰近的工作站知道主傳送中資料訊框
和ACK傳送的時程。

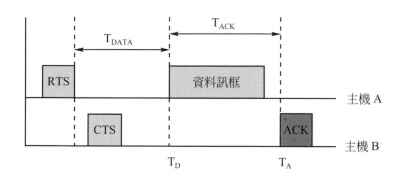

圖 2-12　A→B 交換 RTS-CTS-資料訊框-ACK 的時程圖

　　使用 MACA-P 這個方法，每個工作站都要有一張表，此表記錄了
鄰近工作站的 MAC 位址、目前的狀態(傳送端、接收端還是空閒)、
T_{DATA}、T_{ACK}值。工作站在傳送封包前必須先確定鄰近工作站中沒有人
目前狀態是接收端，它才可以開始傳，否則會影響該工作站接收資料。
同樣地，某工作站收到RTS後要先去查這張表，檢查是否有鄰近工作站
目前是傳送端，如果沒有，才可以回應CTS。

　　我們以圖 2-13 的例子來解釋如何安排傳送的時間？圖 2-13 是個暴
露主機問題的例子。工作站A要和工作站B溝通，所以先送RTS訊框給
B，B收到RTS後，因為此時並沒有正在和別人溝通，所以回覆CTS訊
框給A。若在這同時有另一工作站P想送資料給工作站Q，P送RTS訊
框給Q，Q因為先收到B的CTS訊框，被封鎖住了不能回CTS給P。但
是其實P傳送資料給Q並不會影響到B接收A的資料，這種情況形成了
暴露主機問題。

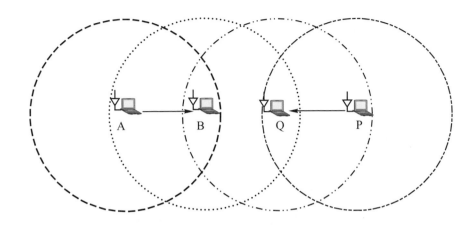

圖 2-13　暴露工作站問題範例

　　雖然 P 傳送資料不會影響到 B 接收 A 的資料，P 也不能隨意地傳送資料給 Q，必須配合 A→B 的傳送，才能避免碰撞。接下來就說明次傳送(P→Q)是如何配合主傳送(A→B)來安排自己的時程。

　　首先介紹一個名詞 — RTS 訊框中的不可彈性調整位元(Inflexible Bit in RTS)，MACA-P 在 RTS 訊框中多增加了不可彈性調整位元，若此位元被設定，接收端就不能去調整T_{DATA}、T_{ACK}這 2 個參數。由此可知，次傳送中的傳送端不能設定此位元，這樣它才能調整T_{DATA}及T_{ACK}的值來配合主傳送的時程。

　　圖 2-14(a)及圖 2-14(b)皆為A→B、P→Q交換RTS、CTS可能的時程圖，圖上的橫軸為時間軸。在這兩張時程圖中，分別可以發現到一個嚴重的錯誤：圖 2-14(a)中因為 A 傳完資料時 P 正在傳送，所以 B 回覆的 ACK 會干擾到 Q 接收由 P 傳來的資料訊框，因而造成碰撞，而在圖 2-14(b)中 P 先傳完，接著 Q 回覆了 ACK，但此時 A 仍在傳資料訊框給 B，所以 Q 會干擾到 B 接收。幸好由於 Q 可以在 B 發出的 CTS 訊框中得

Chapter **2**

知 A→B 的 T_{DATA} 及 T_{ACK}，所以 Q 可以利用這 2 個參數來調整它和 P 傳送資料訊框的時間，調整的原則是讓 T_{DATA} 及 T_{ACK} 這 2 個區間結束的時間都要和主傳送相同，然後將新的 T_{DATA} 和 T_{ACK} 夾帶在 CTS 中傳給 P，P 收到後也要向它鄰近的工作站告知新的 T_{DATA} 和 T_{ACK} 值，所以要再發出一個 RTS' 訊框，此 RTS' 訊框稱為無償的 RTS 訊息(Gratuitous-RTS Message)。此後 P、Q 就依照新的 T_{DATA} 和 T_{ACK} 值傳送資料訊框，這樣就可以使得 P→Q 的 T_{DATA} 和 T_{ACK} 對齊 A→B。調整後的時程圖如圖 2-15 所示，P→Q 在 A→B 傳送資料訊框的時間內就傳完資料訊框，B 的 ACK 就不會干擾到 Q，並且 Q 也會等 A 傳完資料訊框後才送 ACK 給 P，所以也不會干擾 B 接收來自 A 的資料。

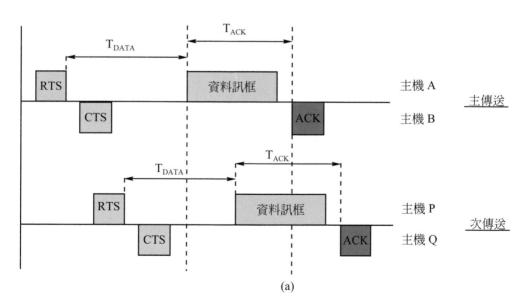

(a)

圖 2-14　A→B、P→Q 交換 RTS-CTS-資料訊框-ACK 的 2 種可能時程圖

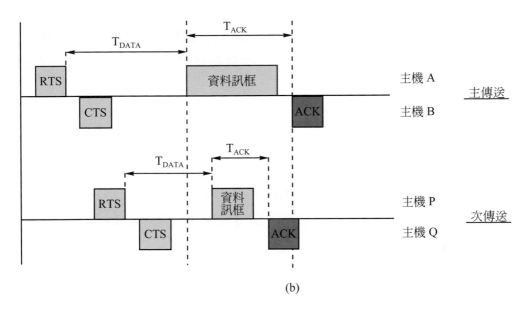

(b)

圖 2-14　A→B、P→Q 交換 RTS-CTS-資料訊框-ACK 的 2 種可能時程圖(續)

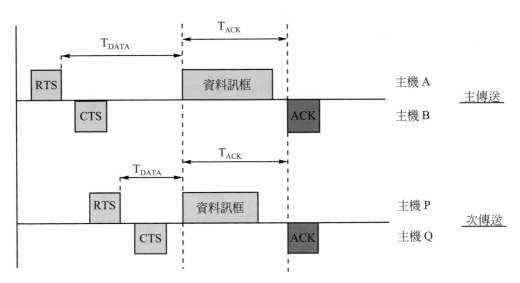

圖 2-15　P→Q 的 T_{DATA}、T_{ACK} 對齊 A→B 後的時程圖

Chapter 2

雖然 MACA-P 可以解決大部份的暴露主機問題，然而它有一個限制：次傳送的資料訊框不能大於主傳送的資料訊框，否則它就無法在主傳送傳送資料訊框的時間內傳完自己的資料訊框，會與主傳送的 ACK 發生碰撞。

另外有一點要注意的是：在MACA-P中A、B交換了RTS、CTS訊框之後要再等待一段時間才會開始傳送資料訊框，這部份在IEEE 802.11 傳輸媒介存取協定中並不是這樣規定的。IEEE 802.11 中傳送端只等待一段 SIFS 時間便可開始傳送。MACA-P 會做這樣的修改是為了讓次傳送利用此段時間更新T_{DATA}和T_{ACK}，使得傳送資料訊框的時間可以對齊主傳送的時間。

你可能會想這 2 個傳送過程的T_{DATA}和T_{ACK}為什麼一定要對齊呢？難道不是只要次傳送比主傳送更早傳完資料訊框即可？當然，這是最主要的要求，但是如圖 2-16 所示，如果主傳送快傳完前次傳送才開始傳送資料訊框，而它又要比主傳送更早傳完資料訊框，這樣就會使得可以傳的資料訊框變得很小，所以 MACA-P 才希望次傳送能對齊主傳送的T_{DATA}和T_{ACK}時間。

⑵ ICSMA：Interleaved Carrier Sense Multiple Access [3]

ICSMA 的做法是利用 2 個相同頻寬的頻道(Channel)來傳送訊框，令RTS-CTS-資料訊框-ACK在 2 個頻道間交錯地傳送著。傳送端可以自由選擇要用頻道 1 或是頻道 2 來傳 RTS(只要此頻道沒有人正在使用)。在這裡假設選擇了頻道 1，首先傳送端用頻道 1 傳 RTS，然後接收端用頻道 2 回應 CTS，接著傳送端用頻道 1 傳資料訊框，最後接收端用頻道 2 回應 ACK，就是這樣在 2 個頻道間交錯地傳送這 4 個訊框。

以上只是概略性的描述，接下來舉個例子詳細地解釋 ICSMA 中 RTS-CTS-資料訊框-ACK 交換的過程。

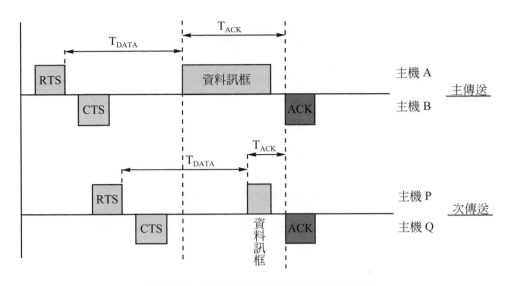

圖 2-16　次傳送太晚開始傳送資料訊框

　　舉例：如圖 2-17 所示，工作站 A 用頻道 1 傳送 RTS 給工作站 B，當
B 收到 RTS 後，它會去檢查 RTS 中的 E-NAV(類似前面介紹的網路配置
向量--NAV)，然後看看自己是否有空閒的時間可以接收這個資料訊框，
如果有空，就會用頻道 2 回覆 CTS。A 如果經過了一段 SIFS 時間仍沒有
收到 CTS，它會覺得可能是 RTS 在傳送途中與別的訊框發生碰撞了，或
者是 B 目前還沒空接收資料，於是 A 就用倒退機制取了一個倒退時間，
等這段時間倒數完畢再重新傳送 RTS。相反地，如果 A 有在頻道 2 收到
CTS，它就會再用頻道 1 傳資料訊框給 B，並且期望傳完後在一段 SIFS
時間內就可以在頻道 2 中收到 B 傳來的 ACK。如果 A 沒收到 ACK，它
會假設資料訊框傳到 B 時與別人發生了碰撞，於是 A 等待一段倒退時間
後再嘗試重傳封包。

Chapter 2

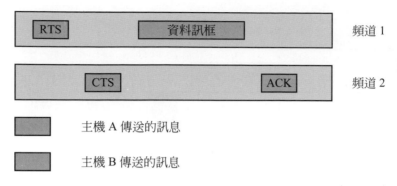

圖 2-17　ICSMA 使用 2 個頻道交換 RTS/CTS/資料訊框/ACK

那麼 ICSMA 是如何解決暴露主機問題呢？根據 MACA 判斷暴露主機的方法，可將暴露主機分為三類來討論：

① 位在傳送端的暴露主機：

如圖 2-18(a)，某個在傳送端附近的工作站 C 收到傳送端經由頻道 1 傳來的 RTS 訊框但沒收到 CTS，表示這台工作站是位在傳送端的暴露主機，如果它使用和接收端相同的頻道(頻道 2)傳送資料，可能會和 CTS(延遲了)或 ACK 發生碰撞。所以在 ICSMA 的方法裡它可以用頻道 1 來傳送 RTS(因為接收端用頻道 2 傳 CTS 和 ACK，也就是說不要和接收端使用同一頻道就不會干擾到傳送端接收它的資料)。

② 位在接收端的暴露主機：

如圖 2-18(b)，某個在傳送端附近的工作站 C 收到接收端經由頻道 2 傳來的 CTS 訊框但沒收到 RTS，這表示這台工作站是位在接收端的暴露主機，所以它可以用頻道 2(和傳送端不同頻道)來傳送 RTS，就不會干擾到接收端接收資料。

③　同是接收端和傳送端的暴露主機

　　　如圖 2-18(c)，某個位於傳送端和接收端附近的工作站，既收到 RTS 也會收到 CTS，但是它仍然有可能利用時間來傳送資料。但是必須先去檢查E-NAV中夾帶的資訊來安排傳送的時程。若檢查的結果真的排不出時程，就會先暫停這個傳送計劃，等待以後頻道有空閒再傳。

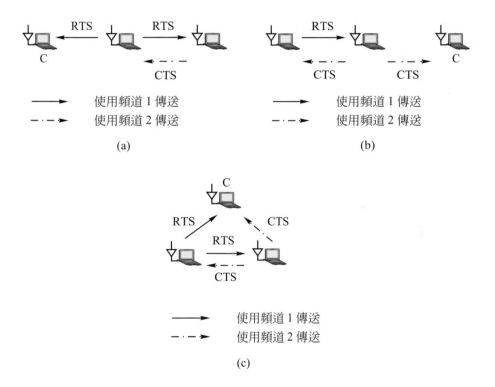

圖 2-18　3 種暴露工作站使用頻道的情形

2-3 802.11 傳輸媒介存取控制協定效能分析

2-3-1 計算飽和的傳輸資料量

在前面的小節我們介紹過許多 802.11 協定的參數，如最大競爭視窗值、最小競爭視窗值。這些參數和網路上流通量多寡都會影響無線網路系統的效能。接下來我們用一個數學模式來分析使用 802.11 協定的無線網路系統效能。

這個數學模式是由 Bianchi[4] 所提出的，作者以飽和的傳輸資料量 (Saturation Throughput) 做為效能好壞的指標。飽和的傳輸資料量指的是隨著網路中傳輸負荷 (Load) 不斷地增加，系統傳輸資料量 (System Throughput) 也隨之上升，當網路傳輸負荷到達極限值，系統亦即到達飽和，傳輸資料量也到達穩定的狀態，此最大的傳輸資料量稱之為飽和系統傳輸量。

有些隨機存取架構的系統會有不穩定的行為，例如當網路的負荷不斷地增加時，系統傳輸資料量也增加到最高點。若負荷再增加，系統傳輸資料量就開始不斷地遞減，並沒有呈現穩定的狀態，因此這種存取系統到達的極限值不能稱之為飽和的傳輸資料量，只能稱為最大傳輸資料量 (Maximum Throughput)。作者針對 802.11 隨機存取架構做模擬，我們會發現系統傳輸資料量隨著網路負荷上升到它的最大值後會漸漸下降，最後停在一個穩定的值，這個穩定的值就是它的飽和值，也就是飽和的傳輸資料量。作者提出的數學模式就是用來計算這個飽和的傳輸資料量。

這個數學模式分析的過程可以分為 2 個階段：

第一部份：以馬可夫鏈(Markov Chain)分析單一工作站的行為。

第二部份：根據第一部份的分析計算出工作站在任意一個時槽傳送1個訊框的機率，以 τ 來表示此機率。

首先先來看第一部份：

　　為了要分析單一工作站傳送訊框的行為，作者以圖 2-19 的馬可夫鏈模組分析工作站進行倒數計時的情形。在解釋此圖之前，我們先來定義何謂馬可夫鏈。馬可夫鏈指的是系統由時間 t 的狀態到時間 $t+1$ 的狀態之機率只與時間 t 的狀態相關，而與時間 t 之前所經過的狀態無關，具有此特性的隨機程序即稱為馬可夫鏈。

　　我們定義 t 和 $t+1$ 表示 2 個連續的時槽時間，$b(t)$ 為某工作站在時間 t 的倒數計數器值，在 1 個新的時槽開端倒數計數器值就會減少 1。最小競爭視窗值為 CW_{min}(為了簡化，本節以 W 代替)，最大競爭視窗值為 CW_{max}，$CW_{max}=2^m W$，此處的 m 稱為最大倒數階段值，是用來控制競爭視窗大小，所以第 i 個倒數階段的競爭視窗值 W_i 就是 $2^i W$。$s(t)$ 表示在時間 t 時的倒數階段，$s(t)$ 的值在 0 至 m 範圍內(即 $s(t) \in [0,m]$)。這個數學模式以近似值的方法估計傳輸訊框碰撞的機率 p，不去考慮之前的重傳次數，所以 p 的值是常數且獨立的。

　　定義完以上的參數，接下來看工作站傳送訊框的狀態轉移機率。為了要分析狀態轉移的機率，圖 2-19 為 802.11 狀態轉移圖。圖 2-19 每個狀態以一對數值 $<s(t),b(t)>$ 表之，也就是第 $s(t)$ 個倒數階段、倒數計數器值為 $b(t)$ 的狀態。標示在箭頭上的數值表示是從上一個狀態轉移到下一狀態的機率。我們可以看到圖 2-19 左上方的那一列狀態，它們 $s(t)$ 的值都是 0，這是最初的倒數階段，也就是第一次嘗試傳送訊框的時候。第一次傳送取到的隨機倒數值範圍為 $[0,\cdots,W_0-1]$，共有 W_0 個狀態。只有

Chapter 2

傳送新的訊框(非重傳)才會進到這一列的狀態，這表示上一次傳送訊框是成功的。傳送訊框成功的機率為 $1-p$，而這一列有 W_0 個狀態，所以會進到每個狀態的機率為 $\dfrac{1-p}{W_0}$。第 2 列與第 1 列有點不一樣，因為會進到第 2 列的狀態，一定是上次傳送失敗了，需要重傳，傳送失敗的機率為 p，所以進到第 2 列每個狀態的機率為 $\dfrac{p}{W_1}$。接下來的 $m-1$ 列以此類推。

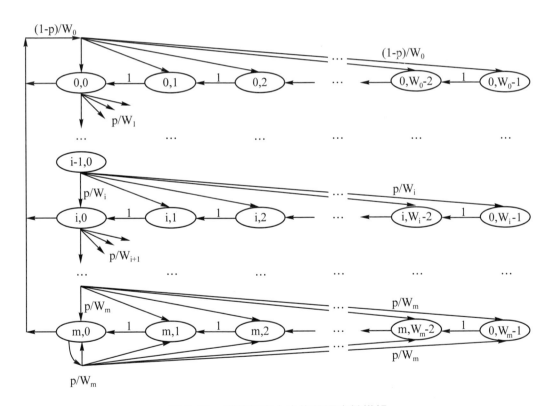

圖 2-19 倒數視窗大小的馬可夫鏈模組

　　再來看看每一列中的狀態轉移。從右而左，我們可以看到每一列中間的狀態轉移機率都是 1。這是因為在倒數計時器值 $b(t)$ 到 0 以前，每個狀態倒數計時器值都只能有減 1 的變化，一直減到 0 時將訊框傳送出去，才會有其他的變化，所以此處狀態轉移機率都是 1。

在馬可夫鏈中的一步(One Step)狀態轉移有 4 種情況，這 4 種情況狀態轉移的機率為 $P\{<s(t+1),b(t+1)>|<s(t),b(t)>\}$，即狀態 $<s(t),b(t)>$ 到狀態 $<s(t+1),b(t+1)>$ 的機率，可分別以下列 4 個式子來表示：

$$P\{<i,k>|<i,k+1>\}=1 \qquad k\in(0,W_i-2) \quad i\in(0,m) \quad (2\text{-}1)$$

$$P\{<0,k>|<i,0>\}=\frac{1-p}{W_0} \qquad k\in(0,W_0-1) \quad i\in(0,m) \quad (2\text{-}2)$$

$$P\{<i,k>|<i-1,0>\}=\frac{p}{W_i} \qquad k\in(0,W_i-1) \quad i\in(1,m) \quad (2\text{-}3)$$

$$P\{<m,k>|<m,0>\}=\frac{p}{W_m} \qquad k\in(0,W_m-1) \qquad\qquad (2\text{-}4)$$

公式(2-1)表示原本在第 i 個階段，經過了 1 個時槽後，倒數計時器 $b(t)$ 的值減 1，由原本的 $k+1$ 變成 k，這種狀態轉移的機率為 1。

公式(2-2)表示原本在第 i 個階段，倒數計時器的值為 0，表示倒數結束，可以開始傳訊框了，且此訊框傳送成功(機率為 $1-p$)。傳完後開始要傳送下一個訊框，所以進入第 0 個階段，並從 W_0 個值中隨意選取 1 個倒數值 k，這種狀態轉移的機率為 $\frac{1-p}{W_0}$。

公式(2-3)表示原本在第 $i-1$ 個階段，倒數計時器的值為 0，表示倒數結束，可以傳訊框了，但傳送失敗(傳送失敗機率為 p)。於是進入第 i 個階段，並在 W_i 個值中隨意選取 1 個倒數值 k，這種狀態轉移的機率為 $\frac{p}{W_i}$。

公式(2-4)表示原本在第 m 個階段，倒數計時器的值為 0，表示倒數結束，可以傳訊框了，但傳送失數。本來該進入第 $m+1$ 個階段，但已達最大競爭視窗值了，不能再增加，所以依然留在第 m 個階段，並隨意選取 1 個倒數值 k，這種狀態轉移的機率 $=\frac{P}{W_m}$。

Chapter 2

我們將(2-1)、(2-2)、(2-3)、(2-4)的式子整理成馬可夫鏈一步轉移機率矩陣(Matrix of One-step Transition Probability)，如圖2-20所示，令矩陣P爲此一步轉移機率矩陣，P中的元素$P_{<s(t),b(t)><s(t+1),b(t+1)>}$表示時間$t$在狀態$<s(t),b(t)>$，而時間$t+1$時轉移到狀態$<s(t+1),b(t+1)>$的機率，$P^n$代表$n$步轉移的機率矩陣，其中$P^2=P\cdot P$，$P^3=P^2\cdot P$依此類推。而根據馬可夫鏈極限機率的理論，當$n\rightarrow\infty$時，$P^n_{<s(t),b(t)><s(t+1),b(t+1)>}$會收斂成某個值，這個值與前一個狀態$<s(t),b(t)>$無關，也就是說當$n\rightarrow\infty$，$P^n$每行中各元素的值幾乎是相等的。

	(0,0)	(0,1)	(0,2)	⋯	$(0,W_0-2)$	$(0,W_0-1)$	(1,0)	(1,1)	(1,2)	⋯	$(1,W_1-2)$	$(1,W_1-1)$	(2,0)	(2,1)	(2,2)	⋯	$(2,W_2-2)$	$(2,W_2-1)$	⋯	(m,0)	(m,1)	(m,2)	⋯	(m,W_m-2)	(m,W_m-1)
(0,0)	$\frac{1-p}{W_0}$	$\frac{1-p}{W_0}$	$\frac{1-p}{W_0}$	⋯	$\frac{1-p}{W_0}$	$\frac{1-p}{W_0}$	$\frac{p}{W_1}$	$\frac{p}{W_1}$	$\frac{p}{W_1}$	⋯	$\frac{p}{W_1}$	$\frac{p}{W_1}$	0	0	0	⋯	0	0	⋯	0	0	0	⋯	0	0
(0,1)	1	0	0	⋯	0	0	0	0	0	⋯	0	0	0	0	0	⋯	0	0	⋯	0	0	0	⋯	0	0
(0,2)	0	1	0	⋯	0	0	0	0	0	⋯	0	0	0	0	0	⋯	0	0	⋯	0	0	0	⋯	0	0
⋮	⋮	⋮	⋮		⋮	⋮	⋮	⋮	⋮		⋮	⋮	⋮	⋮	⋮		⋮	⋮		⋮	⋮	⋮		⋮	⋮
$(0,W_0-1)$	1	0	0	⋯	1	0	0	0	0	⋯	0	0	0	0	0	⋯	0	0	⋯	0	0	0	⋯	0	0
(1,0)	$\frac{1-p}{W_0}$	$\frac{1-p}{W_0}$	$\frac{1-p}{W_0}$	⋯	$\frac{1-p}{W_0}$	$\frac{1-p}{W_0}$	0	0	0	⋯	0	0	$\frac{p}{W_2}$	$\frac{p}{W_2}$	$\frac{p}{W_2}$	⋯	$\frac{p}{W_2}$	$\frac{p}{W_2}$	⋯	0	0	0	⋯	0	0
(1,1)	0	0	0	⋯	0	0	1	0	0	⋯	0	0	0	0	0	⋯	0	0	⋯	0	0	0	⋯	0	0
(1,2)	0	0	0	⋯	0	0	0	1	0	⋯	0	0	0	0	0	⋯	0	0	⋯	0	0	0	⋯	0	0
⋮	⋮	⋮	⋮		⋮	⋮	⋮	⋮	⋮		⋮	⋮	⋮	⋮	⋮		⋮	⋮		⋮	⋮	⋮		⋮	⋮
$(1,W_1-1)$	0	0	0	⋯	0	0	0	0	0	⋯	1	0	0	0⋯0		⋯	0	0	⋯	0	0	0	⋯	0	0
(2,0)	$\frac{1-p}{W_0}$	$\frac{1-p}{W_0}$	$\frac{1-p}{W_0}$	⋯	$\frac{1-p}{W_0}$	$\frac{1-p}{W_0}$	0	0	0	⋯	0	0	0	0	0	⋯	0	0		0	0	0	⋯	0	0
⋮	⋮	⋮	⋮		⋮	⋮	⋮	⋮	⋮		⋮	⋮	⋮	⋮	⋮		⋮	⋮		⋮	⋮	⋮		⋮	⋮
(m-1,0)	$\frac{1-p}{W_0}$	$\frac{1-p}{W_0}$	$\frac{1-p}{W_0}$	⋯	$\frac{1-p}{W_0}$	$\frac{1-p}{W_0}$	0	0	0	⋯	0	0	0	0	0	⋯	0	0	⋯	$\frac{p}{W_m}$	$\frac{p}{W_m}$	$\frac{p}{W_m}$	⋯	$\frac{p}{W_m}$	$\frac{p}{W_m}$
⋮	⋮	⋮	⋮		⋮	⋮	⋮	⋮	⋮		⋮	⋮	⋮	⋮	⋮		⋮	⋮		⋮	⋮	⋮		⋮	⋮
$(1,W_{m-1}-1)$	0	0	0	⋯	0	0	0	0	0	⋯	0	0	0	0	0	⋯	0	0	⋯	0	0	0	⋯	0	0
(m,0)	$\frac{1-p}{W_0}$	$\frac{1-p}{W_0}$	$\frac{1-p}{W_0}$	⋯	$\frac{1-p}{W_0}$	$\frac{1-p}{W_0}$	0	0	0	⋯	0	0	0	0	0	⋯	0	0	⋯	$\frac{p}{W_m}$	$\frac{p}{W_m}$	$\frac{p}{W_m}$	⋯	$\frac{p}{W_m}$	$\frac{p}{W_m}$
(m,1)	0	0	0	⋯	0	0	0	0	0	⋯	0	0	0	0	0	⋯	0	0	⋯	1	0	0	⋯	0	0
(m,2)	0	0	0	⋯	0	0	0	0	0	⋯	0	0	0	0	0	⋯	0	0	⋯	0	1	0	⋯	0	0
⋮	⋮	⋮	⋮		⋮	⋮	⋮	⋮	⋮		⋮	⋮	⋮	⋮	⋮		⋮	⋮		⋮	⋮	⋮		⋮	⋮
(m,W_m-1)	0	0	0	⋯	0	0	0	0	0	⋯	0	0	0	0	0	⋯	0	0	⋯	0	0	0	⋯	1	0

圖 2-20　馬可夫鏈一步轉移機率矩陣

令 $b_{i,k} = \lim_{t \to \infty} P\{s(t) = i, b(t) = k\}, k \in (0, W_i - 1), i \in (0, m)$ 表示此馬可夫鏈的穩定狀態分佈(Stationary Distribution)，亦即 $b_{i,k}$ 表穩態下，長期停留在狀態 $<i,k>$ 的機率，因此可由下列這二個聯立方程式求得 $b_{i,k}$ 的唯一非負解：

$$b_{i,k} = \sum_{x=0}^{m} \sum_{y=0}^{W_x - 1} b_{x,y} P_{<x,y><i,k>} \tag{2-5}$$

$$\sum_{i=0}^{m} \sum_{k=0}^{W_i - 1} b_{i,k} = 1 \tag{2-6}$$

(2-5)的意思是將所有存在狀態 $<x,y>$ 的機率乘上由 $<x,y>$ 進入狀態 $<i,k>$ 的機率，加總起來就會等於存在狀態 $<i,k>$ 的機率。而(2-6)的意思是將所有存在狀態 $<i,k>$ 的機率加總起來，這個加總值等於 1。

利用公式(2-5)，展開並整理將 $b_{i,k}, 0 \le i \le m, 0 \le k \le W_i - 1$ 都以 $b_{0,0}$ 表示，其結果可寫成以下式子(詳細推導過程，請參見 2-3-3)：

$$b_{i,k} = \frac{W_i - k}{W_i} \cdot b_{i,0} = \frac{W_i - k}{W_i} \cdot p^i b_{0,0} \quad 0 < i < m \tag{2-7}$$

$$b_{m,k} = \frac{W_m - k}{W_m} \cdot \frac{p^m}{1 - p} b_{0,0} \quad i = m \tag{2-8}$$

將上式代入公式(2-6)：

$$1 = \sum_{i=0}^{m} \sum_{k=0}^{W_i - 1} b_{i,k} = \sum_{i=0}^{m} b_{i,0} \sum_{k=0}^{W_i - 1} \frac{W_i - k}{W_i} = \sum_{i=0}^{m} b_{i,0} \frac{W_i + 1}{2}$$

$$= \frac{b_{0,0}}{2} \cdot \left[W \left(\sum_{i=0}^{m-1} (2p)^i + \frac{(2p)^m}{1-p} \right) + \frac{1}{1-p} \right] \tag{2-9}$$

即 $b_{0,0} = \dfrac{2(1-2p)(1-p)}{(1-2p)(W+1) + pW(1-(2p)^m)} \tag{2-10}$

Chapter 2

再將$b_{0,0}$代入公式(2-7)(2-8)就可算出$b_{i,k}$的值(公式 2-9 及 2-10 的推導，詳見 2-3-3)。

接下來討論該如何計算工作站在任意一個時槽傳送 1 個訊框的機率τ。工作站要等到倒數計時器的值為 0 才會傳送訊框，因此τ也可視為各個$b_{i,0}$狀態的機率總和：

$$\tau = \sum_{i=0}^{m} b_{i,0} = b_{m,0} + b_{m-1,0} + \cdots + b_{0,0}$$

$$= \frac{p^m}{1-p} b_{0,0} + p^{m-1} b_{0,0} + \cdots + b_{0,0} = \frac{b_{0,0}}{1-p}$$

$$= \frac{2(1-2p)}{(1-2p)(W+1) + pW(1-(2p)^m)} \tag{2-11}$$

在一般的情況下，p的值與τ有關。穩定的狀態中，工作站傳輸訊框的機率皆為τ，這使得我們可以推論出p的公式：

$$p = 1 - (1-\tau)^{n-1} \tag{2-12}$$

推導出τ的公式後，就可以用τ來計算資料傳輸量。為了要計算資料傳輸量，我們要先分析在任意一個時槽時間會發生的事件。定義P_{tr}為在任意一時槽工作站至少有一訊框要傳送的機率。假設有n台工作站競爭頻道，每個工作站傳送的機率為τ，計算P_{tr}的公式如下：

$$P_{tr} = 1 - (1-\tau)^n \tag{2-13}$$

公式(2-13)是以全部的機率 1 減去n台工作站都不傳訊框的機率$(1-\tau)^n$，得到至少會有一台工作站傳送的機率。

接下來要計算訊框傳送成功的機率P_s，訊框要能傳送成功的首要條件就是不能遭受碰撞，也就是在至少有一次傳送的情況下，只能有一台工作站傳送。上述的情形要用條件機率來算，計算公式如下：

$$P_s = \frac{n\tau(1-\tau)^{n-1}}{P_{tr}} = \frac{n\tau(1-\tau)^{n-1}}{1-(1-\tau)^n} \tag{2-14}$$

公式(2-14)表示在至少有一訊框傳送的情況下，n台工作站中，只有1台傳，其餘$n-1$台不傳，這樣就不會發生碰撞了。

P_{tr}、P_s的公式都推導出後就可以開始推導計算正規化(Normalized)後的資料傳輸量S的公式了。將S定義為該頻道有多少的時間比例是用在成功地傳送資料位元，因此資料傳輸量S為任意時槽傳送的資料量和時槽長度的比值，可將S以下列的公式表示之：

$$S = \frac{E[一個時槽時間內傳輸的資料量]}{E[時槽長度]} \tag{2-15}$$

$E[$一個時槽時間內傳輸的資料量$]$就是平均在一個時槽時間內傳輸了多少資料量，而$E[$時槽長度$]$則是平均一個時槽的長度。再定義$E[P]$為平均訊框承載資料的長度(位元組)。所以平均在一個時槽時間成功傳輸的資料量就是$P_{tr}P_sE[P]$。$P_{tr}P_s$代表任意一個時槽傳送訊框成功的機率，而$P_{tr}(1-P_s)$則是任意一個時槽傳輸訊框遇到碰撞的機率，$(1-P_{tr})$是任一時槽頻道為空閒的機率。綜合以上的條件，可以將公式(2-15)S的概念式推導成以下的公式：

$$S = \frac{P_{tr}P_sE[P]}{(1-P_{tr})\sigma + P_{tr}P_sT_s + P_{tr}(1-P_s)T_c} \tag{2-16}$$

Chapter 2

其中σ表示空閒的時槽長度，T_s表示頻道因為傳輸成功的訊框而被感測到忙碌的平均時槽長度，T_c表示頻道因為傳輸被碰撞的訊框而被感測到忙碌的平均時槽長度。

$E[P]$、σ、T_s、T_c透過分析都可估計出來，可假設$E[P]$、σ、T_s、T_c為常數。接著將公式(2-16)重排可得到以下這個公式：

$$S = \frac{E[P]}{T_s - T_c + \dfrac{\sigma(1-P_{tr})/P_{tr} + T_c}{P_s}} \tag{2-17}$$

我們目標是要求最大的飽和資料傳輸量S，而$E[P]$、T_s、T_c是常數，所以要求S的最大值就是要讓$\dfrac{\sigma(1-P_{tr})/P_{tr} + T_c}{P_s}$達到最小，也就是求它的倒數

$$\frac{P_s}{(1-P_{tr})/P_{tr} + T_c/\sigma} = \frac{n\tau(1-\tau)^{n-1}}{T_c^* - (1-\tau)^n(T_c^* - 1)} \tag{2-18}$$

的最大值。其中$T_c^* = T_c/\sigma$是傳輸被碰撞訊框的平均時槽長度與空閒時槽長度的比值。將公式(2-18)對τ微分求極值，得到下列這個公式：

$$(1-\tau)^n - T_c^*\{n\tau - [1-(1-\tau)^n]\} = 0 \tag{2-19}$$

在這個狀況下$\tau \ll 1$，所以$(1-\tau)^n \approx 1 - n\tau + \dfrac{n(n-1)}{2}\tau^2$，因而產生$\tau$的近似解：

$$\tau = \frac{\sqrt{[n + 2(n-1)(T_c^* - 1)]/n} - 1}{(n-1)(T_c^* - 1)} \approx \frac{1}{n\sqrt{T_c^*/2}} \tag{2-20}$$

由公式(2-11)和(2-12)可看出，當網路工作站個數n固定時，τ的值只與最大倒數階段值m和最小競爭視窗值W有關，也就是調整m和W讓τ的值盡量趨近$\dfrac{1}{n\sqrt{T_c^*/2}}$就可以得到最大的飽和資料傳輸量$S$。

2-3-2　用分析模組去評估 802.11 的傳輸效能

圖 2-21、圖 2-22 分別是分析基本存取架構(沒有 RTS/CTS 交換)和有加入 RTS/CTS 架構的傳輸資料量結果。在圖 2-21 中可以發現系統的效能與最小競爭視窗值及網路中存在的工作站個數有關。當最小競爭視窗值為 64 時，較少工作站的網路有最高效能，而最小競爭視窗值為 1024時，較多工作站的網路有最高效能。在圖 2-22 中可以看出在最小競爭視窗值小於 64 的時候系統保持常數的傳輸資料量，當最小競爭視窗值大於 64，較少工作站的網路效能會大幅度地下降。

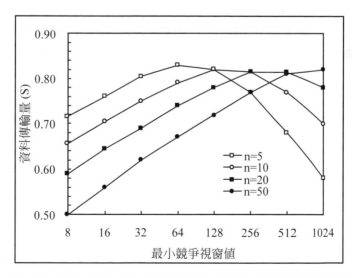

圖 2-21　基本存取架構--最小競爭窗值和資料傳輸量的關係圖

Chapter **2**

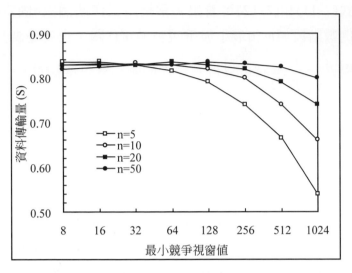

圖 2-22 RTS/CTS 架構--最小競爭窗值和資料傳輸量的關係圖

2-3-3 穩定狀態$b_{i,k}$的推導[1]

依據馬可夫鏈的極限機率(Limiting Probabilities)理論，$b_{i,k}$滿足下列兩個式子：

$$b_{i,k} = \sum_{x=0}^{m} \sum_{y=0}^{W_x-1} b_{x,y} P_{<x,y><i,k>} \tag{2-21}$$

$$\sum_{i=0}^{m} \sum_{k=0}^{W_i-1} b_{i,k} = 1 \tag{2-22}$$

以下我們將說明如何求解$b_{i,k}$值，首先我們將$b_{i,k}$以$b_{0,0}$來表示，隨後將$b_{i,k}$代入(2-22)式，計算出$b_{0,0}$值，利用$b_{0,0}$值，即可推導出$b_{i,k}$值。利用(2-21)的方程式列出$b_{1,k}$　$0 \leq k \leq W_1-1$：

---

[1] 本節提供對穩定狀態機率推導，不需要理論推導的讀者可直接跳至下一章。

$$b_{1,0} = b_{0,0} \frac{P}{W_1} + b_{1,1}$$

$$b_{1,1} = b_{0,0} \frac{P}{W_1} + b_{1,2}$$

$$\vdots$$

$$b_{1,W_1-2} = b_{0,0} \frac{p}{W_1} + b_{1,W_1-1} \tag{2-23}$$

$$b_{1,W_1-1} = b_{0,0} \frac{p}{W_1} \tag{2-24}$$

然後將 $b_{1,W_1-1}, b_{1,W_1-2}, \cdots$，依序往上代入(2-23)、(2-24)，得到：

$$b_{1,0} = b_{0,0} \frac{p}{W_1} + b_{1,1} = \frac{p}{W_1} b_{0,0} + \frac{p}{W_1} b_{0,0} + b_{1,2} = \cdots$$

$$= (W_1 - 1) \frac{p}{W_1} b_{0,0} + b_{1,W_1-1} = W_1 \frac{p}{W_1} b_{0,0} = p \cdot b_{0,0}$$

以此方法，同樣地 $b_{2,0} = p \cdot b_{1,0} = p^2 \cdot b_{0,0} \cdots$，以此推論。

接下來列出 $b_{m,k}$ 　 $0 \le k \le W_m - 1$：

$$b_{m,0} = b_{m-1,0} \frac{p}{W_m} + b_{m,0} \frac{p}{W_m} + b_{m,1}$$

$$b_{m,1} = b_{m-1,0} \frac{p}{W_m} + b_{m,0} \frac{p}{W_m} + b_{m,2}$$

$$\vdots$$

$$b_{m,W_m-2} = b_{m-1,0} \frac{p}{W_m} + b_{m,0} \frac{p}{W_m} + b_{m,W_m-1} \tag{2-25}$$

$$b_{m,W_m-1} = b_{m-1,0} \frac{p}{W_m} + b_{m,0} \frac{p}{W_m} \tag{2-26}$$

同樣地將 $b_{m,W_m-1}, b_{m,W_m-2}, \cdots$，依序往上代入(2-25)、(2-26)，得到：

Chapter 2

$$b_{m,0}=W_m\left(b_{m-1,0}\frac{p}{W_m}+b_{m,0}\frac{p}{W_m}\right)=b_{m-1,0}\cdot p+b_{m,0}\cdot p$$

移項之後得到：$(1-p)b_{m,0}=p\cdot b_{m-1,0}\Rightarrow b_{m,0}=\frac{p}{1-p}b_{m-1,0}=\frac{p^m}{1-p}b_{0,0}$，
此即為公式(2-20)。

接下來看(2-27)、(2-28)、(2-29)這三個公式，此為$b_{i,k}$在不同i值時的表示式：

$$b_{i,k}=\frac{W_i-k}{W_i}\cdot(1-p)\sum_{j=0}^{m}b_{j,0}\qquad i=0 \tag{2-27}$$

$$b_{i,k}=\frac{W_i-k}{W_i}\cdot p\cdot b_{i-1,0}\qquad\qquad 0<i<m \tag{2-28}$$

$$b_{i,k}=\frac{W_i-k}{W_i}\cdot p\cdot(b_{m-1,0}+b_{m,0})\quad i=m \tag{2-29}$$

該如何推導呢？首先依照前面推導的方法，列出$b_{0,k}$，$0\le k\le W_0-1$：

$$b_{0,0}=b_{0,1}+\frac{1-p}{W_0}b_{0,0}+\frac{1-p}{W_0}b_{1,0}+\cdots+\frac{1-p}{W_0}b_{m,0}$$

$$b_{0,1}=b_{0,2}+\frac{1-p}{W_0}b_{0,0}+\frac{1-p}{W_0}b_{1,0}+\cdots+\frac{1-p}{W_0}b_{m,0}$$

$$\vdots$$

$$b_{0,W_0-2}=b_{0,W_0-1}+\frac{1-p}{W_0}b_{0,0}+\frac{1-p}{W_0}b_{1,0}+\cdots+\frac{1-p}{W_0}b_{m,0} \tag{2-30}$$

$$b_{0,W_0-1}=b_{0,W_0-1}+\frac{1-p}{W_0}b_{1,0}+\cdots+\frac{1-p}{W_0}b_{m,0} \tag{2-31}$$

將b_{9,W_0-1}，b_{m,W_m-2}，$\cdots$，依序往上代入(2-30)、(2-31)，可得：

$$b_{0,0} = b_{0,1} + \frac{1-p}{W_0} b_{0,0} + \frac{1-p}{W_0} b_{1,0} + \cdots + \frac{1-p}{W_0} b_{m,0}$$

$$= \cdots = b_{0,W_0-1} + (W_0 - 1)\left(\frac{1-p}{W_0} b_{0,0} + \frac{1-p}{W_0} b_{1,0} + \cdots + \frac{1-p}{W_0} b_{m,0}\right)$$

$$= (W_0 - 0)\left(\frac{1-p}{W_0} b_{1,0} + \frac{1-p}{W_0} b_{1,0} + \cdots + \frac{1-p}{W_0} b_{m,0}\right)$$

$$\Rightarrow b_{0,k} = (W_0 - k)\left(\frac{1-p}{W_0} b_{0,0} + \frac{1-p}{W_0} b_{1,0} + \cdots + \frac{1-p}{W_0} b_{m,0}\right) = \frac{(W_0-k)}{W_0}\cdot(1-p)\sum_{j=0}^{m} b_{j,0}$$ ，

此式即為公式(2-27)。

另外我們在之前推導的過程中可以發現這樣的規則：

$$b_{1,W_1-1} = \frac{p}{W_1} b_{0,0} = \frac{W_1 - (W_1 - 1)}{W_1} p \cdot b_{0,0}$$

$$\Rightarrow b_{i,k} = \frac{W_i - k}{W_i} p \cdot b_{i-1,0} \quad 0 < i < m$$ ，此式即為公式(2-28)。

$$b_{m,W_m-1} = \frac{p}{W_m} b_{m-1,0} + \frac{p}{W_m} b_{m,0}$$

$$= \frac{W_m - (W_m - 1)}{W_m} \cdot \left(\frac{p}{W_m} b_{m-1,} + \frac{p}{W_m} b_{m,0}\right)$$

$$\Rightarrow b_{m,k} = \frac{W_m - k}{W_m} \cdot (p \cdot b_{m-1,0} + p \cdot b_{m,0})$$ ，此式即為公式(2-29)。

接下來我們來看公式(2-32)：

$$b_{i,k} = \frac{W_i - k}{W_i} \cdot b_{i,0} \quad i \in (0,m) \quad k \in (0, W_i - 1) \tag{2-32}$$

公式(2-32)是利用公式及 $\sum_{i=0}^{m} b_{i,0} = \frac{b_{0,0}}{1-p}$ 去重排公式(2-27)、(2-28)、(2-29)，發現公式(2-27)、(2-28)、(2-29)都可簡化成公式(2-32)這個單一的式子，簡化方式如下：

Chapter 2

簡化(2-27)推導出(2-32)

$$b_{i,k} = \frac{W_i - k}{W_i} \cdot (1-p) \sum_{j=0}^{m} b_{j,0} = \frac{W_i - k}{W_i}(1-p) \frac{b_{0,0}}{1-p} = \frac{W_i - k}{W_i} b_{0,0} \text{，又因爲}$$

此式的條件中i等於 0，所以可寫成$b_{i,k} = \dfrac{W_i - k}{W_i} \cdot b_{i,0}$

簡化(2-28)推導出(2-32)

由上可知$b_{i-1,0} \cdot p = b_{i,0}$，所以$b_{i,k} = \dfrac{W_i - k}{W_i} \cdot p \cdot b_{i-1,0} = \dfrac{W_i - k}{W_i} \cdot b_{i,0}$

簡化(2-29)推導出(2-32)

由上可知 $b_{m-1,0} = \dfrac{1-p}{p} \cdot b_{m,0}$

$$\Rightarrow b_{i,k} = \frac{W_I - k}{W_i} \cdot p \cdot (b_{m-1,0} + b_{m,0})$$

$$= \frac{W_i - k}{W_i} \cdot p \cdot \left(\frac{1-p}{p} b_{m,0} + b_{m,0} \right)$$

$$= \frac{W_i - k}{W_i} \cdot p \cdot \frac{b_{m,0}}{p}$$

$$= \frac{W_i - k}{W_i} \cdot b_{m,0}$$

又因爲(2-29)式中的$i = m$，所以$b_{i,k} = \dfrac{W_i - k}{W_i} \cdot b_{i,0}$

代入公式(2-32)就可以得到$b_{i,k}$與$b_{0,0}$的關係式。

$$b_{i,k} = \frac{W_i - k}{W_i} \cdot b_{i,0} = \frac{W_i - k}{W_i} \cdot p^i \, b_{0,0} \quad 0 < i < m \tag{2-33}$$

$$b_{m,k} = \frac{W_m - k}{W_m} \cdot \frac{p^m}{1-p} b_{0,0} \quad i = m \tag{2-34}$$

將(2-33)與(2-34)代入公式(2-22)，即可求解出 ，推導過程如下：

$$1 = \sum_{i=0}^{m} \sum_{k=0}^{W_i-1} b_{i,k} = \sum_{i=0}^{m} b_{i,0} \sum_{k=0}^{W_i-1} \frac{W_i-k}{W_i} = \sum_{i=0}^{m} b_{i,0} \frac{W_i+1}{2}$$

$$= \sum_{i=0}^{m-1} b_{i,0} \frac{W_i+1}{2} + b_{m,0} \frac{W_m+1}{2}$$

$$= \sum_{i=0}^{m-1} p^i \cdot b_{0,0} \frac{W_i+1}{2} + \frac{p^m}{1-p} \cdot b_{0,0} \frac{W_m+1}{2}$$

$$= \frac{b_{0,0}}{2} \left[\sum_{i=0}^{m-1} p^i (W_i+1) + \frac{p^m}{1-p} (W_m+1) \right]$$

$$= \frac{b_{0,0}}{2} \left[\sum_{i=0}^{m-1} p^i (2^i W+1) + \frac{p^m}{1-p} (2^m W+1) \right]$$

$$= \frac{b_{0,0}}{2} \left[\sum_{i=0}^{m-1} (2p)^i W + \sum_{i=0}^{m-1} p^i + \frac{(2p)^m}{1-p} W + \frac{p^m}{1-p} \right]$$

$$= \frac{b_{0,0}}{2} \left[W \left(\sum_{i=0}^{m-1} (2p)^i + \frac{(2p)^m}{1-p} \right) + \sum_{i=0}^{m-1} p^i + \frac{p^m}{1-p} \right]$$

$$= \frac{b_{0,0}}{2} \left[W \left(\sum_{i=0}^{m-1} (2p)^i + \frac{(2p)^m}{1-p} \right) + \frac{1 \cdot (1-p^m)}{1-p} + \frac{p^m}{1-p} \right]$$

$$= \frac{b_{0,0}}{2} \left[W \left(\sum_{i=0}^{m-1} (2p)^i + \frac{(2p)^m}{1-p} \right) + \frac{1}{1-p} \right]$$

$$1 = \frac{b_{0,0}}{2} \left[W \left(\sum_{i=0}^{m-1} (2p)^i + \frac{(2p)^m}{1-p} \right) + \frac{1}{1-p} \right]$$

$$\Rightarrow b_{0,0} = \frac{2}{W \left(\sum\limits_{i=0}^{m-1} (2p)^i + \frac{(2p)^m}{1-p} \right) + \frac{1}{1-p}}$$

$$= \frac{2}{W \left[\frac{1 \cdot (2p)^m}{1-2p} + \frac{(2p)^m}{1-p} \right] + \frac{1}{1-p}}$$

$$= \frac{2(1-2p)(1-p)}{W[1-p-(2p)^m(1-p)+(2p)^m(1-2p)]+(1-2p)}$$

Chapter 2

$$= \frac{2(1-2p)(1-p)}{W[1-p-(2p)^m+p(2p)^m+(2p)^m-2p(2p)^m]+(1-2p)}$$

$$= \frac{2(1-2p)(1-p)}{W[1-p-p(2p)^m]+(1-2p)}$$

$$= \frac{2(1-2p)(1-p)}{W[(1-2p)+(p-p(2p)^m)]+(1-2p)}$$

$$= \frac{2(1-2p)(1-p)}{(1-2p)(W+1)+pW(1-(2p)^m)}$$

2-4　參考文獻

[1]　T. Karn, "MACA - A New Channel Access Method for Packet Radio," *In Proceedings of ARRL/CRRL Amateur Radio 9th Computer Networking Comference*, pp. 134-140, April 1990.

[2]　A. Acharya, A. Misra, and S. Bansal, "MACA-P: A MAC for Concurrent Transmissions in Multi-hop Wireless Networks," *In Proceedings of IEEE Pervasive Computing and Communications Conference*, pp. 505-508, March 2003.

[3]　S. Jagadeesan, B. S. Manoj, and C. Siva Ram Murthy, "Interleaved Carrier Sense Multiple Access: An Efficient MAC Protocol for Ad hoc Wireless Networks," *In Proceedings of IEEE International Communication Conference*, pp. 1124-1128, May 2003.

[4]　G. Bianchi, "Performance analysis of the IEEE 802.11 distributed coordination function," *IEEE J. Select. Areas Commun.*,vol. 18, no. 3, pp. 535-547, 2000.

習　題

1. (a)名詞解釋：SIFS、PIFS，與 DIFS。(b)請說明訊框間隔與優先權之間的關係。

2. (a)何謂隱藏工作站問題？(b)請舉例說明 IEEE 802.11 如何解決隱藏工作站問題。

3. (a)何謂RTS門檻值？(b)請說明當RTS門檻值增加時，會產生的影響(優缺點)。

4. 如下圖所示，假設現有四部工作站，一開始工作站 1 正在傳送訊框，工作站2、3及4想傳訊框。工作站2、3及4的後退時間分別為160µs、50µs及100µs。請依上述情形完成下圖。(假設不考慮基本傳送單元)

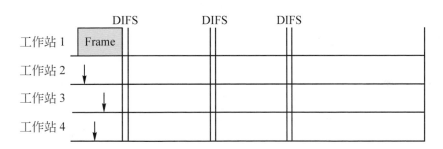

5. 如下圖所示，在IEEE 802.11 WLAN中，假設現有四部工作站，一開始工作站 1 正在傳送訊框，工作站 2 想傳 1 個 800 位元組的訊框給工作站 4，工作站 3 想傳 1 個 400 位元組的訊框給工作站 4。工作站 2 和工作站 3 的RTS門檻值都是 500 位元組。假設工作站 2、3 的後退時間分別為 160µs 和 50µs。請依上述情形完成下圖。

Chapter 2

```
                    DIFS          DIFS        DIFS
工作站 1  ┌─────┐  │             │           │
         │Frame│  │             │           │
工作站 2  └─────┘│ │             │           │
         │ ↓     │ │             │           │
工作站 3  │       │ │             │           │
         │   ↓   │ │             │           │
工作站 4  │       │ │             │           │
         │ ↓     │ │             │           │
```

6. 何謂「虛擬載波偵測」？

7. 請舉例說明「暴露工作站」問題。

第**3**章

802.11 訊框格式與連結上網

　　IEEE 802.11 無線區域網路(WLAN)的訊框可分為三種：控制訊框(Control Frame)、管理訊框(Management Frame)、以及資料訊框(Data Frame)。控制訊框是用來作為頻道的宣告，載波感測狀態的維護，以及資料接收的回應等工作；管理訊框則是用來執行管理功能所用，例如加入或離開某一個無線區域網路、與擷取點的連結、身份認可等工作；資料訊框則是用來傳遞網路上層所託付的資料。本章將介紹 802.11 的訊框，透過 802.11 訊框的內容，我們可以進一步的了解 802.11 的運作過程。接著我們會介紹 802.11 如何連結上網，也就是說從無線網路卡啓動之後，到可以合法的收送資料之間所需的程序。除此之外，連結程序主要是利用收送管理訊框來完成，因此我們配合著連結程序，來介紹管理訊框的細節。

3-1　802.11 MAC 訊框格式介紹

　　在 IEEE 802.11 的網路上傳送的資料，是以訊框(Frame)為一基本單元，每一次傳送或接收，都是以一個完整的訊框作為處理單位。訊框是將資料以及所需要的額外資訊結合在一起所產生的，此一章節將介紹802.11 MAC訊框的格式，並對每一個欄位(Field)的名稱與用途作介紹。

　　一般典型的 802.11 MAC 訊框如圖 3-1 所示。其中各個欄位是由左到右傳輸，但是最顯著位元(Most Significant bit)則在最後的位元。

位元組

2	2	6	6	6	2	6	0-2312	4
訊框控制	持續時間/編號	位址一	位址二	位址三	順序控制	位址四	訊框主體	訊框檢查碼

圖 3-1 　802.11MAC 訊框格式

　　實際上並不是每個訊框都一定包含圖 3-1 列出的所有欄位，而是依訊框型態(Type)的不同而有不一樣的配置，詳細情況會在本章內容中陸續介紹說明。接下來我們先一一介紹圖 3-1 中各個欄位的細項。

3-1-1 　訊框控制(Frame Control)欄位

　　訊框控制欄位中有 2 個位元組，這 16 個位元的配置如圖 3-2 所示。

(1) 協定版本(Protocol Version)

　　協定版本由兩個位元組成，目前的 802.11 訊框版本編號(Frame Version Number)為 0，如果以後 IEEE 推出新的媒介存取控制(Medium Access Control,MAC)協定版本，此欄位的數值才會更改。

(2) 型態(Type)與子型態(Subtype)

　　型態與子型態用以表示出不同功能的訊框類型，根據型態的值可區分為管理訊框(Management Frame)、控制訊框(Control Frame)和資料訊框(Data Frame)三種類型。根據子型態的值還可再對以上三大類型的訊框作功能的區分，比方說管理訊框可分為連結要求(Association

Request)、連結回應(Association Response)等，詳細的型態與子型態如表 3-1 所示。

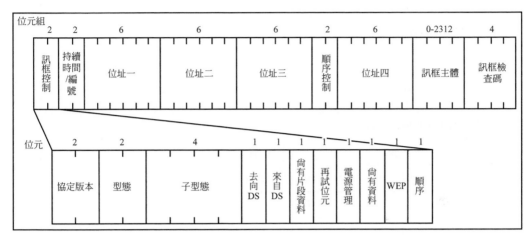

圖 3-2　訊框控制欄位細部介紹

表 3-1　型態與子型態值所對照的各種功能訊框

管理訊框(型態＝00)	
子型態	子型態名稱
0000	連結要求(Association Request)
0001	連結回應(Association Response)
0010	重新連結要求(Reassociation Request)
0011	重新連結回應(Reassociation Response)
0100	試探要求(Probe Request)
0101	試探回應(Probe Response)
1000	訊標(Beacon)

Chapter **3**

表 3-1　型態與子型態值所對照的各種功能訊框(續)

管理訊框(型態＝00)	
1001	ATIM
1010	連結終止(Disassociation)
1011	身份認證(Authentication)
1100	身份認證終止(Deauthentication)

控制訊框(型態＝01)	
子型態	子型態名稱
1010	省電—詢問(Power Save-Poll)
1011	RTS
1100	CTS
1101	ACK
1110	CF-End
1111	CF-End + CF-Ack

資料訊框(型態＝10)	
子型態	子型態名稱
0000	Data
0001	Data + CF-Ack
0010	Data + CF-Poll
0011	Data + CF-Ack + CF-Poll
0100	Null Function (no data)
0101	CF-Ack (no data)
0110	CF-Poll (no data)
0111	CF-Ack + CF-Poll(no data)

(3)　去向 DS(To DS)與來自 DS(From DS)

利用這兩個位元來指示出訊框的目的地是否為分送系統(Distribution System)，可根據表 3-2 來顯示各值所代表的分別是何種情況。詳細的例子請參考圖 3-6～3-9。

表 3-2　去向 DS 與來自 DS 欄位值與訊框種類之關係對照

	去向 DS = 0	去向 DS = 1
來自 DS = 0	所有的管理訊框與控制訊框，以及 IBSS 中的資料訊框。	基礎架構模式中由工作站傳送的資料訊框。
來自 DS = 1	基礎架構模式中工作站接收的資料訊框。	無線橋接器上的資料訊框。

(4)　尚有片段資料(More Fragments)

此位元功能類似網際網路協定(Internet Protocol, IP)中的尚有片段資料位元，用以指示封包經過 MAC 切割，而且若在此片段資料之後尚有片段資料，則此位元必須設為 1 表示尚有其他片段資料。

(5)　再試位元(Retry)

當訊框因為發生碰撞或其他原因而需要重新傳送時，重傳的訊框會將此位元設為 1。

(6)　電源管理(Power Management)

若工作站即將進入省電模式，會將此位元設為 1，將此訊息告知存取點；工作站一直保持在清醒狀態時，此值會設成 0。擷取點所傳送的訊框中此位元必為 0，因為擷取點不可能進入省電模式。

(7)　尚有資料(More Data)

為了服務在省電模式中的工作站，擷取點會將由分送系統接收而來的訊框予以暫存，擷取點若設定此位元，就代表至少有一個訊框等待傳送給省電模式中的工作站。

Chapter 3

(8)　WEP

WEP 為 802.11 網路的加密方法，並非所有資料傳送都要 WEP 加密，如果使用 WEP 加密保護資料，此位元會設為 1。

(9)　順序(Order)

訊框與訊框片段資料可依序傳送，一旦要使用嚴格順序(Strict Ordering)傳送，此位元會設為 1。

3-1-2　持續時間/編號(Duration/ID)欄位

持續時間/編號欄位有 16 個位元，共有三種可能的形式，可依最高的兩個位元來判斷。在一般訊框中此欄位存放的是網路配置向量(Network Allocation Vector, NAV)(如圖 3-3)；在免競爭時段(CFP)訊框，即用於 PCF 協定之訊框，CFP 訊框中此欄位的意義與 NAV 相同，但值略有不同(如圖 3-4)；在省電—詢問(PS-Poll)訊框中，此欄位則是用來存放連結編號(Association ID, AID)(如圖 3-5)，都將在第 3-2-1 節中有實際範例供參考。

(1)　一般訊框：NAV

當第 15 個位元設為 0 時，表示持續時間/編號欄位被用以設定 NAV。此數值代表目前進行的傳輸，預計使用媒介多少微秒(μsec)，如圖 3-3 所示。

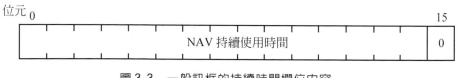

圖 3-3　一般訊框的持續時間欄位內容

(2)　CFP 訊框：持續時間

　　　　　在免競爭時段(Contention-free Period)，第 14 個位元被設為 0、第 15 個位元被設為 1，其他的位元均被設為 0，如圖 3-4 所示。因此持續時間/編號欄位的值為 32768，這個數值被解讀為 NAV。它讓沒有收到訊標訊框的工作站得知目前無線媒介是處於免競爭期間，並將其 NAV 更新為適當的值，避免干擾到免競爭之訊框傳輸。

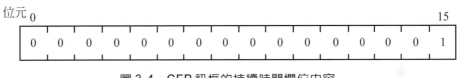

圖 3-4　CFP 訊框的持續時間欄位內容

(3)　省電—詢問訊框：連結編號(AID)

　　在省電—詢問訊框，第 14 個與第 15 個位元被設為 1，當工作站進入省電模式，休眠中的工作站必須定期醒來，從休眠狀態醒來的工作站必須送出一個省電—詢問(PS-poll)的訊框向擷取點索取代為暫存的訊框，在省電—詢問訊框中加入連結編號(AID)，擷取點再根據 AID 回送屬於該工作站暫存的訊框。AID 的值範圍從 1 到 2007，連結時由擷取點給定。如圖 3-5 所示。

圖 3-5　省電—詢問訊框的 AID

3-1-3　位址(Address)欄位

　　一個 802.11 訊框最多包含 4 個位址欄位，一般來說，位址一代表接收端，位址二代表傳送端，位址三則是被接收端用來過濾位址。

Chapter 3

位址本身的長度有 48 個位元，是依循其他 IEEE 802 網路使用的 MAC 位址格式，這些長度 48 個位元的位址各有其意義。首先我們介紹與位址相關的幾個名詞：

(1)　目的端位址(Destination Address, DA)：目的端位址代表最後的接收端。

(2)　來源端位址(Source Address, SA)：來源端位址代表傳輸資料的來源。

(3)　接收端位址(Receiver Address, RA)：如果是無線工作站，接收端即是目的端位址，如果訊框的目的地是與擷取點相連的乙太網路節點，接收端即是擷取點的無線介面，目的端位址可能是附接到乙太網路的一台路由器。

(4)　傳送端位址(Transmitter Address, TA)：傳送位址代表將訊框傳送至無線媒介的無線介面，通常只用於無線橋接器(Bridge)連接。

(5)　基本服務群編號(Basic Service Set ID, BSSID)：要在同一個區域選擇不同的無線區域網路，可以為工作站指定所要使用的基本服務群(Basic Service Set, BSS)，在基本架構模式(Infrastructure Mode)中，BSSID即是擷取點無線介面所使用的 MAC 位址，而在隨意模式(Ad Hoc Mode)中會隨機產生一個 BSSID，來當作識別用。

以下我們按來自 DS 與去向 DS 位元的組合，分四種狀況來說明位址的使用情形：

狀況一：當來源端與目的端都在同一個 BSS 中，見圖 3-6 所示，訊框內的去向 DS 和來自 DS 位元都是 0。此時位址一和位址二分別表示目的端和來源端位址，而位址三存放的是 BSSID。(註此類訊框不含位址四)

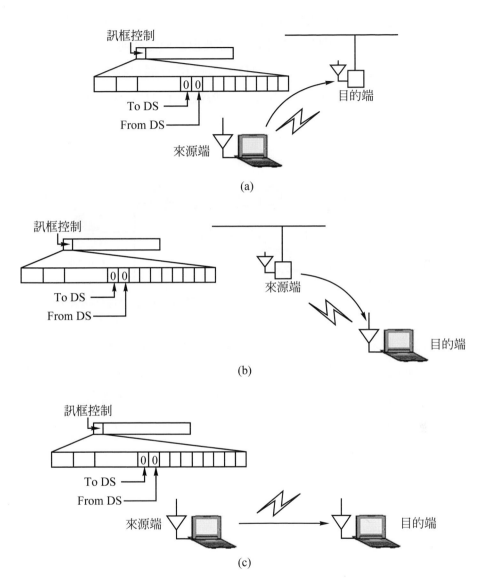

圖 3-6　來源端和目的端都在同一個 BSS 中

Chapter 3

狀況二：若來源端與目的端是在不同BSS中，而訊框正從來源端傳送給
　　　　擷取點，則去向DS位元為1而來自DS位元則是0。見圖3-7，
　　　　在此時位址一放的是BSSID，因為接收端是擷取點，位址二放
　　　　來源端位址，而將目的端位址放置在位址三。

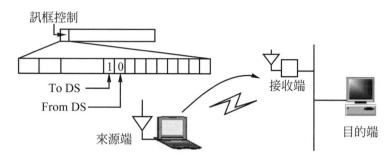

圖 3-7　來源端和目的端在不同一個 BSS 中，訊框正從來源端交給擷取點

狀況三：若來源端與目的端是在不同BSS中，而訊框正從擷取點傳送給
　　　　目的端，則去向DS位元為0而來自DS位元則是1。而BSSID
　　　　則放置在位址二，表示傳送者的位址，至於來源端位址就被放
　　　　置在位址三，訊框傳送情況見圖3-8。

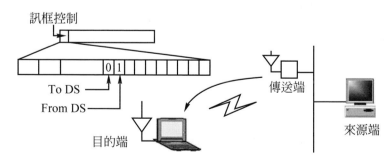

圖 3-8　來源端和目的端在不同一個 BSS 中，訊框正從擷取點送往目的端

狀況四：當來源端與目的端透過一個無線分送系統來傳送資料，訊框在
擷取點之間傳送時，來自DS與去向DS位元都是1，見圖3-9。
在此傳送訊框的擷取點和接收訊框的擷取點 BSSID 將被分別
紀錄在訊框中的位址二和位址一欄位，位址三放目的端位址，
位址四放來源端位址。

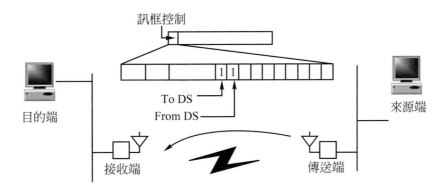

圖 3-9　來源端和目的端透過一個 WDS 來傳送資料，訊框正從一個擷取點傳送到另一個擷取點

為了方便參考，表3-3可總結在不同情況下各個位址所代表的意義。

表3-3　訊框傳送範圍與各位址所代表的意義之關係對照

	去向 DS	來自 DS	位址一 (接收端)	位址二 (傳送端)	位址三	位址四
IBSS	0	0	DA	SA	BSSID	不使用
去向 AP	1	0	BSSID	SA	DA	不使用
來自 AP	0	1	DA	BSSID	SA	不使用
WDS (橋接器)	1	1	RA	TA	DA	SA

Chapter 3

3-1-4 順序控制(Sequence Control)欄位

順序控制欄位的長度有 16 個位元，是用來重組訊框片段資料與丟棄重複接收到的訊框，細項如圖 3-10 所示。

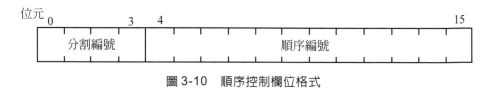

圖 3-10 順序控制欄位格式

當要傳送上層封包時，會產生一個專屬的順序編號，每處理一個上層封包就會累加 1。如果上層封包被切割處理，則訊框順序編號都會有相同的數值；如果是重傳的訊框，則順序編號不會有改變。

若有切割成數個片段資料的話，第一個片段資料的片段編號為 0，之後依序遞增 1，重傳的片段資料都會保留原始的順序編號以幫助重組。

3-1-5 訊框主體(Frame Body)欄位

訊框主體也稱為資料欄位，負責在工作站傳送上層的資料，至多可傳送 2304 個位元組(byte)。

3-1-6 訊框檢查碼(Frame Check Sequence，FCS) 欄位

802.11 訊框以訊框檢查碼作為結束，訊框檢查碼通常使用循環多餘檢查碼(Cyclic Redundancy Check, CRC)，可讓工作站檢查所收到的訊框是否完整，訊框檢查碼的計算範圍包括 MAC 表頭(Header)以及訊框主體。

在乙太網路中如果 CRC 計算錯誤的話，則丟棄這個訊框，如果計算正確的話，則將此訊框傳送到上層的協定，在 802.11 中，若 CRC 計算錯誤的話也是丟棄這個訊框，若計算正確的話除了傳送到上層的協定之外，還會送 ACK 訊框給原來的發送端。

3-2 　連結上網

首先我們來看無線區域網路與有線區域網路連結上網的不同。若要連結上有線區域網路，你所要作的第一個步驟是尋找哪裡有網路的插槽，在辦公室或實驗室這些網路插槽常常在牆角下。習慣上我們會在插

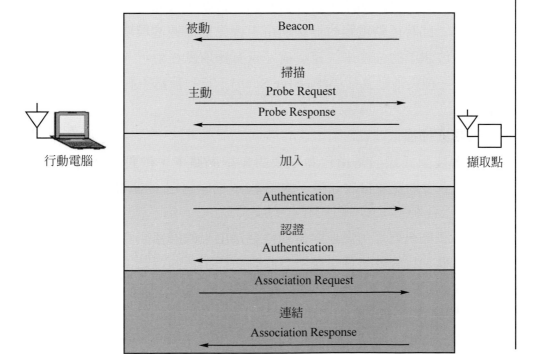

圖 3-11　行動電腦與擷取點連結的程序

Chapter **3**

槽註明一些必要的資訊，例如：IP位址，閘道器位址等，以便讓你設定
網路連結。無線區域網路則不然，首先無線網路卡會

(1)   做掃描的動作，尋找可連結上網的頻道。

(2)   找出可能的無線網路與頻道之後，依收集到的各項參數，選擇加入
其中一個合適的無線網路。

(3)   行動工作站會向擷取點表明身份，做身份認證的程序。

(4)   最後行動工作站向擷取點登錄各項資料，完成連結的動作。
圖 3-11 列出這四個主要的步驟：掃描、加入、認證及連結。

3-2-1   尋找擷取點

當一個裝有無線網路卡的行動電腦一啓動，首先要做的事情就是尋
找擷取點。此時行動電腦的無線網路卡會先掃描週遭環境中的頻道，經
由偵測微波訊號的強度來決定目前是否有擷取點在附近。掃描的方法分
成兩種：一種爲被動式掃描(Passive Scan)，另一種爲主動式掃描(Active
Scan)。

(1)   被動式掃描

所謂被動式掃描是指行動電腦的無線網路卡，依設定好的頻率順
序，依序調整聆聽並接收在這一些頻率(或稱頻道)上的訊標訊框(Beacon
Frame)。

這些訊標訊框是由擷取點週期性發送出來的廣播訊息，它是屬於一
種管理訊框，目的就是爲了讓所有收到訊標訊框的行動電腦知道擷取點
的基本資料(像是群組的識別碼，資料傳送的速度，時間同步的資訊等
等)。訊標訊框通常的廣播週期爲 0.1 秒。當行動電腦掃描過所有的預設
頻道之後，行動電腦便做完對周圍擷取點相關資料的收集工作，然後會
將資料交由「加入」的程序，來決定要加入哪一個擷取點。

(2)　訊標訊框格式

如同上述所說，訊標訊框會由擷取點週期性傳送，是擷取點主動顯示網路的存在，而行動工作站可藉由接收到訊標訊框來得知目前有哪些BSS存在，根據訊標訊框內所提供的參數，進而調整加入此BSS所必要的參數值。在基礎架構模式中，擷取點必須負責傳送訊標訊框，訊標訊框所能傳送到的範圍就是BSS的範圍。

如圖3-12所示，訊標訊框主要的資訊，含在MAC表頭之後的資料欄位，而資料欄位的內部又可分為強制性欄位與選擇性欄位兩大類。其中強制性的欄位是訊標訊框中一定要帶有的參數；而選擇性的欄位，譬如說如果是使用 Direct Sequence PHY 技術時，就會使用到 DS 參數組合，其他選擇性選項也是相同意義，當使用到時再去設定此參數即可。

以下我們依序介紹訊框主體的各項欄位：

①　時間戳記

時間戳記欄位是用來讓相同BSS中的工作站作同步，BSS的基地台計時器會定期傳送目前已使用到的微秒數目(Micro-second)，當此欄位到達最大值的時候，就從頭重新累計，總共可使用到 64 個位元。

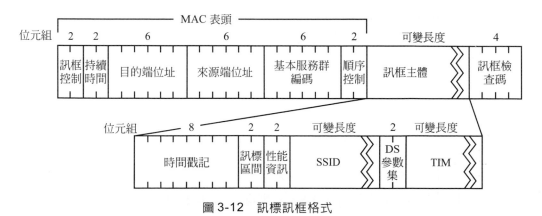

圖 3-12　訊標訊框格式

Chapter 3

② 訊標區間

　　訊標區間欄位的長度是 16 個位元，用來設定每一個訊標訊框之間相隔多少時間單位(Time Unit)，一個時間單位相當於1024個微秒，通常訊標區間會設定為100個時間單位，相當於0.1秒。

③ 性能資訊

　　性能資訊欄位的長度為 16 個位元，用來表示該網路提供哪些功能。工作站會依據性能資訊來判斷自己是否有支援此BSS所具備的功能，如果未具備的話就無法加入此BSS。性能資訊欄位格式如圖 3-13。

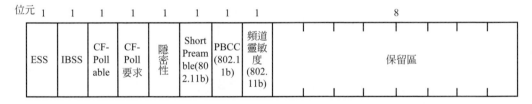

圖 3-13　性能資訊欄位格式

　　比如 ESS/IBSS 位元欄位，如果是基礎架構模式的話，ESS 欄位會設為 1，IBSS 欄位會設為 0。如果是隨意模式(Ad Hoc Mode)的話，ESS 欄位會設為 0，IBSS 欄位會設為 1。當隱密性位元被設為 1 時，表示有使用 WEP 機制來維持資料傳輸時所做的加密動作。

④ 服務組編號(SSID)

　　一個 BSS 或一個以上的 BSS 可組成一個 ESS，我們給 ESS 一個編號稱為ESSID或SSID，SSID為一串文字，使用文字名稱來當作 SSID，較易於管理。想要連結無線網路的工作站，可以掃描目前區域所有的 ESS，選擇特定的 SSID 加入。

　　SSID的欄位如圖 3-14。SSID的資訊是屬於管理訊框的資訊項目，第一個欄位爲項目編號，SSID 的編號爲 0，SSID 則爲文字字串，大部分的產品會要求 SSID 是以 Null 爲結尾，SSID 的長度介於 0 到 32 個位元組之間。

位元組

1	1	0-32
項目編號 (0)	長度	SSID

圖 3-14　SSID 欄位格式

　　管理訊框的資訊項目除了SSID之外，另有其他項目如表 3-4 所示。這些資訊項目包括三個欄位，依序爲項目編號、長度、內容三項，其中長度欄位的值表明內容欄位有多長。

表 3-4　管理訊框的資訊項目

項目編號	項目表示內容
0	服務組編號(SSID)
1	支援速率
2	FH 參數集
3	DS 參數集
4	CF 參數集
5	流量指示圖譜(TIM)
6	IBSS 參數集
7-15	保留未使用
16	挑戰字串
17-31	保留作爲挑戰字串的延伸
32-255	保留未使用

Chapter **3**

以下我們再介紹訊標訊框三個常見的資訊項目。

① 支援速率(Supported Rates)

802.11 網路可以使用支援速率欄位來指定所支援的速率，有些速率是強制性的，有些是選擇性的，其中強制性的是每部工作站都需支援，否則無法加入此BSS。支援速率欄位格式如圖3-15。

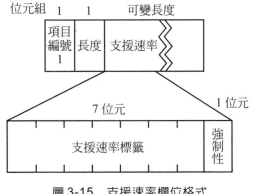

圖 3-15　支援速率欄位格式

例如現有一擷取點支援有 2Mbps的速率與11Mbps的速率，其中一定要支援 2Mbps 的速率，也支援選擇性的 11Mbps 的速率，則資料傳輸速率標籤(Data Rate Label)與強制性的值如圖 3-16。

圖 3-16　支援速率欄位內容：2Mbps 強制，11Mbps 非強制

資料傳輸速率標籤中的 7 個位元對資料速率進行編碼，資料速率為 500kbps 的倍數，請注意圖 3-16 傳輸速率最右邊位元為最顯著位元，所以 0010000 表數值4，4 × 500kbps＝2Mbps，如表 3-5 可列出常用的速率。

表 3-5　常用速率與支援速率欄位值對照

欄位值	對應的速率
2	1 Mbps
4	2 Mbps
11	5.5 Mbps
22	11 Mbps

② DS 參數集

　　802.11b 使用直接序列(DS)的展頻技術，其相關的參數，在 DS 參數集說明，DS 參數集的格式見圖 3-17。

圖 3-17　DS 參數集格式

③ 流量指示圖譜(Traffic Indication Map, TIM)

　　流量指示圖譜的資訊項目，其格式如圖 3-18：

圖 3-18　流量指示圖譜格式

　　這個項目的長度可以從 6 個位元組到 256 個位元組。TIM 主要的作用是當工作站進入省電的模式時，擷取點會幫工作站暫存

Chapter 3

所有要送給該工作站的資料，而此擷取點便會在發送訊標訊框時，將有暫存資料的訊息，利用 TIM 的資訊項目送出去。根據 IEEE 802.11 規約，工作站進入省電模式之後，每隔固定的訊標週期，它會醒來接收訊標訊框，檢查TIM欄位是否有資料被暫存在擷取點。若發現有資料要給它，則工作站會發出訊框要求擷取點傳送；若發現無資料，則該工作站會繼續進入省電模式。

　　TIM主要有6個欄位：項目編號、長度、傳遞TIM(Delivery TIM, DTIM)倒數計數，DTIM 週期，位元譜控制和部分虛擬位元譜。DTIM 倒數計數與 DTIM 週期是用來通知工作站有群播或廣播訊息，如果工作站有參加群播或願意接收廣播資料，則須監看這兩個欄位。DTIM 倒數計數的欄位為整數值，表示再幾次訊標週期，擷取點可能會送出群播訊框。DTIM 週期也是整數，用以表示每隔幾個訊標訊框，會送出群播訊框。例如DTIM週期為4，表示每4個訊標週期為1個DTIM週期，若有群播訊框等待傳送，則會在訊標框訊之後跟著傳送。值得注意的是若DTIM週期大，則工作站可等久一點才醒來等待是否有群播訊框，因而增加工作站的省電效率。但相對的群播訊框被延遲傳送的時間也就會增加。基於整體系統效能，DTIM 週期的設定須在工作站的省電及延遲傳送之間取得平衡點。

　　在位元譜控制欄位 8 位元中，第 1 個位元為流通量指標，若有廣播或群播的訊框等待傳送時，該位元設為 1，反之設為 0。另 7 位元表示位元譜的起始位置值。部分虛擬位元譜用來提示已進入省電狀態的工作站，擷取點是否有暫存資料要給它。當每個工作站與擷取點完成連結時，擷取點會指定一個編號給工作站，這個編號稱為連結號碼(Association ID, AID)，若擷取點有暫存資料要給該工作站，則擷取點會在位元譜上所對應的連結號碼之位元設定為 1。例如該工作站的 AID 為 195，則位元譜的第 195 位元設定為 1。

　　整個位元譜共有 2008 個位元，即 AID 的數值範圍從 1 到 2007。但並非每次訊標訊框在傳送時，都須將整個位元譜傳送。原因是與擷取點連接且進入省點模式的工作站數目並不多，因此位元譜大多數為 0。所以我們只要送出有 1 出現的部分位元譜即可，如此可減少訊框的長度，增加效能。

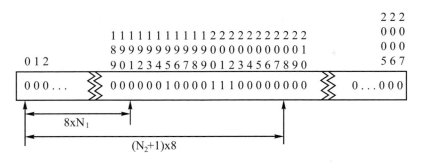

圖 3-19　TIM 的簡單範例

　　如圖 3-19 是一個 TIM 的簡單例子，AID 為 195，200，201，202 有暫存資料。所以從 0 到 191 位元都是 0，另從 208 到 2007 位元也都是 0。即前半段有 $8 \times N_1$ 個位元為 0，其 $N_1 = 24$；後半段從位元 $(N_2 + 1) \times 8$ 之後就為 0。因此，在規約中定 N_1 值表示一個最大的偶數使得位元編號從 1 到 $(N_1 \times 8) - 1$ 之間的位元都為 0。另 N_2 值為最小的數使得位元編號從 $(N_2 + 1) \times 8$ 到 2007 之間的位元都為 0。我們要在位元譜控制欄位(7 位元的長度)中，寫入 $N_1/2$ 數位，在長度欄位中寫入 $(N_2 - N_1) + 4$ 的值。如上述的例子，位元譜控制 $= 24/2 = 12$，長度 $= (25 - 24) + 4 = 5$。

Chapter 3

　　AID為0定義成群播訊框的編號，它並不在位元譜上，因位元譜上編號為0的位元，其值永遠為0，AID 為0是利用位元譜控制欄的第1個位元來表示之。

　　範例一：我們利用從網路上，擷取一個訊標訊框，如圖3-20所示，左手邊的數字為資料碼的編號，右手邊的數字為真正訊框的內容，這些數字為 16 進位的碼，每一數字表示四個位元。對照圖3-12我們解讀此訊框為訊標訊框80，且此訊框是以廣播的方式傳送，目的端位址為 ff ff ff ff ff ff；時間戳記的值為0x000001535DDFF1B9 微秒(1457568870841 微秒)；訊標區間為0x0064，即100個時間單位，每個時間單位是1024微秒，所以其值為0.102400秒；性能資訊0100，表示ESS性能為1(擷取點是傳送端)，IBSS 狀態為0(傳送端屬於一個 BSS)，CFP 參與能力為00(擷取點不支援免競爭傳輸)，隱密性為0(不支援WEP)，Short Preamble為0(不支援short preamble)，PBCC為0(不支援PBCC modulation)，頻道靈敏度為0(未使用頻道靈敏度)，Short Slot Time為0(未使用short slot time)，DSSS-OFDM為0(不允許DSSS-OFDM modulation)；接著是一些標籤參數，0003574C31表示標籤編號為0(這是 SSID 參數集)，標籤長度為3，這個標籤的內容 574C31 是表示 WL1；010482848B96表示標籤編號為1(這是支援速率的標籤)，標籤長度為 4，標籤的內容表示擷取點支援的速率有1.0、 2.0、5.5和11.0四種，單位為[Mbit/sec]；030106表示標籤編號為3(這是DS參數集)，標籤長度為1，標籤內容表示目前的頻道是 6；050400010000 表示標籤編號為5(這是TIM參數集)，標籤的長度是4，標籤內容有DTIM計數為0，DTIM週期為1，位元譜控制為0x0(位元譜是廢止的)。更詳盡的說明彙總在表3-6。

```
0000    80 00 00 00 ff ff ff ff ff ff 00 60 b3 16 68 97
0001    00 60 b3 16 68 97 50 96 b9 f1 df 5d 53 01 00 00
0002    64 00 01 00 00 03 57 4c 31 01 04 82 84 8b 96 03
0003    01 06 05 04 00 01 00 00 ff ff ff ff
```

圖 3-20　網路上擷取的訊標訊框內容

表 3-6　圖 3-20 的訊框內容說明

資料內容	內容說明
80	訊框控制＝ 0x0080(正常) 　　版本＝ 0 　　型態＝管理訊框(0) 　　子型態＝ 8
00	標籤＝ 0x0 　　去向 DS ＝ 0，來自 DS ＝ 0 　　尚有片段資料＝ 0(這是最後一個片段) 　　再試位元＝ 0(訊框尚未被重傳) 　　電源管理＝ 0(STA 會持續開啟) 　　尚有資料＝ 0(沒有被緩衝的資料) 　　WEP 標籤＝ 0(沒有開啟 WEP) 　　順序標籤＝ 0(沒有嚴格的排序)
00 00	持續時間＝ 0
FF FF FF FF FF FF	遠端位址＝ FF:FF:FF:FF:FF:FF (廣播)
00 60 B3 16 68 97	來源端位址＝ 00:60:B3:16:68:97 (Z-Com_16:68:97)
00 60 B3 16 68 97	BSS ID ＝ 00:60:B3:16:68:97 (Z-Com_16:68:97)
50 96	片段編號＝ 0 序列編號＝ 2405
B9 F1 DF 5D 53 01 00 00	固定參數(12 位元組) 　　時間戳記＝ 0x000001535DDFF1B9

Chapter **3**

表 3-6 圖 3-20 的訊框內容說明(續)

資料內容	內容說明
64 00	訊標區間＝ 0.102400(秒)
01 00	性能資訊 　　ESS 性能＝ 1(AP 是傳送端) 　　IBSS 狀態＝ 0(傳送端屬於一個 BSS) 　　CFP participation capabilities ＝ 00(No point coordinator at AP) 　　隱密性＝ 0(AP/STA 未支援 WEP) 　　Short Preamble ＝ 0(不允許 short preamble) 　　PBCC ＝ 0(不允許 PBCC modulation) 　　頻道靈敏度＝ 0(未使用頻道靈敏度) 　　Short Slot Time ＝ 0(未使用 Short Slot Time) 　　DSSS-OFDM ＝ 0(不允許 DSSS-OFDM modulation)
00 03 57 4C 31	標籤參數 　　標籤編號＝ 0(SSID parameter set) 　　標籤長度＝ 3 　　標籤詮釋＝ WL1
01 04 82 84 8B 96	標籤編號＝ 1(Supported Rates) 標籤長度＝ 4 標籤詮釋＝ Supported Rates: 1.0(B) 2.0(B) 5.5(B) 11.0 (B) [Mbit/sec]
03 01 06	標籤編號＝ 3(DS parameter set) 標籤長度＝ 1 標籤詮釋＝ Current Channel : 6
05 04 00 01 00 00	標籤編號＝ 5(TIM parameter set) 標籤長度＝ 4 標籤詮釋＝ DTIM 計數＝ 0，DTIM 週期＝ 1，Bitmap control ＝ 0x0(Bitmap suppressed)
FF FF	標籤編號＝ 255(保留的標籤編號) 標籤長度＝ 255

⑶　主動式掃描

　　若行動電腦使用主動式掃描，行動電腦同樣會調整無線網路卡的頻率，依序輪流掃描各頻道。當停留在該頻道等待一段 ProbeDelay 時間之後都沒有偵測到任何訊號，則判斷此頻道沒有擷取點在使用，轉而繼續偵測下一個頻道；若 ProbeDelay 時間內有偵測到訊號存在，就透過 DCF 機制取得頻道的使用權，在該頻道上送出一個探測性的訊框並等待回應，如圖 3-21 所示。

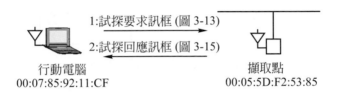

圖 3-21　主動式掃描流程示意圖

　　行動電腦首先送出的訊框就稱為試探要求訊框(Probe Request Frame)，這也是屬於一種管理訊框，用來尋找週遭的擷取點。若行動電腦發出試探要求訊框之後，等待了一段MinChannelTime時間，而在這段期間內都沒有偵測到頻道上有任何訊號，則行動電腦同樣會認定這裡沒有擷取點的存在。此外，若行動電腦在MinChannelTime時間內偵測到頻道上有訊號出現，行動電腦會嘗試接收，一直到過了一段 MaxChannelTime 時間之後，開始處理已收到的試探回應訊框，不論有沒有收到訊框，都會結束在這個頻道上的偵測。行動電腦會逐一調整無線網路卡的頻率，直到所有頻道都找過，才算收集完成。這樣的一個動作稱為主動式掃描(Scanning)。

⑷　試探要求／試探回應訊框格式

　　試探要求訊框是行動電腦進行主動式掃描時發給擷取點的封包，擷取點收到此封包後就會發送試探回應封包給行動電腦，而試探回應封包內即包含擷取點的相關資訊。以下介紹試探要求訊框的內容，試探要求訊框的訊框格式見圖 3-22。

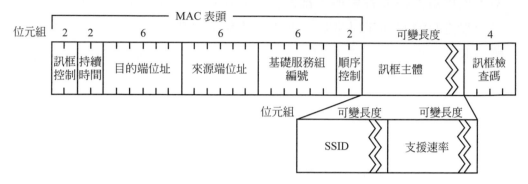

圖 3-22　試探要求訊框格式

只有試探要求訊框可以將 SSID 設為 0，表示這是一個廣播的封包，但不是每一個試探要求訊框都一定把 SSID 設為 0，如工作站事先知道要試探特定的 SSID，可直接填入 SSID 的名稱。而支援速率會顯示發出此封包的工作站支援哪些資料傳輸速率，其中支援速率可分為一定要支援的速率與可選擇的速率，若工作站無法支援擷取點所要求的所有強制支援速率，就無法加入該擷取點。圖 3-23 是我們從網路上擷取的一個試探要求訊框，在此訊框中，目的端位址為 ffffffffffff，BSSID 為 ffffffffffff，及 SSID = 0000 表示廣播封包，任何擷取點都可接收及處理。另外此擷取點所支援的速率欄位為 010402040B16，表示可支援的速率分別為 1.0、2.0、5.5 及 11.0Mbps。

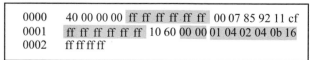

圖 3-23　網路上擷取的試採要求訊號內容

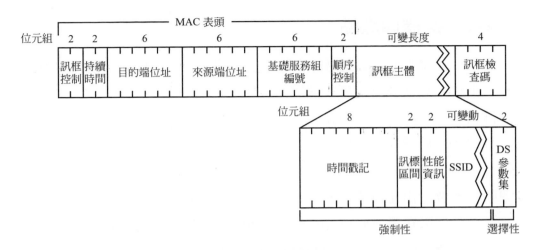

圖 3-24　試探回應訊框格式

　　一旦擷取點接收到這樣一個試探要求訊框時，擷取點就會在下一次訊標訊框發送出去之後，將自己的基本資料利用試探回應訊框(Probe Response Frame)，以單點傳輸(Unicast)的方式回覆給送出試探要求的行動電腦。圖 3-24 描繪出試探回應訊框中的訊框主體格式，其中各欄位的意義與之前訊標訊框的說明都相同。圖 3-25 是我們在網路上擷取到的一個試探回應訊框內容，在此訊框中，目的端位址為0007859211CF，來源端位址為00055DF25385，表示這是由擷取點發送給行動電腦的訊框。其他的欄位，例如時間戳記、SSID 等，留給讀者自己去解析。

```
0000    50 00 3a 01 00 07 85 92 11 cf 00 05 5d f2 53 85
0001    00 05 5d f2 53 85 00 00 92 84 5e 8f 87 00 00 00
0002    64 00 05 00 00 07 64 65 66 61 75 6c 74 01 04 82
0003    84 0b 16 03 01 06 04 06 55 55 55 55 55 55 ff ff
0004    ff ff
```

圖 3-25　網路上擷取的試探回應訊框內容

Chapter 3

3-2-2　選擇擷取點

　　當行動電腦收集完週遭的資訊後，會將資料傳給內部一個預設的機制，來決定到底要選取哪一個網路群組 ESS(一個擷取點對應到一個網路群組)。一旦決定加入的網路群組後，行動電腦就會改變自身的屬性(比方說頻道，資料接收速率等等)，等待下一個訊標訊框的到來，以便執行下一個動作。這樣的一個動作稱為加入(Join)，特別注意的是這一個動作不會送出任何訊框，只有改變自己的屬性。

　　行動電腦在選取要加入的網路群組時，一般常用的機制是根據接收訊號強度指標(Received Signal Strength Indicator, RSSI)的最大值，也就是選擇能收到最強訊號的擷取點來加入，例如，行動電腦經由掃描的程序，發現可利用的擷取點有A與B兩個，其中接收到擷取點A的RSSI值是－78dBm，而擷取點 B 的 RSSI 值為－82dBm，則行動電腦會選擇擷取點A作連結。然而擷取點選擇的機制是可以依實作上的需求而有所不同的，利用 RSSI 最大值來選擇擷取點雖然是普遍用法，卻也有一個明顯的缺點：當環境中有多個擷取點和行動電腦，而大部分的行動電腦都選擇相同擷取點時，無線網路資源將會無法被公平且有效地利用。

　　因此，為了達到各擷取點的負載平衡(Load Balance)，許多人投入相關研究，並且在選擇擷取點時，除了 RSSI 之外，利用到許多其他網路資訊。擷取點的選擇可以分為兩種方式：一種是由各個行動電腦自行判斷，也就是利用分散式的演算法來決定；另一種是行動電腦透過擷取點將資訊送到中央伺服器，再由中央伺服器利用集中式的演算法來進行全盤的控制。

　　擷取點的選擇，若採用分散式的演算法有下列優點：

⑴　能夠在網路的最邊緣阻擋未認證的傳輸，是較安全的架構設計。

⑵　由各個擷取點來管理狀態是較具有擴充性的。

⑶　分散式的狀態管理可以減少經由中央系統分配發佈的網路負擔。

　　另一方面，若是採用集中式管理的方法，會有一個中央伺服器的存在，以下為集中式演算法的優點：

⑴　中央伺服器能夠監視並控制整個網路中的所有擷取點，以及各擷取點負責區域的傳輸負載情況。

⑵　由於所有的狀態都儲存到中央伺服器，擷取點就可以維持輕量(Light-weight)，並且省去擷取點之間傳遞訊息的必要，若是分散式的演算法，擷取點必須不時交換彼此目前的狀態資訊。

⑶　行動電腦在初期向中央伺服器註冊時即告知所需的服務項目，再由中央伺服器轉送給擷取點，可以省去行動電腦進行漫遊時擷取點之間，還要傳送相關的行動電腦服務資料。

　　以下先介紹一個採用分散式演算法的擷取點選擇機制[1]，是以達到當地最大資料傳輸率(Maximum Local Throughput, MLT)為目標，簡稱 MLT 方法。

　　MLT方法是行動電腦對某一擷取點偵測RSSI，再利用RSSI相關資料進一步取得對擷取點傳送的封包錯誤率(Packet Error Rate, PER)，再利用 PER 計算資料傳輸率，最後選擇能達到最大 MLT 的擷取點。以下說明此方法的演算過程；假使 t_T 表示一個封包透過DCF機制傳送理論上所需花費的最短時間，讓我們來看 RTS/CTS 機制下(如圖 3-26)所需的時間：

$$t_T = \text{RTS} + \text{CTS} + \frac{\text{傳輸資料量}}{\text{傳輸速率}} + \text{ACK} + \text{DIFS} + 3\text{SIFS} \quad (1)$$

Chapter **3**

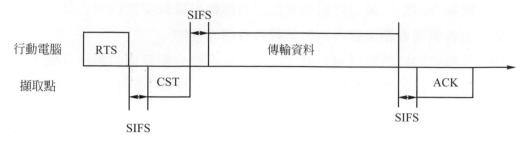

圖 3-26　DCF 機制下，資料封包傳送示意圖

(1)式中的 RTS，CTS 及 ACK 分別表示傳送這三種訊框所需的時間，而DIFS和SIFS則是兩種訊框間隔的時間，此外，傳輸資料單位是位元，而傳輸速率的單位為 bps。

假設P為封包錯誤率且假設這些封包的錯誤都為獨立事件，若每一個資料訊框需要i次的傳送，即前$(i-1)$次都是失敗，第i次才傳送成功。令a_i表示第i次傳送成功的機率，則

$$a_i = P^{i-1} \cdot (1-P) \tag{2}$$

若令每一個資料訊框平均需傳送N_f次，則

$$N_f = \sum_{i=1}^{\infty} i \cdot a_i = \sum_{i=1}^{\infty} i \cdot P^{i-1} \cdot (1-P) = \frac{1}{1-P} \tag{3}$$

所以平均一個封包在實際環境中，正確地收送可能需要花費的時間T_w則為

$$T_w = \frac{1}{1-P} \cdot t_T \tag{4}$$

所以在此一擷取點下所有行動電腦每秒的傳輸量總和為

$$\theta = \frac{傳輸資料量}{T_w} = \frac{傳輸資料量 \cdot (1-p)}{t_T} \tag{5}$$

若此擷取點下有 N 個行動電腦且封包之間沒有碰撞發生，則

$$\theta_N = \frac{傳輸資料量 \cdot (1-p)}{t_T \cdot N} \tag{6}$$

若每一個封包都是相同大小時，則最大當地資料傳輸率 W_{MLT} 為

$$W_{\mathrm{MLT}} = \frac{1-P}{N} \tag{7}$$

依照(7)式，行動電腦從擷取點所發出的訊標訊框或試探回應封包取得相關資料(P以及N)後，計算每個擷取點的 W_{MLT}，選擇有最大 W_{MLT} 的擷取點來加入。

以下介紹另一種採用集中式演算法的擷取點選擇方法[2]，此方法是利用身份認證的同時，順便挾帶相關的網路資訊來進行的，而關於身份認證的詳細方法與步驟，將在第 5 章做介紹。

步驟 1： 行動電腦透過掃描尋找擷取點的方式來取得目前網路上有提供的服務，預設是先和訊號最強的擷取點作連結。

步驟 2： 行動電腦進行身份認證並提出服務要求，這裡所傳遞的資料包括行動電腦的身份憑證，QoS的頻寬要求範圍，以及一個行動電腦尋找到哪些擷取點的列表，依照訊號與雜訊的比值(Signal to Noise Ratio, SNR)由大到小排列。

步驟 3： 如果行動電腦在步驟 2 中沒有提出QoS的頻寬要求，則不會有之後的許可控制，行動電腦只需和其他人競爭到一個公平的服務。若有提出QoS要求，則中央伺服器就會評估所有在擷取點列表中的擷取點，是否有任何一個能夠滿足行動電腦的要求。如果有超過一個擷取點能夠滿足，則選擇目前有最多可用資源的擷取點。一旦完成許可控制，中央伺服器便會回給行動電腦一個認證成功的訊息。

Chapter 3

步驟 4：　行動電腦會收到QoS權杖。QoS權杖是有有效期限的，一旦超
　　　　　過期限，行動電腦就必須重新進行溝通協調。QoS權杖中包含
　　　　　幾項資訊：被允許的QoS頻寬範圍、可使用的服務或是正在進
　　　　　行漫遊、提供服務的擷取點、以及擷取點的實際位置。

　　除了上述的步驟之外，[2]中還提到兩個額外的管理方式。第一個
是「明定的頻道轉換」(Explicit Channel Switching)，第二個則是「由
網路指引方向的漫遊」(Network-Directed Roaming)。

　　「明定的頻道轉換」所描述的管理方式是，當行動電腦一開始預設
連結的擷取點(有最強訊號強度)與後來中央伺服器經過許可控制後決定
的擷取點不同時，行動電腦會馬上換到中央伺服器所指示的擷取點。在
這個方法之下，擷取點的選擇不再只單純以訊號強度作為考量，而是訊
號強度與擷取點負載量之間取得一個平衡點，中央伺服器可能會因此而
強迫行動電腦與一個訊號較不強但負載較輕的擷取點作連結。

　　「由網路指引方向的漫遊」則是考慮到行動電腦一開始所提出的
QoS要求也許會無法在擷取點列表中找到能符合的擷取點。此時網路必
須回覆行動電腦一個可能可以滿足該要求的位置，使行動電腦可以選擇
向該處移動以取得服務(由於中央伺服器能夠控制整個網路，也就可以
找到兩個擷取點以及行動電腦的位置)。如果行動電腦不想移動到別處，
可以重新發出要求，但是必須比原先要求的頻寬少。注意到這個方法必
須依賴定位的方法以及中央伺服器指引行動電腦的能力。

　　由於每個擷取點的位置都可以視為已知，從擷取點的訊號強度來估
計行動電腦的位置，精確度可以到數公尺。而中央伺服器可以利用座
標，在行動電腦上顯示一個動態的地圖，隨著行動電腦的移動，顯示目
前位置以及指引的方向、位置。如果有多個擷取點可供選擇，甚至可以
同時在動態地圖上顯示出各個候選擷取點與行動電腦的相對位置以及距
離遠近，如果途中有障礙物，也可以顯示在動態地圖上。

3-2-3　身份認證

在行動電腦選定了擷取點之後，行動電腦已經改變自己的狀態，準備開始真正加入無線群組了，行動電腦此時便會依據上一個步驟的資料，取得擷取點的群組資料送出身份認可的訊框，稱為身份認證訊框(Authentication Frame)，是屬於一種管理類別的訊框。

身份認證訊框的訊框主體格式見圖 3-27。其中身份認證方法編號代表此認證程序中所使用的認證類型。身份認證順序代碼是用來作為身份認證的進度，每一個動作之後都加一，作為順序的代碼。

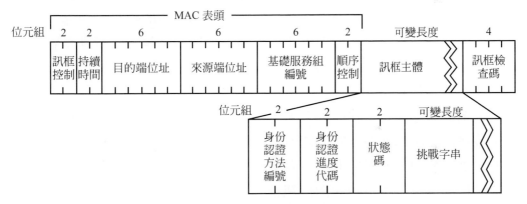

圖 3-27　身份認證訊框的訊框主體欄位格式

狀態碼是用來表示目前認證的狀態，若擷取點想繼續進行此身份認證程序，則狀態碼存放的值是 0(表示成功)。而挑戰字串欄位，是用在使用共享金鑰身份認證系統時，擷取點會要求行動電腦將一段挑戰字串加密，用以驗証行動電腦之身份，挑戰字串即填入在此欄位。

802.11 MAC 層身份認證有兩種模式：開放式系統(Open System)與金鑰共享(Share Key)。開放式系統的方法很簡單(如圖 3-28)，任何提

Chapter 3

出以此方式進行認證的行動電腦都可通過認證，只要對方支援並允許開放系統式認證。這種方式主要是讓工作站簡單表明身份，以便雙方可儘速進行通訊。

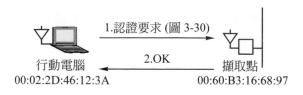

1.認證要求 (圖 3-30)

2.OK

行動電腦　　　　　　　　　　　擷取點
00:02:2D:46:12:3A　　　　　　00:60:B3:16:68:97

圖 3-28　　開放式系統(Open System)試證方法

　　　開放式系統認證包含兩個認證步驟。如圖 3-28 所示，第一個步驟由行動主機送出身份認証訊框(此例子的訊框請參考圖 3-30)，聲明自己的身份。第二個步驟是被要求認證者回送一個認證的結果。金鑰共享認證方法就較爲複雜，它需要群組成員擁有共同的金鑰，當行動電腦聲明它屬於這個群組時，我們要有能力判斷對方是否眞的屬於此群組(經由查詢對方金鑰)。

　　　金鑰共享認證方法(圖 3-29)包含四個認證步驟。第一個步驟是行動主機送出認證訊框要求對方認證。第二個步驟是擷取點先檢查雙方認證方法是否相同，如果擷取點沒有支援金鑰共享，則認證結果失敗，此時認證程序結束，不再傳送認證訊框。如果成功則擷取點利用 WEP 演算法產生一個長度爲 128 位元組之挑戰字串(Challenge Text)。並將此挑戰字串送給行動主機。挑戰字串的目的是檢驗對方的金鑰，因此挑戰字串的內容並不重要。此兩個訊框在傳送時都不可以經過加密處理(WEP ＝ OFF)，否則對方將無法解讀認證內容。

　　　第三個步驟是行動主機將此挑戰字串由前一個認證訊框中拷貝至第三個認證訊框，並且再送給對方。不過此認證訊框必須經過加密的處理(WEP ＝ ON)。第四個步驟是擷取點將收到的密文用手上的共享金鑰解密，如果發現所解出來的挑戰字串與當初送出去的相同，則表示行動主機也有相同的金鑰，此時認證成功。否則表示雙方之金鑰不同，認證失敗。擷取點於是將認證結果(成功或失敗)，用第四個認證訊框通知行動主機。

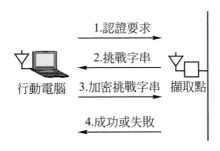

圖 3-29　金鑰共享(Share Key)認證方法

　　圖 3-30 是我們在網路上擷取的一個身份認證訊框內容，訊框控制的值為 b0，表示這是一個身份認證訊框，固定參數依序是 0000 表示身份認證的方法是開放式系統，接下來 0100 表示身份認證的進度，此值為 1，最後的參數 0000 表示身份認證狀態碼，0 即成功。

```
0000    b0 00 02 01(00 60 b3 16 68 97)(00 02 2d 46 12 3a)
0001    (00 60 b3 16 68 97) b0 00 00 00 01 00 00 00 ff ff
0002    ff ff
```

圖 3-30　身份認證訊框內容

3-2-4　系統連結

　　完成身份認證後，行動電腦現在就可以要求擷取點的服務了，在這之前行動電腦必須發送一個連結要求訊框(Association Request Frame)給擷取點，這是屬於一種管理類別的訊框，要求資料傳送的服務。連結要求訊框的訊框主體內容見圖 3-31，其中監聽區段是行動電腦告知擷取點，至少要幫行動電腦把資料訊框暫存在記憶體中多久，亦即多少個訊

Chapter 3

標區間的時間。圖 3-32 是我們在網路上擷取到的一個連結要求訊框，詳細內容說明在表 3-7。

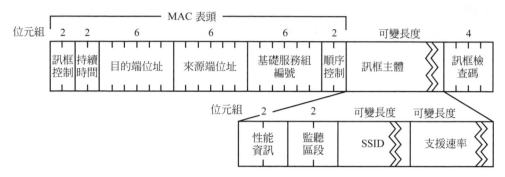

圖 3-31　連結要求訊框的訊欄位格式

```
0000    00 00 02 01 00 60 b3 16 68 97 00 02 2d 46 12 3a
0001    00 60 b3 16 68 97 c0 00 01 00 01 00 00 03 57 4c
0002    31 01 04 02 04 0b 16 ff ff ff ff
```

圖 3-32　網路上擷取的連結要求訊框內容

表 3-7　圖 3-32 的訊框內容說明

資料內容	內容說明
00	訊框控制＝ 0x0000(正常) 　版本＝ 0 　型態＝管理訊框(0) 　子型態＝ 0
00	標籤＝ 0x0 　去向 DS ＝ 0，來自 DS ＝ 0 　尚有片段資料＝ 0(這是最後一個片段) 　再試位元＝ 0(訊框尚未被重傳) 　電源管理＝ 0(STA 會持續開啓) 　尚有資料＝ 0(沒有被緩衝的資料) 　WEP 標籤＝ 0(沒有開啓 WEP) 　順序標籤＝ 0(沒有嚴格的排序)

表 3-7　圖 3-32 的訊框內容說明(續)

資料內容	內容說明
02 01	持續時間＝258
00 60 B3 16 68 97	遠端位址＝00:60:B3:16:68:97 (Z-Com_16:68:97)
00 02 2D 46 12 3A	來源端位址＝00:02:2D:46:12:3A (140.113.24.68)
00 60 B3 16 68 97	BSS ID＝00:60:B3:16:68:97 (Z-Com_16:68:97)
C0 00	片段編號＝0 序列編號＝12
01 00	固定參數 (4 位元組) 　性能資訊
	ESS 性能＝1(AP 是傳送端) IBSS 狀態＝0(傳送端屬於一個 BSS) CFP participation capabilities＝00(No point coordinator at AP) 隱密性＝0(AP/STA 未支援 WEP) Short Preamble＝0(不允許 short preamble) PBCC＝0(不允許 PBCC modulation) 頻道靈敏度＝0(未使用頻道靈敏度) Short Slot Time＝0(未使用 Short Slot Time) DSSS-OFDM＝0(不允許 DSSS-OFDM modulation)
01 00	監聽區段＝0x0001
00 03 57 4C 31	標籤參數 　標籤編號＝0(SSID parameter set) 　標籤長度＝3 　標籤詮釋＝WL1

Chapter 3

表 3-7　圖 3-32 的訊框內容說明(續)

資料內容	內容說明
01 04 02 04 0B 16	標籤編號＝ 1(Supported Rates) 標籤長度＝ 4 標籤詮釋＝ Supported Rates: 1.0 2.0 5.5 11.0 [Mbit/sec]
FF FF	標籤編號＝ 255(保留的標籤編號) 標籤長度＝ 255

　　擷取點可以依據當時的網路狀況，決定是否要接受行動電腦的服務要求。當擷取點接受行動電腦的請求時，擷取點會回送一個連結回應訊框(Association Response Frame)，這樣的一個動作稱為連結(Association)，連結成功後，行動電腦就可以使用網路，並開始進行資料訊框的傳送了。當然擷取點在回覆連結回應訊框前，擷取點必須在內部做一些登錄的動作，並產生一個 AID 給行動工作站。

　　圖 3-33 是連結回應訊框的訊框主體格式，其中 AID 是擷取點給行動電腦一個獨一無二的連結 ID，用以作為暫存訊框的代碼。

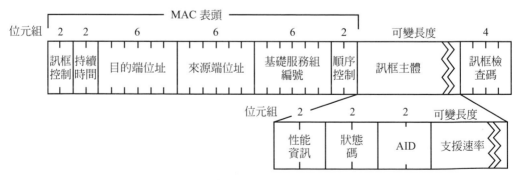

圖 3-33　連結回應訊框的訊號欄位格式

　　圖 3-34 是我們在網路上擷取的一個連結回應訊框內容，詳細的內容說明見表 3-8。

```
0000    10 00 02 01 00 02 2d 46 12 3a 00 60 b3 16 68 97
0001    00 60 b3 16 68 97 b0 9e 01 00 00 08 c0 01 04 82
0002    84 8b 96 ff ff ff ff
```

圖 3-34　網路上擷取的連結回應訊框內容

表 3-8　圖 3-34 的訊框內容說明

資料內容	內容說明
10	訊框控制＝0x0010(正常) 　　版本＝0 　　型態＝管理訊框(0) 　　子型態＝1
00	標籤＝0x0 　　去向 DS＝0，來自 DS＝0 　　尚有片段資料＝0(這是最後一個片段) 　　再試位元＝0(訊框尚未被重傳) 　　電源管理＝0(STA 會持續開啟) 　　尚有資料＝0(沒有被緩衝的資料) 　　WEP 標籤＝0(沒有開啟 WEP) 　　順序標籤＝0(沒有嚴格的排序)
02 01	持續時間＝258
00 02 2D 46 12 3A	遠端位址＝00:02:2D:46:12:3A (140.113.24.68)
00 60 B3 16 68 97	來源端位址＝00:60:B3:16:68:97 (Z-Com_16:68:97)
00 60 B3 16 68 97	BSS ID＝00:60:B3:16:68:97 (Z-Com_16:68:97)
B0 9E	片段編號＝0 序列編號＝2539

Chapter 3

表 3-8　圖 3-34 的訊框內容說明(續)

資料內容	內容說明
01 00	固定參數(6 位元組) 　性能資訊 　ESS 性能＝1(AP 是傳送端) 　IBSS 狀態＝0(傳送端屬於一個 BSS) 　CFP participation capabilities＝00(No point coordinator at AP) 　隱密性＝0(AP/STA 未支援 WEP) 　Short Preamble＝0(不允許 short preamble) 　PBCC＝0(不允許 PBCC modulation) 　頻道靈敏度＝0(未使用頻道靈敏度) 　Short Slot Time＝0(未使用 Short Slot Time) 　DSSS-OFDM＝0(不允許 DSSS-OFDM modulation)
00 00	狀態碼＝成功(0x0000)
08 C0	Association ID＝0xC008
01 04 82 84 8B 96	標籤參數 　標籤編號＝1(Supported Rates) 　標籤長度＝4 　標籤詮釋＝Supported Rates: 1.0(B) 2.0(B) 5.5(B) 11.0(B) [Mbit/sec]
FF FF	標籤編號＝255(保留的標籤編號) 標籤長度＝255

3-2-5　連結維護與換手程序

(1)　連結的維護

　　由於行動電腦可以不斷地移動，因此，它可能會離開原來連結擷取點訊號所涵蓋的範圍，並進入一個新擷取點的訊號範圍，此時即需要做連結的維護，例如重新連結、重新認證、或事先認證等，以下我們將分別介紹連結維護的相關程序。

①　重新連結

當行動電腦移動後超出原來連結的擷取點之訊號範圍，這麼一來原本連結的擷取點就不能再提供服務了(如圖3-36)，這時行動電腦就會發出一個重新連結要求訊框(Reassociation Request Frame)給新的擷取點(見圖3-35)，以便要求新的擷取點幫忙傳送資料，重新連結要求訊框是屬於一種管理訊框，其中目前擷取點位址就是行動電腦目前仍在連結中的擷取點的MAC位址。

重新連結要求訊框也可以在訊號重疊的位置上來送出，不同廠商的產品有不同的策略。當新的擷取點收到重新連結要求訊框時，它會通知舊的擷取點取消原先的連結，舊的擷取點會將行動電腦的連結資料及傳輸中的暫存資料傳送給新的擷取點。

新的擷取點會回覆行動電腦一個重新連結回應訊框，表示重新連結成功，而當重新連結成功之後，若有新的封包來，路由器會將此封包透過新的擷取點傳送給行動電腦。重新連結回應訊框與連結回應訊框的格式完全相同，可參照前面的說明介紹。

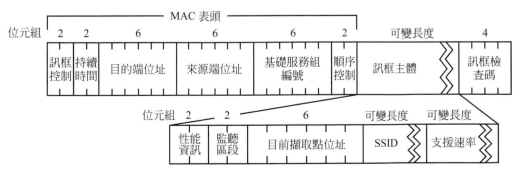

圖3-35　重要連結要求訊框的訊框欄位格式

Chapter 3

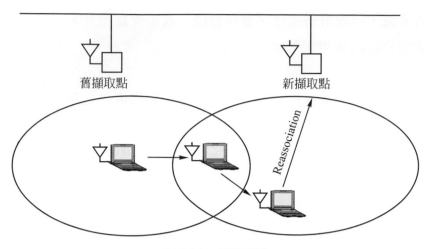

圖 3-36　重新連結

②　先期認證

　　　如圖 3-36 所示，當行動電腦送出重新連結的要求時，新擷取點會對行動電腦做認證的程序，但認證程序不見得要在決定重新連結之後才進行。有些系統會在行動電腦移動至可以偵測到新的擷取點的範圍內時，就發送出身份認證要求的訊框，要求新的擷取點對行動電腦做身份認證的程序。當行動電腦需要與新的擷取點做重新連結時，只要發送重新連結要求訊框即可，而省去了認證的步驟，以達到快速切換擷取點的目的，縮短服務資料傳輸中斷的延遲時間。這樣的認證方式就稱之為先期認證(Preauthentication)。

③　重新認證

　　　有時訊號品質會變差以及有可能發生駭客的攻擊狀況，當擷取點對行動電腦的身份有所質疑時，可以送出重新認證(Reauthentication)的訊框，要求重新確認行動電腦的身份，來保障系統的安全(如圖 3-37 所示)。

(2)　換手(Handoff)的程序

　　當行動電腦因為移動而必須從一個擷取點換到另一個擷取點時，這個動作稱之為「換手」，情況就如圖 3-36 所示。然而換手的詳細流程則由圖 3-38 來說明。

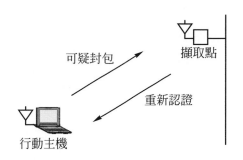

圖 3-37　重新認證

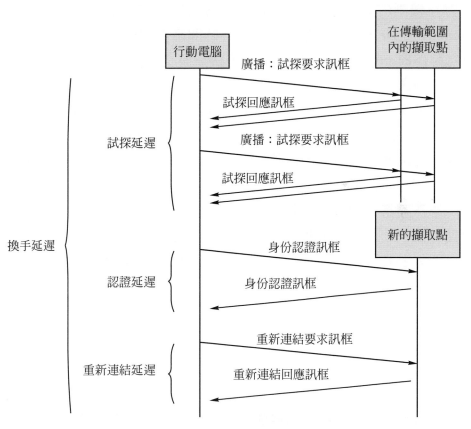

圖 3-38　換手流程圖

Chapter 3

　　在換手的過程中必定會有時間延遲(Delay)，如果時間延遲過長，行動電腦可能會暫時與網路中斷連線，如果有行動電腦正在進行語音或影像資料之類的即時傳輸服務，則這樣的中斷會影響服務品質，也可能會造成服務中止，爲了解決這樣的問題，而有許多針對減少延遲時間的相關研究[3][4][5]。如圖 3-38 所示，換手的延遲主要可以分爲三個部分來分析，分別是在尋找新的擷取點時的延遲，身份認證時的延遲，以及重新連結的延遲。以下就從這三部分的延遲分別加以討論。

　　目前已有利用選擇性掃描演算法(Selective Scanning Algorithm)以及暫存機制(Caching Mechanism)來達到減少尋找新擷取點時的延遲(Scanning Delay)[5]，使換手的延遲時間降低到能夠維持 VoIP 傳輸的無縫隙(Seamless)服務。而且這個方法只有更改到行動電腦端的無線網卡驅動程式。在[5]中定義的擷取點掃描延遲(Scanning Delay)爲發出的第一個試探要求訊框到最後一個試探回應訊框，再加上行動電腦收到所有試探回應訊框之後處理的時間。首先利用選擇性尋找演算法來減少試探期間的延遲，再透過暫存機制將一開始尋找新擷取點所花費的時間最小化。

　　雖然頻譜中總共可以劃分出 14 個頻道，但在美國只使用 11 個，且要使得在同一個傳輸範圍內不能互相干擾，則最多只能使用到 3 個頻道，即頻道 1、6、11，根據這個想法而產生選擇性尋找的概念，步驟如下：

　①　當網路卡的驅動程式剛被載入時，沒有任何紀錄，所以每一個頻道都要做尋找的動作。

　②　當收到試探回應訊框就將對應的頻道在頻道遮罩(Channel Mask)中作記錄，而 1、6、11 三個頻道是最常被使用到的，所以不論有無收到試探回應訊框都要做紀錄。選擇性尋找即先尋找頻道遮罩內的頻道。

③　選一個訊號最強的擷取點與之連接(Connect)。

④　將目前連接上的頻道從頻道遮罩中移除，因為下一次尋找新擷取點時一定是要換頻道了，所以目前所在的頻道不必再考慮。

利用前述方法可以將換手延遲時間從 343 ms 降到 130 ms，但 VoIP 必須降到約 100ms 以下才能達到無縫隙，所以要進一步的減少延遲，這裡採用的是暫存機制。在行動電腦端會維護一張表格，用擷取點的 MAC 位址當作表格的鍵欄位(key)，而每一筆記錄可以儲存兩個鄰近擷取點的資料。暫存機制的步驟如下：

①　當行動電腦與一個擷取點做完連結(Association)之後就會將此擷取點的 MAC 位址加入暫存表格中作為鍵的值。

②　當需要進行換手時，行動電腦會先檢查表格看看目前的鍵(即 MAC 位址)，在暫存表格中有沒有任何的記錄。

③　如果沒有任何值存在，此時行動電腦就進行選擇性掃描擷取點的演算法，並將訊號最強的兩個擷取點記錄到目前鍵的紀錄之中。

④　如果有 Cache 存在，則從第一個紀錄開始作連結，一旦成功，換手的程序即告完成。

⑤　如果第一個紀錄的連接失敗了，就進行第二個紀錄的連接，如果還是失敗，就進行選擇性掃描擷取點的演算法。

由以上步驟可知，只有當 Cache 不存在時才需要進行尋找的動作。如果第一個紀錄就成功，則不到 5 ms 的時間就可以和新的擷取點完成連結；如果失敗了，韌體(Firmware)會等待約 15 ms 才換下一個紀錄。為了減少這個等待時間的延遲，再多加一個計時器，一旦連接超過 6 ms 就馬上換下一個紀錄。估計最差的情況是兩個記錄的連接都失敗，則延遲時間為 12 ms 加上選擇性掃描所需的時間。

Chapter 3

3-3   結　論

上述有關連結程序只有用到管理訊框，似乎沒提到其他類別的訊框。其實控制訊框在連結程序裡是有出現的。IEEE 802.11 規格中規定每一個資料訊框接到後都需要回應一個 ACK(Acknowledgment)訊框，來通知對方說我已確實收到你的資料，而這一個 ACK 訊框就是控制訊框。在每一個單元程序之後也需要有 ACK 訊框來確認單元的完成，例如，主動式掃描時，行動電腦送出試探要求訊框，擷取點收到後會回覆試探回應訊框，當行動電腦收到試探回應訊框之後，必須回應 ACK 訊框，以確認此單元程序的完成。

另外兩個比較特別的控制訊框稱為 RTS 與 CTS，在 RTS 和 CTS 訊框裡都包含了記載著傳送端將來要傳送訊框的持續時間(Duration)欄位，而當別的工作站在看到傳送端送出的 RTS 訊框，或接收端送出的 CTS 訊框時，就會將裡面記載的持續時間紀錄到自己的一個特別時間裡。這一個特別時間未歸零前，就表示這個工作站現在不能傳送訊框，因為網路現在是忙碌的(其他工作站傳送訊框的時間還沒結束)，必須減少資料碰撞的發生。

3-4   參考文獻

[1]   Y. Fukuda, T. Abe, and Y. Oie, "Decentralized Access Point Selection Architecture for Wireless LANs," *Wireless Telecommunications Symposium*, pp. 137-145, May 2004.

[2]   A. Balachandran, P. Bahl, and G. M. Voelker, "Hot-Spot Congestion

Relief in Public-area Wireless Networks," *In Proceedings of the Fourth IEEE Workshop on Mobile Computing Systems and Applications*, pp. 70-80, June 2002.

[3]　A. Mishra, M. Shin, and W. A. Arbaugh, "Context Caching using Neighbor graphs for Fast Handoffs in a Wireless Network," *In Proceedings of Twenty-third Annual Joint Conference of the IEEE Computer and Communications Societies*, vol. 1, pp. 351-361, 2004.

[4]　S. Pack and Y. Choi, "Fast Inter-AP Handoff Using Predictive Authentication Scheme in A Public Wireless LAN," submitted to *World Scientific* 2002.

[5]　S. Shin, A. S. Rawat, and H. Schulzrinne, "Reducing MAC Layer Handoff Latency in IEEE 802.11 Wireless LANs," *In Proceedings of the second international workshop on Mobility management & wireless access protocols*, pp. 19-26, October 2004.

習　題

1.　名詞解釋：被動式掃描(Passive Scanning)

2.　請舉例說明802.11主動式掃描(Active Scanning)的運作。假設AP1與AP2分別使用頻道1與頻道6。

3.　在訊標訊框中，支援速率欄位的值為0103040B12，請問支援哪些速率？

4.　802.11 MAC層身份認證有那兩個模式，請分別說明這兩個模式運作的過程。

Chapter 3

5.   圖 3-30 為行動工作站送給擷取點的身份認證要求，請依此例，回一個認證成功的訊框給行動工作站。

6.   請敘述換手程序中，換手延遲時間含那三項時間，其中那一項延遲時間最長。

第 **4** 章

802.11 無線區域網路的省電機制

　　一般而言，行動工作站的電力來源為電池，因此工作站的電力是有限的，如何有效的管理電源使用，避免很快的耗盡電池，是無線區域網路重要的課題。本章節將介紹 802.11 的省電管理機制。除了利用 MAC 層省電管理的方法外，也有許多方式可以應用來做省電的機制，例如：電源發送大小的控制，合適的電源發送可以避免電源的損耗及干擾的增加。路由路徑的選擇，也可考慮省電的運作，避免路徑過於集中，讓某些點負荷過重，導致他快速耗盡電源，降低網路的壽命。因此本章也會針對相關的研究，提出討論。

　　在討論 802.11 的省電機制之前，我們先介紹 802.11 如何做時序同步。因省電機制的運作，需要大家都同步，才會正常運作，否則的話，省電機制就無法運作。

4-1　時序同步

　　時序同步在其他的網路技術，是一重要的課題，當然在 802.11 的網路上，也不例外。尤其是若採用跳頻的 802.11 網路，時序同步更為重要，因時序不同步將會導致，工作站無法在正確的時間，正確的頻段上收送訊框。在省電的運作上也是如此，若不同步，工作站從省電模式恢復到聆聽模式，有可能錯過訊標訊框。因此，我們先來看802.11如何作時序同步。

4-1-1　基礎架構下的時序同步

在基礎架構下的802.11網路，以擷取點為集中協調中心，因此時序同步的任務也就交給擷取點來集中協調。基本上，每一工作站都有一個「時序同步功能」計時器(Timing Synchronization Function, TSF)。這個計時器每振盪一次為1毫秒(1μs)，即每秒振盪10^6次(1MHz)。同步的運作是工作站的時序要調校到與擷取點的TSF計時器一樣。簡單的做法是由擷取點利用訊標訊框將它的TSF時間發送出去。亦即將TSF的時間擺在訊標訊框(或Probe回覆訊框)的時間標籤(Timestamp)上。工作站收到訊標訊框之後，取下時間標籤的 TSF 時間再加上一小段前置時間(Offset)即可對準擷取點的計時器。前置時間為擷取點發送到工作站收到之間的時間，大約幾毫秒。圖4-1即表對準時序的做法。

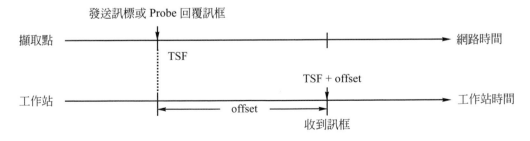

圖 4-1　基礎架構的時序同步做法

4-1-2　Ad hoc 模式下的時序同步

　　對於 Ad hoc 模式下的工作站而言，因缺少集中式協調者，所以採用的方式為分散式的設定。一般而言，我們將時間分割為一個個訊標區間(Beacon Intervals)，在訊標區間的起頭，我們稱為目標訊標傳送時間(Target Beacon Transmission Time, TBTT)。如圖 4-2 所示。

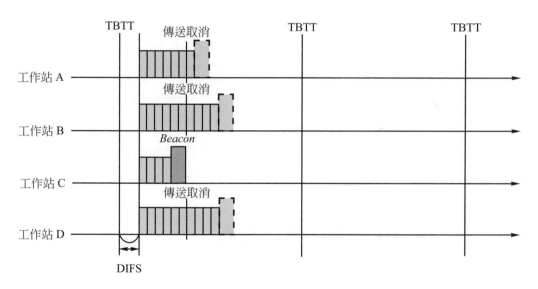

圖 4-2　Ad hoc 模式的時序同步做法

　　所有的工作站都會在TBTT的時間醒來，每個工作站依照DCF的競爭原則，搶著發送訊標訊框。例如工作站A的後退時間(Backoff Delay)為 70μs，B為 100μs，C為 40μs，D為 100μs。因此在等完 40μs 之後，工作站 C 搶到發送訊標訊框的權利，而發送出去，其他的工作站(工作站 A、B，與 D)當他們接收到訊標訊框後，就取消發送訊標訊框的任務。同時，他們會將工作站C的訊標訊框中的時間標籤的值，取下做比對。原則上，系統會調成比較快的時間。例如：工作站 A 的計時器為

10，工作站 B 為 8，工作站 C 為 9，工作站 D 為 6。因此當工作站 C 搶先發送訊標訊框，工作站 A 的檢查訊標訊框時序為 9，而他自己 TSF ＝ 10，則他不用調整。而工作站 B 與 D，則因自己的 TSF 比較小(即比較慢)，則都調整為 9。調整後的 TSF，A 為 10，B 為 9，C 為 9，D 為 9(註：此例子假設 beacon 發送與處理的時間忽略不計。實際須加入幾毫秒的前置時間之後，再做比較。)

　　這裡有個小問題是，如果搶到發送訊標訊框的工作站都是 TSF 比較小的，例如工作站 D，那大家都不用去校正 TSF 值。在經過一段時間後，工作站 A 的 TSF 與 D 的 TSF 差距將越來越大，因此可能會影響到時序的同步。如何改善是個有趣的問題，簡單的想法是讓每一個工作站都有機會發送訊標訊框，也就讓走得最快的 TSF 能每隔一段時間就出現，大家都能對準到他的 TSF。若最快的 TSF 出現的週期短，則同步的效果比較好，若出現的週期長，則同步的效果就比較差。

4-2　基礎架構下的省電機制

　　在基礎架構下，由於擷取點一般都接有電源，或由乙太網路線來供應電源。因此，擷取點是負責整個省電管理協調工作。就工作站而言，一般工作站有下列四種狀態或模式(Mode)：休眠、傳送、接收，以及監聽(Monitor)。工作站處於這四種狀態所消耗的電力不同，以一張 ORiNoCO IEEE 802.11b 11Mbps PC 金卡而言，耗電情形如表 4-1。

　　由這張表我們知道在休眠狀態下(或稱 PS-mode)，只耗電 60mW，反觀在傳送、接收與監聽分別耗電為 1400mW、950mW 與 805mW。很清楚的，如果我們將處於監聽下工作站的網路卡，讓它切入休眠狀態，那就可節省電源的損耗。

表 4-1　工作站模式耗電量比較表

狀態(模式)	休眠	傳送	接收	監聽
耗電量	60 mW	1400 mW	950 mW	805 mW

4-2-1　點對點傳送之省電模式運作

在兩個工作站相互收送的情形下，省電模式是指當工作站沒有資料要傳送時，就可通知擷取點，他要進入休眠狀態。這個動作在 802.11 的設計是，工作站可送一個 Null Data 的訊框，在訊框控制欄位中的電源管理位元設定為 1，擷取點在收到此訊框後，會回 ACK 以確定，擷取點知道工作站要進入休眠狀態，並且在工作站休眠期間，擷取點會幫工作站暫存要給工作站的資料。工作站進入休眠狀態之後，他要在每一段期間醒過來監聽擷取點的訊標訊框，如果擷取點有暫存資料要給工作站，會在工作站的 AID 所對應的位元，在訊標訊框的 TIM 欄位上做註記。工作站只要檢驗 TIM 上對應的位元即可。

擷取點在省電的機制上，要做的事為兩項，一為幫進入休眠狀態的工作站，暫存要給它的資料；另一則要通知有暫存資料的工作站，要他醒過來，擷取暫存資料。因為工作站休眠一定會通知擷取點，因此擷取點知道那些已連結的工作站進入休眠狀態。擷取點事先會準備一塊暫存區，提供暫存資料用。那擷取點要幫工作站暫存多久，一般而言，工作站在做連結程序時，會設定聆聽區間(Listen Interval)，即告訴擷取點，它若進入休眠狀態後每隔幾個訊標區間的時間會醒來聽訊標訊框。因此擷取點至少要幫工作站暫存聆聽區間到達的資料。暫存區的大小與連結工作站的數量及其聆聽區間相關，另外暫存區的暫存資料欄位都有存活時間(Aging)的機制，以便刪除過時沒被擷取的資料。

Chapter 4

　　在擷取點幫工作站暫存資料後，擷取點在發送訊標訊框時會將工作站 AID 所對應的位元，在訊標訊框中 TIM 欄位做註記。用這個方式來通知工作站，工作站聽到訊標訊框，查到TIM的欄位，發現有暫存資料在擷取點上，工作站便發出 PS-Poll 訊框給擷取點，擷取點便會回暫存資料給工作站，工作站收到之後會回 ACK 給擷取點。運作過程請參考圖 4-3。

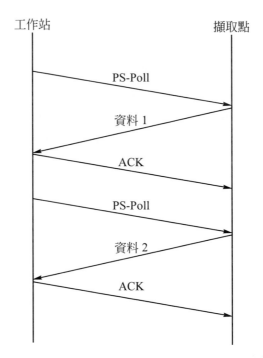

圖 4-3　工作站與擷取點的 PS-Poll 運作流程

　　每一個 PS-Poll 可向擷取點取回一個訊框的資料，若擷取點尚有資料要給工作站，則在資料1的訊框中的尚有資料位元欄位設定，工作站收到資料 1 訊框檢查尚有資料位元欄位，便會知道還有暫存資料要給他，此時工作站便可再發送 PS-Poll 訊框取回另一筆資料。

　　以下的例子可以幫助我們了解 PS-mode 的整個運作過程，如圖 4-4 所示。

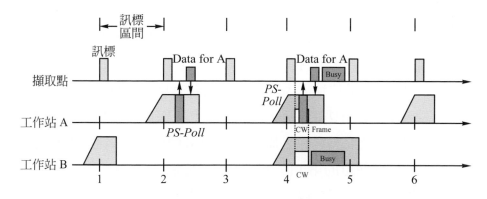

圖 4-4　暫存訊框擷取程序

　　假設有一擷取點，有二個工作站(A 與 B)連結上來，工作站 A 的聆聽區間的個數為 2，工作站 B 的則為 3。假設工作站 A 與 B 都進入休眠狀態。在第 1 個訊標區間，工作站 B 醒來聽，訊標訊框的 TIM，沒有暫存資料要給工作站 B，所以工作站 B 又進入休眠狀態(到第 4 個訊標區間再醒過來)，在第 2 個訊標區間，工作站 A 醒來，聽訊標訊框，發現 TIM 工作站 A 所對應的位元被註記，於是工作站 A 發送 PS-Poll 的訊框給擷取點，取回暫存的資料訊框，工作站 A 發現資料已取完，於是又進入休眠狀態。在第 3 個訊標區間，工作站 A 與 B 都在休眠，到了第四個訊標的區間，工作站 A 與 B 同時醒來，A 與 B 都發現，訊標的 TIM 表明有暫存資料要給他們，於是工作站 A 與 B 就競爭發送 PS-Poll 要去取回資料，這次工作站 A 先搶到發送 PS-Poll 去取回資料，工作站 B 沒有搶到，而工作站 B 一直醒著，直到第 5 個訊標區間前段，聽到訊標訊框，這時工作站 B 發現 TIM 已無註記，此時工作站 B 便又可進入休眠狀態。

Chapter 4

4-2-2　廣播及群播傳送之省電模式運作

接下來，我們來看省電模式的運作下，如何的傳送與接收廣播(Broadcast)及群播的訊框。在廣播與群播的訊框並不是只給單一工作站，所以訊框是指名給所有工作站或一群工作站，其目的地位址，爲單一的群組位址或廣播位址。因此在擷取點若有廣播訊框或群播訊框，他會暫存這些訊框在AID編號爲0的暫存區上。因此若有廣播或群播的訊框在暫存區時，擷取點會在訊標訊框的TIM欄位中，對應AID編號爲0的位元，即TIM欄位的第1個位元，將之設定。

因爲廣播或群播都是傳送給一群工作站，所以在休眠的工作站一定要在特定的時間醒來，聽看看是否有廣播或群播的訊框要給他。因此在每一個基本服務組內，設有一參數稱爲傳送 TIM 週期，簡稱 DTIM 週期。DTIM週期爲數個訊標區間，類似聆聽週期。如圖4-5所示的例子，1個DTIM 週期爲3個訊標區間，在 DTIM 區間起頭時，擷取點傳送的訊標訊框，稱爲DTIM訊標訊框。擷取點會在DTIM訊標之後，如果有廣播或群播的訊框在暫存區時，擷取點會將廣播或群播的訊框依序傳出。因此工作站須在DTIM訊標時醒來，看DTIM的第1位元是否有被設定，若有則工作站等著接收廣播或群播的訊框。若沒有被設定，則工作站可繼續進入休眠狀態。當一個工作站聽到一個訊標訊框，他可以從訊標訊框中的欄位獲取 DTIM 的週期爲何，以及還有幾個訊標區間之後，便是 DTIM 訊標訊框。

接下來，我們來看圖4-5的例子，工作站A在第1個訊標訊框醒來，聽到DTIM的訊標中，TIM第1個位元沒被設定。工作站A便再進入休眠模式，他從訊標中，獲知DTIM週期爲3，所以他會在時間4的時候，醒來聽DTIM，他發覺，有廣播或群播的訊框將要送，於是擷取點在訊標之後，依DCF的存取方法，將廣播及群播的訊框依序傳送出來。

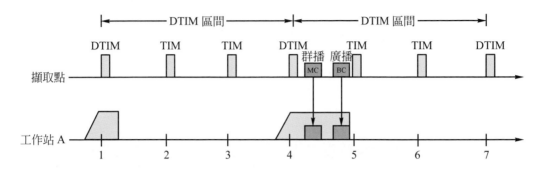

圖 4-5   廣播與群播傳送的省電模式運作

另一問題是聆聽區間，若工作站A的聆聽區間為3，則802.11的網路卡可將聆聽區間與DTIM區間對齊，如此，工作站A醒來時可以同時聽TIM的欄位，看看是否有廣播或群播的訊框，以及看看是否有暫存資料要給他。當然擷取點會先傳送廣播或群播訊框，才會再處理 PS-Poll 的要求。所以有可能工作站發出 PS-Poll 得不到擷取點的回應。有些系統管理者認為省電為最重要的事，因此會將網路卡設定成忽略掉DTIM的接收，亦即進入休眠模式就不接收廣播或群播的訊框。

4-2-3   PS-Poll 的訊框格式

當行動工作站由省電模式中醒來，就會傳送一個 PS-Poll 訊框給擷取點，跟擷取點說要索取先前擷取點為它暫存的訊框，須注意因為 PS-Poll訊框當中未包含持續時間的資訊，所以所有的工作站接收到PS-Poll訊框時必須更新它的NAV值，資料訊框的NAV值設為一個SIFS加上一個ACK所需要的傳輸時間。基本訊框格式與訊框內容說明分別如圖 4-6 說明如下：

Chapter **4**

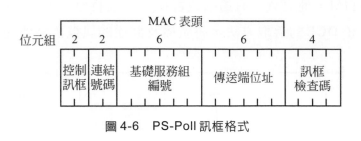

圖 4-6　PS-Poll 訊框格式

(1) 控制訊框

　　訊框內的子型態欄位設定為 1010，表示為 PS-Poll 訊框。

(2) 連結號碼(Association ID，AID)

　　在 PS-Poll 訊框中，持續時間/ID 欄位所代表的意思是連結號碼，而不是持續時間，當行動工作站與擷取點連結時，擷取點會由 1～2007 中指派一個數值作為 AID。將此 AID 放進訊框當中，可以讓擷取點找出此台行動工作站暫存的訊框。

(3) 位址 1 欄位：基礎服務組編號(BSSID)

　　用以代表傳送端目前在的 BSS 的基礎服務組編號，此基礎服務組編號通常是目前連結的擷取點的無線網路卡介面 MAC 位址。

(4) 位址 2 欄位：傳送端位址

　　傳送此 PS-Poll 訊框者的 MAC 位址。

　　圖 4-7 是我們從網路上擷取的一個 PS-Poll 訊框，對照圖 4-6，我們說明訊框內容如表 4-2 所示。

```
0000    A4 00 08 C0 00 60 B3 16 68 97 00 02 2D 46 12 3A
```

圖 4-7　網路上擷取的 PS-Poll 訊框內容

表 4-2　PS-Poll 訊框内容說明

資料内容	内容說明
A4	控制訊框＝0x00C4(正常) 版本＝0 型態＝控制訊框 (1) 子型態＝10
00	標籤＝0x0 尚有片段資料＝0 (這是最後一個片段) 再試位元＝0 (訊框尚未被重傳) 電源管理＝0 (STA 會持續開啓) 尚有資料＝0 (沒有被緩衝的資料) WEP 標籤＝0 (沒有開啓 WEP) 順序標籤＝0 (沒有嚴格的排序)
08 C0	連結號碼＝8
00 60 B3 16 68 97	BSS ID＝00:60:B3:16:68:97 (Z-Com_16:68:97)
00 02 2D 46 12 3A	傳送端位址＝00:02:2D:46:12:3A (140.113.24.174)

4-3 工作站甦醒時刻的排程

　　在前一節中，我們提到工作站要進入休眠狀態，要通知擷取點，讓擷取點幫忙暫存資料，然後便進入休眠。然而工作站何時進入休眠或何時甦醒也會影響到工作站省電的效率。我們來看下面的例子。假設在一個無線區域網路下，有一個擷取點有六個工作站 A、B、C、D、E 與 F，連結上來。假設這六個工作站都進入休眠模式，工作站 A、B、C、D、E 與 F 的聆聽區間分別爲 1、2、3、6、6 與 6。我們將各個工作站醒來的情形彙總在表 4-3。

Chapter 4

表 4-3　各個工作站甦醒情形一

訊標區間	1	2	3	4	5	6	7	8	9	10	11	12	13	14	15	16	17	18
工作站 A	1	1	1	1	1	1	1	1	1	1	1	1	1	1	1	1	1	1
工作站 B	0	1	0	1	0	1	0	1	0	1	0	1	0	1	0	1	0	1
工作站 C	1	0	0	1	0	0	1	0	0	1	0	0	1	0	0	1	0	0
工作站 D	1	0	0	0	0	0	1	0	0	0	0	0	1	0	0	0	0	0
工作站 E	0	0	0	0	1	0	0	0	0	0	0	1	0	0	0	0	1	0
工作站 F	0	0	0	0	0	1	0	0	0	0	0	1	0	0	0	0	0	1
醒來的工作站個數	3	2	1	3	2	3	3	2	1	3	2	3	3	2	1	3	2	3

　　上表工作站A的聆聽區間為1，所以每個訊標區間(Beacon Interval)都醒來，我們註記為1111…11；工作站B的聆聽區間為2，所以每兩個訊標區間醒來一次，所以記為 0101…01，其中 1 表示醒來，0 表示休眠，不用醒來聽訊標。其他依此類推。接著我們來看訊標區間1(即第1行)有 A、C、D 三個工作站醒來，所以表4-3最底下的一行表示，醒來的工作站個數。

　　若工作站在某一訊標區間醒來的個數過多，表示可能發生很多工作站要發送PS-Poll的訊框，向擷取點來要暫存的資料，因為DCF的存取協定是競爭方式來取得傳送權利。所以會發生衝撞的現象，因而降低了網路整個有效的輸出。我們來看下列的問題，如果有一新加入的工作站J在訊標區間3時進入休眠模式，他的聆聽區間為3，則工作站J會在訊標區間6時醒來聽訊標。我們將各個工作站甦醒的情形重新整理於表4-4。

表 4-4　各個工作站甦醒情形二

訊標區間	1	2	3	4	5	6	7	8	9	10	11	12	13	14	15	16	17	18
工作站 A	1	1	1	1	1	1	1	1	1	1	1	1	1	1	1	1	1	1
工作站 B	0	1	0	1	0	1	0	1	0	1	0	1	0	1	0	1	0	1
工作站 C	1	0	0	1	0	0	1	0	0	1	0	0	1	0	0	1	0	0
工作站 D	1	0	0	0	0	0	1	0	0	0	0	0	1	0	0	0	0	0
工作站 E	0	0	0	0	1	0	0	0	0	0	1	0	0	0	0	0	1	0
工作站 F	0	0	0	0	0	1	0	0	0	0	0	0	1	0	0	0	0	1
工作站 J	-	-	-	0	0	1	0	0	1	0	0	1	0	0	1	0	0	1
醒來總數	3	2	1	3	2	4	3	2	2	3	2	4	3	2	2	3	2	4

　　觀察表 4-4，我們發現訊標區間 6、12、18 時，會有 4 個工作站同時醒來，如果我們可以安排工作站 J 第 1 次醒來的區間在第 5 訊標區間醒來，往後依然每隔 3 個區間醒來，我們彙總到表 4-5。

　　這樣你會發現，訊標區間 6、12、18，由 4 個工作站降為 3 個工作站。因此，為了降低在訊標區間，同時醒來的工作站個數，工作站可調整何時醒來。我們可將此問題化成一個負載平衡最佳化的問題。亦即給定一組工作站及其醒來的情形，現有一新的工作站要進入休眠狀態，這個新的工作站，應如何安排其醒來的順序，使得未來每一訊標區間，醒來工作站的總個數，最大的總個數要最小。解這問題並不難，我們觀察表 4-3，發現每 6 個訊標區間，總個數的型式會重覆一次，例如區間 1～6、7～12、13～18 的總個數都為(3,2,1,3,2,3)。哪幾個區間總個數會重覆一次呢？我們可以利用這組工作站的聆聽區間的大小，計算他們

Chapter **4**

的最小公倍數就是答案了。例如工作站 A、B、C、D、E 與 F 的聆聽區間分別為 1、2、3、6、6 與 6。因此其最小公倍數為 6。那若有一個新的工作站 J 要加入休眠狀態，他的所有可醒來的情形為(0,0,1,0,0,1)、(0,1,0,0,1,0)、(1,0,0,1,0,0)。

表 4-5　各個工作站甦醒情形三

訊標區間	1	2	3	4	5	6	7	8	9	10	11	12	13	14	15	16	17	18
工作站 A	1	1	1	1	1	1	1	1	1	1	1	1	1	1	1	1	1	1
工作站 B	0	1	0	1	0	1	0	1	0	1	0	1	0	1	0	1	0	1
工作站 C	1	0	0	1	0	0	1	0	0	1	0	0	1	0	0	1	0	0
工作站 D	1	0	0	0	0	0	1	0	0	0	0	0	1	0	0	0	0	0
工作站 E	0	0	0	0	1	0	0	0	0	1	0	0	0	0	0	0	1	0
工作站 F	0	0	0	0	0	1	0	0	0	0	0	1	0	0	0	0	0	1
工作站 J	–	–	–	0	1	0	0	1	0	0	1	0	0	1	0	0	1	0
醒來總數	3	2	1	3	3	3	3	3	1	3	3	3	3	3	1	3	3	3

我們將這三種情形合併進來，其結果為：

$$(3,2,1,3,2,3)+(0,0,1,0,0,1)=(3,2,3,3,2,4)\quad 最大值為 4$$

$$(3,2,1,3,2,3)+(0,1,0,0,1,0)=(3,3,1,3,3,3)\quad 最大值為 3$$

$$(3,2,1,3,2,3)+(1,0,0,1,0,0)=(4,2,1,4,2,1)\quad 最大值為 4$$

因此我們選擇工作站 J 醒來排程為(0,1,0,0,1,0)其最大值為 3。

因為擷取點知道所有休眠模式的聆聽區間與醒來週期，所以這項計算就可由擷取點來負責。當有一工作站通知擷取點他要進入休眠模式，擷取點便可依據上述的計算安排並通知此工作站何時為第 1 次醒來的訊標區間,例如上述例子(見表4-4),要告訴工作站J,第5個訊標區間要第1次醒來,往後每隔3個訊標區間(聆聽區間)醒來一次。如此一來整個負載會得到平衡。

4-4　Ad hoc 模式下的電源管理

　　一般而言,在 Ad hoc 模式下的電源管理效率比不上在基礎架構下的電源管理,因為在 Ad hoc 模式沒有集中的協調者存在,它只能靠分散式的方式來運作,因此當發送端A有資料要給工作站B,它要確認工作站B是醒著的。要完成這件事,有兩項工作要做,一為所有休眠的工作站,在特定時間大家一定都要醒來,二為工作站 A 要先通知工作站B,有資料要給他。在 802.11 的規格裡,第二項工作是利用一個叫做「宣告有資料傳送之訊息」(Announcement Traffic Indication Messages, ATIM)來通知接收端有資料要給他。ATIM 的訊框格式如圖 4-8 所示。若我們把訊標區間劃分成二部份,如圖4-9所示。

　　前半段稱為ATIM視窗,後半段稱為競爭視窗。所有的工作站都必須在ATIM視窗的時間醒來,監聽是否有其他工作站有資料要給他。另外,若他有資料要給別人也利用ATIM視窗的時間內,發送ATIM的訊框。

　　值得一提的是 ATIM 訊框是需要回覆 ACK 訊框的。例如,工作站 A 送 ATIM 訊框給工作站B,工作站B 收到 ATIM 訊框之後,需回 ACK

圖 4-8 ATIM 訊框格式

Chapter 4

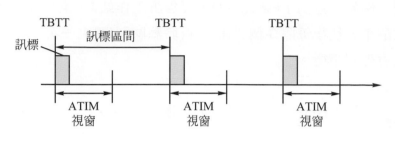

圖 4-9　ATIM 視窗

訊框給 A。若工作站 A 沒收到 ACK，則在競爭的視窗時段，也不用發送資料。另外在 ATIM 視窗時段裡是不能送資料訊框，規定上只有訊標訊框、RTS、CTS、ACK 及 ATIM 訊框可以使用 ATIM 視窗時段來發送。

　　前面提到所有工作站都要在 ATIM 視窗醒來，那些工作站在 ATIM 視窗之後可以休眠呢？一般而言，工作站收發 ATIM 訊框的情形可分為 ATIM 發送者與 ATIM 接收者(別人有資料要給他)，工作站若屬 ATIM 發送者或 ATIM 接收者都不能在競爭時段休眠。也就是說只有不屬於 ATIM 發送者或接收者的工作站才能在競爭視窗的時段休眠。

　　以下我們用圖 4-10 來說明，假設有工作站 A、B、C、D 四個工作站，形成一個 Ad hoc 網路。在訊標區間 1 時，工作站 B 與 C 有資料要給工作站 D，所以工作站 B 與 C 分別發送 ATIM 的訊框給 D，工作站 A 因不是發送或接收到 ATIM 訊框的工作站，所以工作站 A 在競爭視窗的區間進入休眠狀態。而工作站 B 則用競爭視窗傳送資料給工作站 D，假設工作站 C 在競爭的視窗區段，沒搶到媒介使用者，他只好在第 2 個訊標區間的 ATIM 視窗，再發送 ATIM 訊框，在競爭視窗送資料給工作站 D。另一方面工作站 A 與 B，因不是 ATIM 的發送者或接收者，他們在第二個訊標區間之競爭視窗可以進入休眠狀態。

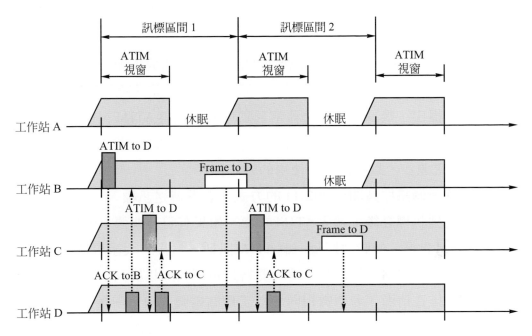

圖 4-10　IBSS 網路省電模式的 ATIM 運作流程

　　接下來我們來討論一下 ATIM 視窗的大小，如前面所述，一個訊標區間分割成兩個視窗，一為 ATIM 視窗，一為競爭視窗。一個工作站若有資料要傳，他要在 ATIM 視窗競爭一次，成功傳送 ATIM 訊框之後，在競爭視窗中再競爭一次，來傳送資料，因此要有兩次的競爭成功才能順利的傳送資料。當工作站的個數增多時，成功的輸出率隨之降低，這是由於衝撞次數增加所導致。

　　假設訊標區間固定不變的情形下，(1)如果 ATIM 視窗太小，會導致在 ATIM 視窗競爭增加，同時能成功傳送 ATIM 訊框的工作站變少。這將導致在競爭視窗使用率隨之降低。(2)反過來看，如果 ATIM 視窗太大，會讓許多工作站成功的傳 ATIM 訊框，而進入資料競爭視窗，當然競爭視窗變小，也導致成功的傳送資料訊框數變少。就省電的觀點來看

Chapter 4

是不好的,因為有許多的工作站在整個訊標區間都要醒著,導致電力的浪費。

　　關於ATIM視窗的長度與訊標區間的大小要如何搭配,有人作研究後,建議ATIM視窗為訊標區間的四分之一,是不錯的選擇[5][10]。另外也有人提出,根據網路的負荷情形動態的來調整ATIM視窗的大小,以提高整體的輸出量。就省電的觀點,有人提出下列的演算法改進802.11 ATIM省電運作,以提高電源使用的效率[5]。

⑴　在每一個訊標區間依802.11的方式,競爭傳送訊標。

⑵　在收到訊標之後,進入ATIM視窗。如果有資料要傳,便競爭傳送ATIM訊框。同時也聽每一個ATIM訊框,然後,大家根據傳ATIM訊框的工作站,他們擬要送的資料封包個數加以排列,個數多的工作站排在前面,若個數相同,以工作站編號來決定前後。

⑶　在每一個ATIM視窗結束後,計算有多少封包要傳,根據封包的數量動態調整競爭視窗的大小,同時也決定傳送封包的工作站之前後順序。依此順序開始傳送封包,若沒有資料要送或收的工作站,則進入休眠模式。

⑷　在資料傳送之後,如果剩下訊標區間的時間大於某一特定值,則進入休眠模式,否則就醒著直到訊標訊框開始。

　　上述的省電運作方法有兩個優點,一為在競爭視窗內,是排序的傳送,不用競爭,效率變好,另一為動態調整訊標區間,讓在傳送成功ATIM訊框的工作站,皆可在一個競爭視窗內,傳送資料。由於競爭的減少,電源耗費也會減少。由於在訊標區間傳送資料工作站增多,自然系統輸出量也增多了。

4-5　參考文獻

[1] Y. Agarwal, C. Schurgers, and R. Gupta, "Dynamic Power Management using On Demand Paging for Networked Embedded Systems," *Asia South Pacific Design Automation Conference (ASP-DAC'05)*, Shanghai, China, pp. 755-759, January 2005.

[2] C. Jones, K. Sivalingam, P. Agrawal, and J. Chen, "A Survey of Energy Efficient Network Protocols for Wireless Networks," *ACM Journal of Wireless Networks*, vol. 7, no.4, pp. 343-358, August 2001.

[3] J. R. Jiang, Y.C. Tseng, C.S. Hsu, and T.H. Lai, "Quorum-Based Asynchronous Power-Saving Protocols for IEEE 802.11 Ad Hoc Networks," *ACM Mobile Networking and Applications (MONET)*, special issue on Algorithmic Solutions for Wireless, Mobile, Ad Hoc and Sensor Networks, vol. 10, no. 1/2, pp. 169-181, 2005.

[4] R. Krashinsky and H. Balakrishnan, "Minimizing Energy for Wireless Web Access with Bounded Slowdown," *In Proceedings of the 8th annual international conference on Mobile computing and networking*, Atlanta, Georgia, USA, pp. 119-130, September 2002.

[5] M. Liu and M.T. Liu, "A Power-saving Scheduling for IEEE 802.11 Mobile Ad Hoc Network," *In Proceedings of the 2003 International Conference on Computer Networks and Mobile Computing*, Shanghai, China, pp. 1-8, October 2003.

Chapter **4**

[6]　J. Lorchat and T. Noel, "Energy Saving in IEEE 802.11 Communications using Frame Aggregation," *IEEE Global Communication Conference (GLOBECOM' 03)*, San Francisco, USA, December 2003.

[7]　C. S. Raghavendra and S. Singh, "PAMAS - Power Aware Multi-Access Protocol with Signalling for Ad Hoc Networks," *ACM SIGCOMM Computer Communication Review*, vol. 28, pp. 5-26, July 1998.

[8]　J. Snow, W.-C. Feng, and W. Feng, "Implementing a Low Power TDMA Proptocol Over 802.11," *In Proceedings of IEEE Wireless Communications and Networking Conference*, New Orleans, USA, pp. 75-80, March 2005.

[9]　A. Sheth and R. Han, "Adaptive Power Control and Selective Radio Activation For Low-Power Infrastructure-Mode 802.11 LANs," *In Proceedings of 23rd International Conference on Distributed Computing Systems Workshops (ICDCSW'03)*, Providence, RhodeIsland, USA, pp. 812-817, May 2003.

[10]　H. Woesner, J. P. Ebert, M. Schlager, and A. Wolisz, "Power-saving Mechanisms in Emerging Standards for Wireless LANs: The MAC Level Perspective," *IEEE Personal Communications*, vol. 5, no.3, pp. 40-48, June 1998.

習　題

1.　假設在 Ad hoc 模式下，工作站 1、2、3 及 4 的計時器值分別為 3、5、4 及 6。請說明在工作站 3 傳送訊標訊框後，各個工作站的計時器值。

2. 下圖顯示在 IBSS 網路下，ATIM 對於省電模式的影響。(a)何謂 ATIM 訊框？(b)何謂 ATIM 視窗？

3. 下圖顯示暫存區訊框的擷取運作方式。(a)何謂 TIM？(b)工作站 1 與工作站 2 的聆聽區間為何？

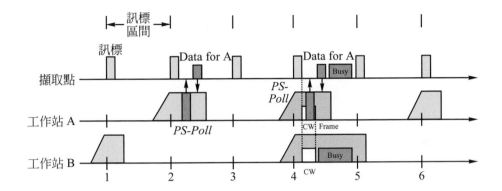

4. (a)請簡略說明 IEEE 802.11 基礎架構網路的電源管理。(b)請說明當聆聽區間增加時，所造成的影響(優缺點)。(c)請說明當 ATIM 視窗增加時(訊標訊框為固定)，所造成的影響(優缺點)。

Chapter 4

第 **5** 章

802.11 無線區域網路之網路安全

　　無線區域網路的特性，是靠空氣為傳輸的媒體，所以只要在傳輸的範圍內，都可以接收到訊號，加上訊號的傳輸範圍不容易界定，因此更難防範網路上的監聽。一般而言，為達到安全的通訊需要能做到：⑴資料內容的保密；⑵資料完整性的檢驗；⑶使用者的身份認證。在 IEEE 802.11[1]無線區域網路首先制訂 WEP(Wired Equivalent Privacy)。WEP 具有資料加密的能力，可在行動主機(Station) 與擷取點(Access Point)對傳資料時，作資料加密的動作；而為了解決WEP在認證(Authentication)方面的缺點，802.11 無線區域網路建議採用 802.1x[2]的認證方法，此機制是目前無線區域網路常見的身份認證規約。802.1x身份認證的過程包含：⑴行動主機與擷取點執行 EAPOL(Extensible Authentication Protocol over LAN)；⑵擷取點到後端網路的認證伺服器(Authentication Server)之間執行 RADIUS(Remote Authentication Dial In User Service)。

　　雖然 WEP 提供了無線網路最基本的安全，但其仍存在安全設計的瑕疵[3][4][5][6]，在 2001 年Fluhrer、Mantin 和 Shamir發表了一篇破解RC4金鑰的論文之後，網路上出現了開放程式碼的破解WEP的程式，即便是 128 位元的加密，也可以在短時間內被破解，而 IEEE 為解決 802.11 的安全性問題，讓使用者可以更放心使用無線網路，而新增加了 IEEE 802.11i工作小組制訂新一代的無線網路安全標準—IEEE 802.11i [7]。本章將先介紹WEP與 802.1x的架構與運作流程，接著我們會針對 Wi-Fi 保護存取(Wi-Fi Protected Access, WPA)與新一代的無線網路安全標準 802.11i 作深入的說明與探討，以期讀者對無線網路的身份認證與加密方面能有更進一步的瞭解與認識。

5-1　WEP 加密原理與運作流程

　　WEP 全名為 Wired Equivalent Privacy，它是最早也是最基礎的一種 WLAN 加密技術，主要利用 RC4 演算法來加密資料，運作原理是透過靜態與非交換式的金鑰加密，且金鑰有一定長度(可為 64 位元或 128 位元)，以下我們將說明WEP加解密運作流程與RC4加密演算法，最後針對 WEP 在安全設計上的瑕疵作進一步的探討。

5-1-1　WEP 加密與解密架構

　　WEP 主要是利用 RC4 演算法來加密資料。簡單來說，就是傳送端利用金鑰流(Keystream)與資料內容，作 exclusive OR(XOR)的運算來產生加密檔。當接收端收到此加密文件後，為了能恢復成原本的資料內容，便會把加密檔與相同的金鑰流(Keystream)再作exclusive OR(XOR)的運算，還原出原來的資料內容。如圖 5-1 所示。

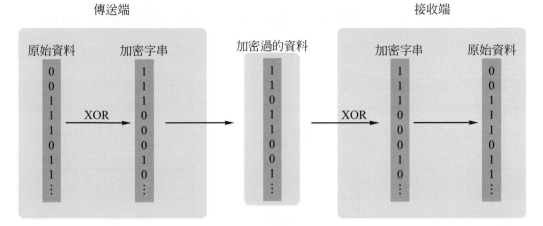

圖 5-1　WEP 加密與解密架構圖

　　大家也許會對金鑰流(Keystream)的產生有所疑惑，如圖 5-2 所示，首先是將 WEP 所使用的 40 位元的 WEP 金鑰(WEP Key)，結合 24 位元的初始向量 (Initialization Vector, IV)，產生一個 64 位元的 RC4 金鑰 (RC4 Key)，RC4 的演算法便利用這 64 位元的 RC4 金鑰產生一個與傳送資料長度相等的金鑰流 (Keystream)。其中 RC4 的演算法是將 RC4 金鑰利用打散與重組的方式，來產生金鑰流，至於 RC4 真正的運算方式，我們將於下一小節作說明。

　　以下介紹如何利用 WEP 對 802.11 資料訊框(Frame)作資料加密，如圖 5-2 所示，我們已經解釋過 RC4 金鑰流產生的方式，接著，在圖 5-2 的右上方，WEP 會將訊框資料內容經由一個循環冗餘檢查(Cyclic Redundancy Check, CRC)演算法，產生一個 32 位元的值，我們稱之為完整性檢查碼(Integrity Check Value, ICV)，這個完整性檢查碼是為了保護資料在傳送的期間不會被修改。再將原來欲傳送的訊框資料內容合併此一完整性檢查碼與 RC4 金鑰流作 XOR 的運算，就會得到加密後的

Chapter 5

資料，最後，WEP 會將初始向量放在欲傳送的資料訊框的標頭欄告訴
對方，接收端可利用此初始向量來產生RC4金鑰，以便解開加密後的資
料。

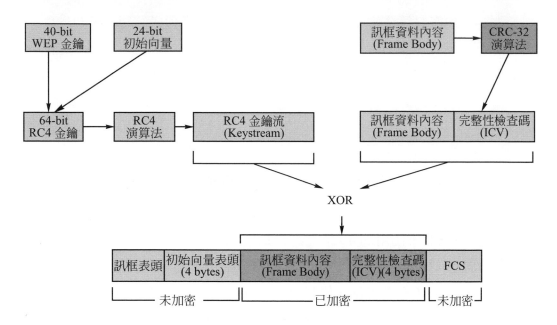

圖 5-2　WEP 加密與解密流程圖

WEP 接收端解密過程如下：

(1) 接收端收到封包後，由於初始向量表頭是沒有經過加密的，所以可
以直接從訊框取得初始向量。

(2) 在 WEP 中有四組預設的 WEP 金鑰，透過初始向量表頭中二位元的
金鑰識別碼(Key Identification)決定傳送端所使用的 WEP 金鑰之
編號，並取出該 WEP 金鑰。

(3) 利用初始向量和 WEP 金鑰產生 64 位元 RC4 金鑰。

(4) 利用 RC4 演算法將 64 位元的 RC4 金鑰產生一個與傳送資料長度相
等的金鑰流(Keystream)。

(5)　再透過XOR的運算還原出原來的資料。

5-1-2　RC4加密演算法

　　RC4加密演算法的基本概念是產生一假亂數序列(Pseudorandom Sequence)，並稱此假亂數序列為金鑰流(Keystream)。首先，RC4加密演算法將一大小為256位元組的陣列(Array)，給定初始值為0～255的順序排列，然後經過一特定演算法運算後，打亂元素間的排列關係，讓陣列元素排列順序「看起來像」是亂數。所以稱此經過演算法打亂元素順序後的序列為假亂數序列。

　　RC4加密演算法有兩個階段，包括初始S-box階段和產生假亂數階段，分別說明如下。

階段一：初始 S-box

　　在此階段有兩個256位元組的陣列，分別為S-box和K-box。S-box中的初始元素為0～255的順序排列；而 K-box 中的初始元素就是金鑰的值，如果金鑰的長度不滿256位元組，必須重複金鑰直到填滿256位元組。像WEP使用的金鑰長度為64位元，所以必須重複32次金鑰再填入 K-box 中。

　　此階段的目的是在重新排列 S-box 元素，將 S-box 中的每一個位元組之值與 S-box 中的另一個位元組之值交換，詳細的演算法如下：

```
// Sₙ：S-box[n]中的值
// Kₙ：K-box[n]中的值

i = j = 0;
For i = 0 to 255 do
```

$j = (j + S_i + K_i) \bmod 256;$ //忽略溢位

Swap S_i and S_j;

End;

例如我們有下列 S-box 與 K-box，

	0	1	……	98	……	254	255
S-box	71	7		22		14	67

	0	1	……			254	255
K-box	27	23				28	82

則當 $i = 0$ 與 $j = 0$ 時，$j = (0 + S_0 + K_0) \bmod 256$

$$= (0 + 71 + 27) = 98 \bmod 256 = 98$$

則將 S_0 與 S_{98} 的值對調，可得到下列新的 S-box。

	0	1	……	98	……	254	255
S-box	22	7		71		14	67

階段二：產生假亂數

在階段一中已重新排列 S-box 元素，接著階段二要用此 S-box 產生假亂數。詳細的演算法如下：

// i, j 初始為 0

// S_n：S-box[n]中的值

// R：一個位元組的假亂數

$i = (i + 1) \bmod 256;$

$$j = (j + S_i) \bmod 256;$$

Swap S_i and S_j;

$$k = (S_i + S_j) \bmod 256;$$

$$R = Sk;$$

　　每一回合皆會產生出一位元組的假亂數(R)，把此假亂數與明文中的一位元組做互斥運算的結果即為密文。所需要加密的資料有多長，我們就產生一樣長度的金鑰流(Keystream)。以下我們舉一個詳細的例子，以助於瞭解整個RC4的過程。在以下的例子中為了方便運算與講解，我們把 S-box 與 K-box 皆調整為 4 位元組。

例 5-1　RC4 加密演算法

　　假設 WEP 金鑰為[2, 5]，即 K-box = [2, 5] = $[0000\ 0010, 0000\ 0101]_2$。

　　請產生明文為 "HI" 的加密密文。

　　(相對應 ASCII 碼為：H → 01001000；I → 01001001)

求解：為了說明方便我們設：S-box[] = [0, 1, 2, 3]，K-box[] = [2, 5, 2, 5]

階段一：初始 S-box

第一回合

　　　i = 0, j = 0,

　　　$j = (j + S_0 + K_0) \bmod 4 = (0 + 0 + 2) \bmod 4 = 2$

　　　對調 S_0 與 S_2

　　　∴S-box = [2, 1, 0, 3]

第二回合

　　　i = 1, j = 2,

　　　$j = (j + S_1 + K_1) \bmod 4 = (2 + 1 + 5) \bmod 4 = 0$

對調 S_1 與 S_0

$\therefore$ S-box = [1, 2, 0, 3]

第三回合

i = 2, j = 0,

j = (j + S_2 + K_2) mod 4 = (0 + 0 + 2) mod 4 = 2

對調 S_2 與 S_2

$\therefore$ S-box = [1, 2, 0, 3]

第四回合

i = 3, j = 2,

j = (j + S_3 + K_3) mod 4 = (2 + 3 + 5) mod 4 = 2

對調 S_3 與 S_2

$\therefore$ S-box = [1, 2, 3, 0]

階段二：產生假亂數 (因為欲加密明文為兩個位元組，所以總共要做兩回合)

第一回合

i = 0, j = 0,

i = (i + 1) mod 4 = (0 + 1) mod 4 = 1

j = (j + S_1) mod 4 = (0 + 2) mod 4 = 2

對調 S_1 與 S_2

$\therefore$ S-box = [1, 3, 2, 0]

k = (S_1 + S_2) mod 4 = (3 + 2) mod 4 = 1

R = S_1 = 3

R $\oplus$ 'H' = 0000 0011 $\oplus$ 0100 1000 = <u>0100 1011</u>

第二回合

$i = 1, j = 2,$

$i = (i + 1) \bmod 4 = (1 + 1) \bmod 4 = 2$

$j = (j + S_2) \bmod 4 = (2 + 2) \bmod 4 = 0$

對調 S_2 與 S_0

$\therefore$ S-box $= [2, 3, 1, 0]$

$k = (S_2 + S_0) \bmod 4 = (1 + 2) \bmod 4 = 3$

$R = S_3 = 0$

$R \oplus \text{'I'} = 0000\ 0000 \oplus 0100\ 1001 = \underline{0100\ 1001}$

加密結果：

明文("HI")：0100 1000 0100 1001

密文：<u>0100 1011</u> <u>0100 1001</u>　■

5-1-3　WEP 安全性可能漏洞

WEP 雖是 WLAN 加密技術的基礎，但其在設計上有相當多的安全缺失，包括金鑰流(Keystream)重複使用的問題、RC4 演算法的問題、資料內容的問題、金鑰管理問題等，以下我們將針對這些問題一一的作說明。

(1)　金鑰流重複使用的問題

這是大部分密碼系統的主要缺點，當有兩個訊框是利用相同的RC4金鑰流加密，則把這兩個加密過的訊框資料做 XOR，會與這兩個未加密過的訊框資料做 XOR 的結果相同。攻擊者可經由一些技巧來得知部分的原始訊框資料。由於初始向量本身只有 24 位元，所以攻擊者只要收集夠多的訊框資料，初始向量一定會被重複使用，藉此便可以破解WEP加密過的資料。

Chapter 5

(2) RC4 演算法的問題

在西元 2001 年 8 月時，Fluhrer、Mantin 與 Shamir 發表了一篇文章，名爲"Weaknesses in the Key Scheduling Algorithm of RC4."其中就介紹如何攻擊 WEP 的加密資料，主要是針對資料鏈結層(Logic Link Layer, LLC)有些內容是固定的，來解開金鑰流的部份內容，以達到破解 WEP 加密的資料，由於牽涉到比較複雜的過程，這個部份就不詳加介紹了。

(3) 資料內容的問題

資料內容的完整性(Integrity)方面，WEP 主要利用 CRC 演算法來產生完整性檢查碼(ICV)，來保證資料沒有被竄改，但CRC演算法原本是用來偵測封包訊息是否有錯誤(Error Detection)，對於完整性的保護不夠好。攻擊者可以利用資料內容中某個位元改變後，CRC的結果會有何改變，進而使接收端收到錯誤封包而不會察覺。

假設傳送端欲傳送訊息 "N" 給接收端，傳送端利用CRC演算法計算出 "N" 的完整性檢查碼並附於訊框後傳送出去，而接收端即可利用此檢查碼檢查訊框在傳送過程中是否有出錯。我們以下列例子(例 5-2、例 5-3)來解釋 CRC 演算法如何產生完整性檢查碼以及攻擊者如何竄改資料讓接收端無從察覺。

例 5-2： CRC 演算法

假設傳送端欲傳送訊息 "N" 給接收端，而 N 的 ASCII 碼爲 01001110，所以將訊息 "N" 表示爲 $M(x) = 01001110$；而 CRC產生器 $x^3 + x^2 + 1$ 表示爲 $G(x) = x^3 + x^2 + 1$ 或 $G(x) = 1101$ (x 次方的係數)。請產生檢查碼。注意：此處運算所用到的減法是利用 XOR 運算所得。

求解：①把 M(x)乘以 G(x)的次方數：G(x)次方數為 3，所以將 M(x)乘
以 x^3 得 M'(x) = 01001110000

②將 M'(x)除以 G(x)，得一餘數，此餘數即為完整性檢查碼

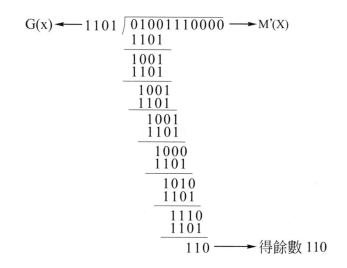

③將 M'(x)減去完整性檢查碼，即 M'(x)與完整性檢查碼做 XOR
運算，運算結果即為最終傳送端要傳送的訊息 P(x)。
P(x) = 01001110000 ⊕ 00000000110 = 01001110110

④接收端收到P(x)後，拿P(x)除以G(x)，如果餘數為0，代表訊
息沒有錯誤；如果餘數不為0，代表訊息有錯。　　　　■

例 5-3： 訊息竄改攻擊

現在假設有一攻擊者要把訊息 "N" 竄改成 "y"，(相對應
ASCII 碼為：N → 01001110；y → 01111001)。我們用 M(x)
表示原傳送端欲傳送訊息，N(x)表示攻擊者要替換的訊息。以
下是說明檢查碼無法檢查出資料已被竄改。

Chapter 5

求解：①攻擊者利用原訊息與所要更改的訊息做XOR運算，計算出△(x)

$$\triangle(x) = M(x) \oplus N(x) = 01001110 \oplus 01111001 = 00110111$$

②利用△(x)算出完整性檢查碼

```
G(x) ←── 1101 ⟌ 00110111000 ──→ N'(X)
                 1101
               ─────────
                 00001100
                   1101
                  ──────
                   010 ──→ 得餘數 010
```

③攻擊者運算 P'(x) ＝ P(x) ⊕ △(x) ⊕ CRC(△)，並以 P'(x)取代 P(x)傳送給接收端

$$P'(x) = 01001110110 \oplus 00110111000 \oplus 00000000010 = 01111001100$$

④接收端收到 P'(x)後，以 P'(x)除以 G(x)

```
1101 ⟌ 01111001100
         1101
        ──────
         1000
         1101
        ──────
          1011
          1101
         ──────
           1101
           1101
          ──────
              0
```

由於餘數為 0，接收端會認為此訊息是正確的，雖然此訊息已由攻擊者所竄改，但是經過上述的運算步驟，攻擊者可以竄改資料並且計算出完整性檢查碼，讓接收端無法察覺訊息早已被動了手腳。∎

(4)　金鑰管理問題

由於金鑰 (WEP Key) 需要手動的輸入，因此無法做到完全的隱密，且金鑰需要授權給使用者，當使用者愈多，金鑰的隱密性也就愈低，這都是不可避免的問題。

5-2　802.1x 認證機制

為解決WEP在身份認證(Authentication) 方面的缺點，802.11 無線區域網路建議採用 802.1x的認證方法，而 802.1x本身是以IETF的可延伸身份認證協定(Extensible Authentication Protocol, EAP)為基礎，它可支援多種的認證方式，因此採用 802.1x 驗證機制的優點包括：

(1)　每位使用者都可經過識別與驗證。

(2)　支援延伸驗證方法(例如，記號卡(Token Card)、憑證/智慧卡、單次密碼、生物測定等等)。

(3)　支援金鑰管理，包括動態、依每個站台或每個工作階段金鑰管理與重新製作金鑰。

由於 EAP 協定很有彈性，以下來我們將說明 EAP 的設計理念及其類型，隨後介紹802.1x 架構與及其身份認證機制的流程說明。

5-2-1　可延伸身份認證協定

IETF RFC 2284[8]定義點對點協定(Point-to-Point Protocol, PPP)，PPP 是指提供點對點連結的多重協定資料傳輸的方法，在此協定中，PPP 亦定義可延伸連結控制協定(Extensible Link Control Protocol)，即允許網路層協定在透過此連結傳輸前，能利用驗證協定來驗證另一端的用戶，此協定即為 PPP 可延伸身份認證協定，亦為 EAP[9]的由來。

Chapter 5

EAP身份驗證方法類型相當多，其中包括EAP-MD-5、EAP-TLS(Transport Layer Security)、EAP-PEAP(Protected Extensible Authentication Protocol)、EAP-TTLS(Tunneled TLS)、EAP-FAST(Flexible Authentication via Secure Tunneling)，以及 Cisco LEAP(Lightweight Extensible Authentication Protocol)，以下分別說明之。

(1)　EAP-MD-5

此認證類型是假設客戶端與認證伺服器事先共享一把金鑰，隨後利用 MD5 演算法將金鑰與客戶端密碼加以運算，送至接收端作認證，如此可以保護客戶端密碼，此方法的缺點是無法達成互相認證的效果及無法於認證過程中動態產生暫態金鑰。

(2)　EAP-TLS

此方法是由 Microsoft 與 Cisco 公司共同提出的標準，需要公開金鑰基礎架構(Public Key Infrastructure, PKI)，也就是假設客戶端與認證伺服器各自擁有電子憑證，以數位簽章的技術達到互相認證的效果，並同時可在客戶端與認證伺服器間交換金鑰，亦可動態產生根據使用者及連結運作的WEP金鑰，進而保護WLAN用戶端與擷取點之間後續通訊的安全。理論上，這樣的機制最具彈性，但由於 PKI 的建構相當複雜，使得大規模的部署產生極大的困難。

(3)　EAP-TTLS

此類型是由Funk Software與Certicom公司共同開發，為EAP-TLS的延伸。此方法乃是透過一個加密通道，為用戶端與網路提供者採用憑證的共同驗證，亦根據每一使用者、每一連線作業提供動態 WEP 金鑰的推導方法。與EAP-TLS不同的是，EAP-TTLS只需要伺服器端的憑證。

(4)　EAP-FAST

此類型是由 Cisco 公司所開發。在驗證的過程中並不使用憑證，而是利用防護型存取認證(PAC)的方法來達成，此方法可讓驗證伺服器進行動態管理。PAC 可以利用手動或自動的方式分配至用戶端。手動分配可以透過磁片或安全網路配送方法傳遞到用戶端。自動分配是透過空中無線傳送的頻帶內配送。

⑸　Cisco LEAP

主要用於 Cisco Aironet WLAN 的一種 EAP 驗證類型。它使用動態產生的 WEP 金鑰將資料傳輸加密，並且支援共同的驗證。

⑹　EAP-PEAP

此類型主要是由 Microsoft、Cisco 及 RSA Security 三個公司共同開發。此類型主要是透過 802.11 無線網路安全地傳輸驗證資料的方法。PEAP 達到此一目標的方式，是在 PEAP 用戶端與驗證伺服器之間使用隧道功能，PEAP 只需使用伺服器端的憑證來驗證無線區域網路用戶端，因此可以簡化安全無線區域網路的實施與管理。

5-2-2　802.1x 架構

802.1x 認證架構可用於有線區域網路，亦可用於無線區域網路，其主要由三個部分所組成，分別為用戶端(Supplicant)、認證者(Authenticator)，與認證伺服器(Authentication Server)，如圖 5-3 所示，一般用戶端與認證者之間所使用的通訊協定是 EAPOL (EAP over LANs)，在認證者與認證伺服器之間所使用的通訊協定為 RADIUS[10]，其中認證者的工作就像是橋接器，作為使用者與認證伺服器之間認證訊息交換的橋樑。

網路的存取主要是由認證者所控制，它的角色像是傳統撥接網路的撥接伺服器，在無線網路架構中即為擷取點(Access Point)，在用戶端通過身份認證前，它只會接受由用戶端送出的特定控制訊框及身份認證

Chapter **5**

用戶端　　　　　　　　　　　　　　　認證者　　　　　　　　　認證伺服器

圖 5-3　802.1x 認證架構

訊框，當擷取點收到認證訊框，它會將認證訊框的內容，重新封裝傳送給認證伺服器(Authentication Server)，以確認使用者的身份。其餘的封包皆會丟棄，一直到用戶端認證成功後，才允許其他的封包傳送。而認證伺服器(Authentication Server) 主要的工作就是確認用戶端的身份，如RADIUS(Remote Authentication Dial In User Service)伺服器。

5-2-3　802.1x 身份認證機制

在無線區域網路中，開始 802.1x 的協商之前，首先要透過 802.11 連結要求(Association Request)與連結回應(Association Response)的程序，來建立一個無線區域網路的通道。擷取點在成功完成 802.1x 身份認證前，只接受 802.11 的控制訊框，直到認證成功後，擷取點才會轉送資料訊框。整個認證過程如圖 5-4 所示，詳細步驟說明如下：

(1)　用戶端送出連結要求(Association Request)，希望建立連結通道。

(2)　擷取點(Access Point)收到連結要求後，送出連結回應(Association Response) 來表示連結成功，但此時用戶端還未被授權使用網路，也就是目前用戶端只能傳送 EAPOL 的訊框，其餘類型的訊框會被丟棄。

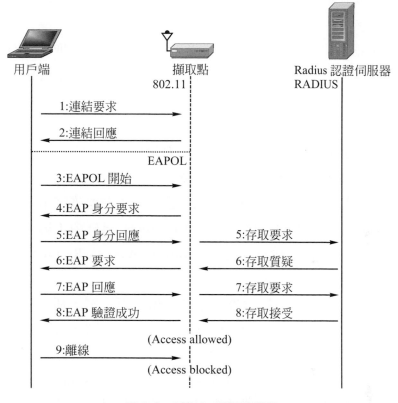

圖 5-4　802.1x 運作流程圖

(3)　此時用戶端會送出一個 EAPOL 開始(EAPOL-Start)的訊框，來表示開始802.1x 的認證程序並作訊息交換。

(4)　擷取點收到 EAPOL 開始的訊框後，會送出一個身份要求(EAP-Request/Identity)訊框，要求用戶端送回身份資料。

(5)　用戶端收到身份要求後，會回覆一個身份回應(EAP-Response/Identity)訊框，其內容包含一些使用者的身份資訊，擷取點收到身份回應訊框後，會把 EAP 的封包內容擷取出來，重新組裝一個 Radius的存取要求封包 (Radius-Access-Request)，將用戶端的身

Chapter 5

份資訊放在此一封包中傳送給 Radius 認證伺服器，以便作身份認證之用。

(6)　認證伺服器收到存取要求封包後，會回覆一個存取質疑(Radius-Access-Challenge)封包，其封包內容包含身分質疑訊息，擷取點收到存取質疑封包後，會將身份質疑訊息取出後，重新組裝一個EAP 要求 (EAP-Request)訊框送給用戶端。

(7)　用戶端收到EAP要求後，取出存取質疑內容，如採用EAP-MD5的認證方式時，此質疑內容為一質疑字串，此時，用戶端會將自己的密碼與質疑字串送入 MD5 演算法運算，產生認證字串。用戶端便將認證字串放入EAP回應 (EAP-Response)訊框中，經由擷取點轉換成 RADIUS 類型的存取要求(Radius-Access-Request)封包，送給認證伺服器。

(8)　認證伺服器檢查用戶端送來的認證字串是否正確，藉此以確認用戶端是否為合法使用者，若用戶端為合法使用者時，認證伺服器會送出存取接受 (Radius-Access-Accept)封包，當擷取點收到存取接受封包後，便會轉成 EAP 驗證成功(EAP-Success)的訊框送出。此時，擷取點會紀錄用戶端身份資料，開啟其權限，使用戶端正式成為一合法使用者，此時用戶端便可使用網路，存取網路資源。

(9)　當用戶端已經不需要使用網路時，便可以送出離線(EAP-Logoff)的訊框，擷取點便會把用戶端的權限關閉。離線的動作比較常發生在計時付費的地方，如同傳統的撥接網路需要斷線來停止計費。

5-3　802.11i 網路安全機制

前二節提到 WEP 的加密與 802.1x 的認證機制，這是目前最為普遍的作法，然而IEEE所制訂802.11i的新安全標準，主要是希望能提供無線區域網路安全問題的最佳解決方案。此外，Wi-Fi 聯盟推出無線保護存取(Wi-Fi Protected Access, WPA)的新標準，其中 WPA 所使用的暫時金鑰完整性機制(Temporal Key Integrity Protocol, TKIP)加密技術，是希望藉由資料加密金鑰的變換，避免長時間使用同一個金鑰造成金鑰被竊聽得知，並配合 802.1x 的使用者授權與加密架構，提供更強的安全保障。Wi-Fi期望WPA能取代現有主流的有線等級資料加密(WEP)，並成為IEEE 802.11i正式推出前的主流協定。

5-3-1　802.11i 網路標準架構

IEEE 802.11i網路架構包括強健性安全網路(RSN)與過渡性安全網路(TSN)，分別介紹如下：

⑴　強健性安全網路 (Robust Security Network, RSN)

IEEE 802.11i 定義一種新的無線網路架構，稱為 RSN。RSN 主要是為增強無線區域網路的資料加密和認證性能而訂定，並針對 WEP 加密機制的各種缺陷作多方面的改進。此外，802.11i 制訂一個基於 AES 加密演算法的CCMP機制(Counter-Mode/CBC-MAC Protocol, CCMP)，藉以提供更安全的加密與資訊完整性檢查。

⑵　過渡性安全網路 (Transitional Security Network, TSN)

許多現有的無線網路卡，無法升級至 RSN 網路架構中使用，因為要能在 RSN 網路架構中使用，其網路卡加解密運算的能力不僅需要軟體的升級，還需要硬體的升級支援。在這種情況下，Wi-Fi 聯盟制訂 WPA，作為WEP至IEEE 802.11i的過渡標準，其核心部分為802.1x和TKIP。WPA標準採用IEEE 802.11i的草案，保證與未來定案的802.11i標準可以相容。

綜上所述,將 RSN 與 TSN 加以比較其相異與相同之處有:

- 相異之處:RSN 所使用的加密演算法除了 AES/CCMP 外,還可以使用 TKIP;但是 TSN 架構中的 WPA 標準,其加密演算法只使用 TKIP。

- 相同之處:RSN 與 TSN 的 WPA 標準,不管在 AES 架構或 TKIP 架構下,皆使用同一種網路架構。此架構包含了最上層的認證機制、秘密金鑰的分配以及金鑰的更新。

5-3-2　RSN 金鑰產生與管理機制

在 IEEE 802.11i 中安全架構通常有三個角色:認證伺服器(Authentication Server, AS)、擷取點(Access Point, AP)以及無線工作站(Station, STA)。認證伺服器負責對每個工作站進行身份認證,維護合法使用者的資料庫,用來判斷工作站使用者是否合法,而認證伺服器通常是與擷取點分開獨立運作,並非實作在擷取點上。

在 RSN 網路中,從一開始使用者的身份認證到傳輸資料時的訊息加密,會使用到不同的金鑰,而這過程當中使用到的一連串金鑰,彼此之間有著階層關係,當中的一些金鑰在未通過身份認證前是無法取得的,而這些需要通過身份認證後,才會產生與分配的金鑰稱為暫時性金鑰(Temporal Key, TKs)。RSN 網路的階層金鑰大致上可以分成兩類:用於單點傳播(Unicast)中的成對金鑰(Pairwise Key, PK)以及用於群播(Multicast)或廣播(Broadcast)中的群組金鑰(Group Key, GK)。

一般來說,成對金鑰的產生關係,如圖 5-5 所示,當工作站經過認證伺服器認證後,認證伺服器與工作站會產生一把共用的主要金鑰(Master Key, MK),並利用主要金鑰推導出主要成對金鑰(Pairwise Master Key, PMK),其長度為 256 位元。隨後,認證伺服器將主要成對金鑰分配給擷取點。此時，工作站與擷取點就可以利用主要成對金鑰來進行相互身份認證及 802.11 頻道的存取，並推導暫時性成對金鑰(Pairwise Transient Key, PTK)，如圖 5-6 所示，各個工作站與擷取點間各擁有一把 PTK。暫時性成對金鑰是由EAPOL-Key完整性金鑰、EAPOL-Key加密金鑰，以及暫時性金鑰所組成。

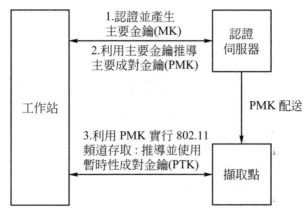

圖 5-5　RSN 成對金鑰階層架構

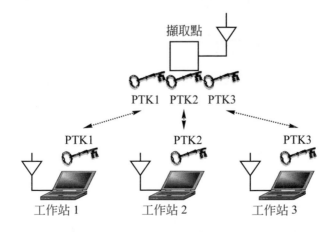

圖 5-6　單點傳輸下工作站與擷取點間 PTK 的關係

Chapter 5

　　群組金鑰主要用於保護群播或廣播資料的安全性，與成對金鑰不同的是，同一群組的工作站與擷取點間擁有同一把群組金鑰，使得群組內的工作站皆可將擷取點所送出的群播或廣播訊息解密，如圖 5-7 所示。擷取點利用亂數產生的主要群組金鑰(Group Master Key, GMK)，推導出暫時性群組金鑰(Group Transient Key, GTK)後，再利用 PTK 中的 EAPoL-Key 完整性金鑰將 GTK 加密，傳送給群組內的工作站。

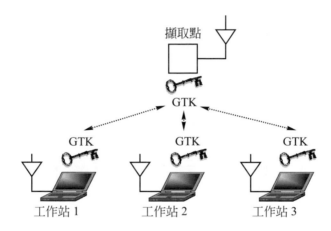

圖 5-7　群播或廣播下工作站與擷取點間 GTK 的關係

5-3-2-1　成對金鑰階層架構

　　本小節主要說明成對金鑰的產生程序，以及金鑰間彼此的關係，圖 5-8 顯示金鑰的階層關係。以下我們分別描述MK、PMK及PTK的產生過程。

　　工作站經過認證伺服器核對身份後，認證伺服器與工作站會產生同一把主要金鑰[1](MK)，工作站與認證伺服器同時自行推導主要成對金鑰(PMK)，其推導方式如下：

---

[1]　此處的主要金鑰即為 802.11i 標準[7]所定義之 AAA(Authentication, Authorization, and Accounting)金鑰，也可以為事先預設的共同金鑰(Preshared Key, PSK)。

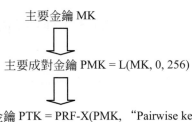

主要金鑰 MK

主要成對金鑰 PMK = L(MK, 0, 256)

暫時性成對金鑰 PTK = PRF-X(PMK, "Pairwise key expansion",
Min(AA, SPA)|Max(AA, SPA)|Min(ANonce, SNonce)|
Max(ANonce, SNonce))

| EAPoL-Key 完整性金鑰 | EAPoL-Key 加密金鑰 | 暫時性金鑰 |

KCK = L(PTK, 0, 128)　　KEK = L(PTK, 128, 128)　　TKIP: L(PTK, 256, 256)
CCMP: L(PTK, 256, 128)

圖 5-8　成對金鑰 PK 之階層關係

$$PMK = L(MK, 0, 256)$$

其中，L(MK,0,256)函數表示在 MK 中從左邊第 0 個位元開始，擷取 256 個位元。

　　當認證伺服器與工作站經過推導計算得到 PMK 後，認證伺服器將 PMK 傳送給此工作站所連結的擷取點。當擷取點與工作站擁有同一把 PMK 後，各自將特定的參數經過 PRF 函式運算[2]得到暫時性成對金鑰，其函式如下：

PTK = PRF-X(PMK,"Pairwise key expansion", Min(AA,SPA) | Max(AA, SPA) |
Min(ANonce, SNonce) | Max(ANonce, SNonce))

　　參數說明如下：

---

[2]　PRF 函數設定與運作方式請參考 802.11i 標準[7]。

- PMK：主要成對金鑰。
- AA：擷取點的無線網卡硬體位址，工作站從擷取點傳來的封包內容可以得知其硬體位址。
- SPA：工作站的無線網卡硬體位址，擷取點從工作站傳來的封包內容可以得知其硬體位址。
- ANonce：擷取點隨機產生一亂數，並且需要將此亂數傳送給工作站，以便工作站產生 PTK。
- SNonce：工作站隨機產生一亂數，並且需要將此亂數傳送給擷取點，以便擷取點產生 PTK。

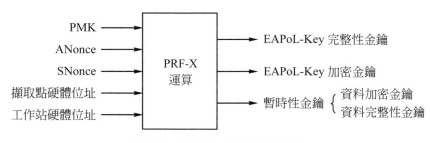

圖 5-9　暫時性成對金鑰生成圖

　　如圖 5-9 所示，擷取點與工作站將 PMK、ANonce、SNonce，以及擷取點與工作站的硬體位址等參數，經由 PRF-X 函數計算後，即可得到暫時性成對金鑰(PTK)。PTK 由三把子金鑰組成，分別為 EAPoL-Key 完整性金鑰、EAPoL-Key 加密金鑰，與暫時性金鑰。其中暫時性金鑰包括資料加密金鑰與資料完整性金鑰，其金鑰長度根據所使用的加密演算法而有所不同，以下我們將分別介紹 TKIP 與 CCMP 加密演算法所使用的 PTK 金鑰結構。

　　在 TKIP 的演算法下，PTK 的長度為 512 位元，PTK 由四把各 128 位元的子金鑰組成，即 EAPoL-Key 完整性金鑰、EAPoL-Key 加密金

鑰、資料完整性金鑰,與資料加密金鑰,如圖 5-10 所示。其功能說明如下:

- EAPoL-Key 完整性金鑰(保護 EAPoL 交握機制所用):用來計算 EAPoL 訊息的完整性。
- EAPoL-Key加密金鑰(保護EAPoL交握機制所用):用來加密EAPoL 的訊息。
- 資料完整性金鑰(保護資料所用):用來計算單點傳播訊息的完整性。
- 資料加密金鑰(保護資料所用):用來加密單點傳播的訊息。

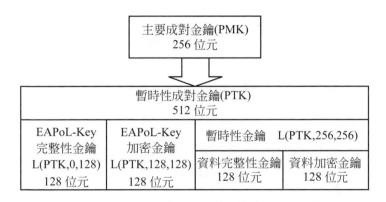

圖 5-10　TKIP 成對金鑰架構圖

在CCMP加密演算法下,PTK的長度為384位元,由三把各128位元的子金鑰組成,即資料加密/完整性金鑰、EAPoL-Key加密金鑰,與EAPoL-Key完整性金鑰,如圖5-11所示。其功能說明如下:

- EAPoL-Key 完整性金鑰(保護 EAPoL 交握機制所用):用來計算 EAPoL 訊息的完整性。
- EAPoL-Key加密金鑰(保護EAPoL交握機制所用):用來加密EAPoL 的訊息。

Chapter **5**

- 資料加密/完整性金鑰(保護資料所用):用來加密單點傳播的訊息,亦可用來計算單點傳播訊息的完整性。

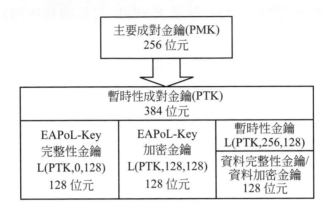

圖 5-11　CCMP 成對金鑰架構圖

5-3-2-2 群組金鑰階層架構

　　群組金鑰階層架構主要是用來確保群播或廣播中資料的安全性。擷取點首先選取長度為 128 位元的主要群組金鑰(GMK),利用 PRF-X 函式推導暫時性群組金鑰(GTK),其函式如下:

$$GTK = PRF\text{-}X(GMK, \text{"Group key expanision"}, AA \mid GNonce)$$

參數說明如下:

- GMK:暫時性群組金鑰。
- X:依據所使用的加密演算法而有所不同,例如 TKIP 使用 $X = 256$,即使用 PRF-256 函數,CCMP 使用 $X = 128$,而 WEP 使用 $X = 40$ 或 $X = 104$。
- AA:擷取點的無線網卡硬體位址。
- GNonce:由 IEEE 802.1x 認證伺服器所產生的亂數或擬亂數。

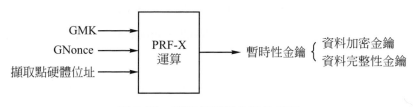

圖 5-12　暫時性群組金鑰生成圖

　　如圖 5-12 所示，擷取點將 GMK、GNonce，以及擷取點硬體位址等參數，經由 PRF-X 函數計算後，即可得到暫時性群組金鑰(GTK)。GTK 主要由暫時性金鑰構成，其中包括資料加密金鑰與資料完整性金鑰，其金鑰長度根據所使用的加密演算法而有所不同，以下我們將分別介紹 TKIP 與 CCMP 加密演算法所使用的 GTK 金鑰結構。

　　在 TKIP 的演算法下，GTK 的長度為 256 位元，GTK 由兩把各 128 位元的子金鑰組成，即資料完整性金鑰與資料加密金鑰，如圖 5-13 所示。其功能說明如下：

- 資料完整性金鑰(保護資料所用)：用來計算群播訊息的完整性。
- 資料加密金鑰(保護資料所用)：用來加密群播的訊息。

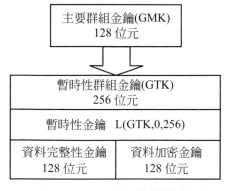

圖 5-13　TKIP 群組金鑰架構圖

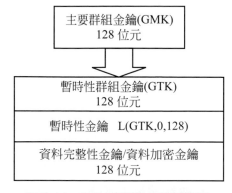

圖 5-14　CCMP 群組金鑰架構圖

Chapter 5

在 CCMP 加密演算法下，GTK 的長度為 128 位元，其主要由一把
128 位元的資料加密/完整性金鑰所構成，如圖 5-14 所示。其功能說明
如下：

- 資料加密/完整性金鑰(保護資料所用)：用來加密群播的訊息，亦可
  用來計算群播訊息的完整性。

5-4　802.11 網路安全運作架構

IEEE 802.11 加上 802.11i 的安全機制後，運作流程共有五個階段，
如圖 5-15 所示。每個階段各有其所必須達成的目的。分別介紹如下：

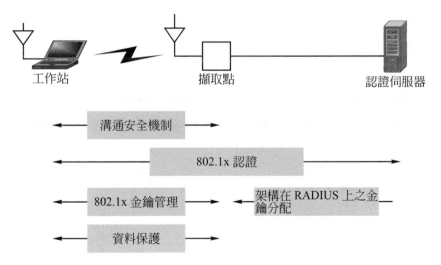

圖 5-15　IEEE 802.11 運作流程

階段一：溝通安全機制

此階段最主要的目的是讓工作站找尋適合的擷取點做連結，除了雙
方的傳輸速率必須配合外，其身份認證方式以及資料加密演算法都必須
相符合。

階段二：802.1x 認證

經過此階段後，不只認證伺服器認證了工作站的身份，工作站也同時檢驗認證伺服器的真實性，並非由惡意攻擊者假冒成認證伺服器。在工作站與認證伺服器互相核定過彼此身份後，會產生同一把 MK，雙方再經由 MK 推導出 PMK。

階段三：架構在 RADIUS 上之金鑰分配

此步驟主要由認證伺服器傳送 PMK 給擷取點，而認證伺服器利用 RADIUS 存取同意封包夾帶 PMK 的方式，將 PMK 傳送給擷取點。

階段四：802.1x 金鑰管理

工作站與擷取點利用 PMK 推導出 PTK 後，擷取點隨機產生 GTK 分發給群組中的所有工作站，用以群播/廣播之用。在此階段所傳送的訊息，可以判斷出 PTK 的新鮮性(Freshness)與有效性。

階段五：資料保護

利用階段四所產生的 PTK 與 GTK 來保護單點/群組/廣播傳輸的資料私密性以及完整性。

5-4-1　溝通安全機制

如圖 5-16，溝通安全機制的流程如下：

步驟一：探測要求 (STA→AP)

工作站利用發送探測要求(Probe Request)訊框，掃描所在區域內目前有哪些擷取點存在。探測要求訊框中包含工作站所欲加入網路的 SSID 以及工作站所支援的傳輸速率。

步驟二：探測回應內含 RSN 資訊元素(AP→STA)

收到探測要求的擷取點會依據訊框中的資訊判斷此工作站能否加入網路。如果擷取點與工作站特性彼此相符，則擷取點會回

Chapter 5

送探測回應給工作站。除此之外，在 RSN 網路架構下，擷取點尚會將有關此擷取點的 RSN IE 附在探測回應訊框內，回傳給工作站。擷取點透過 RSN IE 告知工作站有關此擷取點所能提供的認證方式、單點/群組/廣播傳輸的加密方式等安全機制資訊。

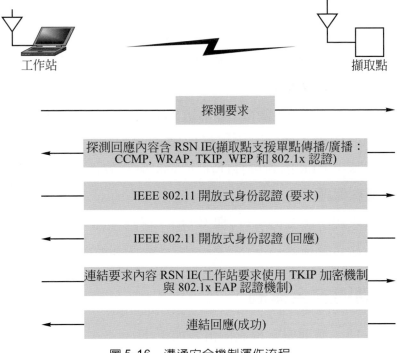

工作站　　　　　　　　　　　　　　　　　擷取點

探測要求

探測回應內容含 RSN IE(擷取點支援單點傳播/廣播：CCMP, WRAP, TKIP, WEP 和 802.1x 認證)

IEEE 802.11 開放式身份認證 (要求)

IEEE 802.11 開放式身份認證 (回應)

連結要求內容 RSN IE(工作站要求使用 TKIP 加密機制與 802.1x EAP 認證機制)

連結回應(成功)

圖 5-16　溝通安全機制運作流程

步驟三：要求 IEEE 802.11 開放式身份認證(STA→AP)

開放式身份認證是基本 802.11 網路所使用的認證方式，工作站發送認證要求給擷取點，請求身份認證。雖然 RSN 網路之後會用 802.1x 作更完善的身份認證，作此步驟的原因是為了系統能夠向下相容(Backward Compatibility)，使得能與之前的 802.11 軟硬體相容。

步驟四：回應 IEEE 802.11 開放式身份認證(AP→STA)

　　　　擷取點認證工作站後，回傳認證答覆給工作站告知是否認證通過。

步驟五：連結要求內含 RSN IE(STA→AP)

　　　　工作站身份認證通過後，發送連結要求給擷取點請求連結，透過 RSN IE 的資訊，告知擷取點此工作站所需要的認證方式及資料加密方式等。

步驟六：連結回應(AP→STA)

　　　　如果工作站所要求的 RSN IE 擷取點皆可以支援，則回傳連結成功，反之，回傳連結失敗。

5-4-2　身份認證機制

　　RSN 網路下 802.1x 架構如圖 5-18 所示。RSN 使用 EAP-TLS 作為身份認證的方法，而 EAP-TLS 是架構於 EAP 之上。在認證的過程中，擷取點只是作為訊息傳送的中介者，傳送工作站與認證伺服器間認證相關訊息，在工作站至擷取點之間傳送訊息所使用的協定為 EAPoL，而擷取點至認證伺服器之間傳送訊息所使用的協定為 RADIUS。工作站與擷取點之間是以 802.11 無線網路傳輸，而擷取點與認證伺服器之間是以有線 UDP/IP 協定傳輸。流程說明如下(流程參照圖 5-17)：

步驟一：802.1x/EAP 身份認證要求(AP→STA)

　　　　802.1x 認證程序開始後，擷取點發送 802.1x/EAP 身份認證要求封包，要求驗證工作站的身份。

步驟二：802.1x/EAP 身份認證回應(STA→AP)

　　　　此 EAP 封包為身份證明類型，工作站被要求使用輸入身份識別

Chapter 5

碼，之後將身份識別碼加在身份認證回應封包回傳給擷取點。

步驟三：RADIUS 存取要求(AP→AS)

擷取點收到工作站的 802.1x/EAP 身份認證回應封包後，此封包被轉送給認證伺服器，視為 RADIUS 存取要求。

步驟四：相互認證(STA ← AS)

在RSN網路中，是使用EAP-TLS作為身份認證機制，而EAP-TLS 認證過程中，認證伺服器與工作站會彼此交換本身的憑證，所以雙方可以藉由憑證的交換，相互驗證對方身份。相互認證成功後，認證伺服器與工作站將各自利用MK推導出PMK。

步驟五：RADIUS 存取同意(AS→AP)

認證伺服器回覆RADIUS存取同意封包給擷取點，並且將上一步驟產生的 PMK 夾帶在封包中傳送給擷取點。

步驟六：802.1x/EAP 身份認證成功(AP→STA)

擷取點收到 RADIUS 存取同意後，此封包被轉成 EAP 驗證成功封包送給工作站，告知工作站其身份認證成功，已被核准存取網路。

上述六個步驟做完之後，工作站的使用者身份已被認證伺服器確認，可以合法的存取 802.11 的網路。接下來的問題是工作站與擷取點，相互要表明自己知道 PMK，藉由握有 PMK，顯示雙方都是由認證伺服器許可的可信賴的機器。如何不交換PMK而表明知道PMK，進而產生PTK 則是下一章節的主題。

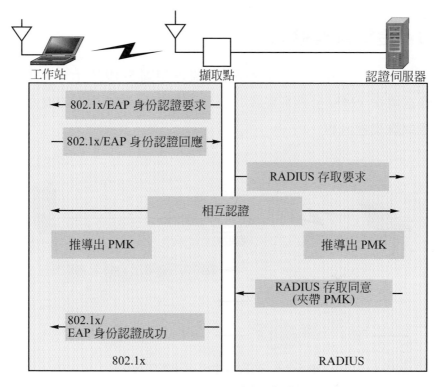

圖 5-17   802.1x 認證運作流程

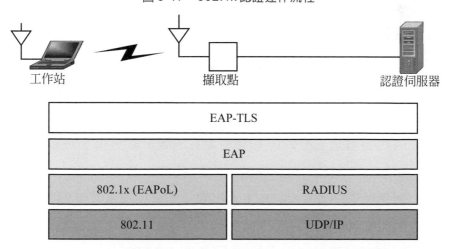

圖 5-18   RSN 網路下 802.1x 架構

Chapter 5

5-4-3 金鑰管理機制

RSN 網路下 802.1x 金鑰管理運作流程如圖 5-19 所示，其中包括認證伺服器傳送 PMK 至擷取點後，工作站與擷取點進行四方交握與暫時性群組金鑰交握流程。

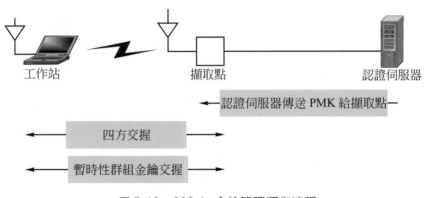

圖 5-19 802.1x 金鑰管理運作流程

以下我們分三個步驟來看詳細的流程：

步驟一：認證伺服器傳送 PMK 給擷取點(AS→AP)

在 AS 由 MK 導出 PMK 之後，AS 會將 PMK 夾帶於 RADIUS 存取同意封包中，傳送給擷取點。這裡我們假設 AS 到擷取點之間的通道是安全的，在擷取點握有 PMK 之後，可與工作站利用知道 PMK，相互驗證對方的身份，並產生工作站與擷取點間資料交換加密用的 PTK，步驟二即是認證與產生 PTK 的過程。

步驟二：四方交握(STA ↔ AP)

四方交握流程詳細介紹如下(如圖 5-20 所示)。

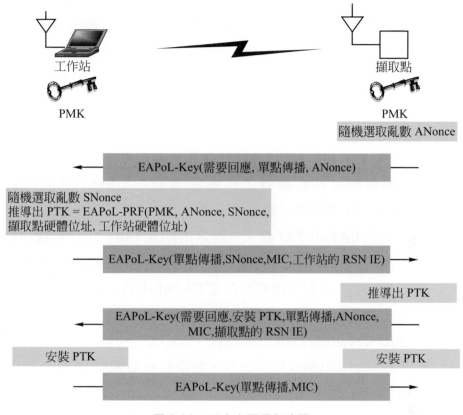

圖 5-20　四方交握運作流程

1. (AP→STA)

　　起初擷取點隨機選擇一亂數 ANonce，利用 EAPoL-Key 訊框傳送此 ANonce 給工作站。此步驟的 EAPoL-Key 訊框屬於單點傳播且必須回覆 ACK。

2. (STA→AP)

　　工作站此時也隨機選擇一亂數 SNonce，再利用上述傳來的 ANonce、擷取點的硬體位址、SNonce、工作站的硬體位址以及 PMK代入EAPoL-PRF函式，計算出PTK。工作站再利用EAPoL-

Key 訊框除了傳送 SNonce 給擷取點外，還需傳送工作站所要求的 RSN IE 給擷取點。此步驟的 EAPoL-Key 訊框屬於單點傳播且必須計算 EAPoL-Key 訊框的資訊完整性檢查碼 MIC。透過 MIC 的資料，工作站向擷取點表明他知道 PMK，因為 PTK 是由 PMK 導出，產生 MIC 必須知道 PTK，所以 MIC 若正確，即工作站知道 PMK。

3.　(AP→STA)

　　擷取點此時已獲得工作站所選取的 SNonce，同樣利用 ANonce、擷取點的硬體位址、SNonce、工作站的硬體位址以及 PMK 代入 EAPoL-PRF 函式，計算出 PTK，由於工作站與擷取點雙方皆計算出 PTK，所以之後的資料傳輸可以利用 PTK 加以保護，而此項決定利用擷取點設定 EAPoL-Key 訊框中的 install 欄位來告知工作站。當然擷取點有了 PTK 之後，必須計算剛才 EAPoL-Key 訊框的 MIC 是否正確，以驗證工作站是否知道 PMK，藉此驗證工作站的身份。此外，擷取點利用 EAPoL-Key 訊框傳送擷取點所能提供的 RSN IE，並且傳送 ANonce 給工作站，讓工作站可以將此步驟的 ANonce 與上述步驟傳來的 ANonce 相比較，證明訊息的新鮮性，並非重送攻擊。此步驟的 EAPoL-Key 訊框屬於需要回覆的單點傳播，且必須計算訊框的 MIC。

4.　(STA→AP)

　　在工作站收到擷取點送來的 EAPoL-Key 訊框之後，工作站會驗證該訊框的 MIC，藉此驗證擷取點身份，然後工作站利用 EAPoL-Key 訊框回傳 ANonce 給擷取點，讓擷取點知道工作站有正確的收到資料，並沒有遭受攔截攻擊(Man-in-the-middle Attack)。此步驟的 EAPoL-Key 訊框屬於單點傳播且必須計算訊

框的MIC。經過上述四方交握成功的完成之後，工作站與擷取點
也完成了相互的認證並產生 PTK。

步驟三：暫時性群組金鑰交握(STA ↔ AP) (流程參照圖 5-21)：

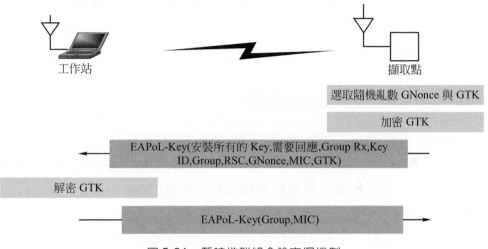

選取隨機亂數 GNonce 與 GTK

加密 GTK

EAPoL-Key(安裝所有的 Key,需要回應,Group Rx,Key
ID,Group,RSC,GNonce,MIC,GTK)

解密 GTK

EAPoL-Key(Group,MIC)

圖 5-21　暫時性群組金鑰交握機制

　　步驟三是針對群組通訊時，所需的GTK，如何透過擷取點傳送給工
作站。詳細運作過程如下：

1.　(AP→STA)

　　　　擷取點隨機選取一亂數 GNonce 與 GTK，再利用之前 PTK
產生的EAPoL-Key完整性金鑰加密GTK。之後擷取點使用EAPoL-
Key 訊框將此加密後的 GTK 告知所有跟此擷取點有連結的工作
站，往後的群播或是廣播就用此 GTK 來加密保護傳送的資料。
而GNonce的作用在於告知工作站GTK是否已更新，如果GNonce
與之前不同，則表示 GTK 已更新。此訊框屬於群播訊框，擷取
點計算出MIC附於訊框中，以確保訊框內容的完整性，而所有接
受到此訊框的工作站必須加以回應 ACK。

Chapter 5

2.　(STA→AP)

與擷取點連結的工作站收到訊框後，計算出訊框的MIC，並與訊框中夾帶的MIC相比較，確保訊框內容的正確性。確認訊框正確無誤後，取出訊框中加密過的GTK，再以EAPoL-Key完整性金鑰解密後，得到GTK。之後回傳EAPoL-Key訊框，讓擷取點得知工作站有成功收到GTK。

5-4-4　RSN 資料加密技術

在前三小節介紹完身份驗證與PMK和PTK的產生之後，本節是介紹如何利用PTK來加密資料，以達到資料的私密性。在802.11i標準中定義三種資料加密技術，即暫時金鑰完整性機制(Temporal Key Integrity Protocol, TKIP)、強健的無線認證機制 (Wireless Robust Authenticated Protocol, WRAP)，以及CCMP(Counter-mode/CBC-MAC Protocol)。TKIP 主要提供舊有的 WiFi 硬體裝置與 RSN 裝置相互運作的機制。WRAP與CCMP皆運作於128位元的進階加密標準(Advanced Encryption Standard, AES)演算法，其中WRAP是偏移量編碼書模式(Offset Codebook, OCB)，CCMP為CCM(Counter-mode/CBC-MAC)模式。對於所有IEEE 802.11 符合RSN的裝置均須提供CCMP機制，而TKIP與WRAP則非必須，即可有可無的選項。

5-4-4-1　TKIP 加密機制

TKIP加密機制的發展主要是希望能提供比WEP更好的安全性與防護能力，並且能相容於既有的802.11硬體產品與網路架構，透過韌體與軟體的升級即可提高加密保護的層級，而不需更換新的設備才能擁有這類的保護。TKIP機制針對WEP的安全性漏洞與可能遭受的攻擊，提出的解決方法如下：

- 採用資料完整性檢查機制，抵禦封包偽造攻擊(Forgery Attack)：傳送端在傳送MSDU(MAC Service Data Units)前，將傳送端硬體位址(SA)、接收端硬體位址(DA)、封包優先權(MSDU priority)和MSDU所承載的明文資料，經過運算得到MIC(Message Integrity Code)，在MSDU分割成MPDU(Message Protocol Data Units)前，將MIC附加在MSDU中。接收端收到所有的MPDU後，將其重組回MSDU，確認MIC與ICV(Integrity Check Value)是否正確，接收端會將ICV、MIC不正確的MSDU丟棄，以防止攻擊者偽造假資料。而MIC可以利用軟體計算而得，無須使用硬體裝置計算。

- 使用 Countermeasure 機制，以降低遭受成功攻擊與金鑰洩露的機率：當收到MSDU的MIC與解密後計算的MIC有所不同時，必須執行Countermeasure機制(即執行一些防範行為)，譬如更新金鑰，以避免攻擊者再度攻擊。

- 利用TKIP序列計數器(TKIP Sequence Counter, TSC)來防止重送攻擊：接收端會丟棄沒有按照順序接收到的MPDU。而TKIP中的TSC相當於WEP中的IV。

- 採用混合函數來產生WEP種子(seed)，以抵禦WEP弱點金鑰攻擊：TKIP將TK、TA與TSC經過混合函數，產生WEP中用來加密資料的WEP種子，由於混合函數的特性，因此攻擊者很難利用WEP弱點金鑰來試圖解密封包。

　　TKIP加密資料流程如圖5-22所示，首先進行兩個階段的金鑰混合以產生WEP種子(即TKIP加密金鑰)，並採用Michael演算法與資料切

Chapter 5

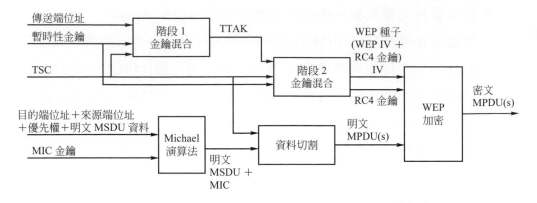

圖 5-22　TKIP 加密資料流程

割,將MSDU轉換成明文MPDU,最後利用WEP加密機制將明文MPDU
加密,產生密文MPDU。各個步驟說明如下:

步驟一:階段1金鑰混合

將傳送端位址(Transmitter Address, TA)、暫時性金鑰(Temporal
Key, TK)與 TSC 等資訊,經由階段1金鑰混合函數[3]計算得出
TTAK金鑰(TKIP mixed Transmit Address and Key, TTAK)。

步驟二:階段2金鑰混合

將階段1金鑰混合所產生的 TTAK、TK 與 TSC 等資訊,經由
階段2金鑰混合函數計算得出WEP加密金鑰,即初始向量(In-
itialization Vector, IV)與 RC4 金鑰。

步驟三:Michael資料完整性機制運算

將目的端位址(Destination Address, DA)、來源端位址(Source
Address,SA)、優先權(Priority)、明文 MSDU 資料,與 MIC
金鑰等資訊,經由 Michael 演算法,計算出具有 MIC 的明文
MSDU。

---

[3]　金鑰混合函數的設計主要是利用S-box的概念,有興趣的讀者可參考802.11i標準[7]。

步驟四：資料切割

此階段是將具有MIC的明文MSDU切割成一個或多個的MPDU，同時以單調遞增的方式，將TSC設定給每個MPDU。

步驟五：WEP加密

WEP利用WEP種子作為WEP的預設金鑰，將MPDU加密後，即為密文MPDU。

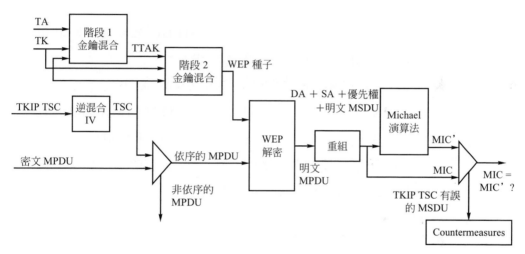

圖 5-23　TKIP 解密資料流程

接收端接收到密文MPDU後，即執行TKIP解密，如圖5-23所示，其運作步驟說明如下：

步驟一：逆混合IV運算

首先從 WEP IV 擷取 TSC 序列數，將所接收到的密文 MPDU 依照 TSC 排序。

步驟二：階段1金鑰混合

將步驟一所擷取的TSC，與TA、TK等資訊，經過階段1金鑰混合函數計算，得到TTAK。

Chapter 5

步驟三：階段 2 金鑰混合

　　　　將 TTAK、TK 與 TSC 等資訊，經過階段 2 金鑰混合函數計算，產生 WEP 種子(即解密訊息的金鑰)。

步驟四：WEP 解密

　　　　接收端將有依 TSC 排序的封包，以解密金鑰進行解密，而丟棄沒有依照 TSC 順序的封包。

步驟五：重組

　　　　接收端將屬於同一個 MSDU 的所有 MPDU 解密後，將其重組得到明文 MSDU、DA、SA 與優先權。

步驟六：Michael 資料完整性機制運算

　　　　將明文 MSDU、DA、SA、MSDU 優先權經過 Michael 演算法運算後，得到一 MIC′值。將此 MIC′與解密後 MSDU 中的 MIC 值相比，如果相同就收下此封包，並往上層傳送，如果不同則丟棄此封包。

　　以下為 TKIP 封包格式(如圖 5-24 所示)。

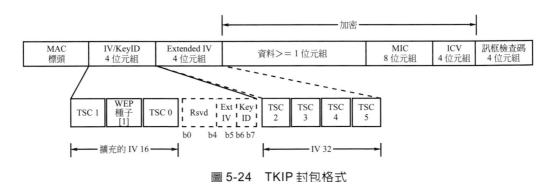

圖 5-24　TKIP 封包格式

　　Michael 資料完整性檢查機制所算出的 MIC，只能偵測主動式攻擊(例：修改資料、偽造資料)，而無法偵測出被動式攻擊(例：竊聽)。MIC

值比對後不相同，則代表有可能是因為遭受攻擊者主動式攻擊的關係，一旦發現有可能遭受攻擊，TKIP 必須採取一些應變動作，避免再度遭受攻擊，此應變動作即稱為 Countermeasures。當可能遭受攻擊時，採取應變行動的目標主要有以下三點：

⑴　更新認證金鑰以及加密金鑰，以免攻擊者從那些被其竄改的封包中，分析出金鑰。

⑵　將MIC比對失敗事件記錄下來，並授權系統管理者採取後續補救動作。

⑶　產生新金鑰的時間必須間隔一分鐘以上，主要是為了讓攻擊者無法在短時間內大量攻擊。

　　在檢查MIC之前，接收端要先檢查CRC、ICV以及IV，當CRC、ICV以及IV三者之中有一比對錯誤時，就直接丟棄此MSDU，如此一來可以避免記錄到不必要的MIC錯誤事件。當擷取點發現MIC比對錯誤後，則Countermeasures會依照發送此MSDU的目的作出不一樣的反應：

⑴　當 MSDU 是要用來保護群組金鑰時：

①　刪除加密群組金鑰以及完整性群組金鑰

②　等待60秒

③　更新暫時性群組金鑰且通知所有跟此擷取點有連結的工作站

④　紀錄此次MIC比對錯誤的細節

⑵　當 MSDU 是要用來保護成對金鑰時：

①　除了IEEE 802.1x的訊息外，將其他的訊息通通丟棄，直到成對金鑰被刪除或是更新

②　等待60秒

③　重新初始成對金鑰交換的程序

Chapter 5

④　紀錄此次 MIC 比對錯誤的細節

如果是工作站比對 MIC 錯誤時，Countermeasures 的反應如下：

(1)　當 MSDU 是要用來保護群組金鑰時：

①　刪除加密群組金鑰以及完整性群組金鑰

②　發送 EAPoL-Key 封包要求擷取點分配新的群組金鑰

③　紀錄此次 MIC 比對錯誤細節於此工作站與其連接的擷取點中

(2)　當 MSDU 是要用來保護成對金鑰時：

①　除了 IEEE 802.1x 的訊息外，將其他的訊息通通丟棄，直到成對金鑰被刪除或是更新

②　發送 EAPoL-Key 封包要求擷取點分配新的成對金鑰

③　紀錄此次 MIC 比對錯誤細節於此工作站與其連接的擷取點中

TKIP 演算法優於 WEP 演算法的原因包括：

(1)　IV 長度增加：改善 WEP 中 IV 容易重複使用的情形。

(2)　Michael 資料完整性檢查機制：改善 WEP 使用 CRC 的缺點。

(3)　利用 TSC 當作 IV：使得每一次的的 IV 都不同，且加密金鑰會經過兩次混合函數打亂，加深了攻擊者收集資料加以分析的難度。

(4)　Countermeasures 機制：使得發現可能被攻擊者攻擊時，能夠做出對策，避免繼續遭受攻擊。

由於以上所增加的幾項方法，改善了 WEP 的缺失並提高傳輸安全性，且原先採用 WEP 的硬體設備，只需升級軟體，即可運作 TKIP，使得在 802.11i 標準尚未定案以前，使用者可以採用 TKIP 當作 WEP 過渡至 802.11i 時的安全機制。

5-4-4-2　WRAP 加密機制

WRAP 機制是架構在 AES 與 OCM(Offset Codebook Mode) 之上。RSN 中規定 WRAP 為可選擇使用的資料加密方式，並不強制使用。

WRAP機制包括三個部分，分別為金鑰產生程序、資料加密程序以及資料解密程序。當工作站連接到某一擷取點時，就由推導產生的加密金鑰來保護單點傳播。而用來保護群播/廣播的群組金鑰是事先設定好的，不是經由推導產生。一旦加密金鑰建立後，IEEE 802.11 MAC 就會丟棄所有沒有經過加密的資料。

　　WRAP 加密資料流程步驟如下：

⑴　依據 MSDU 選擇適當的模式。

⑵　依據 MSDU 服務類型，增加區塊計數器(Block Count)與適當的重送計數器(Replay Counter)。

⑶　建立最終 WRAP 保護的 MSDU 資料區塊的重送－計數器欄位。

⑷　利用重送－計數器、MSDU 服務類型，以及 MAC 來源位址建立 OCB Nonce。

⑸　利用 MAC 目的地位址建立連結資料區塊。

⑹　AES-OCB 加密 MSDU 與連結資料。

⑺　利用重送計數器、OCB 密文，以及 OCB tag 建立 MSDU 資料區塊。

　　WRAP 解密資料流程步驟如下：

⑴　依據接收的 MSDU，選擇適當的模式。

⑵　執行封包的完整性檢查。

⑶　利用所接收到 MSDU 中的重送－計數器、流量品質服務類型、來源與目的地的 MAC 位址，來建立 OCB Nonce。

⑷　利用已建立的 Nonce 與暫時性金鑰，WRAP 對 MSDU 資料進行解密動作。

⑸　若 MSDU 是單點傳播，則從 MSDU 重送－計數器欄位中取出序號，並且驗證 MSDU 是否為重送攻擊。

Chapter **5**

　　WRAP 機制將 MSDU 的資料區塊加密,如圖 5-25 所示。其中,資料 Overhead 為 12 個位元組,其中包括 28 個位元的重送計數器、由 WEP 繼承而來的一組 KeyID 位元組,以及 64 位元的訊息完整碼,用以偵測是否為偽造的資料。

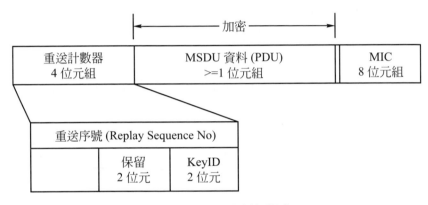

圖 5-25　WRAP 封包格式

5-4-4-3　CCMP 加密機制

　　CCMP 機制是架構在進階加密標準(Advanced Encryption Standard, AES)與 Counter-Mode/CBC-MAC(CCM)上,為 RSN 網路必須實作的資料加密保護機制。

　　CCM 是由計數模式(Counter Mode, CTR)與密文區塊連鎖訊息認證碼 (Cipher Block Chaining Message Authentication Code, CBC-MAC) 所組成。CCM 加密過程中,皆使用同一把暫時性金鑰。加密的過程中,如果都使用同一把加密金鑰,很容易被攻擊者收集訊息,分析出加密金鑰,但是在 CCM 下,攻擊者很難收集訊息進而分析加密金鑰,原因在於加密的過程中,除了使用到暫時性金鑰外,還使用了 IV,而 IV 的值每次都不一樣,加深其破解的難度。但前提是 CCM 在每一次連線中,暫時性金鑰皆會更新，因為長時間下來，雖然 IV 在 CCM 過程中會不斷變更，攻擊者不易分析出加密金鑰，但是如果每一次連線都不更換暫時性金鑰，封包累積量越多，攻擊者越容易破解出暫時性金鑰。

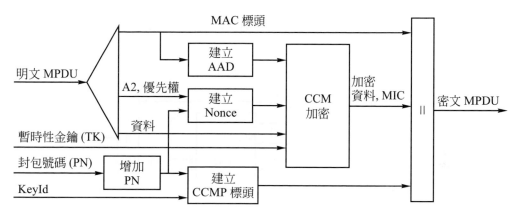

圖 5-26　CCMP 加密資料流程

　　CCMP 傳送端加密資料流程步驟如圖 5-26 所示，說明如下：

步驟一：增加 PN

　　　　增加封包號碼(Packet Number, PN)的值，讓每一個 MPDU 都有不一樣的 PN 值。

步驟二：建立 AAD

　　　　利用 MPDU 標頭的欄位建立 CCM 的額外認證資料(Additional Authentication Data, AAD)。

步驟三：建立 CCMP Nonce 區塊

　　　　利用 MPDU 的 PN、A2(MPDU Address 2)，以及優先權欄位，建立 CCM Nonce 區塊。

步驟四：建立 CCMP 標頭

　　　　將新的 PN 與 KeyId 置入 CCMP 標頭。

Chapter **5**

步驟五：CCM 加密

利用暫時性金鑰、AAD、Nonce 與 MPDU 資料透過 CCM 加密，產生密文與 MIC。

步驟六：產生密文 MPDU

將原始的 MPDU 標頭、CCMP 標頭、加密資料與 MIC 合併，產生密文 MPDU。

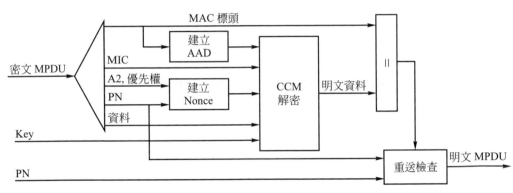

圖 5-27　CCMP 解密資料流程

CCMP 接收端解密資料流程如圖 5-27 所示，步驟如下：

步驟一：建立 AAD 與 Nonce

利用密文 MPDU 建立 AAD 與 Nonce，其中 AAD 是利用密文 MPDU 中的 MPDU 標頭所建立，而 Nonce 主要是利用 A2、PN 與優先權欄位等資料所建立。

步驟二：擷取 MIC

從密文 MPDU 中擷取 MIC 資訊，以供 CCM 完整性檢查的執行。

步驟三：CCM 解密

利用暫時性金鑰、AAD、Nonce、MIC，以及密文 MPDU 進行 CCM 解密，並得到 MPDU 明文資料，並檢查 AAD 與 MPDU 明文資料的完整性。

步驟四：建立明文 MPDU

利用所接收的MPDU標頭與步驟三所計算的MPDU明文資料，
兩者合併以建立明文 MPDU。

步驟五：重送檢查

利用MPDU中的PN與重送計數器的比較，以避免MPDU的重
送。

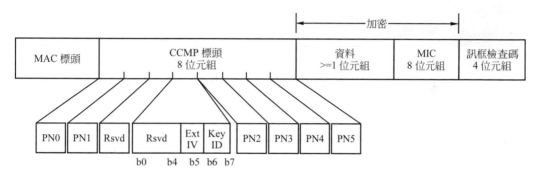

圖 5-28　CCMP 封包格式

圖5-28為CCMP封包格式，其中IV/KeyID與Extended IV 欄位稱
為 Encoded PN。

5-5　結　論

在網路上傳送的資料其保密性與正確性非常重要，網路資料傳送機
制必須使用加密演算法以確保資料的保密性；使用完整性檢查演算法以
確保資料的完整性與正確性。而 IEEE 802.11 原先採用 WEP 作為資料
傳輸時的安全機制，但是由於WEP本身設計上的缺陷，使得WEP漏洞
百出。如果要讓無線網路通訊更為安全，則發展一套新的安全機制是勢

Chapter 5

在必行的，故IEEE 802.11i工作小組訂定一套新的無線網路安全機制，即IEEE 802.11i。802.11i內容包含階層金鑰的產生與管理、從WEP過渡到802.11i的過渡機制WPA，並且增加了三種資料加密演算法：TKIP、CCMP與WRAP。IEEE 802.11i提供了更健全的網路安全措施，使得使用者可以放心使用無線網路，進而加速無線網路的蓬勃發展。

5-6　參考文獻

[1]　IEEE Std 802.11, "Wireless LAN Medium Access Control (MAC) and Physical Layer (PHY) Specifications," 1997.

[2]　IEEE Std 802.1X-2004, "Port-based Network Access Control," December2004.

[3]　N. Chendeb, B. E. Hassan, and H. Afifi, "Performance Evaluation of the Security in Wireless Local Area Networks (WiFi)," *In Proceedings of the IEEE International Conference on Information and Communication Technologies: From Theory to Applications*, pp. 215-216, April 2002.

[4]　J. C. Chen, M. C. Jiang, and Y. W. Liu, "Wireless LAN Security and IEEE802.11i," *IEEE Wireless Communications*, vol. 12, no. 1, pp. 27-36, February 2005.

[5]　B. Potter, "Wireless Security's Future," *IEEE Security and Privacy Magazine*,vol. 1, no. 4, pp. 68-72, July-August 2003.

[6]　S. Wang, R. Tao, Y. Wang, and J. Zhang, "WLAN and It's Security Problems," *In Proceedings of the IEEE International Conference on Parallel and Distributed Computing, Applications and Technologies*, pp. 241-244, August 2003.

[7]　IEEE Std 802.11i-2004, "Wireless LAN Medium Access Control (MAC) and Physical Layer (PHY) Specifications Amendment 6: Medium Access Control (MAC) Security Enhancements," July 2004.

[8]　L. Blunk and J. Vollbrecht, "PPP Extensible Authentication Protocol (EAP),"IETF RFC 2284, March 1998.

[9]　A. Mishra and W. A. Arbaugh, "An Initial Security Analysis of the IEEE802.1X standard," UMIACS-TR-2002-10, 2002.

[10]　C. Rigney, S. Willens, A. Rubens, and W. Simpson, "Remote Authentication Dial In User Service (RADIUS)," IETF RFC 2865, June 2000.

習　題

1.　名詞解釋：主要成對金鑰(Pairwise Master Key, PMK)。

2.　請說明如何利用 RC4 演算法將明文"HI"加密。假設 key K[]＝[1, 5]，H ＝ 01001000, I ＝ 0100 1001。

3.　假設工作站 1 與擷取點共享金鑰 k[]＝[1,5]，且擷問文(Challenge Text)為"HI"。請舉例說明工作站 1 與擷取點間的 802.11 共享金鑰認證運作。

4.　WEP 加密運作包括加密與完整性檢查。請說明 WEP 的運作流程。

Chapter **5**

5. 下圖爲典型的 EAPOL 訊息交換流程。請說明如何將 EAPOL 應用
至 IEEE 802.11 WLAN？(請以圖示說明訊息交換流程)

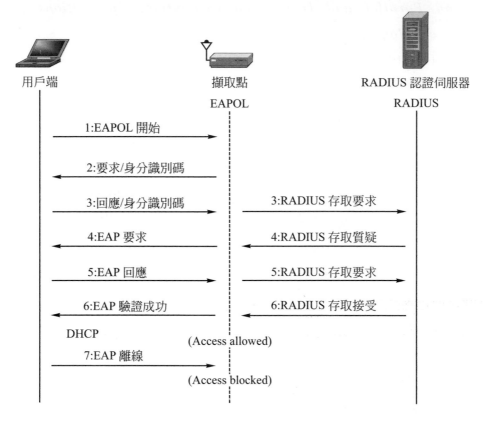

6. (a)請列出五個WEP的缺點。(b)請說明TKIP解決上述的哪些缺點。

7. 利用多項式$S(x) = x^3 + 1$傳送明文資訊10111111。傳送的密文資訊
爲何？

8. IEEE 802.11i具備以下運作階段：(a)溝通安全，(b)802.1x 身份認
證，(c)以RADIUS爲基礎的金鑰分配，(d)802.1x金鑰管理，以及
(e)資料保護。請說明在工作站、擷取點，及認證伺服器之間的各階
段運作方式。

第 **6** 章

802.11 無線區域網路的服務品質協定-802.11e

    802.11e[1]標準所定義的是在 802.11 無線區域網路上提供QoS所需機制及其運作方式。因原始 802.11 標準的MAC層並無法完全提供無線多媒體通訊對於服務品質(Quality of Service, QoS)、安全性(Security)、與行動性(Mobility)等需求，因此 IEEE 802.11 標準之工作群組便成立任務群組 e、i、與 f 分別針對上面三個需求對 802.11 的 MAC 層進行增修的動作。雖然原始的 802.11 標準中已制定了 PCF 集中式協調功能，以輪詢的方式實現工作站之間的免競爭傳輸，然而其並未完整地考慮到QoS的需求，因此其實用性不高，且其為非必要實現的選項，目前市面上的產品幾乎都未實作此功能。因此 802.11 的任務群組e針對QoS即針對 802.11 的MAC層進行增修，形成所謂的 802.11e標準。802.11e已在2005 年底成為正式的標準。目前市面上也已陸續出現內含 802.11e功能的無線區域網路產品。

    本章將在第 6-1 節先闡述多媒體通訊之 QoS 需求，再於第 6-2 節介紹 802.11 PCF的運作方式，並說明其無法完整地符合QoS需求的原因。接下來則於第 6-3 節至 6-8 節依序介紹 802.11e 的各項新增機制。因

802.11e 對於新增的 QoS 機制定義了一些新的辭彙，所以在第 6-3 節先將後續章節會使用到的詞彙以及常用的中英譯名對照表列出來，以方便讀者查詢。第 6-4 節則介紹 802.11e 的資料流辨識方式與傳輸優先權決定方式，這是在加強型分散式通道存取模式與 HCF 控制型通道存取模式中，決定通道傳輸權落於哪個工作站的根本依據。第 6-5 節則分別介紹加強型分散式通道存取模式以及 HCF 控制型通道存取模式的工作原理。第 6-6 節至第 6-8 節則是分別說明整批回報、直接連結協定、以及省電模式自動傳送的工作原理。而 802.11e 所新定義的訊框格式，則配合各節的內容陸續穿插介紹，以方便讀者理解其實際的作用。

6-1　多媒體通訊的 QoS

在深入了解 802.11e 為 QoS 所量身訂做的機制之前，讓我們先了解一般多媒體通訊在 QoS 上的需求為何。在多媒體通訊中，通常至少有一組甚至是多組數位影音串流在網路的節點間流動，例如現在流行的網際網路電話(Voice over IP, VoIP)以及視訊會議(Video Conferencing)等，都是將使用者原始的聲音或影像經過類比到數位的轉換後，以固定位元速率(Bit Rate)或一定範圍的變動位元速率產生一連續的數位影音串流，然後透過網路送到接收端，再經過數位轉類比的撥放器將原始的影音播放出來(如圖 6-1 所示)。由於影音串流的產生與播放是以一定的速率來進行，所以要使得接收端能播放出平順的影音以及維持順暢的對談其最大關鍵為：

(1)　在接收端以原有的速率將影音串流輸入播放器中。

(2)　從來源端產生影音串流到接收端播放出來之間的延遲時間是在一個合理的範圍之內(例如：在 ITU-T 的 G.114 標準中，建議在語音傳輸上的單向傳送時間(one-way transmission time)應小於 150 毫秒[2])。

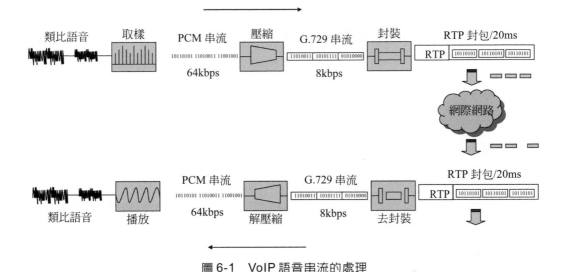

圖 6-1　VoIP 語音串流的處理

　　以 VoIP 的應用為例(圖 6-1)，假設以 8kHz(每秒 8000 次)的取樣頻率對來源端的原始類比語音進行採樣，並以 PCM 的方式將每個取樣轉為一 8 位元的數值，則形成一固定速率為 64 kbps 的語音串流，然後對其作語音壓縮以減少所占頻寬(例如使用 G.729 壓縮，產生 8 kbps 串流)。接下來則是將其封裝成 IP 的封包，經由網路傳遞到接收端。因為該語音串流的速率固定在 8 kpbs，所以為簡化封裝以及播放的作業起見，通常都是將固定時間單位(例如每 20 毫秒)的語音資料封裝成一個 IP 封包傳遞出去。在接收端則是將一個個收進來的封包，進行去封裝與解壓縮並取出內含的語音資料依序輸入到播放器中播放。播放器則是照著原始的速率(64 kbps)將輸入的語音資料播放出來。由於傳送這些語音資料封包的網路，有可能造成如圖所示之封包到達接收端的速率忽快忽慢(尤其是在競爭型的網路上)，或是前後順序顛倒，此種情況將造成在接收端播放出錯亂或是斷斷續續的語音。

Chapter **6**

綜合來說，一般影音串流具有一些如下的屬性：

⑴ 固定或一定範圍的變動速率。若是變動速率的影音串流，其規格上通常會定義其最大速率(Peak Rate)與平均速率(Average Rate)。

⑵ 若是資料為間歇產生，則會定義其一次產生的最大資料量(Burst Size)，以及每次資料持續時間之最大值與最小值。

而以維持平順播放與順暢對談的目的來說，接收端對於來自網路端之影音串流的要求為：

⑴ 網路的傳遞延遲必須要在一個合理的範圍之內，也就是要有「有限的延遲」(Bounded Delay)。

⑵ 各連續封包的時間間隔必須盡量維持在一個合理的範圍之內，如此才能使接受到之影音串流的速率變動不致過大，也就是要有「有限的抖動」(Bounded Jitter)。

為解決播放不順的方式大致可分兩個方向來考量：一為在接收端增加緩衝的機制，使得輸入播放器的語音資料流盡量維持原有的速率。不過這個方式有其極限，一是接收端裝置的記憶體容量因成本考量可能有限，二是緩衝將造成播放上的延遲，而這將影響到與來源端進行對談時的順暢程度。因此，也必須經由另一個方向─從改善網路傳輸品質方面來著手，也就是讓網路具備QoS的機制，使得影音串流可以盡量依其品質需求送達接收端。802.11e就是為了讓原始的802.11無線區域網路能達到此目的而制定的一個新標準。(至於為何802.11的PCF模式無法達到QoS的要求，請見第6-2節描述。)

因此802.11任務群組 e 在制定802.11e時就將其目的設定為加強802.11的MAC層以提供完整的QoS的功能。包含下列各項：

(1) 定義資料流模型(Traffic Model)：包含資料型態、描述方式、以及運作模式。

(2) 使得延遲與抖動達到最小化。

(3) 使得成功傳輸量(Throughput)達到最大化。

表6-1為802.11e新增的QoS機制。其中有些項目為802.11e標準所規範在生產上必須實作的項目(標示為「必要」)，其他則為可作可不作(標示為「非必要」)的項目。802.11e最重要的地方就是定義了資料流的辨識與其優先權的決定方式，以及利用該資料流的辨識機制，新增了一種通道存取方式－「混合式存取功能」(Hybrid Coordination Function, HCF)，以提供具有QoS的無線區域網路傳輸服務。

表6-1　802.11e新增的QoS機制

名稱	內容/作用概述	必要/非必要
QoS訊框格式	新增適於傳輸QoS資料流的訊框格式，用於資料流種類的辨識以及傳輸優先權的決定。	必要
加強型分散式通道存取(EDCA)	改良原始的DCF模式，配合使用QoS訊框格式，使之具有依網路資料流種類來優先競爭通道存取權的功能，而非原始的平等競爭模式。使得較需要即時服務的資料流可以優先被傳輸。	必要
HCF控制型通道存取(HCCA)	改良原始的PCF模式，配合使用QoS訊框格式，使得居中的協調站可以依據不同種類資料流對QoS的需求，挑選工作站進行資料傳輸。另外，與PCF模式不同的是：無論在競爭時段或免競爭時段，協調站都可隨時挑選工作站以進行資料傳輸，使得有QoS需求資料流可以即時被傳輸。	必要
整批回報(Block Ack)	讓接收端工作站可以在收到一定數量的訊框之後再傳回Ack訊框給發送端工作站，以增加頻寬的使用效率。	非必要

Chapter 6

表 6-1　802.11e 新增的 QoS 機制(續)

名稱	內容/作用概述	必要/非必要
省電模式自動傳送(APSD)	讓工作站與擷取點經過協調後,可在工作站進入省電模式之後,在雙方約定的時間點(週期性或非週期性)醒來,直接進行某固定資料量的傳輸。這將使得工作站的耗電量比原始 802.11 的省電運作方式更節省,同時也可達到 QoS 的需求。	非必要
直接連結協定(DLS)	讓兩個在 BSS 模式下的工作站先透過擷取點的中介協調之後,可以不透過擷取點直接傳送資料。此項機制的作用主要在於利用擷取點叫醒在省電模式中的工作站,並直接交換一些具有安全性的資訊。	擷取點為必要工作站為非必要

6-2　802.11 集中式協調功能－ PCF

　　802.11 的 PCF 集中式協調功能是基於 DCF 分散式協調功能的既有機制,所制定的免競爭傳送機制。在此機制運作之下,一個 BSS 內部所有工作站的資料傳輸,都是由一個所謂的「中央點控制器」(Point Coordinator, PC)以輪詢(Polling)的方式來配發通道的傳輸權,而免去了如 DCF 方式的通道競爭。一般來說,在實作上中央點控制器是位於擷取點之內,以軟體或韌體的形式存在,與擷取點的軟體或韌體相結合。在 802.11 標準中,DCF 被定義為必要實現的功能,而 PCF 則為非必要實現的選項,因此 802.11 的設備製造商可以只實現 DCF 功能而不做 PCF 功能。但由於 PCF 是基於 DCF 所增加的機制,因此在有執行 PCF 的 BSS 網路中,未實現 PCF 的工作站也仍然可以正常工作,與有實現 PCF 的工作站共存而不受影響。工作站可以於連結上網的階段中,在連結要求(Association Request)訊框內宣告其是否支援PCF免競爭傳輸模式，以提示擷取點是否將其加入輪詢名冊(polling list)中。

在 PCF 運作模式中，無線媒介並非都是被免競爭的資料傳輸所佔用，而是在時間上分割成交替循環的兩個部份：一為「免競爭時段」(Contention Free Period, CFP)，另一為「競爭時段」(Contention Period, CP)，此二者形成「CFP 反覆時段」(CFP Repetition Interval)，如圖6-2 所示。在免競爭時段內，中央點控制器每次挑選一個工作站，賦予其傳送一個訊框的權力，該取得傳送權的工作站便可馬上傳送一個訊框出去，而其他工作站在此免競爭時段內皆因 NAV 計數器的設定而不會嘗試傳輸任何訊框，如此便免除了工作站之間互爭傳輸權的情況(有關免競爭時段之訊框的 NAV 值設定，請參考第 3-1-2 節)。免競爭時段是在擷取點發送訊標(Beacon)訊框之後隨即開始，而在擷取點送出CF-End訊框後隨即中止，並回到以 DCF 模式運作的競爭時段。免競爭時段的最大長度乃是由中央點控制器來決定，其值為擷取點的一個系統參數。若免競爭時段起始點的訊標訊框因前一個 DCF 競爭時段之最後一個訊框的傳遞而被延後傳送出來時，則該免競爭時段將被迫延後開始，但其持續時間仍是由訊標訊框本來應傳送的時間點開始計算，而該免競爭時段必需在持續時間到達系統所設定的最大值(即下一段所敘述的「CFP最長持續時間」)時結束，形成圖 6-2 中之「縮短的 CFP」情況。

另一方面，並非每一個 Beacon 訊框的傳送都代表免競爭時段的開始。802.11 在此為網路管理者保留一些彈性，將免競爭時段的間隔定義為 N 個 DTIM 週期，其中 N 的值可為任何大於或等於 1 的整數。例如圖6-3，其免競爭時段的間隔為兩個 DTIM 週期，而 DTIM 週期則為三個訊標週期。也就是說免競爭時段的長度可以跨越數個訊標週期，當訊標

Chapter 6

週期到達時，擷取點還是依例送出訊標訊框，並在其訊框內容中包含CF參數集(CF Parameter Set)元件，以標明距離該免競爭時段的結束還剩下多少時間(即圖6-3中的「CFP 剩餘時間」參數)，以便所有工作站調整其 NAV 計數器。另外，在 802.11 中規定，標示免競爭時段開始的訊標訊框要以PIFS訊框間隔來傳送，以盡量讓免競爭時段可以準時開始，而不會被其他以 DIFS 為訊框間隔的訊框干擾。

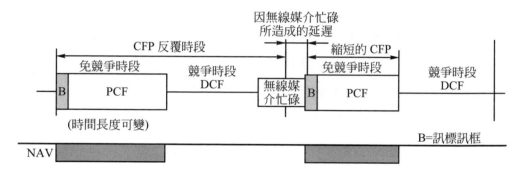

圖 6-2　PCF 模式之 CFP 與 CP 的反覆交替

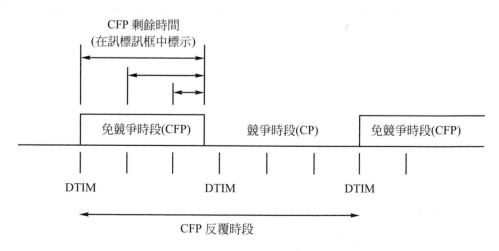

圖 6-3　免競爭時段的間隔時間

CF 參數集的格式如圖 6-4 所示，其各欄位之意義如下：

- CFP 倒數計數(CFPCount)：標示到目前為止(包含本次訊標訊框)還有幾次的 DTIM 週期才到下一個免競爭時段。若是此值設為 0，則表示免競爭時段在此訊標訊框傳送後立即開始。

- CFP 週期(CFPPeriod)：標示兩個免競爭時段的間隔為幾個 DTIM 週期。以圖 6-3 為例，其 CFP 週期值應設為 2。

- CFP 最長持續時間(CFPMaxDuration)：標示在此 PCF 模式下，一個免競爭時段的最長持續時間，其值所代表的時間長度為 1024 微秒的整數倍。

- CFP 剩餘時間(CFPDurRemaining)：標示離本次免競爭時段的結束最多還剩下多少時間，其值所代表的時間長度亦為 1024 微秒的整數倍。

位元組	1	1	1	1	2	2
	項目編號 4	長度	CFP 倒數計數	CFP 週期	CFP 最長持續時間	CFP 剩餘時間

圖 6-4　CF 參數集

在免競爭時段內，工作站與擷取點之間的訊框傳遞則如圖 6-5 所示。擷取點(即中央點控制器)將「帶有 CF-Poll」的資料訊框傳送給其指定的工作站(即輪詢該工作站)，該工作站在收到此 CF-Poll 訊框後，便可以傳送一個「帶有 CF-Ack」的資料訊框給擷取點。由於 802.11 規定資料訊框的接收端必須送出一個 Acknowlwdge 訊框給該資料訊框的發送端作為回應，如此才算成功傳遞該資料訊框，因此在 PCF 模式下運作的工作站與擷取點也必須遵循此規定，而必需採用「帶有 CF-Ack」的資

Chapter **6**

料訊框以達到此一目的。此處所謂「帶有CF-Poll」與「帶有CF-Ack」的資料訊框乃是表 3-1 所列示的資料訊框中(即訊框控制欄位的型態值為"10")，其子型態名稱包含 CF-Poll 與 CF-Ack 者。也就是 Data+CF-Ack、Data+CF-Poll、Data+CF-Ack+CF-Poll、CF-Ack、CF-Poll、以及 CF-Ack+CF-Poll 等資料訊框，其對應的訊框控制欄位的子型態值分別為"0001"、"0010"、"0011"、"0101"、"0110"、以及"0111"。這是 802.11 在資料訊框上的背負式(piggyback)設計，讓MAC層除了利用訊框主體欄位來攜帶來自上層的資料之外，也利用訊框控制欄位中的型態與子型態值夾帶 MAC 相關的功能性資訊散佈出去。

舉例來說，圖 6-5 的訊框①即為擷取點所送給工作站 1 的Data+CF-Poll 訊框，即擷取點有資料要送給工作站 1 且順便輪詢工作站 1。工作站 1 在收到訊框①之後，便送出Data+CF-Ack訊框給擷取點(訊框②)，也就是工作站 1 取得傳輸權並傳送出一筆資料，同時以 CF-Ack 順便回應剛剛來自擷取點的資料訊框①。在接收到訊框②之後，擷取點送出 Data+CF-Ack+CF-Poll 訊框(訊框③)給工作站 2，代表了擷取點有資料要送給工作站 2，且擷取點要順便輪詢工作站 2，至於訊框中的CF-Ack資訊則是代表擷取點對剛剛從工作站 1 送來的訊框②所做的回應。因為無線媒介是廣播式的，故工作站 1 也會收到訊框③，當其解析訊框控制欄位時，便可得到 CF-Ack 的資訊，證實擷取點確實有收到訊框②。此處不會造成混淆的原因為：在PCF運作模式中，擷取點與工作站是交替傳送資料訊框的，因此 CF-Ack 的回應對象不會有第二者。在工作站 2 收到訊框③之後，因為此時工作站 2 沒有資料要傳送，所以工作站 2 便送給擷取點一個未帶資料的 CF-Ack 訊框(訊框④)，以作為訊框③的回應。請注意，在免競爭時段內，所有訊框的訊框間隔都是 SIFS，以保證有絕對的優先傳送權，不至於被不知情的工作站所干擾。

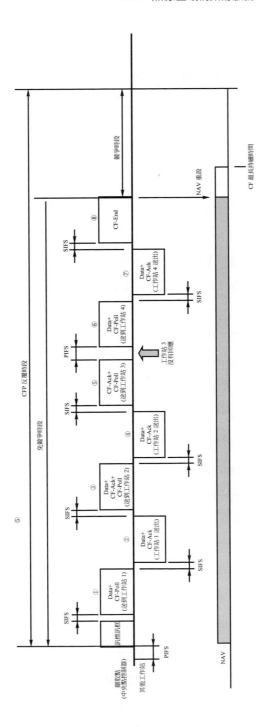

圖 6-5　PCF 的運作

　　此SIFS訊框間隔也有例外，其發生情形舉例如下。仍舊以圖6-5為例，在接收到訊框④之後，擷取點欲輪詢工作站3，但此時並未有資料要送給工作站3，因此其送出 CF-Ack + CF-Poll 訊框(訊框⑤)給工作站3，除輪詢工作站3之外，也順便對工作站2所送出的訊框④做回應。但因此時工作站3已經離開此 BSS，故擷取點未能在 SIFS 的時間內收到任何回應訊框。此時擷取點將再多等一個時槽時間之後，也就是相當於 PIFS 的時間間隔(PIFS = SIFS + 1 ×時槽時間，詳見第2-2-2節)，再進行新的輪詢工作(如訊框⑥與訊框⑦)。另外，若一個資料訊框由支援PCF的工作站要傳送到不支援 PCF 的工作站時，擷取點將遵循原 DCF 的規範來轉送此訊框給不支援PCF的工作站(也就是使用Data資料訊框以及Ack控制訊框)。

　　而當擷取點欲結束免競爭時段時，其必須送出CF-End訊框(若其必須回應上一個接收到的訊框時，則送出 CF-End + CF-Ack 訊框)(如圖6-5之訊框⑧)，以宣告免競爭時段的結束。此時，該CF-End訊框(或是 CF-End + CF-Ack 訊框)的 NAV 值必須設為 0，以令所有工作站重設其 NAV 計數器值為 0，也就是恢復其對無線媒介傳輸權的競爭，開始以DCF的模式進行資料訊框的傳送。而每次免競爭時段的長度，則是由擷取點參考其內部所維護的輪詢名冊及輪詢策略所決定，此部份並未規範於802.11標準文件中，可依製造商的實際需求自行設計與實作，唯其免競爭時段長度必須小於或等於CFPMaxDuration值。

　　接下來讓我們來了解為何原始的802.11標準無法達到前一節所述的QoS 需求。很明顯的，在 DCF 模式下，由於各工作站之間以相同的訊框間隔時間以及各自的亂數後退時間等機制來競爭無線媒介的使用權，故無法符合影音資料串流對維持速率與延遲的需求。而在 PCF 模式之下，雖然各工作站的資料傳輸統一由擷取點輪流通知各工作站進行資料傳輸以避免競爭的行為，然而由於擷取點完全無法得知該影音串流之特性，且每次輪到某工作站可傳輸時最多也只能傳輸一個訊框的資料量，這對於維持影音串流的特性及其對延遲與抖動的需求，只能達到有限的效果。

6-3　重要名詞解釋與中英對照

因為 802.11e 是對原始 802.11 標準的內容進行增修，加入了QoS相關的功能，但因原始 802.11 的運作機制可與 802.11e 新增的機制共存，所以為了能明確的分辨新舊機制起見，802.11e 對於有支援此新增 QoS 功能的工作站(STA)、擷取點(AP)、BSS、與 IBSS 都會前面冠上"Q"，成為 QSTA、QAP、QBSS、與 QIBSS，以資識別。由於敘述上與閱讀上的方便起見，本文有時會直接以英文名詞或縮寫穿插於文章內容中。茲將本文所出現的一些英文名詞及其中文翻譯整理如表 6-2，以利參照。

表 6-2　中英名詞對照表

英文名詞	縮寫	中文名詞	備註
QoS Station	QSTA	QoS 工作站	在前後文可以理解其意義的狀況下，本文常直接以"工作站"稱之。
QoS Access Point	QAP	QoS 擷取點	在前後文可以理解其意義的狀況下，本文常直接以"擷取點"稱之。
QoS BSS	QBSS	QoS 基本服務群	在前後文可以理解其意義的狀況下，本文常直接以"BSS"稱之。
QoS IBSS	QIBSS	QoS 獨立式基本服務群	在前後文可以理解其意義的狀況下，本文常直接以"IBSS"稱之。
Point Coordinator	PC	中央點控制器	

表 6-2　中英名詞對照表(續)

英文名詞	縮寫	中文名詞	備註
Hybrid Coordinator	HC	混合式協調器	
Hybrid Coordination Function	HCF	混合型協調功能	
Access Category	AC	存取類別	
Direct Link Setup	DLS	直接連結設定	
Enhanced Distributed Channel Access	EDCA	加強型分散式通道存取	
HCF Controlled Channel Access	HCCA	HCF 控制型通道存取	
Service Period	SP	服務期間	
Traffic Category	TC	資料流類別	
Traffic Classification	TCLAS	資料流分類	
Traffic Identifier	TID	資料型態辨識碼	
Traffic Specification	TSPEC	資料流規格	
Traffic Stream Identifier	TSID	資料流識別碼	
Transmission Opportunity	TXOP	傳送機會	
User Priority	UP	使用者優先順序	

6-4　網路資料流型態分辨(Traffic Differentiation)

6-4-1　增修後的訊框格式

在說明802.11e如何對網路資料流進行型態分辨之前，讓我們先了解802.11e對訊框格式作了哪些增修以攜帶必要的資訊。

依據第二章所述，我們知道原始的 802.11 的訊框總共分為三種型態，分別是管理(Management)、控制(Control)、以及資料(Data)等三類，而各型態之下又細分為不同的子型態以代表不同意義之訊框。訊框型態的分辨，主要靠訊框控制(Frame Control)欄位中的型態(Type)與子型態(Sub-type)欄位。原始的802.11訊框格式與訊框種類對照表請參考第二章。

在802.11e標準中，為了在訊框中攜帶QoS相關資訊，把訊框格式更動如圖6-6所示，其中新增的欄位為QoS控制欄位。QoS控制欄位為16個位元的結構，各位元所代表的意義如表6-4所示，詳細的解釋與應用將於本章稍後陸續介紹。

新增的訊框型態仍是透過訊框控制欄位中的型態與子型態欄位來作辨識，如表6-3所示。其中，為使得需要QoS服務的資料能進行另外的處理，新增了QoS資料及其相關的資料訊框(子型態欄位值1000-1111)。另外，為了提供QoS服務及其他新增功能所需控制與管理，新增了Action型態的管理訊框(子型態欄位值1101)。Action管理訊框的主要用來執行下列動作：

(1)　在HCF通道存取模式之下，註冊/註消資料流規格；

(2)　在HCF通道存取模式之下，協議傳輸的排程；

Chapter 6

(3)　在 HCF 通道存取模式之下，執行直接連結協定，以建立/取消兩工作站之間的直接連結；

(4)　建立/取消兩工作站之間的「整批回報」及其相關參數的設定。

這些 Action 管理訊框的作用，將分別在本章後續各節中說明。另外，在控制訊框方面，也新增了BlockAckReq以及BlockAck等兩個控制訊框(子型態欄位值1000-1001)，用於「整批回報」的功能當中。 請注意，如同原始802.11標準所定義，並非所有型態的訊框都含有圖6-6中的所有欄位，新增的 QoS 控制欄位只出現在 QoS 資料相關的資料訊框中。

位元組：2	2	6	6	6	2	6	2	n	4
訊框控制	待續時間/辨識碼	位址1	位址2	位址3	順序控制	位址4	QoS控制	訊框主體	訊框檢查碼

MAC 表頭

圖 6-6　802.11e 增修後的訊框格式

表 6-3　802.11e 增修後的訊框種類

型態數值 b3 b2	型態描述	子型態數值 b7 b6 b5 b4	子型態描述
00	管理	0000	連結要求
00	管理	0001	連結回應
00	管理	0010	重新連結要求
00	管理	0011	重新連結回應
00	管理	0100	試探要求
00	管理	0101	試探回應
00	管理	0110-0111	保留

表 6-3   802.11e 增修後的訊框種類(續)

型態數值 b3 b2	型態描述	子型態數值 b7 b6 b5 b4	子型態描述
00	管理	1000	訊標
00	管理	1001	宣告有資料傳送之訊息(ATIM)
00	管理	1010	連結終止
00	管理	1011	身份認證
00	管理	1100	身份認證終止
00	管理	1101	Action
00	管理	1110-1111	保留
01	控制	0000-0111	保留
01	控制	1000	整批回報要求(Block Acknowledgement Request)(BlockAckReq)
01	控制	1001	整批回報(Block Acknowledgement)(BlockAck)
01	控制	1010	省電—詢問(PS-Poll)
01	控制	1011	要求傳送 (RTS)
01	控制	1100	允許傳送 (CTS)
01	控制	1101	回應(ACK)
01	控制	1110	Contention-Free (CF)-End
01	控制	1111	CF-End + CF-Ack
10	資料	0000	Data
10	資料	0001	Data + CF-Ack

Chapter 6

表 6-3　802.11e 增修後的訊框種類(續)

型態數值 b3 b2	型態描述	子型態數值 b7 b6 b5 b4	子型態描述
10	資料	0010	Data + CF-Poll
10	資料	0011	Data + CF-Ack + CF-Poll
10	資料	0100	Null function (no data)
10	資料	0101	CF-Ack (no data)
10	資料	0110	CF-Poll (no data)
10	資料	0111	CF-Ack + CF-Poll (no data)
10	資料	1000	QoS Data
10	資料	1001	QoS Data + CF-Ack
10	資料	1010	QoS Data + CF-Poll
10	資料	1011	QoS Data + CF-Ack + CF-Poll
10	資料	1100	QoS Null (no data)
10	資料	1101	QoS CF-Ack (no data)
10	資料	1110	QoS CF-Poll (no data)
10	資料	1111	QoS CF-Ack + CF-Poll (no data)
11	保留	0000-1111	保留

表 6-4　QoS 控制欄位意義

可用訊框(子)型態	位元 0-3	位元 4	位元 5-6	位元 7	位元 8-15
HC 所傳送的 QoS(+)CF-Poll 訊框	TID	EOSP	Ack 策略	保留	TXOP限制(以 32 毫秒為單位)

表 6-4　QoS 控制欄位意義(續)

可用訊框(子)型態	位元 0-3	位元 4	位元 5-6	位元 7	位元 8-15
HC 所傳送的 QoS 資料，QoS Null，QoS CF-Ack and QoS 資料+CF-Ack 訊框	TID	EOSP	Ack 策略	保留	保留
non-AP QSTAs 所傳送的 QoS 資料型態訊框	TID	0	Ack 策略	保留	TXOP 持續時間要求(以 32 毫秒為單位)
	TID	1	Ack 策略	保留	佇列大小以 256 位元組為單位

6-4-2　資料流型態分辨之原理

　　802.11e 為了辨識資料流的型態，以達到依據資料流型態進行媒介存取競爭以及傳輸排程的目的，而新增了下列四項重要的定義：

(1)　使用者優先順序(User Priority, UP)

　　802.11e 定義了八個使用者優先順序，與 802.1D 所定義的「優先權標籤」(Priority Tag)相同，對應到整數 0-7，其所代表的優先順序高低則由表 6-5 所示。而一個經由 MAC 層傳送出去的 QoS 資料訊框屬於哪一個使用者優先順序，則由上層的軟體透過 MAC_SAP 介面自行指定。優先順序高的資料訊框將會優先被傳送出去，其傳送機制稍後於第 6-5-3 節介紹。對於其他非 QoS 資料訊框(包含原先 802.11 所定義的各種訊框)則被視為屬於使用者優先順序 0 來處理。

(2)　存取類別(Access Category)

　　另外，802.11e 為了競爭型通道存取方式(也就是第 6-5-3 節所述的「加強型分散式通道存取」(EDCA))，定義了四個存取類別，分別是

Chapter 6

AC_BK、AC_BE、AC_VI、以及 AC_VO(詳見表 6-5)。在一個 QBSS
的通道存取競爭時段裡，通道的傳輸權是由這四個存取類別以類似且相
容於原先 802.11 標準所定義的 DCF 方式來競爭。這意味著在 802.11e
中，通道的競爭者由原先在同一個BSS之下的所有工作站，改變成歸屬
於這四種存取類別的資料流。由於一個工作站中可能同時存在屬於不同
存取類別的資料流待傳送，因此一個工作站在競爭通道傳輸權的時候，
不再是單純的等待一個 DIFS 訊框間隔時間與隨機後退時間，而是要為
各個存取類別的資料流分別進行訊框間隔時間與隨機後退時間的計算與
等待(詳見第 6-5-3 節 EDCA 機制之說明)，這是 802.11e 所作之一項重
大增修。也因為這個新的設計，才讓 802.11 無線區域網路可以提供QoS
服務給不同屬性之資料流。

表 6-5　使用者優先順序與存取類別對應表

優先權	使用者優先權(與 802.1D 優先權標籤相同)	命名(Designation)	存取類別(AC)	(Informative)
最低	1	BK	AC_BK	Background
	2	—	AC_BK	Background
	0	BE	AC_BE	Best Effort
	3	EE	AC_BE	Video
	4	CL	AC_VI	Video
	5	VI	AC_VI	Video
	6	VO	AC_VO	Voice
最高	7	NC	AC_VO	Voice

不過，在工作站或擷取點的內部，其資料傳輸的優先順序仍是依照上一段所提到的使用者優先順序來決定，所以 802.11e 指定每個使用者優先順序歸屬於某個存取類別當中，其對應如表 6-5 所示，每個存取類別對應到兩個使用者優先順序。當工作站為某一存取類別取得通道傳輸權時，在該存取類別中使用者優先權較高的資料流將會優先被傳送出去。

⑶　資料流規格(Traffic Specification, TSPEC)

802.11e 允許一個 QBSS 之內的工作站能向擷取點提出符合其資料流的 QoS 需求，擷取點可回應其是否能處理該 QoS 需求，或是其可處理的 QoS 需求為何，以作為後續該資料流的傳遞排程參考。因此 802.11e 特別定義了資料流規格的元件(Element)，以描述 QoS 需求中的各項參數(見圖 6-7)。資料流規格的交換，可以在連結或重新連結的過程中，將資料流規格元件(TSPEC Element)放在連結/重新連結要求/回應管理訊框裡面來完成。或者是由工作站另外以 802.11e 新增之 Action 管理訊框向擷取點發送 ADDTS 要求，然後由擷取點送回 ADDTS 回應來完成。

位元組：1	1	3	2	2	4	4	4	4
元件 辦識碼(13)	長度 (55)	資料流 資訊	名義上的 MSDU 長度	最大 MSDU 長度	最小服務 期間間隔	最大服務 期間間隔	最大無資 料時間	最大暫停 前時間

4	4	4	4	4	4	4	4	2
服務開 始時間	最低資 料速率	平均資 料速率	最高資 料速率	最大突發 資料量	延遲限制	最小實體 層速率	剩餘頻寬 分配額	媒介時間

圖 6-7　TSPEC 欄位格式

以下就資料流規格元件中與 QoS 需求相關之欄位作簡單的說明：

①　TS Info(資料流資訊)(3 位元組)：

其結構如圖 6-8 所示。各欄位所代表的如表 6-6 所示。

Chapter 6

B0	B1　B4	B5　B6	B7　B8	B9	B10	B11　B13	B14　B15	B16	B17　B23
資料流型態	資料流辨識碼	傳送方向	存取策略	集成式排程	省電模式自動傳送	使用者優先權	回應方式	是否排程	保留
位元：1	4	2	2	1	1	3	2	1	7

圖 6-8　TS Info 欄位格式

表 6-6　TS Info 欄位意義

在 802.11e 中的名稱	中文名稱	欄位大小(位元)	意義
Traffic Type	資料流型態	1	1 表示這是週期性的資料流；0 則表示非週期性的資料流。
TSID	資料流辨識碼	3	爲上層軟體設定給該資料流的辨識碼，範圍是十進位的 0～7。
Direction	傳送方向	2	標示出該資料流的傳送方向： (1) Uplink(上行)：由工作站流向擷取點。 (2)Downlink(下行)：由擷取點流向工作站。 (3) Direct link(直接連線)：直接傳到另一個工作站。 (4) Bi-directional link(雙向)：同時有上行與下行的資料流。
Access Policy	存取策略	2	標示出此資料流要在何種通道存取模式下傳送：競爭模式(EDCA)、免競爭模式(HCCA)、或兩者皆可。
Aggregation	集成式排程	1	標示出此資料流在擷取點轉送時是否要使用集成式的排程方式，而非個別排程。802.11e 規定：當資料流指定使用省電模式自動傳送(APSD)時，則非得要使用集成式排程不可。

表 6-6　TS Info 欄位意義(續)

在 802.11e 中的名稱	中文名稱	欄位大小 (位元)	意義
APSD	省電模式自動傳送	1	標示出此資料流是否要使用省電模式自動傳送。
User Priority	使用者優先權	3	標示出此資料流所對應的使用者優先權(應用於 EDCA 模式中競爭通道存取權)。
TSInfo Ack Policy	回應方式	2	標示出在傳送此資料流的訊框時所採用的回應傳送方式:原始 802.11 的回應方式、不回應、或是整批回應方式。
Schedule	是否排程	1	若此資料流指定的存取策略(也就是 Access Policy 欄位)包含 EDCA 模式時,此欄位即用來標示是否需要擷取點依據 TSPEC 的各項 QoS 需求進行排程,以分配通道傳輸權供此資料流傳送(透過 QoS CF-Poll 相關訊框的機制,見第 6-4-4 節)。或是若 APSD 欄位設定為 1,則表示在省電模式自動傳送時,是要使用不排程的方式或是有排程的方式來作資料傳送(見第 6-6 節)。

② Nominal MSDU Size(名義上的 MSDU 長度)(2 位元組):

標示出此資料流「名義上的」MSDU 長度。其格式如圖 6-9 所示。當"fixed"欄位為 1 時,表示此資料流的 MSDU 長度是固定的,大小就如"size"欄位所定義。若"fixed"欄位為 0 時,表示此資料流的MSDU長度是會變動的,此時"size"欄位則只是代表

Chapter **6**

名義上的 MSDU 長度(也許是平均長度)，最大的 MSDU 長度則
由接下來的"Maximum MSDU Size"欄位所規範。

```
B0    B14    B15
┌──────────┬────────┐
│  長度     │是否固定 │
│ (Size)   │(Fixed) │
└──────────┴────────┘
位元：15      1
```

圖 6-9　TSPEC 之 Nominal MSDU Size 欄位格式

③　Maximum MSDU Size(最大 MSDU 長度)(2 位元組)：

標示出此資料流之最大 MSDU 長度。

④　Minimum Service Interval(最小服務期間間隔)(4 位元組)：

標示出此資料流所需求之連續的兩段「服務期間」(Service
Period, SP)[1]的最小時間間隔，單位是微秒(us)。亦即工作站或擷
取點必須最少每隔多少時間就要傳送出此資料流的訊框。

⑤　Maximum Service Interval(最大服務期間間隔)(4 位元組)：

標示出此資料流所需求之連續的兩段「服務期間」的最大時
間間隔，單位是微秒(us)。亦即工作站或擷取點必須最多每隔多
少時間會傳送出此資料流的訊框。

⑥　Inactivity Interval(最大無資料時間)(4 位元組)：

標示出此資料流之最大的無任何資料的時間間隔，單位是微
秒(us)。當擷取點經過此時間間隔都沒有收到屬於此資料流的任
何訊框時，即可將此資料流規格註銷。

⑦　Suspension Interval(最大暫停前時間)(4 位元組)：

標示出此資料流之最大的暫停時間間隔，單位是微秒(us)。

---

[1]　服務期間(SP)的定義：一個工作站因取得通道傳輸權而傳送訊框到擷取點或是接收來
自擷取點的訊框的一段連續時間，稱之為服務期間。

當擷取點經過此時間間隔都沒有收到屬於此資料流的任何訊框時，即可暫停對此資料流的工作站發送QoS(+)CF-Poll訊框，也就是暫停該資料流的通道傳輸權。

⑧ Service Start Time(服務開始時間)(4位元組)：

標示出此資料流的來源工作站何時要開始傳送第一個訊框，以及進入省電模式的目的工作站何時要醒來接收該訊框。必須配合APSD省電運作模式使用。

⑨ Minimum Data Rate(最低資料速率)(4位元組)：

標示出此資料流的最低傳送速率，單位是 bps(不包含 MAC與 PHY 的部分)。

⑩ Mean Data Rate(平均資料速率)(4位元組)：

標示出此資料流的平均傳送速率，單位是 bps(不包含 MAC與 PHY 的部分)。

⑪ Peak Data Rate(最高資料速率)(4位元組)：

標示出此資料流的最高傳送速率，單位是 bps(不包含 MAC與 PHY 的部分)。

⑫ Maximum Burst Size(最大突發資料量)(4位元組)：

標示出此資料流在最高資料速率之下，一次連續產生的最大資料量。

⑬ Delay Bound(延遲限制)(4位元組)：

標示出從上層軟體將一個屬於此資料流的MSDU 送到MAC層開始，到其成功從 MAC 層傳送出去為止，所能容忍的最大延遲時間，單位是微秒(us)。

⑭ Minimum PHY Rate(最小實體層速率)(4位元組)：

標示出此資料流所要求之最小的實體層傳送速率，單位是bps。

Chapter 6

很明顯的，資料流規格元件的欄位涵括了描述一個資料流QoS需求的必要資訊。當資料流規格完成交換動作且擷取點接受該規格時，則擷取點與工作站將遵照此規格對於速率與時間的限制來傳送屬於此資料流的訊框。

另外，若是工作站在利用ADDTS要求訊框註冊資料流時，將TSPEC的Schedule欄位設為1，表示該資料流的傳遞要由擷取點來進行排程，擷取點必須在 ADDTS 回應訊框中置入 Schedule 元件(其欄位結構如圖6-10所示)，以說明其排程內容，包括何時開始傳送第一個訊框(Service Start Time 欄位)、每隔多久傳送一次(Service Interval 欄位，單位為微秒)、每次最多傳送多久(Maximum Service Duration 欄位，單位為微秒)、以及其他相關資訊(Schedule Info 欄位)。如此，在省電模式下的工作站就可以依據此排程，週期性的準時醒來以傳送或接收封包，其他時間則進入睡眠狀態。

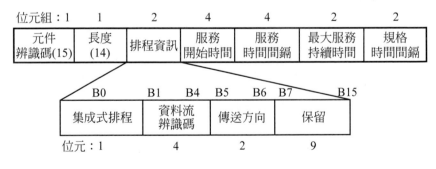

圖 6-10　Schedule 元件之欄位格式

(4)　資料流分類(Traffic Classification, TCLAS)

　　　這是一個附屬於某資料流規格元件的資料，其主要的作用為讓 MAC 層將具有某些特徵的 MSDU 歸類為這個資料流。也就是說，從上層軟體或是從外部分散式系統進來的MSDU可以依此直接被歸類為某指定之資料流規格，使得該MSDU會依據某資料流規格的規範被傳送出去。例如當我們為某 VoIP 的音訊資料流向 AP 註冊一資料流規格時，同時我們也已經得知該音訊資料流將從該工作站以IP地址搭配TCP或UDP的某埠號來傳送，此時便可告知擷取點該工作站的IP地址與所使用的TCP/UDP埠號，則擷取點在收到內含此IP地址與TCP/UDP埠號的封包時可以直接歸類為此音訊資料流，並依其對應的資料流規格進行傳送的動作。

　　資料流分類元件可以在交換資料流規格的過程當中，附在管理訊框的內容中，與資料流規格元件一併提出。資料流分類元件的欄位如圖6-11所示。其中，使用者優先權(User Priority)欄位為此類MSDU所對應的使用者優先權。訊框分類(Frame Classifier)欄位則是定義分類的規則，其通用的欄位結構如圖 6-12 所示。其中分類型態(Classifier Type)欄位是用來標示這個資料流分類元件是屬於哪一類的，其值如表6-7所示。不同類的資料流分類元件有不同的分類參數(Classifier Parameters)欄位的定義，其結構如圖6-13～圖6-16所示。而分類遮罩(Classifier Mask)則是一個位元對映(Bitmap)，用來標示分類參數裡面有哪幾個欄位是要在分類時用來比對的，而未在分類遮罩中標示到的欄位則在分類時不予比對。

位元組：1	1	1	L
元件辨識碼 (14)	長度 (L+1)	使用者 優先權	訊框 分類

圖6-11　資料流分類(TCLAS)元件之欄位格式

Chapter 6

圖 6-12　TCLAS 之訊框分類欄位之通用格式

表 6-7　訊框分類之分類型態欄位值

分類型態	分類參數
0	Ethernet 參數
1	TCP/UDP IP 參數
2	IEEE 802.1D/Q 參數
3-255	保留

位元組：1	1	6	6	2
分類型態 (0)	分類遮罩	來源位址	目的地位址	型態

圖 6-13　Ethernet 型態的訊框分類欄位格式

分類型態 (1)	分類遮罩	版本	來源 IP 位址	目的地 IP 位址	來源埠	目的地埠	DHCP	協定	保留

圖 6-14　IPv4 型態的訊框分類欄位格式

位元組：1	1	1	16	16	2	2	3
分類型態 (1)	分類遮罩	版本	來源 IP 位址	目的地 IP 位址	來源埠	目的地埠	流量標籤

圖 6-15　IPv6 型態的訊框分類欄位格式

位元組：1	1	2
分類型態 (2)	分類遮罩	802.1Q Tag 型態

圖 6-16　VLAN 型態的訊框分類欄位格式

　　以上四項802.11e新增的定義,已經涵括了幾乎所有提供QoS所需要的資訊與機制,所剩的只是工作站與AP如何實作出符合QoS需求訊框傳遞行為,但在802.11e中並沒有定義實作的方法,只提供一些簡單的建議而已。

　　接下來談802.11e如何讓MAC層對接收進來的MSDU進行資料流形態的辨識或者對要傳送出去的MSDU指定其對應的資料流型態。在前一節(第6-4-1節)提及,802.11e在訊框格式中增加了QoS控制欄位,其內部各欄位的意義如表6-4所示。其中第0～3位元是4位元的資料型態辨識碼(Traffic Identifier, TID),其意義如表6-8所示。以辨識接收進來的MSDU來說,若TID值是介於0到7之間,則表示這個MSDU是歸類於某個使用者優先權,而TID的值就代表了使用者優先權的值。若TID的值介於8～15之間,則表示這個MSDU是歸類於某資料流規格,而(TID-8)(也就是TID值扣除第三個位元,802.11e用此位元來辨別該MSDU屬於使用者優先權或是資料流規格)就代表了所屬資料流規格的TSID值。而對於指定TID值給一個要被傳送出去的MSDU而言,其TID值的設定也要遵循上述的規則。

表6-8　TID數值之意義

位元 0-3	用途
0-7	用於優先權型 QoS(TC)的 UP
8-15	用於參數型 QoS(TC)的 TSID

Chapter 6

6-5　混合型協調功能(Hybrid Coordination Function, HCF)

　　802.11e 最重要的部分就是新增了一個通道存取機制，這個機制稱之為「混合型協調功能」(Hybrid Coordination Function, HCF)。HCF 的設計主要是加強原有 802.11 以 DCF 與 PCF 的為基礎的通道存取方式，配合前述的資料流分辨機制，以提供符合QoS需求的訊框傳送服務。以下將就 MAC 層的結構、傳送機會的觀念、以及競爭型與控制型的通道存取方式，逐一介紹混合型協調功能的運作方式。

6-5-1　增修後的 MAC 層結構

　　如圖 6-17 所示，802.11e 除保留原有的 DCF 與 PCF 之外，另外新增了「混合型協調功能」(Hybrid Coordination Function, HCF)，其中包含了：

(1)　競爭型通道存取方式─加強型分散式通道存取(Enhanced Distributed Channel Access, EDCA)。

(2)　控制型通道存取方式─HCF控制型通道存取(HCF Controlled Channel Access, HCCA)。

　　並且將 PCF 設定為實作上可作可不作的選項。由於 HCF 也提供了類似PCF的控制型通道存取方式- HCCA，其運作也是要仰賴一個類似 PC的中央控制點，因此雖然802.11e保留了PCF，但是在實作上802.11e 不允許 PCF 與 HCF 共存，以避免產生複雜的交互作用問題，而產生不可預期的後果。

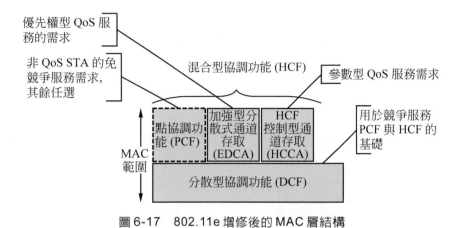

圖 6-17   802.11e 增修後的 MAC 層結構

6-5-2   傳送機會(Transmission Opportunity, TXOP)

802.11e 的 HCF 與原始 802.11 的 DCF/PCF 的一個最大的不同點就是：802.11e 提出了「傳送機會」(Transmission Opportunity, TXOP)的觀念。在原始的 802.11 標準中，無論是透過競爭(DCF)或是免競爭的方式(PCF)，工作站或擷取點在取得通道傳輸權之後，就可以利用無線媒介送出一個訊框。而 802.11e 則規定在 HCF 的通道存取方式下，取得通道傳輸權的工作站或擷取點，等同於取得一個「傳送機會」，該傳送機會所代表的是一段可以傳送訊框的時間，工作站可在這個時間內傳送一個或多個訊框，直到整段時間用完為止。在傳送機會的時間內，取得傳輸權的工作站是以訊框間隔為 SIFS 來連續傳輸訊框，再配合 NAV 值的設定，將使得在傳送機會的時間內該工作站可以不中斷的連續傳送訊框，且幾乎不可能發生碰撞。如果以第 6-3-2 節的 TSPEC 定義來看，在幾乎所有 QoS 的需求裡，時間都是參數之一，因此 802.11e 將傳輸權的定義由可傳輸一個訊框轉變成可傳輸一段時間，才能做到符合 QoS 需求的傳送服務。

Chapter **6**

在802.11e中，TXOP是以32微秒為一個單位。例如一個工作站取得的 TXOP 值為10，則表示該工作站可以連續傳送320微秒。在 HCF 的兩種通道存取方式(EDCA 與 HCCA)中，TXOP 值的給定有其不一樣的過程與限制，將分別於下兩節(第6-4-3節與第6-4-4節)說明之。

6-5-3　競爭型通道存取方式—加強型分散式通道存取 (EDCA)

「加強型分散式通道存取」(Enhanced Distributed Channel Access, EDCA)可以視為802.11e 對原始802.11 DCF 競爭型通道存取方式的加強版。其競爭通道傳輸權的方式與原始的 DCF 類似，都是在偵測到無線媒介開始空閒之後先等一段固定的訊框間隔(IFS)時間然後再倒數一段隨機後退時間(Random Backoff Time)，當隨機後退時間倒數完之後則可以開始傳送訊框。EDCA 與 DCF 最大的不同點在於：

(1) 通道的競爭者由工作站轉變為「存取類別」(Access Category, AC，見第6-3-2節)，也就是相當於以分類過的資料流為個體來競爭通道傳輸權，如此一來較具即時性且優先權高的資料流便可以較優先取得傳輸權。

(2) 經過競爭後，取得傳輸權的工作站等同於取得一個「傳送機會」(TXOP，見第6-4-2節)。一個傳送機會代表了一段可以佔有無線媒介以進行傳輸的時間，取得傳輸權的工作站可以在這段時間內連續傳送一個或多個訊框。

在了解 EDCA 與 DCF 的不同點之後，接下來讓我們繼續深入去了解EDCA 的運作方式。

　　在 EDCA 模式下，由於通道競爭者是 4 個存取類別(AC_BK、AC_BE、AC_VI、以及 AC_VO)，而且為了要讓含有使用者優先權較高的存取類別能較有機會搶到通道傳輸權，因此每個存取類別都有其專屬的訊框間隔時間值以及隨機後退時間的CW_{min}與CW_{max}參數。802.11e 將此新增的訊框間隔稱之為「仲裁訊框間隔」(Arbitration IFS, AIFS)。而以 AIFS[AC]表示屬於存取類別 AC 的 AIFS 值。同樣地，存取類別 AC 所使用的CW_{min}與CW_{max}則以CW_{min}[AC]與CW_{max}[AC]來表示之。在加入 AIFS[AC]以及CW_{min}[AC]與CW_{max}[AC]之後，原始 802.11 DCF 的通道競爭方式就形成了 EDCA 的通道競爭方式，如圖 6-18 所示(比較與原始 802.11 DCF 運作方式的異同)。如同原始 DCF 的運作，當工作站經過 AIFS[AC]的訊框間隔加上隨機後退時間之後，就取得一段傳送機會的時間，可以以 SIFS 為訊框間隔時間開始連續傳送一個或多個訊框。

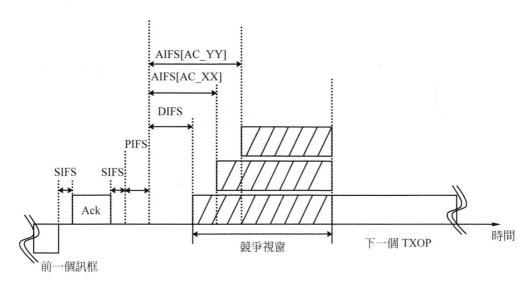

圖 6-18　EDCA 的通道競爭方式

Chapter 6

AIFS[AC]的值是以如下的公式運算而得：

$$AIFS[AC] = AIFSN[AC] \times 時槽時間 + SIFS$$

其中，AIFSN[AC]表示存取類別 AC 的時槽時間倍數。

在 802.11e 的定義中，擷取點與工作站所使用的 AIFSN[AC]以及 CW_{min}[AC]與CW_{max}[AC]值是不同的。這一點和原始802.11中擷取點和工作站都使用相同的DIFS值是不一樣的。802.11e規定給工作站使用的 AIFSN[AC]值必須大於或等於 2，而給擷取點使用的 AIFSN[AC]值必須大於或等於 1。這種設計有兩種隱含的意義：

(1) "工作站所使用的 AIFSN[AC]的值必須大於或等於 2"

意味著從工作站的角度來看，最快到達的訊框間隔時間等於DIFS，也就是說在同一個QBSS的範圍內，就訊框間隔的大小來說，以 EDCA 模式傳送的訊框，與原先 DCF 模式傳送的訊框，其取得通道傳輸的優先權是一樣的。而對於AIFSN值大於2的存取類別來說，其傳輸優先權甚至要比DCF來得低。那麼，802.11e定義這些具有優先順序的存取類別，其意義在哪裡呢？其實，具有高優先權的存取類別仍可以有較高的通道傳輸權，其依賴的是較短的競爭視窗，也就是較小的CW_{min}[AC]與CW_{max}[AC]值。表6-9是 802.11e所規範之EDCA工作站的預設參數值。我們可以很明顯地看到存取類別 AC_BE 與存取類別 AC_BK 的 AIFSN 都是大於 2，也就是說他們的傳輸優先權低於使用 DIFS 的訊框。而存取類別 AC_VI 與存取類別 AC_VO 的 AIFSN 值都等於 2，但是他們的CW_{min}與CW_{max}值都比原始802.11(也就是表中的aCW_{min}與aCW_{max})的小，也就是說他們會因為有較小的競爭視窗，而有較高的機會取得通道傳輸權。

表 6-9 EDCA 工作站的預設參數值

AC	CW_{min}	CW_{max}	AIFSN	TXOP Limit		
				802.11 DSSS 802.11b	802.11a 802.11g	Other PHYs
AC BK	aCW_{min}	aCW_{max}	7	0	0	0
AC BE	aCW_{min}	aCW_{max}	3	0	0	0
AC VI	$(aCW_{min}+1)/2-1$	aCW_{min}	2	6.016ms	3.008ms	0
AC VO	$(aCW_{min}+1)/4-1$	$(aCW_{min}+1)/2-1$	2	3.264ms	1.504ms	0

(2) "擷取點使用的 AIFSN 值必須大於或等於 1"

意味著在擷取點中，對應於 AIFSN＝1 的存取類別將比使用 DIFS 傳送的訊框或是所有工作站的存取類別，有絕對的優勢來取得通道傳輸權。表 6-10 列示了 802.11e 所規範之 EDCA 擷取點的預設參數值。其中存取類別 AC_VI 與存取類別 AC_VO 的 AIFSN 值都等於 1，也就是說，在擷取點中屬於這兩個存取類別的訊框保證比在此 QBSS 的其他資料訊框還優先被傳送出去。由於這兩個存取類別建議是用來傳送影音資料流，這對於提升影音資料的品質有很大的助益。

除了上述之以存取類別來競爭通道傳輸權的機制外，802.11e 在每個存取類別訊框的傳送上，亦加上了一道關卡--「允入控制」(Admission Control)。網路管理者可以為每個存取類別設定其為需要或不需要允入控制。若工作站想要傳送被設定為需要允入控制的存取類別的資料流時，必須先利用 ADDTS 的 Action 管理訊框向擷取點註冊該屬於該資料流的 TSPEC，以完成允入控制的程序，然後才能以該存取類別進行傳送的動作。若是在完成允入控制的程序之前便傳送屬於該存取類別的訊

Chapter **6**

框時，擷取點會將該訊框設定為屬於使用優先權較低而且不需設定允入控制的存取類別來作該訊框的後續處理。允入控制的設定有一個限制，就是一但某個存取類別被設定為需要允入控制，則比該存取類別優先權還高者都要被設為需要允入控制。

表 6-10　EDCA 擷取點的預設參數值

AC	CW$_{min}$	CW$_{max}$	AIFSN	TXOP Limit		
				802.11 DSSS 802.11b	802.11a 802.11g	Other PHYs
AC BK	aCW$_{min}$	aCW$_{max}$	7	0	0	0
AC BE	aCW$_{min}$	4*(aCW$_{min}$ + 1) − 1	3	0	0	0
AC VI	(aCW$_{min}$ + 1)/2 − 1	aCW$_{min}$	1	6.016ms	3.008ms	0
AC VO	(aCW$_{min}$ + 1)/4 − 1	(aCW$_{min}$ + 1)/2 − 1	1	3.264ms	1.504ms	0

　　在 QBSS 的架構下，表 6-9 所列示的 EDCA 各項參數值以及允入控制的設定，是經由擷取點在週期性發送的 Beacon 訊框內置入「EDCA 參數集合」(EDCA Parameter Set)元件，讓所有工作站都可以在每次的 Beacon 訊框中的取得這些參數。EDCA 參數集合的結構如圖 6-19 所示，其中包含了四個存取類別的「參數紀錄」欄位(也就是圖中的 AC_XX Parameters Record 欄位)。而參數紀錄欄位又包含了以下三個欄位：

(1)　ACI/AIFSN：共包含三個欄位：

　①　AIFSN：AIFSN 值。

　②　ACM(Admission Control Mandatory)：設為 1 表示需要允入控制；設為 0 則否。

　③　ACI(AC Index)：本參數紀錄屬於哪一個存取類別。

(2)　ECW$_{min}$/ECW$_{max}$：共包含兩個欄位：

　①　ECW$_{min}$：CW$_{min}$計算公式中 2 的冪次方。也就是CW$_{min}$ = 2E CW$_{min}$－1。

　②　ECW$_{max}$：CW$_{max}$計算公式中 2 的冪次方。也就是CW$_{max}$ = 2E CW$_{max}$－1。

(3)　TXOP限制：取的一個傳送機會之後，所能傳送訊框的時間限制，以 32 微秒爲一個單位。設爲 0 表示只能傳送一個不論大小的訊框 (RTS/CTS 訊框不計)。

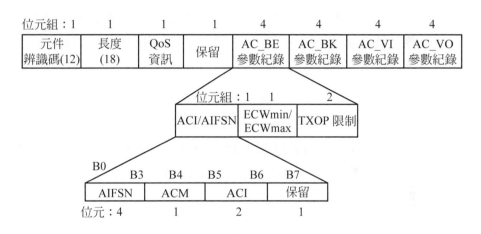

圖6-19　EDCA 參數集合元件的欄位格式

　　以上所述都是在QBSS架構下的EDCA運作方式。至於在QIBSS的環境下，因其爲工作站對工作站直接通訊且無擷取點存在，故EDCA仍可以運作，但其限制爲：

(1)　使用 EDCA 參數的預設值(如表 6-9 所示)。

(2)　資料流規格的相關機制無法使用，只能靠8個使用者優先順序來作資料流分辨。

Chapter 6

另外，由於QIBSS的架構中沒有擷取點存在，因此下一節(第6-4-4節)所述的控制型通道存取方式(HCCA)無法提供。

6-5-4　控制型通道存取方式─HCF 控制型通道存取 (HCCA)

「HCF控制型通道存取」(HCF Controlled Channel Access, HCCA)，可以視為802.11e對原始802.11 PCF免競爭型通道存取方式的加強版。HCCA的運作方式與PCF類似，都是利用一個中央的控制點(在PCF模式稱為PC，在HCCA則稱為HC)來控制無線媒介之競爭與免競爭時段的交替，但其機制較PCF複雜許多。因為PCF與HCCA都有一個中央控制點，其功能都是控制無線媒介的存取，故802.11e建議HCCA與PCF只能擇一與DCF共存，以避免複雜的交互作用問題。

在 HCCA 模式中，無線媒介的存取是由擷取點中的混合式協調器(Hybrid Coordinator, HC)來控制。圖6-20顯示HCCA的運作方式。如同PC於PCF模式的角色，HC在Beacon訊框裡置入「CF參數集合」(CF Parameter Set)元件來宣告免競爭時段的開始、免競爭時段的長度、以及下次免競爭時段開始的時間。而所有的工作站在收到此Beacon訊框後，便依CF參數集合內含的資訊設定其NAV計數器，以避免在免競爭時段傳送出訊框而造成碰撞。在免競爭時段結束之前，HC會送出一個CF-End控制訊框以宣告免競爭時段的結束。在免競爭時段過後，接著就是競爭時段，所有工作站依EDCA或是DCF模式進行無線媒介傳輸權的競爭，直到下次免競爭時段開始時間為止。接下來就是重複的免競爭時段與競爭時段的交替。事實上，802.11e仍舊採用原始802.11的PCF時段交替方式(見圖6-2)以方便PCF模式與HCCA模式共存。

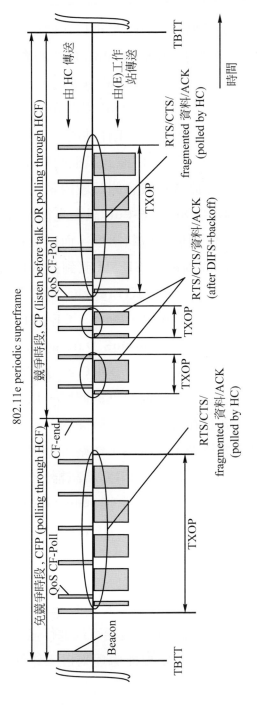

圖 6-20　HCCA 運作方式

　　而在免競爭時段以及競爭時段，HC 都可以在偵測到無線媒介已閒置了 PIFS 的時間之後，送出帶有 QoS CF-Poll 功能的資料訊框(也就是表 6-1 中的 QoS Data + CF-poll、QoS Data + CF-Ack + CF-poll、QoS CF-poll (no data)、以及 QoS CF-Ack + QoS CF-poll (No Data)等四種訊框)給某工作站，以配置傳送機會給該工作站的某個資料流(即指定該資料流所屬的 TID)，其他的工作站則依據此訊框的 Duration/ID 欄位更新其 NAV 計數器，以避免在此傳送機會的時段內送出訊框造成碰撞。這個被指定的工作站，在收到 QoS CF-Poll 訊框之後，必須在 SIFS 的時間內送出第一個 QoS Data 型態的資料訊框，而其後在此傳送機會的時段內，其訊框交換的時間間隔都是 SIFS，直到該傳送機會的時段結束為止。如同 PCF 模式所使用的背負式(Piggyback)資料訊框(如表 6-3 中的 Data + CF-Ack、Data + CF-poll、Data + CF-poll + CF-Ack)，HCCA 模式下也新定義了許多背負式的 QoS Data 資料訊框(如表 6-3 中 Subtype Value 為 1001 — 1111 的訊框)，讓 HC 或 QSTA 在傳送資料訊框的同時，也可以順便帶回上一個資料訊框的回應，以加速傳送機會的配置並減少頻寬的浪費。若是在傳送機會的時間內，被配置該傳送機會的工作站已經沒有資料需要傳送，此時該工作站可以在送出的最後一個 QoS 資料訊框(或是直接送出一個 QoS null 資料訊框)之 QoS 控制欄位，於其第 8 至第 15 位元處所代表的佇列大小(Queue Size)欄位填入 0，表示已經無資料需要傳送(請參考表 6-4)。當 HC 收到該訊框時，即可結束該傳送機會，並視需要進行新的傳送機會配置。另外，工作站也可以在這個欄位填入大於 0 的值，表示其目前屬於該 TID 資料流的待傳送量，或是其下次需要之 TXOP 的時間量(請參考表 6-4)，以告知 HC 其仍需要被配置新的傳送機會，HC 收到該訊框之後便可以進行後續的排程處理。在 802.11e 的定義當中，HC 不一定要能處理來自工作站的待傳送量通知或是額外的傳送機會需求，HC可以透過在Beacon訊框、連結回應訊框或是探測回應訊框置入 QoS 能力資訊(Capability Information)元件(如圖 6-21)，並在其 QoS 資訊欄位中的佇列要求(Queue Request)欄位以及 TXOP 要求欄位填入 1 或 0(1 表示可處理，0 則否)，來告知工作站使否支援該項處理。

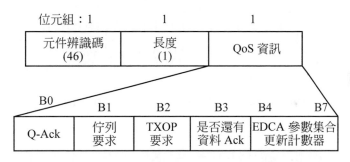

圖 6-21　QoS 能力資訊元件的欄位格式

　　圖 6-22 為 HCCA 運作方式與 PCF 運作方式的比較圖。其中最大差別在於 HCCA 的 HC 可以在競爭時期任意的發送 QoS CF-Poll 訊框，讓指定的工作站可以暫時取得無線媒介的傳輸權，以傳輸需要即時傳送的資料。這一點恰好符合大部分影音資料流對於QoS的需求，因為影音資料流的產生與播放速率通常是規律性的，有可能剛好在無線媒介的競爭時段有資料產生並且需要傳送出去，故由工作站先向 HC 註冊該影音資料流的資料流規格，然後由 HC 參考該資料流規格並經過計算與排程，主動在免競爭時段以及競爭時段針對該資料流配置傳送機會，正可以解決此一需求。而原始的 802.11 的 PCF 模式，因為 PC 在競爭時期仍需遵循 DCF 運作方式，因此無法達到將影音資料作即時傳輸的效果。

Chapter 6

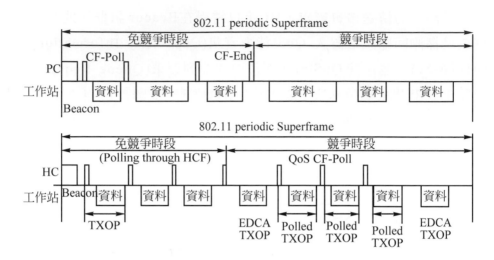

圖 6-22　HCCA 與 PCF 運作方式比較圖

6-6 整批回報(Block Acknowledgement, Block Ack)

「整批回報」(Block Acknowledgement, Block Ack)是 802.11e 新增的訊框回應機制。其主要作用是允許來源工作站將一批屬於某特定資料流的 QoS Data 資料訊框,以 SIFS 為訊框間隔時間連續傳送到目的工作站,目的工作站不用對這些訊框傳回回應(Acknowledgement)訊框。等到來源工作站將整批 QoS Data 資料訊框傳送完畢之後,再發送一個要求整批回應的訊框給目的工作站,此時目的工作站才送回這批 QoS Data 資料訊框的整批回應資訊給來源工作站。這個設計主要的目的是要改善因大量的回應訊框對傳輸媒介使用效率所造成的影響。通常影音資料流的型態大都是會持續一段相對長的時間(例如開一個小時的視訊會議),且其產生出來資料必須週期性且每隔一段很短的時間(例如每 20 毫秒)就要傳送出去，以避免產生過高的延遲時間。假設每次傳送週期都需要許多 QoS Data 資料訊框才能將所有的資料傳送出去，如果每個訊框都需要有回應，以一段相對長的時間來看，無線媒介將充斥著爲數不少的回應訊框，無形中降低了無線媒介使用效率。若以整批回報的方式來作回應的動作，則每週期只需要一個整批回應的訊框就可以達到回應的目的，無形中提高了無線媒介使用效率，也增加了該週期內所能傳遞的資料量。

　　圖 6-23 顯示 Block Ack 機制的流程。在對某特定資料流的 QoS Data 資料訊框使用整批回報的機制之前，來源工作站必須先作設定的動作，告知目的工作站並交換相關資訊。來源工作站送出 ADDBA 要求的 Action 管理訊框，而目的工作站則以 ADDBA 回應的 Action 管理訊框作爲回應。ADDBA 要求與 ADDBA 回應的 Action 管理訊框的訊框主體欄位 (Frame Body) 如圖 6-24 所示。

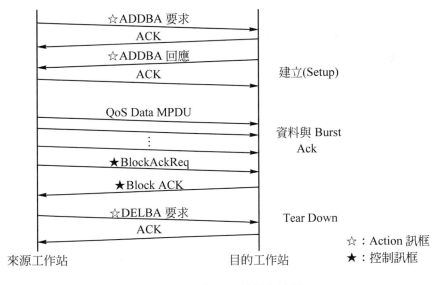

圖 6-23　整批回報的運作流程

Chapter 6

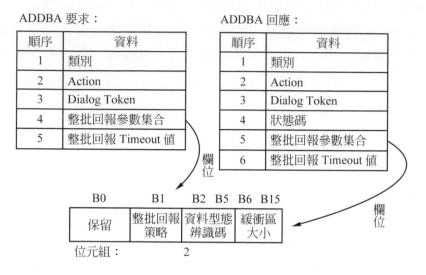

圖 6-24　ADDBA 要求與 ADDBA 回應訊框主體的欄位結構

其中，Block Ack 機制的相關參數是列於 Block Ack 參數集合欄位，包含三個參數，其意義如下：

- 整批回報策略：採用立即型(Immediate)或是延遲型(Delayed)的 Block Ack 機制。立即型與延遲型 Block Ack 的運作方式將在本節稍後描述。

- 資料型態辨識碼(TID)：指定使用這個 Block Ack 設定之資料流所屬的 TID 值。

- 緩衝區大小：預留的訊框資料緩衝區大小，以 2304 個位元組為一個單位。

另一個重要的欄位為整批回報Timeout值，其意義為：在Block Ack 機制的運作期間，若超過此欄位所指定的時間內目的工作站都沒有收到任何資料訊框，或是來源工作站都沒有收到 BlockAck 控制訊框，則 Block Ack 的設定必須強制註銷。

目的工作站以ADDBA回應中的狀態欄位回應來源工作站其是否接受這個Block Ack設定的要求，並順便回覆其預留的資料訊框緩衝區大小。當目的工作站接受此Block Ack的設定之後，被指定之資料流的傳送隨即進入 Block Ack 模式。來源工作站在取得傳送機會之後開始以SIFS的訊框間隔傳送屬於該資料流的QoS Data資料訊框，連續傳送的訊框數量最多只能到目的工作站所預留的資料緩衝區大小就必須停止，接下來來源工作站必須送出一個BlockAckReq 控制訊框(其欄位結構見圖 6-25)給目的工作站，指定其送回屬於此資料流且從某訊框序號開始的整批回應。當目的工作站收到此 BlockAckReq 控制訊框之後，則回覆一個 BlockAck 控制訊框(其欄位結構見圖 6-26)給來源工作站，在整批回報位元映對(Block Ack Bitmap)欄位內依序標記從指定的訊框序號之後的所有訊框之接收情形(對應的位元設為 1 表示有成功收到該訊框，設為 0 則否)。

圖 6-25　BlockAckReq 控制訊框格式

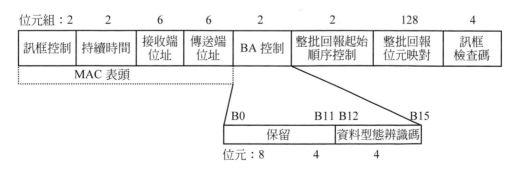

圖 6-26　BlockAck 控制訊框格式

Chapter 6

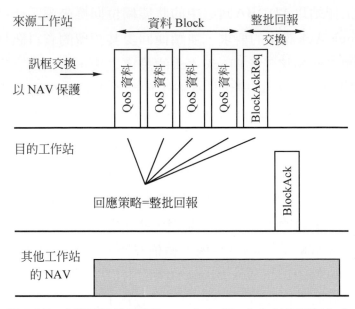

圖 6-27 立即型整批回應(Immediate Block Ack)的運作方式

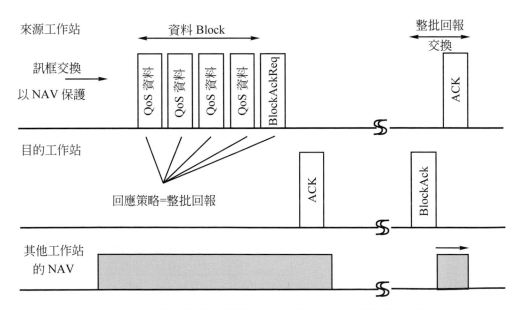

圖 6-28 延遲型整批回應(Delayed Block Ack)的運作方式

　　802.11e定義了兩種回覆BlockAck控制訊框的程序：一為立即型程序，另一為延遲型程序。圖6-27與圖6-28顯示這兩種程序的運作方式。在立即型程序中，當目的工作站收到 BlockAckReq 控制訊框時，必須立即回覆BlockAck控制訊框。而在延遲型程序中，目的工作站將Block-AckReq 控制訊框視為一般訊框，而依據一般的訊框傳遞程序只回傳ACK控制訊框，至於BlockAck控制訊框則等到下一次的取得傳送機會後，再以一般的訊框傳遞程序回覆給來源工作站(也就是說，來源工作站會對所收到的 BlockAck 控制訊框回覆一個 ACK 控制訊框)。立即型程序可用在需要大量頻寬而且低延遲的資料流，而延遲型程序則可運用於允許較長延遲的資料流。另外，延遲型Block Ack程序被提出來的主要原因是想要讓現有的802.11實作在不更動到訊框傳遞流程的情況下仍可以實現 Block Ack 的功能。

　　當來源工作站欲停止某資料流的Block Ack模式，或是在Block Ack運作時因錯誤狀況發生而導致Timeout時間到達時，來源工作站或目的工作站則送出 DELBA 的 Action 管理訊框給對方，以註銷此 Block Ack 的設定。DELBA 的訊框主體欄位結構如圖6-29所示，其中DELBA 參

DELBA 要求：

順序	資料
1	類別
2	Action
3	DELBA 參數集合

B0　　　　B10	B11	B12　　B15
保留	發起者	資料型態辨識碼

位元組：　　　　　　　　　　2

圖 6-29　DELBA 訊框主體的欄位格式

Chapter 6

數集合欄位中的發起者(Initiator)欄位指的是這個註銷動作是由誰發起的(1 表示來源工作站，0 表示目的工作站)，而資料型態辨識碼(TID)欄位則代表了欲註銷 Block Ack 的資料流所屬的 TID 值。

6-7　直接連結設定(Direct Link Setup, DLS)

　　直接連結設定(Direct Link Setup, DLS)是 802.11e 新增的一個功能。顧名思義，其主要目的乃是要讓在 QBSS 架構下的工作站可以直接傳送訊框到另一個工作站，不須經由擷取點轉送。

　　來源工作站必須先使用 DLS 的機制，透過擷取點的中介，與目的工作站交換彼此的相關條件，以確定此直接連結是否可以成立。在設定階段中所傳送的訊息(包含 DLS 要求與 DLS 回應)都是屬於 Action 管理訊框。DLS 的程序如圖 6-30 所示，其 4 個步驟之說明如下：

1a) 來源工作站(QSTA-1)傳送 DLS 要求訊框給擷取點(QAP)。

1b) 若此 QBSS 沒有支援 DLS，或是目的工作站(QSTA-2)不存在，或是目的工作站不是 QSTA 而只是一般的 STA 時，則直接跳到步驟 2b 由擷取點主動發出一個 DLS 回應訊框給來源工作站以直接拒絕此設定。若是上述條件均不成立，則擷取點將發出一個 DLS 要求訊框給目的工作站，將來源工作站的 DLS Request 內容複製一份轉送給目的工作站。

2a) 目的工作站在收到擷取點送來的 DLS 要求訊框，將依其內容決定是否接受該直接連結的設定，並將結果以及相關資訊以一個 DLS 回應訊框傳回給擷取點。

2b) 若步驟 1b 之擷取點對 DLS 要求內容的檢查未通過時，則擷取點主動發出一個 DLS 回應訊框給來源工作站以直接拒絕此設定。否則，在接收到目的工作站發送的DLS回應訊框後，擷取點隨即對來源工作站發出一個 DLS 回應訊框，將目的工作站的 DLS 回應內容轉送給來源工作站。

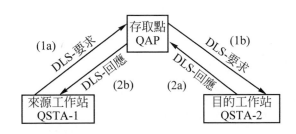

圖 6-30　　DLS 設定階段的程序示意圖

　　經過上述的四個步驟之後，若目的工作站接受此直接連結的設定，則來源工作站可開始直接傳送訊框給目的工作站。此時，目的工作站必須一直保持清醒的狀態，不能進入省電模式，以持續接收來自來源工作站的訊框，直到這個直接連結的設定被註銷為止。

　　DLS 要求的訊框主體欄位結構如圖 6-31 所示，包含了目的工作站與來源工作站的 MAC 地址、來源工作站的特性、DLS Timeout 值、以及來源工作站支援的傳送速率等資訊。其中，DLS Timeout 值意義為：當直接連結設定完成後，若是超過DLS Timeout值所代表的時間內，都沒有任何訊框從來源工作站傳送到目的工作站，則此直接連結要被註銷。

　　DLS回應的訊框主體欄位結構如圖 6-32 所示，包含了狀態碼(Status Code)、目的工作站與來源工作站的MAC地址、目的工作站的特性、目的工作站支援的傳送速率等資訊。其中，狀態碼欄位即為直接連結設定的結果。

Chapter 6

順序	資訊
1	類別
2	Action
3	目的工作站 MAC 位址
4	來源工作站 MAC 位址
5	來源工作站容量資訊
6	DLS Timeout 值
7	來源工作站支援傳送速率

圖 6-31　DLS 要求訊框主體的欄位格式

順序	資訊
1	類別
2	Action
3	狀態碼
4	目的工作站 MAC 位址
5	來源工作站 MAC 位址
6	來源工作站容量資訊
7	來源工作站支援傳送速率

圖 6-32　DLS 回應訊框主體的欄位格式

　　直接連結的註銷方式為來源工作站或目的工作站向擷取點送出一個 DLS Teardown 的 Action 管理訊框，再由擷取點對另一方的工作站送出同樣的 DLS Teardown 訊框，即完成註銷該直接連結的動作。DLS Teardown的訊框主體欄位結構如圖6-33所示。當直接連結被註銷之後，原先已經設定為省電模式的目的工作站即可以重新回到省電模式繼續運作。

順序	資訊
1	類別
2	Action
3	目的工作站 MAC 位址
4	來源工作站 MAC 位址

圖6-33　　DLS Teardown 訊框主體的欄位格式

6-8　省電模式自動傳送(Automatic Power-Save Delivery, APSD)

　　802.11e 增修了原始802.11 的省電模式，加入 QBSS 架構下之「省電模式自動傳送」(Automatic Power-Save Delivery, APSD)的新功能。使得擷取點可以在事先約定的時間到達時，直接開始傳送訊框給在省電模式下的某工作站，而該工作站也同時在此事先約定的時間到達時，回復到正常模式以接收訊框。而原始802.11 的省電模式，必須要靠省電模式下的工作站在回復正常狀態之後，發送 PS-Poll 訊框給擷取點，擷取點才將暫存的訊框傳送給該工作站。且省電模式下的工作站必須週期性地醒來，讀取擷取點在 Beacon 訊框中填入的 TIM 資訊，以獲知是否有訊框要送來該工作站。APSD 讓某些必須定時傳送到目的端的資料流，也可以在目的工作站進入省電模式下，不需定期接收 Beacon 訊框以及發送 PS-Poll 訊框，依舊能準時送達目的工作站。

一個工作站可以在註冊資料流規格的同時，將某資料流之省電模式自動傳送的相關參數告知擷取點。在資料流規格元件的欄位中(詳見第 6-3-2 節)，有以下數個參數與 APSD 相關：

- TS Info 的 APSD 欄位：設為 1 表示該資料流要使用省電模式自動傳送。

- TS Info 的 Aggregation 欄位：當 APDS 欄位設為 1 時，此欄位也必須設為 1，表示該資料流要使用集成式排程，亦即在擷取點內不同的資料流都使用單一的排程器來作排程的工作。

- TS Info 的 Schedule 欄位：當 APDS 欄位設為 1 時，若此欄位設為 1，表示當進入省電模式自動傳送要使用有排程的方式來傳送資料；而設為 0 時則表示要使用不排程的傳送方式。

- Service Start Time 欄位：當 APSD 欄位設為 1 且使用有排程的傳送方式(即 TS Info 的 Schedule 欄位設為 1)時，此欄位為服務期間的開始時間(即進入省電模式之後，擷取點第一次送出該資料流的時間)。

- Minimum Service Interval 欄位：此欄位表示擷取點至少每隔多少時間就要傳送此資料流的訊框給工作站。

- Maximum Service Interval 欄位：此欄位表示擷取點最多每隔多少時間會傳送此資料流的訊框給工作站。

當資料流規格註冊完成後，擷取點便會回應排程等相關資料給工作站(其過程見第 6-3-2 節)，並開始遵循所約定的時間與周期進行該資料流的訊框傳遞。

省電模式自動傳送所使用的傳送模式有兩種：一為有排程的 APSD (Scheduled APSD, S-APSD)，另一為不排程的 APSD(Unscheduled

APSD, U-APSD)。在不排程的APSD模式下，工作站必須在Association
階段或是另外以ADDTS機制，宣告某存取類別將採用U-APSD的模式
來傳送，並指定某些存取類別為「允許觸發」(Trigger-Enabled)類別，
其作用是讓擷取點必須直到收到屬於該工作站之允許觸發類別的一個訊
框，才能開始將暫存在擷取點的資料傳送給該工作站。屬於允許觸發類
別的訊框在此處的作用就類似於原始802.11省電模式下的PS-Poll訊
框。另外，並非所有存取類別的訊框都必須被擷取點暫存，工作站也必
須指定某些存取類別為「允許傳遞」(delivery-enabled)類別，其作用是
讓擷取點只暫存屬於允許傳遞類別的訊框，而不暫存其他類別的訊框。
這一點提供了省電模式下之資料暫存的彈性。擷取點傳送訊框給工作站
的這段期間稱之為「服務週期」(Service Period, SP)，802.11e允許工
作站可以指定服務週期的最大值(Max SP Length)，其值的範圍為2個、
4個、6個、或所有暫存的訊框，以限制擷取點一次傳送給工作站的訊
框數量，讓工作站可以在接收固定數量的訊框後回到休眠模式，以控制
其電力的耗損速率。U-APSD的運作過程如圖6-34所示，工作站送出屬
於觸發類別的訊框給擷取點，引發擷取點開始傳送最多為最大服務週期
數量的暫存訊框。舉例來說，一個必須定期與遠端做資料交換的工作
站，可以將其AC_BE類別同時設定為允許觸發類別與允許傳遞類別，
就可以在每個週期醒來傳出一個AC_BE的資料訊框，讓擷取點把已經
暫存的資料用AC_BE類別的訊框傳送進來，其他時間則維持休眠狀態
以節省電力。

Chapter **6**

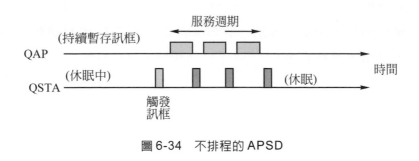

圖6-34 不排程的 APSD

　　而在有排程的APSD模式下，工作站必須先註冊資料流規格，指明該資料流要使用有排程的APSD。擷取點在資料流規格註冊完畢後，會回應Schedule元件給提出註冊的工作站，告知開始傳送的時間(Service Start Time欄位)以及每次傳送的週期(Service Interval欄位)。當工作站在進入省電模式之後，便依此Schedule元件所提供的資訊，在開始傳送的時間以及每次傳送的週期時間醒來接收該資料流的訊框。

　　由於有排程的APSD模式與不排程的APSD模式都只定義了訊框傳送的開始時機，而工作站如何得知所有該資料流的訊框都已經傳送完，因此可以再回到省電狀態？因為在省電模式自動傳送下，所有的資料訊框都是以QoS Data訊框的格式來傳送，而802.11e在QoS Data資料訊框中新增的欄位就內含相關的資訊，所以工作站可以依據這些資訊來判斷是否資料都已經傳完。QoS Data訊框的QoS Control欄位(見表6-4)中的EOSP(End of Service Period，服務期間結束)欄位，以及在資料訊框之Frame Control的More Data欄位，都可以用來協助工作站對後續動作的判斷。表6-11為More data欄位值與EOSP欄位值的各種組合，及其對應之擷取點與工作站應該要執行的動作。

表 6-11　More data 欄位與 EOSP 欄位在 APSD 的用法

More Data	EOSP	描述	擷取點執行動作	工作站執行動作
0	0	· AP 沒有多餘的緩衝訊框 · 服務期間沒有終止 · 不提供 non-AP QSTAs 使用，其使用 unscheduled APSD	在剩餘的服務期間內，QAP 進行後續動作(例如傳送 Poll)	Non-AP QSTA 醒著
1	0	· QAP 有緩衝訊框 · 服務期間沒有終止	QAP 持續傳送緩衝的 DL 訊框	Non-AP QSTA 醒著以接收 DL 訊框
0	1	· QAP 沒有多餘的緩衝訊框 · 服務期間終止	QAP 不再傳送訊框給 non-AP QSTA 直到下一次服務期間	Non-AP QSTA 回復至 Doze 模式
1	1	· QAP 有緩衝訊框 · 服務期間終止	QAP 不再傳送訊框給 non-AP QSTA 直到下一次服務期間	Non-AP QSTA 執行下列其中一項動作： · Non-AP QSTA 立即回復至 Doze 模式並等待直到下一次服務期間，以接收剩餘的緩衝訊框 · Non-AP QSTA 醒著並可能利用 PS-Poll 以接收剩餘的訊框

6-9　參考文獻

[1]　IEEE Std 802.11e-2005, "Wireless LAN Medium Access Control (MAC) and Physical Layer (PHY) Specifications Amendment 8: Medium Access Control (MAC) Quality of Service Enhancements", November 2005.

Chapter 6

[2] ITU-T Recommendation G.114, "One-way transmission time," May 2005.

習 題

1. 何謂傳送機會(Transmission Oppertunity)？與原始 802.11 的作法比較，說明 802.11e 所定義在提供 QoS 服務上有何幫助？

2. 何謂優先權型的 QoS？

3. 802.11e 提供了哪些資料流辨識機制？為何這些機制可以符合 QoS 的需求？

4. 802.11e 在 802.11 的 MAC 層新增哪些機制以加強在 QoS 服務的需求？請簡要說明之。

5. 請說明 PCF 無法達到 QoS 的原因。

6. 請說明 802.11e 的加強型分散式通道存取(EDCA)的訊框傳遞過程，並說明 EDCA 與原始的 DCF 的差異。

7. 請說明 HCF 控制型通道存取(HCCA)的訊框傳遞過程，並比較其與原始 802.11 之 PCF 運作模式的差異。

8. 何謂直接連結協定(DLS)？其運作方式為何？

9. 請說明整批回應(Block Ack)的兩種方式-立即型整批回應與延遲型整批回應有何不同？

10. 在整批回應參數中，假設緩衝區大小為 5,000 位元組，而串流資料必須每 1,000 位元組為一筆封裝成一個訊框傳送出去，請推導使用立即型整批回應來傳送五筆此種串流資料，比使用原始 802.11 的回應方式要節省多少時間，而其 throughput 又是多少？(為簡化推導過程，我們假定沒有 collision 發生，也不將 Contention Window 的長度計入)其中，每筆資料訊框的傳遞時間記為Tframe，ACK訊框的傳遞時間記為T_{ACK}，BlockAckReq 訊框的傳遞時間記為T_{BAQ}，BlockAck 訊框的傳遞時間記為T_{BAK}。

11. 802.11e的省電模式自動傳送(APSD)較原始802.11 之Power-Saving 運作方式有哪些優點？

Chapter 6

第**7**章

802.11 無線區域網路實體層概論

　　原始 802.11[1]的標準中定義了統一的媒介存取控制(MAC)層以及三種目前已幾無實作產品的實體層,而後繼的 802.11a[2]、802.11b[3]、以及 802.11g[4]等標準則分別採用不同的無線射頻調變技術,針對原始802.11 的標準進行增訂,而定義出目前市面上通用的三種 802.11 無線區域網路的實體層,至於上層則仍是沿用802.11 所定義的媒介存取控制層,以維持運作上的互通。

　　由於 802.11a、802.11b、與 802.11g對原始802.11 標準所增訂的部分主要是在不同的無線射頻傳輸技術,而在實體層的基本運作架構上並無太大的增修,故本章將先針對802.11 無線區域網路的實體層架構作一概念性的介紹,幫助讀者先對802.11 實體層建立基本概念。接下來,為協助讀者了解 802.11 實體層的射頻信號處理與調變技術,我們針對802.11 實體層相關無線媒介特性以及射頻調變技術的工作原理作基本觀念的介紹。最後,本章將分別對原始802.11 標準、802.11b、802.11a、與 802.11b 的實體層作進一步的探討。

7-1　802.11 實體層概論

　　在分層的網路通訊協定當中，實體層主要負責的工作就是將來自 MAC 層的訊框位元資料經過調變(Modulation)之後，從實際的傳輸媒介(如雙絞線、銅纜線、電磁波)傳送出去；另一方面，實體層也從傳輸媒介接收信號，經過解調變(Demodulation)之後轉換成數位資料傳送給 MAC 層進行後續處理。

　　無論是原始的 802.11 或是後續的 802.11a/b/g，其實體層皆分成兩個子層(如圖 7-1 所示)─實體層聚合程序(Physical Layer Convergence Procedure, PLCP)子層，以及實體媒介相依(Physical Medium Dependent, PMD)子層，其主要的作用如下所述：

(1)　PLCP 子層：

　　PCLP 的主要任務為與上面的 MAC 層溝通以做到下列三項服務：

①　訊框傳送：

　　　接受MAC層的命令，將來自MAC層的MPDU(MAC Protocol Data Units)訊框透過下面的 PMD 子層傳送出去。

②　訊框接收：

　　　將來自下層 PMD 子層的訊框資料傳送給上面的 MAC 層。

③　頻道狀態偵測：

　　　執行「頻道空閒狀態量測」(Clear Channel Assessment, CCA)功能，以偵測無線頻道是否處在忙碌(Busy)狀態或是閒置(Idle)狀態，並將結果回報給 MAC 層，以決定是否要開始傳送訊框。

　　MAC 層與 PLCP 子層的溝通則是透過 PHY-SAP 這個「服務存取點」(Service Access Point, SAP)所提供的「基礎呼叫」(Primitive)來

達成。在不同種類的實體層之中，其 PLCP 子層會在來自 MAC 層的 MPDU訊框前面，加上在媒介傳輸時所需要的序文信號(Preamble)以及表頭資料(Header)，所形成的訊框稱之為「PLCP協定資料單元」(PLCP Protocol Data Unit, PPDU)。PLCP子層再透過下面的PMD子層將PPDU訊框傳送出去。

⑵　PMD 子層：

PMD子層的主要任務則是：接受PLCP的控制，進行調變與解調變等無線射頻信號處理的動作，以完成在無線媒介中傳送或接收PPDU訊框的工作。PLCP子層與PMD子層的溝通則是透過PMD-SAP服務存取點所定義的基礎呼叫來完成。

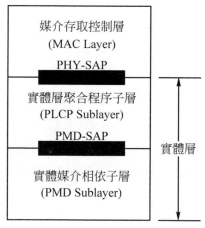

圖 7-1　802.11 的 MAC 層與實體層的分層關係

在原始的 802.11 的標準中，總共提出了三種無線媒介傳送的調變方式：

⑴　跳頻展頻(Frequency Hopping Spread Spectrum, FHSS)(使用 2.4 GHz 頻帶)

⑵　直接序列展頻(Direct Sequence Spread Spectrum, DSSS)(使用 2.4 GHz 頻帶)

Chapter 7

(3)　紅外線(Infrared Ray, IR)

而後續的 802.11a、802.11b、與 802.11g則分別提出了更高資料速率的調變方式：

(1)　802.11a：正交分頻多工(Orthogonal Frequency Division Multiplexing, OFDM[5])(使用 5 GHz 頻帶)

(2)　802.11b：高速直接序列展頻(High Rate, Direct Sequence Spread Spectrum, HR/DSSS)(使用 2.4 GHz 頻帶)

(3)　802.11g：整合802.11b的高速直接序列展頻與802.11a正交分頻多工(使用 2.4 GHz 頻帶)

而由於 802.11 在架構的設計[6]上，是希望MAC層的運作要與下層PHY 所使用的無線媒介種類與調變方式無關，而MAC層在設計媒介存取方式時也已經將無線媒介的共通特性考慮進去，因此在 802.11 中雖然提供了三種不同的PHY，但同時也定義了一個共通的MAC層(如圖 7-2 所示)。這樣的做法其目的在於爲不斷進步的無線媒介調變技術預留空間，只要爲新的調變技術制定其對應的 PHY 並實作出來，便可以和現有的 802.11 MAC 層結合，使得在不用更動 MAC 層軟體的情形下，就可以形成新的無線區域網路。802.11 的後續標準—801.11a、b、與 g的內容正是專門爲新的無線調變技術定義其對應的 PHY。

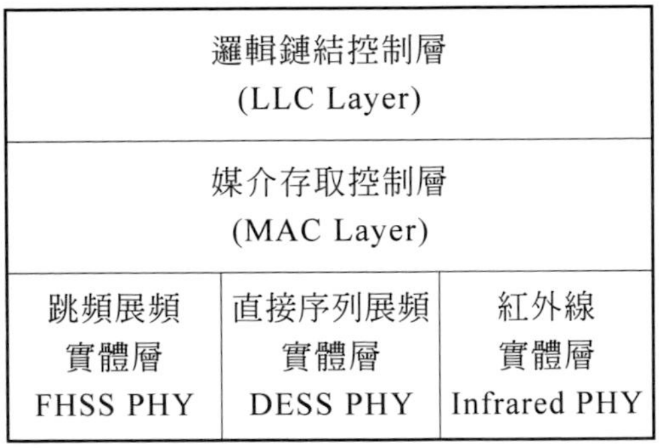

邏輯鏈結控制層 (LLC Layer)		
媒介存取控制層 (MAC Layer)		
跳頻展頻 實體層 FHSS PHY	直接序列展頻 實體層 DESS PHY	紅外線 實體層 Infrared PHY

圖 7-2　射頻調變技術與 PHY 的對應關係

　　不過，因為 PLCP 子層主要負責的是與 MAC 層之間的溝通，以做到訊框的傳送/接收以及頻道狀態偵測等三項服務，故不管是原始的802.11，或是後繼的 802.11a、b、與 g，儘管其無線射頻的調變技術不同，其 PLCP 子層與 MAC 層之間的 PHY-SAP 服務存取點所提供的基礎呼叫都是一樣的。至於 PLCP 子層的內部架構及其下層的 PMD 子層(包含 PMD-SAP 基礎呼叫的定義)，則是各實體層標準自行定義，將在後續章節中一一介紹。PHY-SAP 所提供的基礎呼叫如表 7-1 所列式，表 7-2則為這些基礎呼叫之參數意義與資料範圍。

表 7-1　PHY-SAP 基礎呼叫列表

名稱	參數	功能描述	呼叫者	被呼叫者
PHY-DATA.request	DATA	傳送一個 MAC 層的資料位元組(octet)到 PHY	MAC	PHY
PHY-DATA.confirm	無	確認經由 PHY-DATA.request 呼叫所傳送的 MAC 層資料位元組已經正確傳送到 PHY	PHY	MAC
PHY-DATA.indication	DATA	傳送一個 PHY 所收到的資料位元組到 MAC 層	PHY	MAC
PHY-TXSTART.request	TXVECTOR	MAC 層要求 PHY 開始一個 MPDU 訊框的傳送	MAC	PHY
PHY-TXSTART.confirm	無	PHY 回應給 MAC 層，確認可以開始傳送該 MPDU 訊框	PHY	MAC
PHY-TXEND.request	無	MAC 層告知 PHY 結束一個 MPDU 訊框的傳送	MAC	PHY
PHY-TXEND.confirm	無	PHY 回應給 MAC 層，確認已結束該 MPDU 的傳送	PHY	MAC
PHY-CCARESET.request	無	MAC 層要求 PHY 重置(reset)其執行 CCA 功能的狀態機(state machine)	MAC	PHY
PHY-CCARESET.confirm	無	PHY 向 MAC 層確認其執行 CCA 功能的狀態機已完成重置	PHY	MAC
PHY-CCA.indication	STATUS	PHY 向 MAC 層回報無線頻道的狀態(忙碌或閒置)	PHY	MAC
PHY-RXSTART.indication	RXVECTOR	PHY 向 MAC 層告知其 PLCP 子層已經收到一個正確的訊框起始信號，將開始把訊框的資料位元組傳送到 MAC 層	PHY	MAC
PHY-RXEND.indication	RXERROR	PHY 向 MAC 層告知該訊框所有位元組的接收以及傳送到 MAC 層的動作已經完成	PHY	MAC

Chapter 7

表7-2　PHY-SAP 基礎服務參數列表

參數名稱	意義		數值範圍
DATA	傳送或接收訊框的一個資料位元組		0x00 — 0xff
TXVECTOR	使用於PHY-SAP.request基礎呼叫的參數組,主要是對於 PHY 傳送訊框時的一些設定。其內容隨不同調變種類的 PHY 而不同,但都含有下列兩個欄位:		
	DATATRATE	訊框資料傳送速率	依 PHY 的種類而定
	LENGTH	訊框長度	依 PHY 的種類而定
RXVECTOR	使用於PHY-SAP.request基礎呼叫的參數組。同 TXVECTOR,其內容隨不同調變種類的 PHY 而不同,也都含有DATARATE與LENGTH兩個欄位。		
STATUS	無線頻道的狀態		BUSY(忙碌)、IDLE(閒置)
RXERROR	使用於PHY-RXEND.indication基礎呼叫的參數組,指出PLCP層在接收訊框時是否有錯誤狀況發生與錯誤的種類。		NoError(無錯誤) FormatViolation(訊框格式錯誤) CarrierLost(訊號中斷) UnsupportedRate(不支援的速率)

　　基本上,訊框傳送服務與頻道狀態偵測服務所對應的基礎呼叫皆包括「要求」(Request)與「確認」(Confirm)兩種呼叫。「要求」意指執行該項服務的要求,而「確認」則意指對該項服務要求的確認。例如在 PHY 的訊框傳送服務中,MAC 層使用 PHY-TXSTART.request 基礎呼叫以告知PHY的PLCP子層準備傳送訊框,而PLCP子層在準備好之後則以PHY-TXSTART.confirm 基礎呼叫來對 MAC 層作確認的動作。

　　至於因為下層的 PMD 子層接收到訊框資料或是偵測到無線通道狀態的變化，而必須通知上面的 MAC 層時，PLCP 子層將使用另一種基礎呼叫--「指示」(Indication)來完成這個動作。例如，當 PLCP 子層在確認其下 PMD 子層已經接收到一個訊框的正確起始信號時，便會使用 PHY-RXSTART.indication 基礎呼叫指示 MAC 層以準備後續 MPDU 訊框資料位元組的接收。

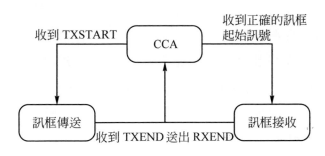

圖 7-3　PLCP 運作狀態方塊圖

　　一般來說，無論是哪一種調變技術的實體層，其 PLCP 子層的內部運作就如同圖 7-3 的狀態方塊圖所示。在 CCA 狀態下的 PLCP 子層持續對無線頻道進行偵測的動作，一方面辨識無線頻道是否處於閒置的狀態，回報給 MAC 層以決定是否開始訊框的傳送程序，另一方面則是偵測是否接收到正確的訊框起始訊號，若接收到正確的訊框起始訊號則跳至訊框接收狀態，開始執行訊框的接收程序。而當 MAC 層呼叫 PHY-TXSTRAT.request 基礎呼叫以開始傳送一個 MPDU 訊框時，PLCP 層就由 CCA 狀態跳至訊框傳送狀態，開始進行訊框資料的實際傳送。當 MAC 層呼叫 PHY-TXEND.request 基礎呼叫以結束該 MPDU 訊框的傳送時，PLCP 就結束訊框資料的傳送，並回到 CCA 狀態繼續對無線頻道進行狀態的偵測。另一方面，當 PLCP 由 CCA 狀態跳至訊框接收狀態之後，隨即開始執行訊框接收程序，將收到的資料位元組逐一向上傳送給 MAC

Chapter **7**

層。當訊框所有資料都接收完畢之後，PLCP子層就呼叫PHY-RXEND.indication基礎呼叫，通知MAC層該訊框已接收完畢，便回到CCA狀態繼續對無線頻道進行狀態的偵側。

　　不同調變技術的實體層標準皆為其PLCP子層定義了特有的PLCP序文(Preamble)以及PLCP表頭(Header)等資料格式(如圖7-4所示)，讓PLCP子層在傳送每個MAC層的訊框資料之前，先傳送PLCP序文與表頭，以方便接收端的實體層進行時脈同步、訊框起始點的辨識、以及告知訊框傳輸相關資料(如資料傳送速率、長度、錯誤檢查碼等等)。當傳送端的PLCP準備好其序文與表頭之後，便呼叫PMD子層所提供基礎呼叫，將PLCP序文、PLCP表頭、以及MAC層訊框資料依序經由無線媒介傳送出去。不同種類實體層的PLCP序文以及PLCP表頭格式皆不同，其解讀方式也不同，將在本章後續章節一一介紹。

PLCP 序文	PLCP 表頭	MAC 訊框

圖 7-4　實體層 PLCP 訊框格式

　　圖7-5顯示802.11實體層的PLCP子層、PMD、與MAC層在傳送一個訊框時的互動關係。當MAC層準備好要傳送的MPDU訊框資料之後，便會執行PHY-TXSTART.request基礎呼叫，以要求PLCP子層準備開始傳送該訊框。PLCP子層收到這項服務要求之後，便會呼叫PMD子層以執行有關傳送訊框所需的初始化動作，進行訊框傳送的前置作業，諸如設定傳送速率、傳送PLCP序文以及表頭等等。這些訊框傳送的前置作業依PHY的種類而有所不同，其細節將在以後分節介紹各種PHY時分別描述。當前置作業完成之後，PLCP子層會執行PHY-TXSTART.confirm基礎呼叫，以告知MAC層其可以開始將訊框的資料位元組依序傳送下來。MAC層則以PHY-DATA.request基礎呼叫逐一

將每個資料位元組傳送給 PLCP 子層。PLCP 子層則以 PHY-DATA.
confirm基礎呼叫對MAC層確認該資料位元組已正確收到。在訊框的資
料位元組陸續到達PLCP子層之後，PLCP子層則利用PMD子層所提供
之資料實際傳送相關服務，將該資料位元組用指定的調變方式在無線媒
介傳送出去。當MAC層將最後一個資料位元組傳送給PLCP子層之後，
便會執行 PHY-TXEND.request 基礎呼叫，向 PLCP 子層宣告該訊框的
資料已經全部傳送完畢。PLCP則呼叫PHY-TXEND.confirm基礎呼叫，
將該訊框的傳送結果(成功或是失敗原因)回應給 MAC 層。

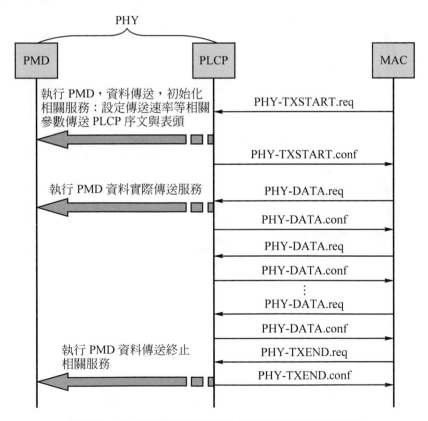

圖 7-5　MAC 層與實體層在訊框傳送時的互動時序圖

Chapter 7

　　訊框接收時的實體層與 MAC 層之互動關係則如圖 7-6 所示。PMD
子層隨時在偵測無線頻道的狀態，當有正確的訊框信號在無線媒介出現
時，PMD 子層將偵測到無線頻道的狀態變為「忙碌」，便以 PMD 子層
之 CCA 相關服務的基礎呼叫告知 PLCP 子層。而 PLCP 子層則以 PHY-
CCA.indication(BUSY)基礎呼叫，通知 MAC 層該無線頻道已經被佔
用。接下來，PMD 子層將繼續接收在無線媒介出現的 PLCP 序文及表頭
等資料，依序向上傳送給 PLCP 子層。PLCP 子層在確認序文及表頭資
料的正確性之後，就進入訊框接收狀態，同時與 PMD 子層協調訊框接
收時的一些參數設定(如資料接收速率等等)。隨後 PMD 子層就將後續的

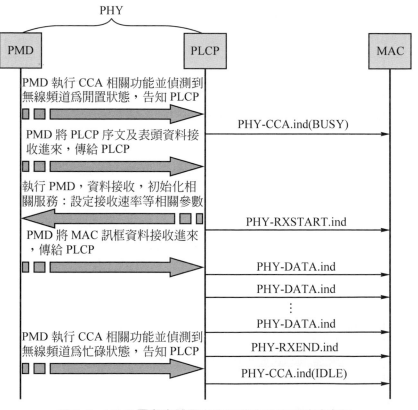

圖 7-6　MAC 層與實體層在訊框接收時的互動時序圖

訊框資料一一接收進來，並傳給 PLCP 子層作後續處理。PLCP 子層在經過解調變或是解碼的程序之後，將PMD子層送來的資料轉化成MAC層的訊框資料，以 PHY-RXSTART.indication 基礎呼叫告知 MAC 層準備接收一個新收到的訊框。隨後，PLCP子層則以PHY-DATA.indication 基礎呼叫，將該訊框的資料位元組一一送到 MAC 層。當最後一個資料位元組送到 MAC 層之後，PLCP 子層呼叫 PHY-RXEND.indicate 基礎呼叫告知 MAC 層該訊框的接收結果(成功或是失敗原因)。此時，因為訊框資料已經都傳送完畢，無線頻道已經不再被佔用，PMD 子層將會偵測到無線頻道的狀態轉變為「閒置」，並將此狀態的轉變告知 PLCP子層，而 PLCP 子層則以 PHY-CCA.indication(IDLE)基礎呼叫，輾轉告知MAC層無線頻道已經變為閒置狀態。

7-2　射頻調變技術原理

7-2-1　淺談無線媒介-電磁波

在深入了解射頻調變技術的工作原理之前，讓我們先來認識無線傳輸媒介─電磁波。電磁波是由隨著時間變化的電場及其衍生之磁場進行交互作用，而產生之能量在空間中的輻射釋放現象。電流能產生磁場以及磁場變化能產生感應電流，分別是由丹麥物理學家厄斯特(Oersted)以及英國物理學家法拉第(Faraday)在西元1820年以及1831年發現，也開啟了電磁學研究的先端。接下來，馬可士威(Maxwell)在西元1864年發表「電磁場的動力學理論」論文，提出著名的「馬可士威方程式」預言電磁波的存在，並集大成地建立了完整的電磁學理論。不過，馬可士威雖然提出電磁學理論，但他終其一生都沒有看到電磁波存在的實證。直到馬可士威去世之後八年，才由赫茲(Hertz)經由高壓高頻震盪器的放電實驗產生電磁波，由遠端的銅導線感應並產生放電火花而獲得驗證。

Chapter 7

　　電磁波的能量輻射型式為變化方向相互垂直的磁場與電場，向四面八方以週期性波動的方式輻射出去，而磁場與電場的變化方向又與波動前進方向垂直，如圖 7-7 所示。馬可士威從理論上證明電磁波的前進速度等於光速，因此他認為光波就是電磁波，而這一點也隨後被赫茲以實驗證實。光波與無線電波其差別僅是在其頻率的高低不同。

　　以下是電磁波的一些物理特性：

(1)　電磁波同光波一樣，在通過不同介質時，也會發生折射、反射、繞射、散射、及吸收等現象。

(2)　電磁波的電場與磁場振幅強度則與距離的平方成反比。

(3)　電磁波本身帶有能量，任何位置的能量功率與其振幅的平方成正比。

(4)　在同一方向上，兩個相鄰的電場振幅最大值之間的距離，就是電磁波的波長。而其頻率就是發射源電流震盪的頻率。波長、頻率與前進速度遵循下列公式：

$$c = \lambda \cdot \gamma$$，其中 λ 為波長，γ 為頻率，c 為前進速度

因為電磁波的前進速度就是光速(米/秒)，所以通常以發射源電流震盪的頻率來套入上述公式以求得電磁波的波長。

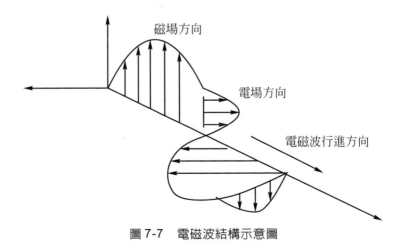

磁場方向

電場方向

電磁波行進方向

圖 7-7　電磁波結構示意圖

　　而隨著電磁學的進展，越來越多不同頻率的電磁波陸續被發現，而這些電磁波所展現出來的物理特性也各不相同。圖 7-8 為電磁波頻率與電磁波種類的對應圖。目前應用於通訊的無線電波其頻率範圍介於 10 kHz (10^4 Hz)— 100 GHz(10^{11}Hz)。由於無線電波屬於公共資源，為避免隨意使用而導致干擾，在各國均有公設組織進行無線電波資源的規劃，以劃分各頻段的頻率範圍以及使用方式。例如，美國的「聯邦通訊

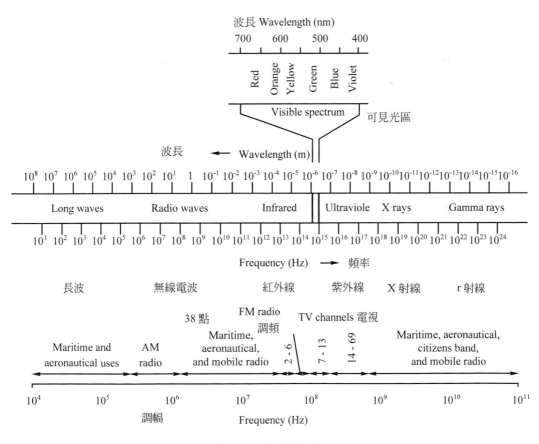

圖 7-8　電磁波頻帶圖

Chapter 7

表 7-3　FCC 頻段表

Band	Frequency Range
UHF ISM	902-928 MHz
S-Band	2-4 GHz
S-Band ISM	2.4-2.5 GHz
C-Band	4-8 GHz
C-Band satellite downlink	3.7-4.2 GHz
C-Band Radar (weather)	5.25-5.925 GHz
C-Band ISM	5.725-5.875 GHz
C-Band satellite uplink	5.925-6.425 GHz
X-Band	8-12 GHz
X-Band Radar (police/weather)	8.5-10.55 GHz
Ku-Band	12-18 GHz
Ku-Band Radar (police)	13.4-14 GHz
	15.7-17.7 GHz

委員會」(Federal Communications Commission, FCC)，歐洲的「歐洲郵政與電信管理聯盟」(Conference des administrations Europeenes des Postes et Telecommunications, CEPT)之「歐洲無線通訊辦公室」(European Radiocommunications Office, ERO)，以及「國際電信聯盟」(International Telecommunications Union, ITU)等等。各組織均將無線頻段劃分成需要申請許可才能使用或是不需申請即可使用等兩部分。表 7-3 為 FCC 所規範的頻段劃分表，其中有「ISM」字樣於頻帶名

稱者為免申請許可即可使用之頻帶。「ISM」頻段的意義為可以使用於「工業、科學、與醫藥」(Industrial, Scientific, and Medical)器材之頻段，故簡稱 ISM 頻段。802.11、802.11b、與 802.11g 是使用 2.4 GHz 的 ISM 頻段，而 802.11a 則是使用 5GHz 的頻段(包含 ISM 頻段 5.725 — 5.85 GHz，以及 U-NII 頻段 5.15 GHz — 5.35 Ghz)。

　　由於電磁波是在空間中以各個方向方向傳送出去，而且其亦具有反射、折射、繞射等各種波動特性，因此利用電磁波作為傳送媒介，將遭遇到比一般有線傳輸(如光纖、電纜等)更嚴重的干擾問題。以無線電波當作傳輸媒介所會遭遇到的干擾大致可以分成兩類，一為來自本身的干擾另一則為外來的干擾。自身的干擾最常見的是所謂的「多重路徑」(Multipath)干擾。多重路徑的干擾主要是由於向四面八方傳送的電磁波信號經由陸上物體(如建築物、樹木等)的反射作用，而使得同一信號來源的電磁波經由不同的路徑到達接收端，而在接收端造成加成或抵消的效果，導致接收端收到不正確的信號(如圖 7-9 所示)。外來的干擾包括自然界以及人為的干擾。在自然界中，所有的無線頻道原本就都有背景雜訊存在，通常在無線通訊系統的設計中，都將其視為平均強度為某固定值的一個雜訊信號。而人為的干擾又分成來自於其他電器或通訊系統的干擾，以及故意的干擾。例如，微波爐、家用無線電話、藍芽(Bluetooth)等系統因與 802.11 無線區域網路使用相同的 2.4 GHz ISM 頻帶，造成彼此干擾的現象，即屬於前者。而如駭客或是軍方利用電子器材對於特定的無線通信系統所進行的干擾，即屬於後者。另外，使用電磁波做為通訊的媒介還有一個最大的缺點，那就是容易被竊聽。任何人皆可以自行製造電子器材，擷取在空間中的電磁波加以進行解讀。如何避免各類干擾對於通信品質的影響，以及對傳送內容的保密，乃為無線通訊系統設計的必要課題。

Chapter **7**

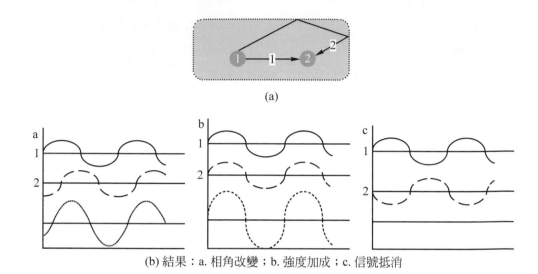

(a)

(b) 結果：a. 相角改變；b. 強度加成；c. 信號抵消

圖 7-9　電磁波的「多重路徑」現象

7-2-2　數位通訊基本原理

上一節談到電磁波為一週期性的波動，若以一固定週期且固定振幅的電磁波來說，其波型(s)與時間(t)的關係可以表為下列正弦波方程式：

$$s(t) = A\sin(2\pi ft + \phi)$$

其中，A為振幅強度(Amplitude)，f為振盪頻率(Frequency)，ϕ為相角(Phase)。例如，當$A = 5$，$f = 4$，$\phi = 0$時，波型方程式為$s(t) = 5\sin(2\pi \cdot 4t + 0)$，其波型如圖 7-10(a)所示。又當$A = 5$，$f = 2$，$\phi = \pi/2$時，波型方程式為$s(t) = 5\sin(2\pi \cdot 2t + \pi/2)$，其波型則如圖 7-10(b)所示。

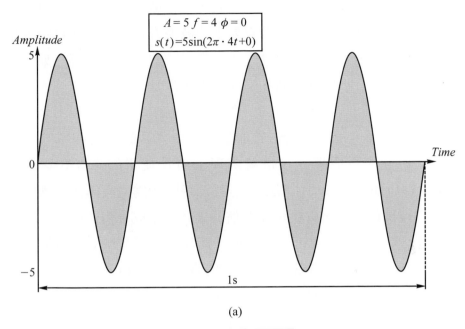

(a)

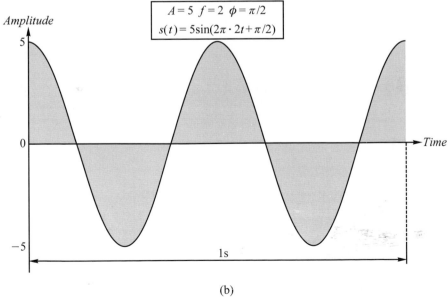

(b)

圖 7-10　波型方程式範例：(a)$s(t) = 5\sin(2\pi \cdot 4t + 0)$；(b)$s(t) = 5\sin(2\pi \cdot 2t + \pi/2)$

Chapter **7**

　　不過，通常時間函數的波型方程式，在信號處理時並不實用，尤其是對於複合多種波型的信號，若以如上的波型方程式來做運算將會相當複雜，且不容易理解信號的特性。十九世紀的法國數學家<u>傅立葉</u>發現所有的信號都可以拆解成為不同頻率、振幅、以及相角的正弦波或餘弦波所組成，因此信號的特性是由其所含有的不同頻率成分展現出來，而與時間無太大關係，所以信號的處理也應以所內含的不同頻率的成分為主。為此傅立葉發明現今在信號處理上廣為使用的「傅立葉轉換」(Fourier Transformation)，將原始信號以時間(t)為變數的函數轉換成以頻率(f)為變數的函數，以展現原始信號之各頻率成分與信號強度之間的關係，也就是一般信號處理上所稱的「時域」與「頻域」的轉換。由於頻域函數在信號處理的運算上(如信號的合成與分解)，將比時域函數來得直覺而且簡單，因此通常我們會先在頻域內進行系統特性的分析以及信號處理，再將結果轉換回其時域函數，以得到該結果的波型方程式。

　　舉例來說，時域函數為$s(t) = \cos(2\pi f_0 t)$的餘弦波(圖 7-11(a))，經傅立葉轉換之後，其頻域函數為$S(f) = \frac{1}{2}\delta(f - f_0) + \frac{1}{2}\delta(f + f_0)$(圖 7-11(b))。這代表了這個週期性的餘弦波只有一個頻率為f_0的成分，而其強度為 1。

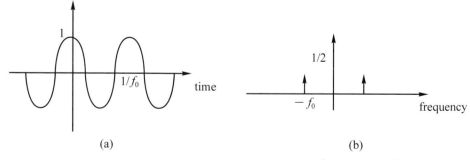

(a)　　　　　　　　　　　　　　　(b)

圖 7-11　餘弦波範例(a)$s(t) = \cos(2\pi f_0 t)$；(b)$S(f) = \frac{1}{2}\delta(f - f_0) + \frac{1}{2}\delta(f + f_0)$

而對於如圖 7-12(a)之非週期性單一方波而言，其時域函數為：

$$\Pi(t) = \begin{cases} 1.0, & |t| < 1/2 \\ 0.5, & |t| = 1/2 \\ 0, & |t| > 1/2 \end{cases}$$

而其對應的頻域函數則為：

$$V_\Pi(f) = \frac{\sin(\pi f)}{\pi f}$$

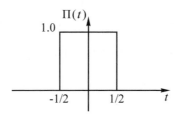

(a) 單一非週期性方波：$\Pi(t)$

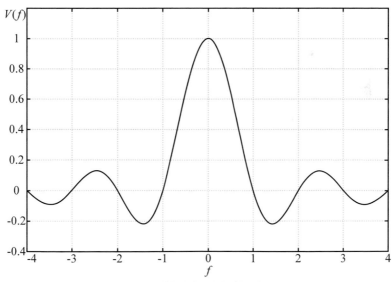

(b) 經傅立葉轉換之後的頻域函數：$V_\Pi(f)$

圖 7-12　單一非週期性方波$\Pi(t)$的時域與頻域函數圖形

Chapter 7

　　其函數圖形則如圖 7-12(b)所示。這代表了非週期性的單一方波是由無限多個弦波所組成,而各頻率弦波的強度則是隨著頻率遞減。由於經傅立葉轉換以求得頻域函數牽涉到複變運算,因此其信號強度在數值上會有成為負數的情形(如圖 7-12(b)),或是其頻域函數帶有複數成分,而無法以單一的二維函數圖形表示之,此時我們可以改採振幅(或是能量)與相角的函數圖形來表示之。以本例之單一方波來說,其振福與相角的函數圖形則如圖 7-13 所示。

　　由於數位資料為一連續產生之"0"或"1"的資料串流,若要透過電磁波來傳送此資料串流,則必須要定義某種轉換方式,將數位資料轉換成對應的電磁波波型,再經由射頻電路將此電磁波發射出去。這種轉換稱為「調變」(Modulation);而接收端偵測並判別所接收到的電磁波

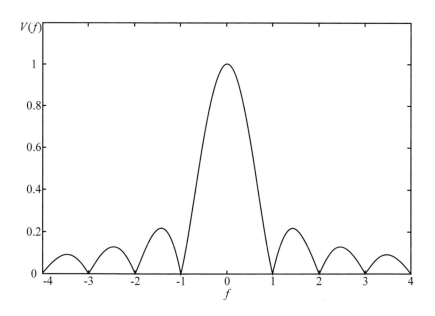

(a) $\Pi(t)$的振幅函數圖形

圖 7-13　　$\pi(t)$的振幅與相角函數圖形

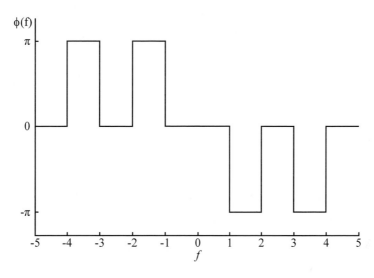

(b) $\Pi(t)$ 的相角函數圖形

圖 7-13　$\Pi(t)$ 的振幅與相角函數圖形

波型，並依照相同的轉換方式，將偵測到的電磁波波型轉換回其所代表的數位資料，這個動作則稱之為「解調變」(Demodulation)。若參考如上所述的電磁波波型方程式，我們可以直覺的聯想到調變的方式不外乎就是將不同的"0"或"1"的組合對應到不同的振幅、頻率、或是相角。例如：以固定頻率與相角的弦波來說，我們可以將"0"對應到振幅 A_0，"1"對應到振幅 A_1。如此一來，傳送端在傳送每個位元時，依據該位元調整發射出電磁波的振幅，而接收端則以振幅大小來判斷所收到的位元為何。

　　在數位通訊上，最基本的調變方式即分為下列三種：

(1)　振幅偏移鍵制(Amplitude Shift Keying, ASK)

　　以不同的振幅代表不同的數位資料。以「二進制振幅偏移鍵制」(Binary Amplitude Shift Keying, BASK)來說，假使我們以振幅 A 代表

Chapter 7

數位資料 "1"，以振幅 0(也就是沒有信號)代表數位資料 "0"。以頻率 f_c 之電磁波進行 BASK 調變後的波型方程式可表爲下式：

$$s(t) = \begin{cases} A\Pi(t/T_0)\cos(2\pi f_c\,t), & \text{for digital "1"} \\ 0, & \text{for digital "0"} \end{cases}$$

其中，數位資料的位元速率爲 $1/T_0$，且電磁波頻率 f_c 爲資料位元速率的整數倍。調變前之數位方波信號與 BASK 調變後信號的時域與頻域函數則如圖 7-14 所示，經 BASK 調變後的信號，其主要頻率成分落在以電磁波頻率 f_c 爲中心點之 $(f_c \pm 1/T_0)$ 的頻帶上。ASK調變因爲以振幅來做資料的區別，很容易受到雜訊的影響，故其對於噪訊比的要求也比較高，一般來說在無線通訊上很少使用。

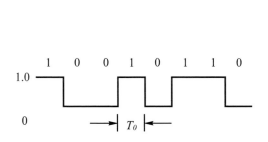

(a) 以方波型態表示的數位資料串流

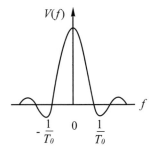

(b) 圖(a)方波信號的頻域函數

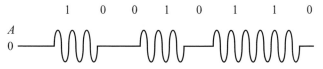

(c) 圖(a)的方波經過 BASK 調變後的輸出信號

圖 7-14　BASK 調變

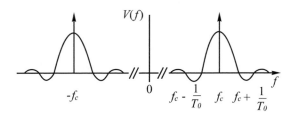

(d) 圖(c)信號的頻域函數

圖 7-14　BASK 調變(續)

(2)　頻率偏移鍵制(Frequency Shift Keying, FSK)以不同的頻率代表不同的數位資料。以「二進制頻率偏移鍵制」(Binary Frequency Shift Keying, BFSK)來說，假使我們以頻率 f_1 代表數位資料 "1"，以頻率 f_2 代表數位資料 "0"，並採用固定的振幅 A 與固定相角為 0，則所形成的波型方程式如下：

$$s(t) = \begin{cases} A\Pi(t/T_0)\cos(2\pi f_1 t), \text{ for digital "1"} \\ A\Pi(t/T_0)\cos(2\pi f_2 t), \text{ for digital "0"} \end{cases}$$

其中，數位資料的位元速率為 $1/T_0$，且此二頻率之間隔為 $|f_1 - f_2|$ 必須大於數位資料的位元速率的兩倍($2/T_0$)，才能正確的被接收端解調變。調變前之數位方波信號與 BFSK 調變後信號的時域與頻域函數則如圖 7-15 所示。FSK 的缺點為其所占用的頻帶較大，以 BFSK 來說，每個數位資料串流至少必須佔用掉 $4/T_0$ 頻寬。並且 FSK 調變方式所佔用的頻寬會隨著每個頻率所代表的資料量之增加而變大。例如，在 QFSK 調變中，以 4 個頻率 f_{00}、f_{01}、f_{10}、f_{11} 來代表二進位 "00"、"01"、"10"、"11"，因此其所佔頻寬將成為 BFSK 的兩倍。

Chapter 7

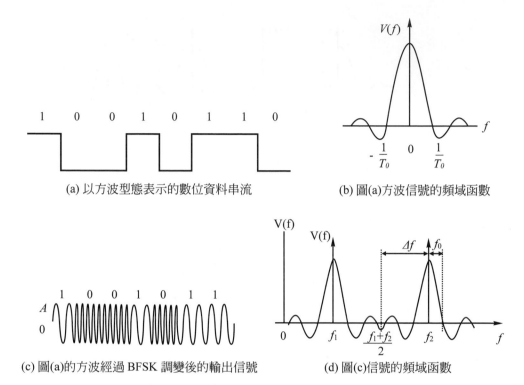

(a) 以方波型態表示的數位資料串流

(b) 圖(a)方波信號的頻域函數

(c) 圖(a)的方波經過 BFSK 調變後的輸出信號

(d) 圖(c)信號的頻域函數

圖 7-15 BFSK 調變

⑶ 相位偏移鍵制(Phase Shift Keying, PSK)

以不同的相角代表不同的數位資料。以「二進制相位偏移鍵制」(Binary Phase Shift Keying, BPSK)來說,假使我們以相角 0 代表數位資料 "1",以相角 ϕ 代表數位資料 "0",並採用固定振幅 A 與固定頻率 f_c,則所形成的波型方程式如下:

$$s(t) = \begin{cases} A\Pi(t/T_0)\cos(2\pi f_c t), & \text{for digital "1"} \\ A\Pi(t/T_0)\cos(2\pi f_c t + \phi), & \text{for digital "0"} \end{cases}$$

其中,數位資料的位元速率為 $1/T_0$。若 $\phi = \pi$,則調變前之數位方波信號與 BPSK 調變後信號的時域與頻域函數如圖 7-16 所示。

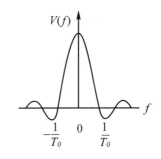

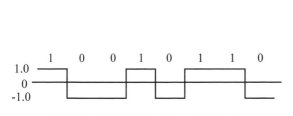

(a) 以方波型態表示的數位資料串流　　　　(b) 圖(a)方波信號的頻域函數

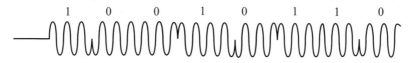

(c) 圖(a)的方波經過 BPSK 調變後的輸出信號

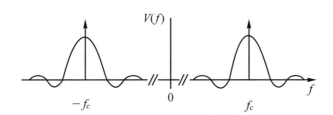

(d) 圖(c)信號的頻域函數

圖 7-16　BPSK 調變

　　一般來說，在所代表之數位資料種類的數量相同時，PSK 相對於 ASK 與 FSK 有較好的抗雜訊能力。以上述的二進制調變為例，因白色雜訊(White Noise)[1]干擾而導致位元錯誤的機率(P_e)如表 7-4 所列示[7]。其中，E代表調變後每位元訊號的平均能量，N_0代表白色雜訊的平均能

---

[1]　白色雜訊(White Noise)為最常用來表示自然界或是因電路運作所自然產生的雜訊模型。其能量頻域函數為在各頻率之能量值皆等於單一值(通常記為N_0)的函數。

量，函數 $Q(x) = \dfrac{1}{\sqrt{2\pi}} \displaystyle\int_x^\infty e^{-t^2} dt$。從此表來看，BPSK 只需要一半能量的

訊號便能達到與 BASK 與 BFSK 相同的位元錯誤機率，因此 BPSK 具有
較好的抗雜訊能力。不過對於高速移動物體(例如汽車、飛機等)與靜止
物體之間或是另一高速移動物體之間的通訊，由於相角的變化不易控
制，因此 PSK 調變方式較不適用，而以 FSK 調變較為適用。

表 7-4　BASK、BFSK、BPSK 的位元錯誤機率

BASK	BFSK	BPSK
$Q\left(\sqrt{\dfrac{E}{N_0}}\right)$	$Q\left(\sqrt{\dfrac{E}{N_0}}\right)$	$Q\left(\sqrt{\dfrac{2E}{N_0}}\right)$

　　一般來說，在實際的無線數位通訊系統中，必須先對數位資料進行
「來源編碼」(Source Coding)與「頻道編碼」(Channel Coding)等處
理，然後才將處理過的數位資料，送入調變與解調變的模組以轉換成電
磁波來傳遞，如圖 7-17 所示。在數位資料送入調變模組之前，先經過
「來源編碼器」(Source Encoder)以及「頻道編碼器」(Channel Encoder)
等模組的處理，而接收端則在解調變之後，將所收到的數位資料依序送
入對應的「頻道解碼器」(Channel Decoder)以及「來源解碼器」(Source
Decoder)處理，最後才得到欲接收的數位資料。採用如此架構的主要目
的為增加整個系統的傳遞效能，例如提高頻寬使用率、增進抗雜訊能
力、降低資料錯誤率等等。

　　來源編碼的主要目的是要去除來源信號裡面的多餘訊息，產生較精
簡的數位資料串列，也就一般所稱的「資料壓縮」，以節省頻寬的浪
費。不同性質的數位或類比信號，有其不同的來源編碼方式。例如，對

於離散的數值串列，我們可以利用「赫夫曼編碼」(Huffman Coding)方法[7]，針對不同發生機率的數值，給定不同長度的二進位位元串列以代表之。或是如語音的類比信號，我們可以利用 PCM 的方式，對每個取樣值給定一個 16 位元的二進位位元串列來表示之，然後再經過如 DPCM 或是 CELP 等壓縮方式，降低其位元速率。不過，就 802.11 的實體層而言，來源編碼模組並沒有含括在其中，而是將訊框資料直接透過頻道編碼模組以及展頻通訊模組的處理來傳遞。

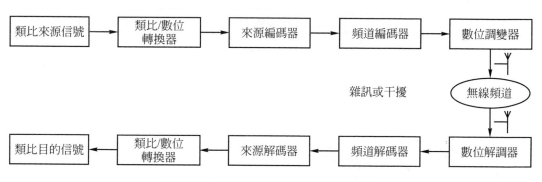

圖 7-17　無線數位通訊系統架構簡圖

在傳送端，經過來源編碼器處理後的二進位數位資料串列便送到頻道編碼器進行進一步的編碼動作。頻道編碼的主要目的是根據輸入的數位資料串列進行另一次的編碼，所輸出之編碼後的數位資料串列除了含有原始數位資料的訊息之外，通常還多加上了一些附加的資訊，使得接收端可以根據這些多出來的訊息提高正確解碼的機率，並降低資料的錯誤率。舉例來說，最簡單的一種頻道編碼就是將輸入的每個位元重複 m 次以代表此位元，而在接收端以其所接收到的 m 個位元中個數較多者為原始輸入的位元。圖 7-18 為 $m=3$ 的一個例子，在傳送端的最後一組 3

Chapter 7

個位元為 "111" ，而因為無線頻道的雜訊影響，導致在接收端解調變之後的最後一組 3 個位元之中有一個位元產生錯誤，而形成 "101" ，在接收端的頻道解碼器在收到 "101" 時，因位元 "1" 的個數大於位元 "0" 的個數，因此判斷這一組 3 個位元所代表的是位元 "1" 。因此，即使無線頻道的雜訊造成調變與解調變之間的錯誤，也可以經由頻道編碼的方式來修復並達成資料的正確傳遞。

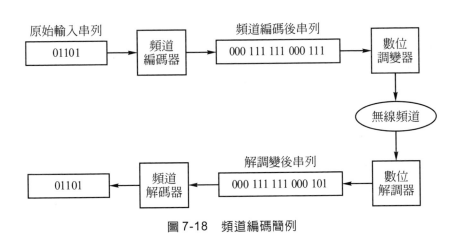

圖 7-18　頻道編碼簡例

　　上例之頻道編碼並非實際應用上的編碼方式，實際的頻道編碼方式遠比重複同一位元複雜的多，大部分都是從輸入的原始數位串列一次取出連續 k 個位元的串列，將之對應到一 n 個位元的串列 $(n \geq k)$ ，此 n 個位元的串列稱之為「代碼」(Code Word)。而為了度量頻道編碼方式所用到之多餘資訊的量，我們使用數值 k/n ，稱之為「編碼率」(Code Rate)。常見的頻道編碼方式，大體上可以分成兩類：一為「區塊編碼」(Block Code)，另一則為「迴旋編碼」(Convolutional Code)。區塊編碼的方式為仕2^n個n位元的字組中，挑出2^k個字組當作代號，以代表原始輸入串列中，連續k位元之字組的2^k種組合。這種以n位元代號來代表k位元原始資料的編碼方式記為「(n, k)碼」。通常在區塊編碼方式中，會以每個代碼的k個位元來代表其對應的k位元原始資料，並利用原始資料k個位元的運算得到$(n-k)$個位元的檢查碼，將之設為該代碼所剩餘的$(n-k)$個位元。如此，接收端便可以利用檢查碼判斷所接收到的代號是否有錯誤發生，甚至可以糾正所發生的錯誤。

以常見的$(7,4)$漢明碼(Hamming Code)為例，其使用了11個位元的代碼，其中7個位元為欲傳遞的資料位元，另4個位元則是檢查碼。故$(7,4)$漢明碼為一種$(11,7)$碼。在漢明碼的定義中，檢查位元是擺放在2的冪次方的位置上，也就是第1、2、4、8的位置上，其餘位置則是擺放資料位元，如圖7-19所示。檢查碼p1、p2、p3、p4的值是由代碼中挑選特定的位元進行偶同位位元(Even Parity Check)運算而得，其規則如下：

(1) p1：檢查第3、5、7、9、11位元(每隔一個位元就選一個位元)
(2) p2：檢查第3、6、7、10、11位元(先跳一個位元，再每隔兩個位元就選連續兩個位元)
(3) p3：檢查第5、6、7位元(先跳三個位元，再每隔四個位元就選連續四個位元)
(4) p4：檢查第9、10、11位元(先跳七個位元，再每隔八個位元就選連續八個位元)

以圖7-19的例子來說，輸入的資料為0110101，其對應的漢明碼為10001100101。

Chapter 7

	1	2	3	4	5	6	7	8	9	10	11
	p1	p2	d1	p3	d2	d3	d4	p4	d5	d6	d7
資料位元			0		1	1	0		1	0	1
p1	1		0		1		0		1		1
p2		0	0			1	0			0	1
p3				0	1	1	0				
p4								0	1	0	1
漢明碼	1	0	0	0	1	1	0	0	1	0	1

圖 7-19　(7,4)漢明碼簡例

　　假設因雜訊干擾而造成接收端在解調變之後所看到的代碼其最後一個位元是錯誤的，也就是其所收到的代碼為10001100100。在接收端可以依據上述的檢查碼運算規則，重新對此接收到的代碼做偶同位位元的運算，如圖 7-20 所示。此時得到的p4、p3、p2、p1 的值分別為 1、0、1、1，而二進位 1011_2 所代表的是十進位的 11，也就是指出第 11 個位元發生錯誤。

	1	2	3	4	5	6	7	8	9	10	11		
	p1	p2	d1	p3	d2	d3	d4	p4	d5	d6	d7	同位檢查	同位位元
接收到的資料位元	1	0	0	0	1	1	0	0	1	0	0	1	
p1	1		0		1		0		1		0	錯誤	1
p2		0	0			1	0			0	0	錯誤	1
p3				0	1	1	0					通過	0
p4								0	1	0	0	錯誤	1

圖 7-20　(7,4)漢明碼在接收端可偵測一個位元錯誤的簡例

迴旋編碼(圖 7-21)則是利用 L 級的 k 位元位移暫存器(Shift Register)，搭配一事先定義好的線性函數，在每個位移週期(一次位移 k 個位元，也就是一級)將特定暫存器內的位元值帶入該函數進行運算而求得 n 個輸出位元值的代碼。這相當於每 k 個位元的原始資料產生 n 個位元的代碼，因此其編碼率為 k/n。迴旋編碼與區塊編碼最大的不同點，即是在於其每個週期所產生的代碼與先前 $(L-1)$ 個 k 位元的輸入資料相關，而區塊編碼則沒有這種效應。

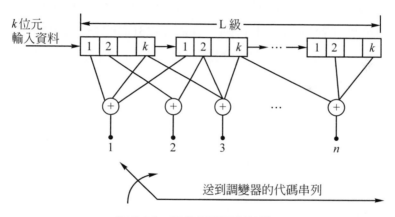

圖 7-21　迴旋編碼器的架構

圖 7-22 為一 $(k, L, n) = (1,3,2)$ 之迴旋編碼器範例。每一個輸入的位元將儲存在串聯成三級的位元暫存器中，而每輸入一個位元則此編碼器將依序產生兩個輸出位元。其中，輸出位元 1 的運算式為 $(T_0 \oplus T_2)$，輸出位元 2 的運算式為 $(T_0 \oplus T_1)$(「$\oplus$」代表「互斥或」運算(Exclusive OR))。為方便導出其輸出位元串列以及分析該迴旋編碼器的特性，通常我們會繪製所謂的「格狀圖」(Trellis Diagram)或是「狀態圖」(State Diagram)來協助這項工作。圖 7-23(a) 與 (b) 為圖 7-22 迴旋編碼器之格狀圖與狀態圖。格狀圖與狀態圖所表示的是迴旋編碼器的暫存器狀態隨著輸入位元而改變的先後順序關係，及其所伴隨的輸出位元串列。在圖

Chapter 7

7-22 的迴旋編碼器中，因暫存器有 3 級，每個輸入位元會被存在最後一級(T_0)，而先前在 T_1 與 T_2 的內含值則會被位移到 T_1 與 T_2，輸出位元 1 與輸出位元 2 則再由此三個暫存器的內含值經由運算產生。因此，暫存器的狀態是與 T_1 與 T_2 的內含值有關，而 T_1 與 T_2 都是二進位的暫存器，故其總共有 4 種狀態：$T_1T_2 =$ 00、10、01、與 11，此處分別將其以 a、b、c、與 d 代表之。假設個暫存器內含值的起始值皆為 0，則此迴旋編碼器一開始就處在狀態 a。當位元值 0 輸入此編碼器時，此時(T_0, T_1, T_2) = (0,0,0)，因此輸出值為 00 (($T_0 \oplus T_2$) = (0 $\oplus$ 0) 且 ($T_0 \oplus T_1$) = (0 $\oplus$ 0) = 0)。這個輸入位元及其對應的輸出代碼，在圖 7-23(a)的格狀圖中則以支流 AB 表示之，支流 AB 上的數值即為對應此輸入位元值 0 的輸出代碼 "00"。又，在此格狀圖中，每個橫行分別代表狀態 a、b、c、與 d。因輸入位元 0 之後，對於下一個輸入位元來說，暫存器狀態仍保持在狀態 a，因此支流 AB 的端點 A 與 B 處在同一橫行上，代表輸入位元 0 之後的狀態仍是維持在狀態 a。假使當位元值 1 輸入時，則此時(T_0, T_1, T_2) = (1,0,0)，其輸出值應為 11 (($T_0 \oplus T_2$) = (1 $\oplus$ 0) = 1 且 ($T_0 \oplus T_1$) = (1 $\oplus$ 0) = 1)，在格狀圖中以支流 AC 表示之。又，對於下一個位元來說，此時的暫存器值 T_0T_1 = 10 將會被位移到 T_1T_2 中，也就是暫存器狀態將會跳到狀態 b，因此在格狀圖中，支流 AC 是由狀態 b 的橫行指向狀態 b 的橫行。以此類推，可以繼續依序輸入位元 0 或 1，而導出不同狀態下的輸出代碼並繪製出整個格狀圖。值得注意的是，迴旋編碼的狀態數量是有限的，而且在各狀態下之輸入位元與輸出代碼的對應及其下一個狀態都是固定的，因此在格狀圖中可以見到重複的現象。如本例的格狀圖中，從節點 D、E、F、與 G 發出的支流，其指向的狀態與對應的輸出代碼，都與節點 H、I、J、與 K 所發出的支流相同。也因此，我們可以將格狀圖簡化成一封閉的有限狀態圖來解釋迴旋編碼器的編碼過程(如圖 7-23(b))。

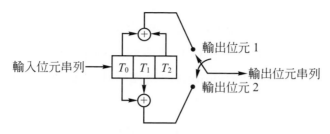

圖 7-22　迴旋編碼器

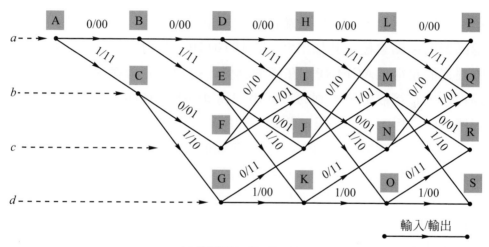

(a) 格狀圖(trellis diagram)

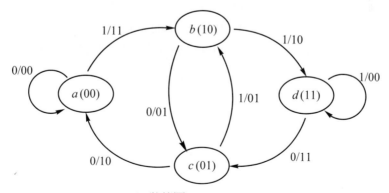

(b) 狀態圖(state diagram)

圖 7-23　圖 7-22 之迴旋編碼器的格狀圖與狀態圖

Chapter 7

　　在迴旋編碼的解碼方式中，最常用的是「Viterbi演算法」，其做法是根據所給定的代碼串列，在格狀圖或狀態圖中，找出一條具有「最大可能性」(Maximum Likelyhood)的路徑，也就是遵循該路徑所產生的代碼串列最接近於所給定的代碼串列，沿此路徑反推其應有的輸入位元串列，即為對該給定代碼串列的解碼。衡量此最大可能性的度量是以給定的代碼與各支流所對應代碼之間的差異為準。以圖 7-22、圖 7-23 的迴旋編碼器為例，假設傳送端欲傳送的位元串列為 10100，則經過迴旋編碼器的編碼之後，其輸出為 1101010110。若對照格狀圖，則其編碼所經過的路徑為ACFINP。在經過調變、透過媒介傳送、以及解調變的過程後，在接收端所收到的位元串列為 1001010110，其中第二個位元在傳送的過程中發生錯誤。此時，利用Viterbi算法進行解碼(圖 7-24)。首先，從格狀圖的 A 點開始，將最前面的兩個位元 10 與 A 點發出的兩個支流—AB 與 AC 做比較，求出與該支流對應的輸出代碼之間的位元的差異個數，此差異個數便成為該支流的度量值。如圖 7-24(a)所示，支流AB的對應輸出代碼為00，與10的位元差異個數為 1，因此將 1 標記為支流AB的度量值。同理，支流AC的對應輸出代碼為11，與10的位元差異個數為 1，因此支流AC的度量值亦為 1。接下來，取後續的兩個位元，也就是01，從 B 與 C 出發，分別求出支流BD、BE、CF、CG的度量值(圖 7-24(b))。此時，同時開始記錄到每個節點的路徑，以及計算該路徑的度量值。路徑度量值為所有組成該路徑之支流的度量值總合。例如圖 7-24(b)中，到節點 D 的路徑為ABD，而其路徑度量值為支流 AB 與支流 BD 的度量值總和，也就是 1 + 1 = 2。其他節點的路徑及其度量值也依此類推。接下來，繼續取後續的兩個位元，也就是01，從節點 D、E、F、G 出發，計算其到下一級的節點—H、I、J、K 之各支流的度量值，並求出到 H、I、J、K 的路徑與路徑度量值(圖 7-24(c))。由於從節點D、E、F、G這一級之後的所有節點都有兩個支流出去，也

有兩個支流進來，所以每個節點都有兩條路徑可以到達。例如節點 I 可
由路徑 ABDI 到達，也可以由路徑 ACFI 到達。由於 Viterbi 演算法的原
則是取用最接近所接收到的代碼串列爲優先，也就是與代碼串列的差異
越小越好，因此必須選擇度量值最小的路徑，而淘汰其他路徑。在此例
中，由於路徑 ACFI 的度量值爲 1，比路徑 ABDI 的度量值 3 要來得小，
所以到節點 I 的路徑就爲 ACFI，而淘汰掉路徑 ABDI。如此重複上述步
驟，從代碼串列取出後續的位元，計算到各節點路徑及其度量值，直到
取出所有代碼串列的位元爲止。圖 7-24(e) 爲最後的結果，其中路徑
ACFINP 的度量值爲 1，是所有到節點 P、Q、R、S 的路徑中度量值最
小者，因此選取此路徑爲解碼路徑。路徑 ACFINP 所對應的輸入位元串
列恰爲 10100，與傳送端的原始資料串列相符，而代碼串列的第二個位
元在傳送時所造成的錯誤也在解碼步驟中自動糾正回來。

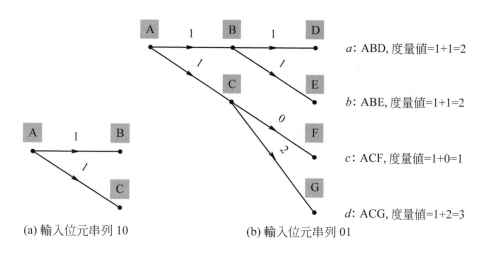

(a) 輸入位元串列 10　　　(b) 輸入位元串列 01

圖 7-24　迴旋編碼的解碼範例

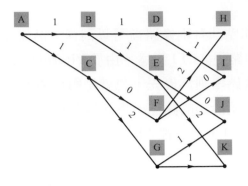

a: ABDH, 度量值=1+1+1=3
ACFH, 度量值=1+0+2=3
➤ 隨機選取 ABDH 為路徑

b: ABDI, 度量值=1+1+1=3
ACFI, 度量值=1+0+0=1
➤ 選取度量值最小路徑 ACFI

c: ABEJ, 度量值=1+1+0=2
ACGJ, 度量值=1+2+1=4
➤ 選取度量值最小路徑 ACGJ

d: ABEK, 度量值=1+1+2=4
ACGK, 度量值=1+2+1=4
➤ 隨機選取 ACGK 為路徑

(c) 輸入位元串列 01

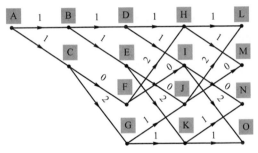

a: ABDHL, 度量值=1+1+1+1=4
ABEJL, 度量值=1+1+0+2=4
➤ 隨機選取 ABDHL 為路徑

b: ABDHM, 度量值=1+1+1+1=4
ABEJM, 度量值=1+1+0+0=2
➤ 選取度量值最小路徑 ABEJM

c: ACFIN, 度量值=1+0+0+0=1
ACGKN, 度量值=1+2+1+1=5
➤ 選取度量值最小路徑 ACFIN

d: ACFIO, 度量值=1+0+0+2=3
ACGKO, 度量值=1+2+1+1=5
➤ 選取度量值最小路徑 ACFIO

(d) 輸入位元串列 01

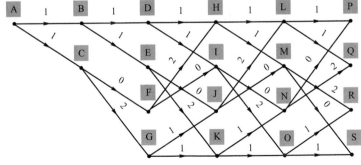

a: ABDHLP, 度量值=1+1+1+1+1=5
ACFINP, 度量值=1+0+0+0+0=1
➤ 選取度量值最小路徑 ACFINP

b: ABDHLQ, 度量值=1+1+1+1+1=5
ACFINQ, 度量值=1+0+0+0+2=3
➤ 選取度量值最小路徑 ACFINQ

c: ABEJMR, 度量值=1+1+0+0+2=4
ACFIOR, 度量值=1+0+0+2+1=4
➤ 隨機選取 ACFIOR 為路徑

d: ABEJMS, 度量值=1+1+0+0+0=2
ACFIOS, 度量值=1+0+0+1+1=3
➤ 選取度量值最小路徑 ABEJMS

➤ 選取 ACFINP 為解碼路徑

(e) 輸入位元串列 10

圖 7-24 迴旋編碼的解碼範例

除了基本的頻道編碼模組之外，「攪亂器」(Scrambler)以及「交錯器」(Interleaver)也是常用的數位資料處理模組，其主要目的是防止一些因資料串列本身之位元組成方式而導致錯誤率提升的狀況。攪亂器，有時也稱爲「資料漂白器」(Data Whitener)，其主要目的是攪亂原始資料串列內的位元順序，使得傳送出去的資料串列看起來更接近於隨機產生的串列。由於傳輸媒介特性的分析以及編碼方法的設計都是假設資料串列的產生是相當隨機而不偏向於某特定型態，當資料偏向於某特定型態時將會提高錯誤發生的機率(例如連續產生的 0 或 1)，同時也有可能造成接收端在同步上的困難。因此，利用在傳送端加上攪亂器把原始資料順序攪亂之後再送入頻道編碼器進行編碼，便可以避免此種現象的發生。通常攪亂器是以串聯數級的位移暫存器以及反饋線路所組成(如圖 7-25 所示)[8]，轉化輸入的資料串列成一多項式，並進行多項式的除法，所得的資料串列即爲攪亂後的結果。

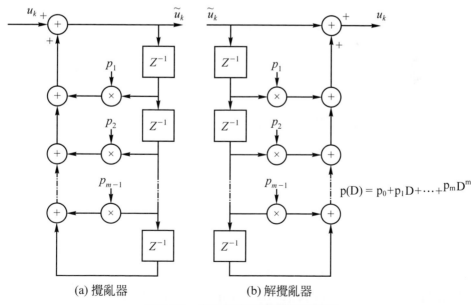

(a) 攪亂器　　　(b) 解攪亂器

圖 7-25　攪亂器與解攪亂器架構圖

Chapter 7

　　交錯器則是讓原始資料串列以位元交錯的方式傳送出去。如圖 7-26 所示，該圖中的區塊編碼方式為每個位元重複三次(也就是將 0 編碼為 000，1 編碼為 111)，經區塊編碼後的資料串列被導入交錯器中。該交錯器取出固定長度的資料串列，將該串列中的位元以循序的方式放置在其緩衝記憶體當中，而輸出時則以輪替的方式，每個緩衝區輪流輸出一個位元，以達到資料交錯輸出的效果。而在接收端所收到的位元串列中，第二到第五個位元連續發生錯誤，但是以反交錯的方式將其重組之後，經由區塊解碼器的解碼之後，仍能得到正確的結果。

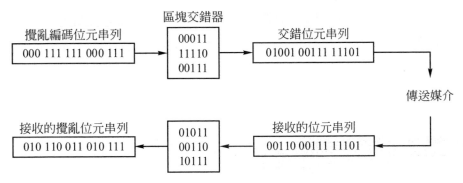

圖 7-26　使用交錯器以糾正因傳送媒介所造成的連續位元錯誤

7-2-3　展頻通訊基本原理

　　展頻通訊(Spread Spectrum)為近代約二次大戰時期及其後所發展的一項無線數位通訊技術，其原始目的是用於軍事上的保密通訊，並可抵制敵方的刻意干擾。不過近年來由於商業用途的無線通訊日漸發達，如行動電話、寬頻無線網路等，展頻通訊也已經廣泛應用在這些無線通訊系統上。802.11、802.11b 與 802.11g 的實體層所採用的即為展頻通訊技術中的「跳頻展頻」(Frequency Hopping Spread Spectrum, FHSS或

FH)技術以及「直接序列展頻」(Direct Sequence Spread Spectrum, DSSS 或 DS)技術。本節即針對此兩項展頻通訊技術做基本原理介紹。

　　一如其名，展頻通訊乃是延展通訊時所用到的頻帶寬度，使得所占用的頻寬遠大於要傳送原始資料所需的最小速率。而這種頻寬上的延展是在信號調變上，結合欲傳輸的資料與所謂的「延展信號」(Spreading Signal)以產生最終傳輸信號而得。展頻通訊系統的一般性模型如圖 7-27 所示。延展信號通常是經由特殊的編碼運算而得的代碼串列，其具備良好的「自相關」(Autocorrelation)以及偽隨機(Pseudo-randomness)的特性。接收端只需要作好與傳送端的信號同步，並將接收到的信號與和傳送端相同的代碼串列做「相關性」(Correlation)運算，便可得到原始的資料串列。

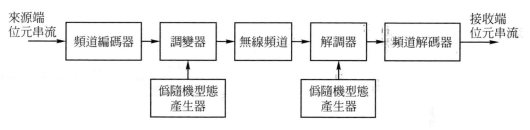

圖 7-27　展頻通訊系統模型

展頻通訊的優點主要有下列四項：

⑴　抑制故意的干擾

　　佔用相對大頻寬的直接好處就是造成故意干擾上的困難。一般來說，故意干擾者大概只知道訊號發送者所使用的原始資料產生速率或是所使用的載波頻帶範圍。由於受限於干擾器的能量有一定的限制，故其所使用的干擾策略大致可以分為兩種[9]：一為對整個頻帶範圍發出干擾信號，但因其干擾器最大能量為固定值，相對的其每個頻率所能使用的干擾能量就比較低，因此訊號被干擾的程度就比未使用展頻時小(圖

Chapter 7

7-28(a))[9]。另一種則是自選一些特定的頻率進行干擾，這樣雖然會使得在這些頻率上的干擾能量變得比較大，但是因干擾者無法掌握傳送者之延展信號的虛擬隨機特性(圖 7-28(b))[9]，因此被完全干擾的機率就相對較低。

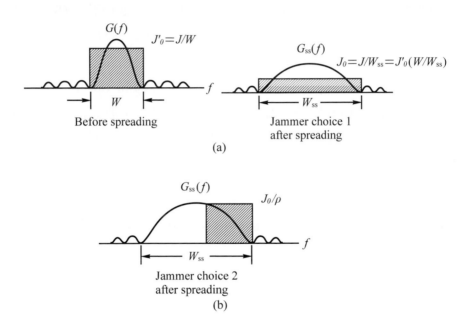

圖 7-28　展頻通訊下的故意干擾：(a)整個頻帶進行干擾；(b)只在特定頻帶進行干擾

(2)　竊聽的困難度較高

　　由於展頻通訊將原始的信號以較寬的頻帶來傳遞，因此在使用同樣的傳輸能量下，展頻通訊將能量分布到較寬的頻帶上，而使得信號的強度較傳統使用窄頻的通訊系統來得低，如此一來便增加了從旁竊聽的難度。如以最簡單的信號偵測設備-「輻射計」(Radiometer)來說(圖 7-29)[9]，其原理為將收到的信號經過通頻帶濾波器(Bandpass Filter, BPF)並做平方運算(避免負值的出現)之後，送入積分器做時間長度為T的積分運算，每隔$t = T$時間做取樣並與門檻值做比較，高於此值者則表示有信號出現。在參考文獻[10]中，對於此種輻射計的資料偵測率P_d有如下的估算：

$$P_d = \Phi\left\{\left[\frac{P}{N_0}\sqrt{\frac{T}{W}} - \Phi^{-1}(1-P_{fa})\right]\right\},$$

其中，

$$\Phi(y) = \frac{1}{\sqrt{2\pi}}\int_{-\infty}^{\infty}\exp\left(-\frac{1}{2}\zeta^2\right)d\zeta\ ;$$

$\Phi^{-1}(x)$相當於求出y值使得$\Phi(y) = x$；P_{fa}為誤判的機率；$P = E/T$，E為信號平均強度；N_0為高斯雜訊的平均強度。在誤判的機率P_{fa}為固定值時，增加BPF頻帶寬度W，便可使得資料偵測率P_d變小。而BPF頻帶寬度的選用，當然是以信號所占的頻帶寬度為準，而展頻通訊所占用的頻帶寬度遠較傳統窄頻通訊為大，也因此資料被偵測到的機率也就大為降低。

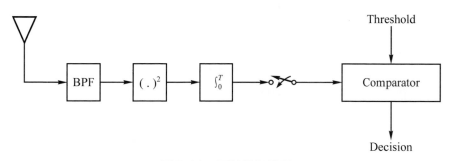

圖 7-29　輻射計架構圖

(3)　可用於定位系統

　　在定位系統中，通常以脈衝在空間中傳遞所發生的延遲作為距離長短計算的依據。而在延遲大小的量測中，其不確定的部分則與單一脈衝所占用的頻寬成反比。如 圖7-30所示[9]，δt為延遲量測的不確定性，

Chapter 7

其正比於脈衝的上升時間，而脈衝的上升時間恰與該脈衝所占的頻寬成反比，也就是 $\delta t = 1/W$。有較大的頻寬，所得到的測量結果也就越精準。展頻通訊除了具有佔據較大頻寬的優點之外，其所使用的延展信號通常是由正負極性交替變化的代碼串列所組成，使得其對於電磁波特有的多重路徑等信號衰減的現象具有一定的抵抗能力，接收端只要對接收到的信號與原始代碼串列做相關性運算，其結果便可以用來導出精確的時間延遲的度量。

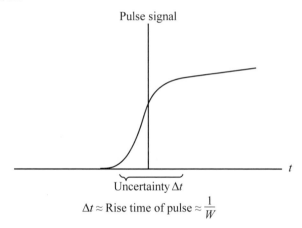

圖 7-30 延遲時間的度量及其不確定性(δt)

(4) 可提供多人同時共用無線頻道

如前所述，展頻通訊中所使用延展信號爲一特定之代碼串列，只要每個頻道的使用者所使用的代碼串列彼此獨立(也就是線性代數理論上所謂的「正交」(Orthogonal))，在個別的接收端以自己的代碼串列對接收到的信號進行相關運算時，便可以去掉其他使用者的信號只留下屬於該代碼串列的信號，因此可以形成多人公用頻道的狀況。這也就是所謂的「代碼分割多重存取」(Code-Division Multiple Access, CDMA)通訊系統的基本原理。

7-2-3-1　直接序列展頻(Direct-Sequence)

直接序列展頻的原理爲將原始資料速率爲 $R(=1/T)$ 的資料串列轉換成一資料速率爲 $W(=1/T_c)$ 僞隨機代碼串列 $(W>>R)$，以所得之僞隨機代碼串列進行調變才傳遞出去。圖 7-31 爲 BPSK 直接序列展頻發射器之方塊圖及其各模組輸出之信號示意圖。其中，原始輸入信號 可表示爲：

$$b(t)=\sum_{k=-\infty}^{\infty} b_k p_T(t-kT),$$

其中，$b_k=\pm1$ 對應到原始資料串列(週期爲 T)的第 k 個位元，以 $+1$ 表示位元 1，以 -1 表示位元 0；$p_T(t)$ 則代表一時間長度爲 T 矩形波型：

$$p_T(t)=\begin{cases} 1, \ 0\leq t\leq T \\ 0, \ \text{otherwise} \end{cases}$$

在此發射器中，輸入信號 $b(t)$ 與一速率較快的僞隨機碼信號(也就是圖中的 PN(Pseudo-Noise)訊號，其週期爲 T_c)做乘法運算而得到一展頻後的代碼串列，此代碼串列再乘上載波信號即爲最終發射出去的 BPSK 信號。僞隨機碼串列 $c(t)$ 可以下式表示：

$$c(t)=\sum_{l=-\infty}^{\infty} c_k p_{T_c}(t-kT_c), \ c_k=\pm1 \ 。$$

在直接序列展頻通訊理論中，僞隨機碼信號中的 c_k 被稱之爲「片」(Chip)，而片所形成的序列 $\{c_k\}$ 則稱之爲「片序列」(Chip Sequence)。最終輸出的 BPSK 直接序列展頻訊號可以表爲下式：

$$s(t)=Ab(t)c(t)\sin(2\pi f_c+\theta),$$

其中 A 爲載波振幅，f_c 爲載波頻率，θ 爲載波相角，其波型亦繪製於圖 7-31 中。

Chapter 7

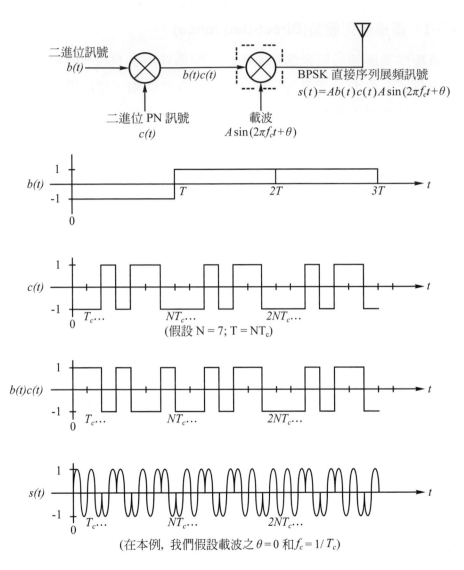

圖 7-31　BPSK 展頻通訊信號發射器

在一般的應用中，我們通常會用週期性的片序列來產生偽隨機碼信號，而此片序列週期整數倍恰為原始資料串列的週期，也就是 $T = NT_c$，N 為正整數。以圖 7-31 為例，$N = 7$。

　　圖 7-32 為對應於上述之BPSK展頻通訊信號的接收器架構方塊圖及其各模組的輸出信號示意圖。由於自然界本有的加成性高斯雜訊(Additive Gaussian White Noise, AGWN)，接收器所收到的信號為傳送器所送出的信號再加上雜訊，可表為下式：

$$s(t-\tau) + n(t) = Ab(t-\tau)c(t-\tau)\sin(2\pi f_c(t-\tau)+\theta) + n(t)，$$

其中τ為傳播延遲時間，$n(t)$為雜訊。

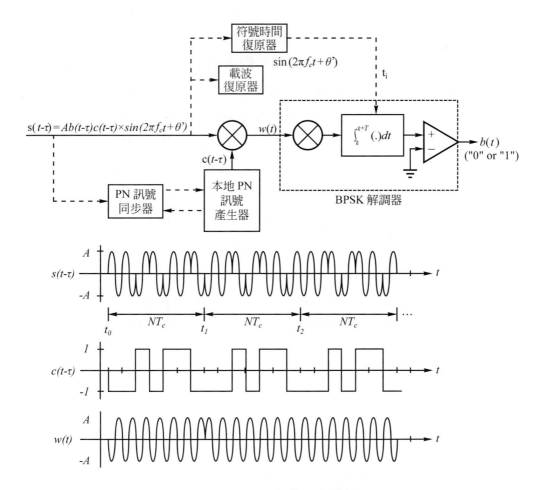

圖 7-32　BPSK 展頻通訊信號接收器

Chapter 7

　　為了說明如何從接收到的信號中取出原來傳送的信號，我們先暫時假設無雜訊$n(t)$存在。接收器含有一個能產生與傳送端相同之偽隨機碼信號的產生器，其輸出與接收到的信號直接相乘以產生解展頻(Despreading)的作用，其結果為信號$w(t)$，可表為下式：

$$w(t) = Ab(t-\tau)c^2(t-\tau)\sin(2\pi f_c\,t + \theta') = Ab(t-\tau)\sin(2\pi f_c\,t + \theta')，$$

其中$\theta' = \theta - 2\pi f_c\tau$。由上式可知，經過與傳送端相同之偽隨機碼信號做相乘運算(Correlation)之後，$w(t)$已回復為只與$b(t)$相關的 BPSK 窄頻信號，其頻寬為$2/T$。將$w(t)$輸入 BPSK 解調器即可輸出原始的資料信號$b(t)$。當然在實際的狀況中，雜訊$n(t)$並不能忽略掉，而其位元錯誤機率仍如同表7-4所示，這也表示使用直接序列展頻通訊並不會提高對抗雜訊的能力。

　　由以上的傳送與接收過程中，我們可以知道只有知道偽隨機碼信號$c(t)$如何產生的傳送端與接收端，才有辦法進行資料的解碼動作，對於其他非法的接收端，因其不知道$c(t)$的真正樣式，若以不同的偽隨機碼信號與接收到的信號相乘，其結果只為另一隨機信號，並無法解除$c(t)$所造成的展頻效果。故使用偽隨機碼信號來達成直接序列展頻，同時也具有資料保密的效果。

　　為顯示BPSK直接序列展頻通訊之信號頻寬延展的效果，茲將上述之 BPSK 展頻通訊系統的輸出入信號的功率頻譜密度(Power Spectral Density, PSD)展示如下。假設原始資料信號與偽隨機碼信號都是隨機的二進位信號，則資料位元速率為$1/T$bps的原始資料串列$b(t)$的PSD為：

$$\phi_b(f) = T\mathrm{sinc}^2(fT)$$

　　如圖 7-33(a)之實線部份所示，其所占用頻寬為$1/T$Hz。而在偽隨機碼訊號中，其片序列$c(t)$的片速率(Chip Rate)為$1/T_c$，故 PSD 為：

$$\phi(f) = T_c \operatorname{sinc}^2(fT_c)$$

由於傳輸訊號為$b(t)c(t)$，且偽隨機碼信號的速率為原始資料速率的整數倍(也就是T/T_c為整數)，因此其 PSD 與$c(t)$相同，也就是$\phi_{bc}(f) = \phi_c(f) = T_c \operatorname{sinc}^2(fT_C)$。因此原始信號經過直接序列展頻後，其頻寬增加了$T/T_c = N$倍，通常$N$是一個很大的數。經展頻後的基頻信號$b(t)c(t)$經調變後形成帶通(Bandpass)信號$s(t)$，其 PSD 為：

$$\phi_s(f) = \frac{A^2 T_c}{4}\{\operatorname{sinc}^2((f-f_c)T_c) + \operatorname{sinc}^2((f+f_c)T_c)\}$$

如圖 7-33(b)所示，其頻寬為$2/T_c$ Hz。從圖中我們可以看到ϕ_s比ϕ_b在幅度上要減少了$4T/A^2T_c$倍，而頻寬則增加了$T/T_c = N$倍。在接收端，由於接收到的信號與本地所產生的片序列都只比傳送端信號延遲固定的時間τ，因此其 PSD 與前面所列示者相同。經解展頻後所得到的信號$w(t)$，其 PSD 為：

$$\phi_w(f) = \frac{A^2 T}{4}\{\operatorname{sinc}^2((f-f_c)T) + \operatorname{sinc}^2((f+f_c)T)\}，$$

如圖 7-33(c)所示，由此可發現經解展頻之後，$w(t)$又回復成為與$b(t)$相似的窄頻信號，其頻寬為$2/T$。由比較上列之ϕ_w與ϕ_s之函數式及其圖形，可以看出在傳送端以片序列$c(t)$對原始資料串列$b(t)$做展頻，以及在接收端以固定延遲的相同片序列$c(t-\tau)$來解展頻的效果。

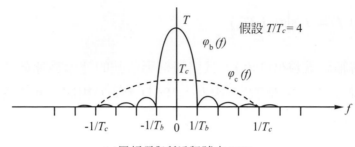

(a)展頻碼與所送訊號之 PSD

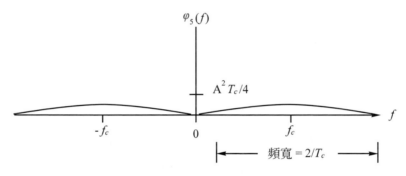

(b) 直接序列展頻-BPSK 訊號之 PSD

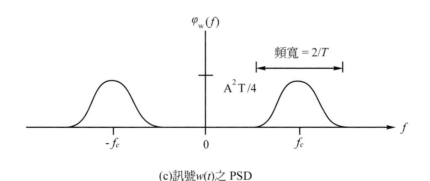

(c)訊號w(t)之 PSD

圖 7-33   BPSK直接需列展頻系統之信號 PSD

當然，直接序列展頻系統除了可使用BPSK進行調變之外，也可以使用更高階的PSK調變方式，以取得更高的資料傳送速率。例如，使用

QPSK調變方式，提供四種相角變化(0、$\pi/2$、π、$3\pi/2$)，以$b(t)c(t)$信號之相連的兩個位元來決定一次相角變化，便可以在固定的相角變化速率(也就是所謂的符號速率(Symbol Rate))之下，提升原始資料串列的傳送速率至兩倍。除此之外，也可利用FSK作爲調變方式，但本文不另行介紹，有興趣的讀者可自行參考展頻通訊相關書籍。

　　僞隨機碼信號$c(t)$的產生方式爲直接序列展頻系統，甚至是下一節跳頻展頻系統，能否成功運作的一個關鍵因素。僞隨機碼(也就是片序列)的選取原則，爲盡量讓其他使用者看起來類似雜訊一樣，所以僞隨機碼通常又被稱爲「僞雜訊序列」(Pseudo-Noise(PN)Sequence)。由於在展頻通訊系統中，僞雜訊序列必須能夠由傳送端與接收端各自產生出來，因此僞雜訊序列是一個具有固定週期的序列，可以用$\{c_i\} = \{\cdots, c_{-1}, c_0, c_1, \cdots\}$來表示之。若$N$爲序列$\{c_i\}$的週期，則$c_{i+N} = c_i$。而若以二進位的僞雜訊序列來說，則通常$c_i \in \{-1, +1\}$。所謂類似雜訊的特性，即在序列中的任兩個元素$c_i$與$c_j$，$\forall i \neq j$的生成是完全無關的，而且任一元素$c_i$的值是完全隨機決定的。以上述二進位僞隨機碼來說，$c_i$是$+1$或是$-1$的機會是均等的。要判斷一個二進位的週期性序列是否具有類似雜訊的特性，可由觀察下列三項屬性而得[9]：

⑴　平衡(balance)：在一個週期的序列中，二進位$1(+1)$的個數與二進位$0(-1)$的個數最多只相差一個。

⑵　同號連續(Run)：連續單一的二進位$1(+1)$或二進位$0(-1)$的出現稱爲一個同號連續。若另一個不同的二進位出現，則該同號連續結束，另一個新的同號連續開始。同號連續的長度定義爲該同號連續所內含的數字個數。一個序列若要具有類雜訊的特性，最好是在其一個週期的序列當中，長度爲一的同號連續的個數要佔該序列所有同號連續總數的一半，長度爲二的同號連續要占總數的1/4，長度爲四的同號連續要占總數的1/8，依此類推。

Chapter 7

(3)　相關性運算(correlation)：將一個週期的序列與該序列做任意位元數之循環位移的結果做每個位置的位元比較。一個序列若要具有類雜訊的特性，其比較的結果最好是相同數值的總位元數與相異數值的總位元數最多只差1。

舉例來說，考慮如下之15個元素的週期性二進位序列：

$$\{c\} = \{c_1, c_2, \cdots, c_{15}\} = (-1, -1, -1, +1, -1, -1, +1, +1, -1, +1, -1, +1, +1, +1, +1),$$

就平衡屬性來說，＋1的個數為8個，－1的個數為7個，恰符合上述條件。就同號連續屬性來說，其同號連續的分佈情形如圖7-34，也大致符合上述條件。就相關性運算的屬性來說，該序列對於循環位移i個位元後的序列($i = 1, \cdots, 14$)，其相同數值的總位元數與相異數值的總位元數都是相差1。圖7-35為其與向右循環位移一個位元的序列做比較，其中「異」與「同」的數量恰好相差1。

同號連續的長度＝　　3　　　1　　　2　　　　2　　　1　　1　　1　　　　4

（-1　-1　-1）（+1）（-1　-1）（+1　+1）（-1）（+1）（-1）（+1　+1　+1　+1）

圖 7-34　週期性二進位序列之同號連續的分布

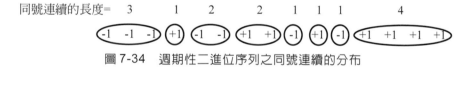

| -1 | -1 | -1 | +1 | -1 | -1 | +1 | +1 | -1 | +1 | -1 | +1 | +1 | +1 | +1 |
| +1 | -1 | -1 | -1 | +1 | -1 | -1 | +1 | +1 | -1 | +1 | -1 | +1 | +1 | +1 |

異　同　同　異　異　同　異　同　異　異　異　異　同　同　同

圖 7-35　週期性二進位序列與其循環位移之相關性運算

上述之偽雜訊序列的相關性運算屬性與直接序列展頻通訊對於多重路徑訊號衰減的抵抗力，有直接的關係。考慮一如上所述之BPSK直接序列展頻系統，今假設在接收器上所收到之傳送器傳來的信號中，其時間延遲為0且載波初始相角θ亦為0，又假設該無線頻道有第二路徑的訊號衰減，該第二路徑所造成的時間延遲爲 $\tau'(\tau'\neq 0)$，且其振幅 $A'=kA$，其中 $k<<1$ 爲信號的衰減因子。所以接收器所接收到的信號就爲：

$$s(t)+s'(t-\tau')=Ab(t)c(t)\sin(2\pi f_c t)+kAb(t-\tau')\sin(2\pi f_c (t-\tau'))$$

在經過與僞隨機碼信號 $c(t)$ 相乘做解展頻之後，其所得的信號爲：

$$w(t)+w'(t)=Ab(t)c^2(t)\sin(2\pi f_c t)+kAb(t-\tau')(c(t)c(t-\tau')\sin(2\pi f_c t+\theta')$$，

其中 $\theta'=-2\pi f_c \tau'$。最後送入 BPSK 的解調器，將信號乘上載波信號，並對一個符號時間做積分，然後送入判別器進行判斷。若想判斷第 i 個位元信號，則其積分之後的信號爲：

$$\begin{aligned}z_i+z_i'&=\int_{t_i}^{t_i+T}w(t)\sin(2\pi f_c t)dt+\int_{t_i}^{t_iT}w'(t)\sin(2\pi f_c t)dt\\&=A\int_{t_i}^{t_i+T}b(t)\sin^2(2\pi f_c t)dt+kA\int_{t_i}^{t_i+T}b(t-\tau')c(t)c(t-\tau')\\&\quad\sin(2\pi f_c t+\theta')\sin(2\pi f_c t)dt\end{aligned}$$

其中，

$$\begin{aligned}z_i'&=kA\int_{t_i}^{t_i+T}b(t-\tau')c(t)c(t-\tau')\sin(2\pi f_c t+\theta')\sin(2\pi f_c t)dt\\&=kA\int_{t_i}^{t_i+T}b(t-\tau')c(t)c(t-\tau')\left(-\frac{1}{2}(\cos(4\pi f_c t+\theta')-\cos(\theta'))\right)dt\\&=-\frac{kA}{2}\left[\int_{t_i}^{t_i+T}b(t-\tau')c(t-\tau')c(t)\cos(4\pi f_c t+\theta')dt-\cos\theta'\right.\\&\quad\left.\int_{t_i}^{t_i+T}b(t-\tau')c(t-\tau')c(t)dt\right]\\&=-\frac{kA}{2}\cos\theta'\int_{t_i}^{t_i+T}b(t-\tau')c(t-\tau')c(t)dt\\&=\pm\frac{kAT}{2}\cos\theta'R_c(\tau')\end{aligned}$$

Chapter 7

　　在上式中，第三行的前面一項的積分會趨近於零；而在同一週期內 $b(t)$ 為原始資料信號，其值不是＋1就是－1，因此可以由第四行導出第五行；而在第五行中，$R_c(\tau)$ 為偽隨機碼信號 $c(t)$ 的「自相關」(Autocorrelation) 函數，其定義為：

$$R_c(\tau) = \frac{1}{T} \int_{t}^{t+T} c(t)c(t-\tau)dt$$

　　假設偽隨機碼信號 $c(t)$ 的碼長度為 N 且週期為 T_c，$NT_c = T$，則信號 $c(t)$ 的「自相關」函數可推導如下：

$$R_c(\tau) = \frac{1}{NT_c} \int_{t}^{t+NT_c} c(t)c(t-\tau)dt$$

$$= \begin{cases} 1 - \dfrac{|\tau|}{T_c}\left(1 + \dfrac{1}{N}\right), & |\tau| \le T_c \\ -\dfrac{1}{N}, & T_c \le |\tau| \le NT_c \end{cases}$$

　　其函數圖形如圖 7-36 所示。由 $c(t)$ 的自相關函數及上述之多重路徑接收端信號分析可知，如果因第二路徑效應而產生之信號 $z_i{}'$ 的時間延遲 τ' 大於 T_c，也就是 $z_i{}'$ 內含的偽隨機碼信號被位移超過一個位元，則在進行解調變時，$z_i{}'$ 其對於正常信號的干擾就會變得很小。也因此直接序列展頻通訊對多重路徑的信號衰減有較強的抵抗力。

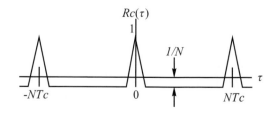

圖 7-36　偽隨機碼信號 $c(t)$ 的自相關函數圖

7-2-3-2　跳頻展頻(Frequency-Hopping)

顧名思義，跳頻展頻通訊系統乃是在傳輸信號時，隨著時間使用不同的載波頻率進行信號傳送，相當於在不同的頻率之間「跳躍」(Hopping)。在跳頻展頻的通訊系統中，可使用的連續頻帶會被劃分爲一個個的「頻率槽」，該頻率槽所佔據的頻寬端賴所使用的調變方式以及符號速率而定。在資料傳送時，則以如同直接序列展頻系統之僞雜訊序列(PN Sequence)來決定要使用哪一個頻率槽作爲載波進行傳送。因此在跳頻展頻系統中，載波頻率的跳躍具有相當的隨機性，這也使得其亦不容易被竊聽。

圖 7-37 爲一個採用 4-FSK 跳頻展頻系統之頻帶劃分方式以及資料傳輸時的跳頻範例。在此系統中，僞雜訊序列以 T_c 爲週期每次產生 3 個位元的隨機碼用以決定要使用哪一個頻率槽，因此整個可用的頻帶劃分爲 $W_s = 2^3 = 8$ 個頻率槽。系統所採用的調變方式爲 4-FSK，以頻率槽之中心頻率爲準，往上及往下各取兩個頻率共四個頻率(也就是圖中 $W_d = 4$)，作爲發射信號的載波頻率之用。至於這四個載波頻率中的哪一個會被用來做載波頻率，則由連續的兩個原始資料位元來決定。在此系統中，原始資料位元的產生週期爲 T，因每次取兩個位元來決定 4-FSK 的載波頻率，故 4-FSK 調變模組的符號週期爲 $T_s = 2T$。又，在本系統中，僞雜訊序列的產生週期，T_c，也就是跳頻的週期，定爲符號週期的兩倍($T_c = 2T_s$)，故會產生如圖中每兩個符號就跳頻一次的效果。圖中亦顯示，若是兩個原始資料串列的僞雜訊序列彼此沒有重疊之處，也就是其不會同時跳到同一頻率槽內，則這兩個原始資料串列就可以共用此頻帶同時進行傳送，而不會互相干擾。同理，只要爲多個原始資料串列找出互不重疊的僞雜訊串列，便可以讓這些資料串列同時傳送。這些僞雜訊串列的互不重疊特性稱之爲「正交」(Orthogonal)。

Chapter **7**

現有的跳頻展頻通訊系統大多都採取FSK作為信號的調變方式，而較不採用PSK，這是因為要在載波頻率跳動下維持相角的一致性，在技術上較為困難。圖7-38為使用 FSK 調變之跳頻展頻傳送器與接收器架構圖。在傳送器中，經頻道編碼過後的資料(其資料速率為$1/T$)送入FSK調變器以決定其基本的載波頻率(其輸出之符號速率為$1/T_s$)。同時，偽雜訊序列產生器以$1/T_c$的速率產生一組偽雜訊碼，送入頻率合成器以產生以特定頻率槽之中心頻率的波型，然後與FSK調變器的輸出信號做混頻的動作，使得最終發射信號的載波頻率落在特定的頻率槽中。在接收器中，則以收到的信號做同步，使用與傳送端相同的偽雜訊序列產生器，產生與傳送器相同順序之偽雜訊碼，以此產生相同頻率槽之波型信號，與接收到的信號做混頻的動作以去除該頻率槽之載波頻率，使之回復到 FSK 所使用的基本載波頻率，然後以 FSK 解調器取出其所代表的位元串列，再送入頻道解碼器進行解碼。

跳頻展頻可以依跳頻的速率($1/T_c$)分為兩類：慢速跳頻(Slow-hopping)與快速跳頻(Fast-hopping)。慢速跳頻指的是跳頻速率小於或是等於符號速率，也就是每個頻率槽用來傳送多個符號(圖 7-37 即屬於慢速跳頻)。快速跳頻則是跳頻速率大於符號速率，也就是在一個符號的傳遞期間，其載波頻率會隨著跳頻的動作而持續變更。若是以反干擾的角度來說，快速跳頻比慢速跳頻較能防止故意的干擾。慢速跳頻會使得一種叫做「跟隨者干擾器」(Follower Jammer)有足夠的時間追蹤到所使用的頻率，並發出干擾信號，而快速跳頻恰可防止這一點的發生。不過快速跳頻的資料錯誤率比慢速跳頻來得高，這是因為在把散佈於多個頻率的信號組合回復為單一符號的過程中，會由信號能量的耗損所導致。

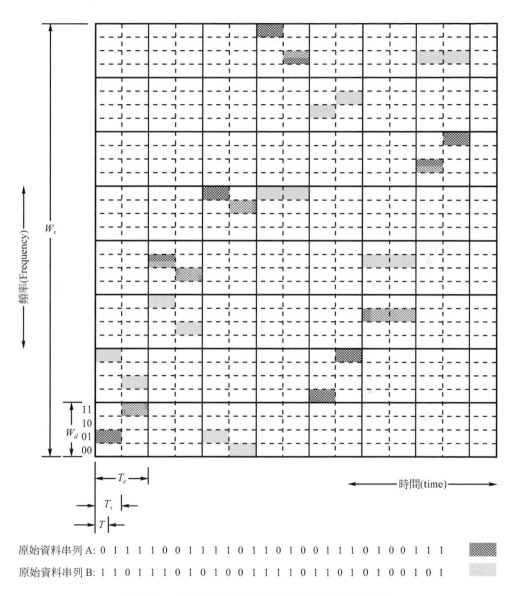

原始資料串列 A: 0 1 1 1 1 0 0 1 1 1 1 0 1 1 0 1 0 0 1 1 1 0 1 0 0 1 1 1　▨

原始資料串列 B: 1 1 0 1 1 1 0 1 0 1 0 0 1 1 1 1 0 1 1 0 1 0 1 0 0 1 0 1　▨

圖 7-37　4-FSK 跳頻展頻之頻帶劃分與使用範例

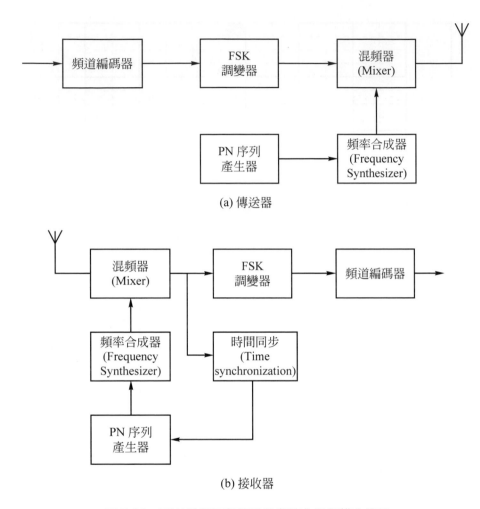

(a) 傳送器

(b) 接收器

圖 7-38　FSK 跳頻展頻傳送器與接收器架構方塊圖

　　一個FSK跳頻展頻通訊系統對於加成性高斯雜訊(AWGN)的效能，就資料錯誤率來說，是沒有比一般非展頻FSK系統來得好，對於快速跳頻的系統來說還會更糟。另外，值得注意的是跳頻展頻系統對於「局部頻寬干擾」(Partial-Band Interference)的效能。局部頻寬干擾是為了要改善對全頻帶進行干擾的效果，不對整個展頻通訊系統所用到的頻帶進行干擾，而只對 α 比例的部分頻帶進行干擾($0 \le \alpha \le 1$)，如此在發出干擾的頻帶上，其干擾信號的平均能量就可以提高(假設原每個頻率的平均干擾能量是 J_0，則局部頻寬干擾的平均能量就成為 J_0/α)。如果應用於每個符號跳頻一次的 BFSK 慢速跳頻展頻系統上，則其平均資料錯誤率將成為如下之 α 的函數：

$$P_e(\alpha) = \frac{1}{2}\alpha\exp\left(-\frac{\alpha E_b}{2J_0}\right),$$

其中 E_b 為每個位元傳輸時所占用的平均能量，J_0 為每個頻率的平均干擾能量。把上式對 α 作微分，便可求出平均資料錯誤率的最大值。其對應的 α 值與最大資料錯誤率如下：

$$\alpha^* = \begin{cases} \dfrac{1}{E_b/2J_0}, & E_b/J_0 \ge 2 \\ 1, & E_b/J_0 \le 2 \end{cases},$$

$$P_e^* = \frac{e^{-1}}{E_b/J_0}。$$

圖 7-39 為在不同 α 值之下，資料錯誤率與噪訊比 $\gamma_b = E_b/J_0$ 的函數關係圖[11]。由此圖可以看出，當局部頻寬干擾的 α 值越小時，要達到同樣資料錯誤率所需的噪訊比就要越高，這也反映出把干擾能量集中在某些特定頻道的效果。另一個值得注意的是，儘管對於不同的 α 而言，資料錯誤率都會隨著噪訊比的提高而呈現指數形式的下降，但是對最壞的狀況的資料錯誤率而言，其下降的幅度只與噪訊比成反比，也就是說只要 α 值依據上式選取，其干擾的效果將會比全頻帶干擾明顯很多。不過這個缺點可以利用編碼的方式將欲傳送的信號打散，做到大幅改善，但已超出本書之範圍，有興趣的讀者可以參考[11]。

Chapter 7

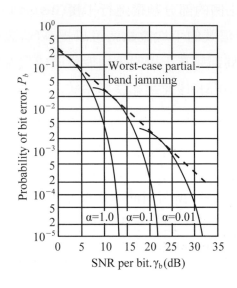

圖 7-39　BFSK 跳頻展頻系統對局部頻帶干擾的效應圖
(資料錯誤率 vs.噪訊比)[11]

7-2-4　正交分頻多工基本原理

　　正交分頻多工(Orthogonal Frequency Division Multiplexing, OFDM)
為 1960 年代左右開始發展的一項數位通訊調變方式，已廣泛應用在無
線區域網路、數位電視、數位行動電話等無線數位通訊系統中。802.11a
的實體層即是採用OFDM的方式進行無線信號傳遞。正交分頻多工可以
視為傳統分頻多工(Frequency Division Multiplexing, FDM)的改良。
在傳統的 FDM 系統中，無線頻帶被劃分為一個個的頻道，每個頻道都
有其做為載波的中心頻率以及所占用的頻寬等兩個數值，每個頻道都可
以用來獨立傳送資料而不互相干擾。在使用於數位通訊中，每個 FDM
頻道所占用的頻寬與所使用的數位調變方式及其符號速率有關，符號速
率越大其所占的頻寬就越大。通常在 FDM 系統的頻道劃分上，相鄰兩

個頻道之間都會留一個緩衝的頻帶空間，稱之為「保護頻帶」，或者是至少相鄰頻道之間的間隔至少是彼此所占的頻寬總和，也就是兩個頻道在其頻寬所占用的頻帶上是不互相重疊的，以避免發生兩個頻道相互干擾(也就是所謂的「載波相互干擾」(Inter-Carrier Interference, ICI))的現象。在每個 FDM 頻道上，數位資料被經過指定的調變方式，轉換成一個個的調變符號，然後依序傳遞出去。在這種系統中，若要提高資料的傳遞速率，則調變的符號速率就必須要提高。然而，提高調變的符號速率也會提供信號在傳送以及同步技術上的難度。

OFDM 則是以 FDM 的原理為基礎，也就是每個載波頻率都可以用來獨立傳送資料而不互相干擾，做以下兩點的加強：

(1)　以「正交」方式來劃分頻道

也就是每個頻道的頻域函數值在其他頻道的中心頻率都是 0，也就是說每個載波信號彼此都不會互相干擾，這就是正交的概念。圖 7-40 為 OFDM 頻道劃分的頻域函數圖形，在此圖中每個頻道的頻域函數都是相

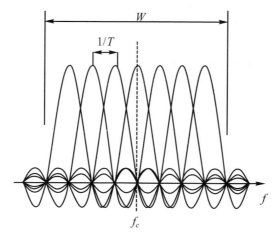

圖 7-40　OFDM 頻域圖形

Chapter 7

同的sinc函數，這是因為各頻道所載的都是使用相同的調變方式且符號速率也相同的數位資料所致。此圖顯示了OFDM的相鄰頻道間隔為一個符號速率，如此便可達到頻道彼此正交的目的，即使相鄰頻道的主頻帶都有重疊的部分，也可以達到各頻道相互獨立傳送的效果。

⑵　採用「多載波」(Multi-Carrier)的觀念進行資料傳送

OFDM摒棄使用單一載波中心頻率來順序傳送資料，而是以載波頻率為中心頻率，將給定之寬度為W的頻帶，以上述之正交方式將劃分出N個的子載波(Sub-carrier)，各子載波皆以相同的調變方式對輸入的數位資料進行調變。當傳送資料時，各子載波以平行的方式，同時在一個符號週期內(假設為T)送出一個調變符號，也就是一次送出N個調變符號。如此，便可以在不使用更高速的調變方式下(也就是調變符號週期不變)，達到提升資料傳送速率的效果，同時也使用了較少的頻寬。

通常在OFDM的系統中，每個子載波所使用的數位調變方式為PSK或是QAM。整個系統的輸出信號$s(t)$是每個調變符號經由乘上所對應的子載波所組合而來，可以下式表示：

$$s(t) = \mathrm{Re}\left\{ \sum_{i=\frac{N_s}{2}}^{\frac{N_s}{2}-1} d_{i \neq N_s/2} \exp\left(j2\pi\left(f_c - \frac{i+0.5}{T} \right)(t-t_s) \right) \right\}, t_s \leq t \leq t_s + T$$

$$s(t) = 0, t < t_s \text{ and } t > t_s + T$$

其中，d_k為 PSK 或 QAM 調變符號，N_s為子載波的數目，$1/T$為調變符號速率，f_c為載波中心頻率，t_s為開始進行OFDM運作的時間點。其對應的複數表示方式如下：

$$s(t) = \sum_{i=\frac{N_s}{2}}^{\frac{N_s}{2}-1} d_{i+N_s/2} \exp\left(j2\pi\frac{i}{T}(t-t_s)\right), t_s \le t \le t_s + T$$

$$s(t) = 0, t < t_s \text{ and } t > t_s + T$$

上式相當於對N_s個輸入符號做「逆離散傅立葉轉換」(Inverse Deiscrete Fourier Transform, IDFT)的運算。在實作上均以「逆快速傅立葉轉換」(Inverse Fast Fourier Transform, IFFT)取代之,因其所需的運算量遠小於 IDFT。一個基本的OFDM調變器與解調器的架構方塊圖如圖 7-41 所示。從上述的時域信號$s(t)$以及解調器的架構來看,我們可以再用時域的角度來看 OFDM 各子載波的正交特性。由$s(t)$可以得知每個子載波的中心頻率為主載波中心頻率(f_c)再加上或減去整數倍的符號速率$(R = 1/T)$,也就是每個子載波的中心頻率可以表示為$\omega_i = (f_c + k_i R)$。而兩個子載波在一個符號週期的時間內,進行相乘後的積分運算,其值為 0;若是子載波自己進行相乘後的積分運算,則所得值將為$T/2$,可由下式導出。

$$\int_t^{i+T} \cos 2\pi\omega_m t \cos 2\pi\omega_n t \, dt = \begin{cases} T/2, & m = n \\ 0, & m \ne n \end{cases}$$

$$\int_t^{i+T} \sin 2\pi\omega_m t \sin 2\pi\omega_n t \, dt = \begin{cases} T/2, & m = n \\ 0, & m \ne n \end{cases}$$

$$\int_t^{i+T} \cos 2\pi\omega_m t \sin 2\pi\omega_n t \, dt = 0$$

因此,在解調器只需要將接收到的信號分別對每個子載波頻率進行一個符號週期的積分,便可以將每個符號分別從所有的子載波中分離出來。這也就是這些子載波的正交特性。

Chapter 7

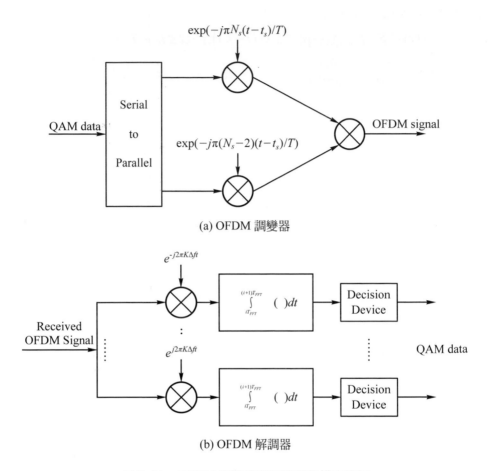

(a) OFDM 調變器

(b) OFDM 解調器

圖 7-41 　OFDM 調變器與解調器架構方塊圖

　　在實際應用上，由於無線頻道均會有 7-1-2 節所述之多重路徑衰減的現象，因此在同一頻道內會產生「符號相互干擾」(Inter-Symbol Interference, ISI)的現象，也就是延遲到達的調變符號會干擾目前所應接收的調變符號。但通常多重路徑所造成的信號延遲有其最大值，故 ISI 可以經由在每個符號週期內，先空出一段所謂的「保護時間」(Guard

Time)，在這段時間內傳送端不做IFFT的運算，而接收端也不做FFT的運算，直到保護時間結束後才開始進行 IFFT 以及 FFT 的運算。只要大部分的多重路徑所造成的信號延遲小於保護時間，便可以避免掉大部分的 ISI 干擾。

　　但是，在保護時間內到底要送出什麼信號？一個直覺的想法就是不送出任何信號。但是，如此一來便會造成另一個問題－載波交互干擾(Inter-Carrier Interference, ICI)的現象。ICI 現象的發生，乃是由於在保護時間內不送任何信號，所以在子載波m因多重路徑而延遲到達接收端的信號，在開始做FFT運算時最前面有一小段時間是沒有信號，這會導致另一子載波n的積分器無法有效去除子載波m的信號(也就是信號已經不再是正交)。為改善此種現象，一個簡單的做法就是由開始做 FFT 運算的期間向前延伸信號回到保護時間內。這將使得被延遲的信號仍能保有在一個符號週期內具有整數倍的信號循環，使得接收端的FFT能發揮原有的效用。這種方式稱之為「循環延伸」(Cyclic Extension)，有時也叫做「循環前置碼延伸」(Cyclic Prefix Extension)。

　　OFDM還有另外以一個問題是發生在符號傳送的邊界。由於OFDM所使用的數位調變方式大致都是PSK或QAM之類的調變方式，其符號與符號之間的突然轉變會產生高頻的訊號，會對其他子載波或是其他通訊系統造成影響。為了要緩和這種因符號突然轉變所造成的效應，在實際的 OFDM 系統上，都會定義一段介於相鄰兩個符號之間的「轉移時間」(Transition Time)，在轉移時間內，將信號乘上所謂的「造窗函數」(Windowing Function)，以產生頻率平滑移轉的效果。802.11a 建議使用的造窗函數如下：

Chapter **7**

$$w(t) = \begin{cases} \sin^2\left(\dfrac{\pi}{2}\left(0.5 + \dfrac{t}{T_{TR}}\right)\right) & \text{for}\left(-\dfrac{T_{TR}}{2} < t < \dfrac{T_{TR}}{2}\right) \\ 1 & \text{for}\left(\dfrac{T_{TR}}{2} \le t \le T - \dfrac{T_{TR}}{2}\right) \\ \sin^2\left(\dfrac{\pi}{2}\left(0.5 - \dfrac{t-T}{T_{TR}}\right)\right) & \text{for}\left(T - \dfrac{T_{TR}}{2} \le t < T + \dfrac{T_{TR}}{2}\right) \end{cases}$$

在使用保護時間、轉移時間、以及造窗函數的OFDM系統中，其一個符號時間內的時段順序以及頻率轉移情形如圖7-42所示。

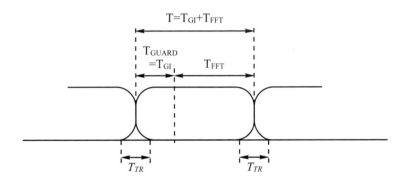

圖 7-42　OFDM 符號時間的時段順序示意圖

另外，在OFDM的通訊系統中，頻道編碼器以及交錯器是不可或缺的一個組件。這是由於OFDM系統使用相當多緊密相鄰的子載波進行符號的傳遞，若是其中一些子載波受到干擾，則所傳送的符號將無法正確解譯出來。又，因OFDM所使用的調變為PASK或QAM等，有可能是以一個符號代表數個連續的資料位元，因此當子載波受到干擾時，極有可能會發生位元連續錯誤的現象。因此，具有錯誤糾正能力的迴旋編碼器，以及具有降低連續位元錯誤機率的交錯器，為OFDM系統中必備的組件。圖7-43為一個典型的無線OFDM通訊系統的架構圖。

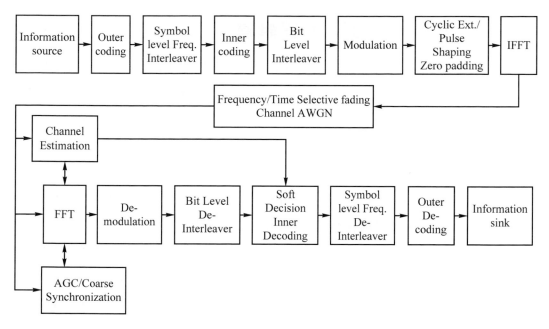

圖 7-43 　：無線 OFDM 通訊系統架構圖

7-3　802.11 實體層

在 802.11 標準中，總共定義了三種不同調變技術的實體層：

(1)　跳頻展頻實體層(FHSS PHY)

(2)　直接序列展頻實體層(DSSS PHY)

(3)　紅外線實體層(IR PHY)

前二者為使用 2.4 GHz 的 ISM 無線頻帶，後者則使用紅外線做為傳輸媒介。由於紅外線實體層的規格從無實際產品生產，因此本節略而不提。以下將分節介紹 FHSS PHY 以及 DSSS PHY。

7-3-1 802.11 跳頻展頻實體層

802.11 FHSS 實體層定義在 802.11 標準的第 14 章。其中，有關跳頻展頻的運作方式定義在 PMD 子層中。802.11 標準定義了兩種速率的跳頻展頻實體層：1.0 Mbps 與 2.0 Mbps。不過，這兩種 PMD 子層的定義中有很多地方是相同的，其最大的不同點在於 1.0 Mbps PMD 子層所使用的調變方式是「2 階 GFSK」(2-level Gaussian FSK, 2GFSK)，而 2.0 Mbps PMD 子層則是使用「4 階 GFSK」(4-level Gaussian FSK, 4GFSK)。

跳頻展頻實體層所使用的 2.4 GHz-2.5G Hz 的 ISM 頻帶，在國際上共同的劃分方式為每 1 MHz 的頻寬劃分為一個頻道。例如：2.400 GHz 為頻道 0，2.401 GHz 為頻道 1，…，以此類推，直到 2.495 GHz 為頻道 95 為止，共有 96 個頻道可資使用。不過，並非所有頻道都可以拿來使用，要視每個國家對無線頻道使用上的管制而定。除此之外，最大跳頻週期(也就是待在某一頻率槽的時間，又稱為「駐留時間」(Dwell Time))以及最大傳送能量等參數都與各國管制的規定有關。例如，最大跳頻週期在美國 FCC 的規範為 390 個 TU(Time Unit；1 TU = 1024 μ sec)，相當於大約 0.4 秒。而 802.11 所建議的駐留時間長度則為 19 TU。

如同第 7-1-3-2 節所述，一個 802.11 跳頻展頻系統需要有一組虛擬隨機的跳頻順序，而為了要讓一個以上的網路可以同時同一地點附近都能正常運作，則需要多組互不重疊的虛擬隨機跳頻順序。在 802.11 的標準中，跳頻的順序是由公式來產生，而符合各國管制規定的公式也都不一樣。802.11 以 $f_x(i)$ 代表第 x 組跳頻順序裡面的第 i 個頻率，則公式如下：

$$f_x(i) = [b(i) + x] \bmod (79) + 2 \text{，in North america and most of Europe}$$
$$= [(i-1) \times x] \bmod (23) + 73 \text{，in Japan}$$

$$= [b(i) + x] \bmod (27) + 47，\text{in Spain}$$
$$= [b(i) + x] \bmod (35) + 48，\text{in France}$$

其中$b(i)$爲查表所得，也是各國查不同的表。例如，表 7-5 爲北美與歐洲的$b(i)$值對應表。此公式的目的是使得造出的跳頻順序中，相鄰的兩次跳頻其頻率的差距至少爲各國所規範的最小值。

表 7-5　802.11 跳頻順序公式中的$b(i)$值對應表(北美與大部分歐洲適用)

i	$b(i)$	i	$b(i)$	i	$b(i)$	i	$b(i)$	i	$b(i)$	i	$b(i)$	i	$b(i)$	i	$b(i)$
1	0	11	76	21	18	31	34	41	14	51	20	61	48	71	55
2	23	12	29	22	11	32	66	42	57	52	73	62	15	72	35
3	62	13	59	23	36	33	7	43	41	53	64	63	5	73	53
4	8	14	22	24	71	34	68	44	74	54	39	64	17	74	24
5	43	15	52	25	54	35	75	45	32	55	13	65	6	75	44
6	16	16	63	26	69	36	4	46	70	56	33	66	67	76	51
7	71	17	26	27	21	37	60	47	9	57	65	67	49	77	38
8	47	18	77	28	3	38	27	48	58	58	50	68	40	78	30
9	19	19	31	29	37	39	12	49	78	59	56	69	1	79	46
10	61	20	2	30	10	40	25	50	45	60	42	70	28	—	—

　　802.11 將所有以不同x值造出來的跳頻順序分配到x_1, x_2, x_3等三個集合中的任一個，使得各集合中所含的跳頻順序均不互相重疊，因此同時同地存在的 802.11 跳頻網路，便可以選用同一個集合裡不同的跳頻順序進行資料傳送。例如，北美與大部分歐洲的跳頻順序集合如下，每個集合裡有 26 個不同的x值，對應到 26 個不同的跳頻順序：

$x = \{0,3,6,9,12,15,18,21,24,27,30,33,36,39,42,45,48,51,54,57,60,63,66,69,72,75\}$　Set 1
$x = \{1,4,7,10,13,16,19,22,25,28,31,34,40,43,46,49,52,55,58,61,64,67,70,73,76\}$　　Set 2
$x = \{2,5,8,11,14,17,20,23,26,29,32,35,38,41,44,47,50,53,56,59,62,65,68,71,74,77\}$ Set 2

Chapter 7

　　因此，以如上的跳頻順序集合來說，整個 2.4 GHz ISM 頻帶可供應的最大資料傳輸速率為 52 Mbps(＝ 26 個網路×2 Mbps)。表 7-6 為各國跳頻順序集合中所含有的跳頻順序組的數目。

表 7-6　各國跳頻順序集合中所含有的跳頻順序組的數目

Regulatory domain	Hop set size
美國 (FCC)	26
加拿大 (IC)	26
歐洲 (不包括法國與西班牙) (ETSI)	26
法國	27
西班牙	35
日本 (MKK)	23

　　欲加入一個 802.11 跳頻展頻網路的無線工作站，可以由所接收到的 Beacon 訊框或是 Probe Response 訊框中之「FH Parameter Set」元件得知該網路所使用的是哪一個跳頻順序組，以及目前正在使用第幾個頻率。FH Parameter Set 元件格式如圖 7-44 所示，其中含有駐留時間長度 (Dwell Time 欄位)，以及指出所使用的跳頻順序集合(Hop Set 欄位)、跳頻順序組別(Hop Pattern 欄位)、以及現在使用的是第幾個頻率(Hop Index)欄位。

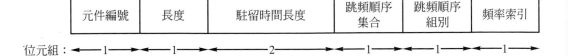

圖 7-44　FH Parameter Set 元件格式

　　如前所述，802.11 跳頻展頻實體層所用的數位調變為 2GFSK 以及 4GFSK。GFSK為FSK調變的一種，也就以不同的頻率代表不同的數位資料，但其主要特色為在符號轉換時，其頻率的轉換並非突然的跳動，而是以平滑漸進的方式換頻。2GFSK如同BFSK一樣，以兩種頻率分別代表位元 0 與位元 1：載波頻率加上一個固定的頻率差值代表位元 1，而載波頻率減掉該頻率差值代表位元 0，如圖 7-45(a)所示。圖 7-45(b)為位元串列 1001101 所對應之 2GFSK 之頻率隨時間的變化圖。4GFSK 也是以類似的方式，以四種頻率分別代表兩個位元的四種組合，如圖 7-46 (a)所示。圖 7-46(b)則為位元串列 1001101 所對應之 4GFSK 之頻率隨時間的變化圖。不過，無論是 2GFSK 或是 4GFSK 調變，其符號速率都是固定為 1.0 M symbol/sec，故使用 2GFSK 為調變方式的資料速率就為 1.0 Mbps，而使用 4GFSK 者則為 2.0 Mpbs。

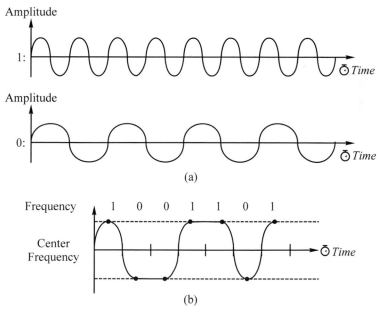

圖 7-45　2GFSK

Chapter 7

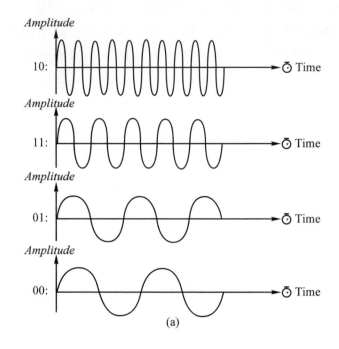

(a)

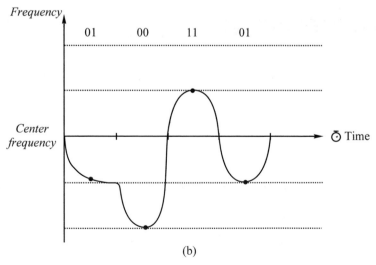

(b)

圖 7-46   4GFSK

PLCP Preable		PLCP 表頭			Whitened PSDU
同步位元	訊框起始分界符號	PLW	PSF	表頭錯誤檢查	
80 位元	16 位元	12 位元	4 位元	16 位元	可變動的位元組

圖 7-47　802.11 跳頻展頻實體層的 PLCP 訊框格式

表 7-7　802.11 跳頻展頻實體層 PLCP 訊框之 PSF 欄位值與對應的傳輸速率

位元 (1-2-3)	資料速率
000	1.0 Mbps
001	1.5 Mbps
010	2.0 Mbps
011	2.5 Mbps
100	3.0 Mbps
101	3.5 Mbps
110	4.0 Mbps
111	4.5 Mbps

　　802.11 跳頻展頻實體層的 PLCP 子層所定義的 PLCP 訊框(也稱之為 PPDU)格式如圖 7-47 所示，其中含了 96 個位元的序文以及 32 個位元的表頭。序文主要是用來做傳送與接收端的信號同步，表頭則包含與此 PLCP 子層要用到的一些參數值。茲將各欄位的意義敘述如下：

- Sync(同步位元)：這是 80 個 0/1 交替出現的位元串列(010101…)。其主要目的是做為傳送端與接受端的信號同步使用。另外，它也可以讓擁有多支天線的工作站做為感測信號強度之用，以決定要從哪一支天線接收信號。也可以用來做信號的頻率校準之用。

Chapter 7

- Start Frame Delimiter(SFD)(訊框起始分界符號)：這是一個16位元的串列，其值固定為0000 1100 1011 1101。其意義為標示序文的結束以及訊框的開始。

- PSDU Length Word(PLW)(PSDU長度碼)：標示出此PLCP訊框所承載之MAC訊框的長度，單位為位元組(octet)。共12個位元，故其允許的最大長度為4095個位元組。

- PLCP Signaling Field(PSF)(PLCP信令欄位)：此欄位用來標示出傳送 MAC 訊框時使用的資料位元速率。其各位元的意義如表7-7所示。雖然 PSF 可以標示從1到4.5 Mbps 的速率，但是在此系統內只提供1 Mbps 與 2 Mbps 兩種速率。

- Header Check Sequence (HEC)(表頭檢查碼)：此欄位為長度為16位元之PLCP表頭的CRC錯誤檢查碼。

　　在表頭與序文之後，接著就是MAC訊框。由於MAC訊框為任意的位元0與位元1所組成，有可能會有連續1或連續0的狀況出現，因此PLCP層在傳送 MAC 訊框之前，會將他做攪亂的動作，使之較趨近於隨機序列。

　　無論是1.0 Mbps PMD或是2.0 Mbps PMD，802.11跳頻展頻實體層的PLCP序文及表頭都是使用1.0 Mbps的2GFSK來傳送，直到傳送MAC訊框時才分別使用2GFSK與4GFSK以達到1.0 Mbps與2.0 Mbps的資料速率。另外，802.11標準也允許2.0 Mbps PMD在信號品質低落時，可以自動跳回使用1.0 Mbps PMD以降低資料速率。另外，802.11標準內並沒有為跳頻展頻實體層定義載波偵測(Carrier-sence)的方法，而由製造商自行定義。

7-3-2　802.11 直接序列展頻實體層

　　802.11 DSSS 實體層定義在 802.11 標準的第 15 章。其中，有關直接序列展頻的運作方式定義在 PMD 子層中，該 PMD 子層提供了兩種資料傳送速率：1.0 Mbps 與 2.0 Mbps。如同上一節之跳頻展頻實體層，直接序列展頻實體層的 1.0 Mbps 與 2.0 Mbps 的實現方式，僅差別於所使用的數位調變方式，至於直接序列展頻所使用的虛擬雜訊碼則是相同的。

　　802.11 直接序列展頻實體層所使用的虛擬隨機碼為 11 位元的「巴克碼」(Barker code)。巴克碼的定義為：給定一個長度為 l 的序列 $\{a_i\}$，其中 $l \geq 2$，$a_i \in \{+1, -1\}$，若該序列符合列條件：

$$\left| \sum_{i=1}^{l-k} a_i a_{i+k} \right| \leq 1, \ \forall \ 1 \leq k < l$$

　　則該序列就是巴克碼。表 7-8 為一些不同長度的巴克碼。由巴克碼的定義可得，把一個巴克碼的數字序列循環位移，其結果仍為巴克碼；又，把一個巴克碼的所有數字之正負符號顛倒(也就是 +1 變 -1，-1 變 +1)，其結果也仍是巴克碼；另外，一個巴克碼的相反順序也仍是一個巴克碼。由巴克碼的定義可以得知其具有相當優良的「自相關」特性，正符合直接序列展頻系統所需要之虛擬雜訊碼必備的特性(見 7-1-3-1 節)，故使用巴克碼能夠對多重路徑信號衰減有相當的抵抗力。

Chapter 7

表 7-8　巴克碼

Length	Code
2	＋－, ＋＋
3	＋＋－
4	＋－＋＋, ＋－－－
5	＋＋＋－＋
7	＋＋＋－－＋－
11	＋＋＋－－－＋－－＋－
13	＋＋＋＋＋－－＋＋－＋－＋

802.11 所使用的巴克碼為{＋1,－1,＋1,＋1,－1,＋1,＋1,＋1,－1,－1,－1,}，恰好為表 7-8 中長度為 11 之巴克碼的相反順序並經過循環位移以及正負號顛倒的結果。在 802.11 當中，此巴克碼的－1 對應到資料位元 0，＋1 對應到資料位元 1。每個原始資料位元在進入調變之前，先與巴克碼做互斥或運算(相當於與±1的巴克碼信號做如第 7-1-3-1 節所述之相乘動作)。802.11 的巴克碼序列是固定以資料位元速率的 11 倍來產生，故恰好一個位元與一個巴克碼進行運算，如圖 7-48 所示。運算所得的資料串列，其資料速率與巴克碼相同，再經過數位調變便傳送出去。

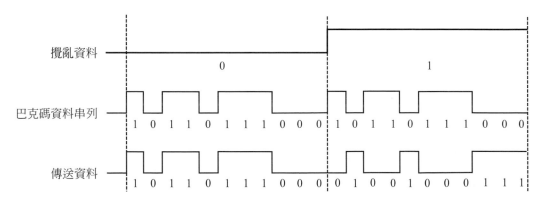

圖 7-48　802.11 DSSS PHY 使用巴克碼進行展頻

　　802.11 直接序列展頻實體層所使用的數位調變方式有兩種：一為 DBPSK(Differential BPSK)另一為 DQPSK(Differential QPSK)，分別提供 1 Mbps 以及 2 Mbps 的資料速率。DBPSK 與原始的 BPSK 之間的差別在於每個資料位元所決定的是其所對應之調變符號的相角與上一個符號的相角差幾度，而非每個位元對應到固定的相角值。如圖 7-49(a) 所示，若下一個資料位元是 0，則相角不變(也就是相角加 0°)，也就是延續上一個調變符號的波型；若下一個資料位元是 1，則相角加上π(＝180°)，也就是使用上一個調變符號的反相。圖 7-49(b)為資料位元串列 1001101 經 DBPSK 調變後的信號。

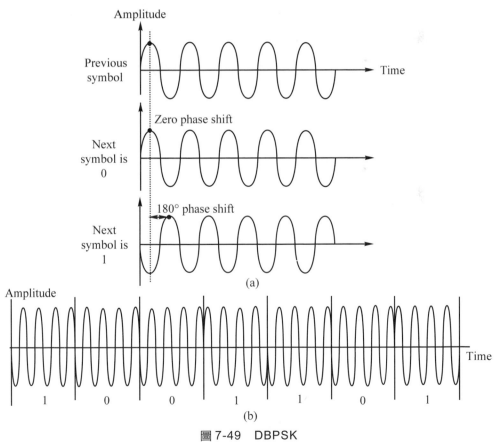

圖 7-49　DBPSK

Chapter 7

　　DQPSK調變類似於DBPSK調變，其每次取兩個連續的資料位元來決定下一個調變符號與上一個符號的相角差。兩個位元總共有四種組合：00、01、10、與 11，別對應到四個不同的相角差：0、$\pi/2$、π、$3\pi/2$，其所對應的波型則如圖 7-50(a)所示。圖 7-50(b)為資料位元串列01001101 經過DQPSK 調變後的信號。

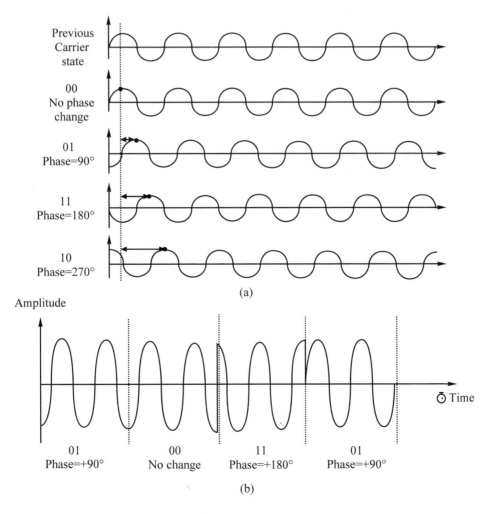

圖 7-50　DQPSK

　　802.11 規定其所使用之 DBPSK 調變與 DQPSK 調變之符號速率一律為 11 M Symbols/sec，而在 DBPSK 調變中，每個調變符號代表一個展頻後的資料位元，在 DQPSK 則調變是每個調變符號代表兩個展頻後的資料位元，因此使用 DBPSK 做為調變方式的展頻資料串列，其位元速率為 11 Mbps，而使用 DQPSK 者，則為 22 Mbps。換算回原始資料串列的位元速率，則可得到使用 DBPSK 者，其資料速率為 1 Mbps，而使用 DQPSK 者為 2 Mbps。

　　802.11 直接序列展頻實體層所採用的載波頻率仍是 2.4 GHz ISM 頻帶。對於直接序列展頻的用途，國際上對 2.4 GHz 頻帶的共同劃分方式為每 5 MHz 頻寬劃為一個頻道，第一個頻道落在 2.412 GHz，第二個頻道落在 2.417 GHz，以此類推，直到第 14 個頻帶落在 2.484 GHz 為止。但在各個國家的管制下，並非所有 14 個頻道皆可使用，表 7-9 為各國所規範之可以使用的頻道表。

表 7-9　各國規範之直接序列展頻可使用頻道表

美國 (FCC) 加拿大 (IC)	1 to 11 (2.412-2.462 GHz)
歐洲，不包括法國與西班牙 (ETSI)	1 to 13 (2.412-2.472 GHz)
法國	10 to 13 (2.457-2.472 GHz)
西班牙	10 to 11 (2.457-2.462 GHz)
日本 (MKK)	14 (2.484 GHz)

　　圖 7-51 為 802.11 直接序列展頻實體層之能量分布頻譜圖。由於其使用的調變方式是符號速率為 11 M symbol/sec 的 DBPSK 與 DQPSK，故其能量分部頻譜圖為一個 $|\sin(x)|$ 的函數圖形，其載波頻率 f_c 所在的中心頻帶葉片所佔用的頻寬為 22 MHz(佔據 $f_c \pm 11$ MHz 處)，而接下來在側邊每隔 11 MHz 形成一個頻帶葉片，每個側邊頻帶葉片之中心頻率所

Chapter 7

在的信號強度隨著離載波頻率越遠而越小。爲了不造成其他相鄰載波頻率的干擾，802.11 特別定義了「傳送頻譜遮罩」(transmit spectrum mask)，規範每個側邊頻葉片之中心頻率的信號強度，此遮罩亦顯示在圖 7-51 中。其規範第一側邊葉片($f_c - 22$MHz$<f<f_c - 11$MHz以及$f_c + 11$MHz$<f<f_c + 22$MHz)不可超過-30dbr[2](相當於比載波頻率所在之中心信號強度小 1,000 倍)，第二側邊葉片以上($f<f_c - 22$MHz以及$f>f_c + 22$MHz)則必須小於-50dBr。

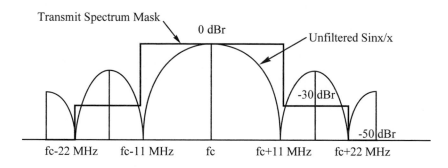

圖 7-51　802.11 DSSS PHY 的能量分布頻譜圖及其傳送頻譜遮罩

802.11 亦規範在同一地點的另一個相同的直接序列展頻網路，其使用的載波頻率必須至少相隔 22 MHz。如前所述，2.4 GHz 的 ISM 頻帶是以每隔 5 Mhz 的寬度進行頻道劃分，故欲相隔 22 MHz 則至少必須要隔 5 個頻道(＝ 25 Mhz)才能達到。故同時同地的多個 802.11 直接序列展頻網路，其頻道之選擇必須彼此相隔 5 個頻道才可。以北美的頻道規範來說(參閱表 7-9)，其可用頻道爲 1 到 11，因此若要佈建同時同地的 802.11 直接序列展頻的無線網路，其頻道選擇可以是 1、6、與 11，以達到最多 3 個可同時運作且互不干擾的網路，如圖 7-52 所示(若使用其他頻道組合，則最多只能有兩個網路並存)。

2　dBr 爲相對於 sinc 函數之中心信號強度的 dB 值。

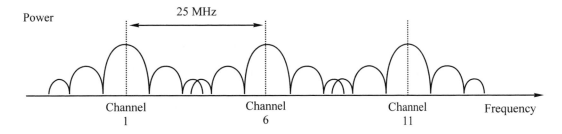

圖 7-52　802.11 DSSS 網路的頻道間隔

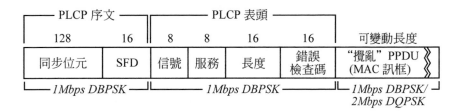

圖 7-53　802.11 DSSS PHY 的 PPDU 格式

在 802.11 直接序列展頻實體層的 PLCP 子層中，定義了如圖 7-53 之 PLCP 訊框(也稱之為 PPDU)格式。其中含了 144 個位元的序文以及 32 個位元的表頭。序文主要是用來做傳送與接收端的信號同步，表頭則包含與此 PLCP 子層要用到的一些參數值。整個 PPDU 在做直接序列展頻調變之前，都會先送入如圖 7-54(a)攪亂器，以進行 PPDU 資料串列的攪亂動作，其對應的解攪亂器則如圖 7-54(b)所示。這一點與 802.11 跳頻展頻實體層不同，802.11 跳頻展頻實體層只對 MAC 訊框資料做攪亂的動作，而非整個 PPDU。

Chapter 7

攪亂器方程式：G(z)＝ $Z^{-7}+Z^{-4}+1$

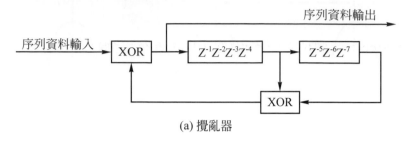

(a) 攪亂器

解攪亂器方程式：G(z)＝ $Z^{-7}+Z^{-4}+1$

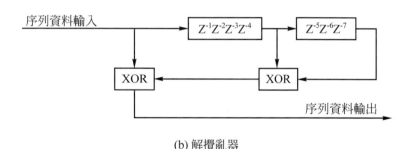

(b) 解攪亂器

圖7-54　802.11 DSSS PHY 使用的攪亂器與解攪亂器架構圖

　　茲將PLCP序文及表頭之各欄位的意義敘述如下：

- Sync(同步位元)：這是128個連續的位元1的位元串列(111111…)。其主要目的是做為傳送端與接受端的信號同步使用。

- Start Frame Delimiter(SFD)(訊框起始分界符號)：這是一個16位元的串列，其值固定為 0000 0101 1100 1111(與 802.11 跳頻展頻實體層的 SFD 不同)。其意義為標示序文的結束以及訊框的開始。

- Signal(信號)：此欄位用來標示出傳送MAC訊框時使用的資料位元速率。0000 1010(也就是 0x0A)代表使用 1 Mbps，0001 0100(也就是 0x14)則代表使用 2 Mbps。

- PSDU Length Word(PWL)(PSDU 長度碼)：標示出此 PLCP 訊框所承載之 MAC 訊框的長度，單位為位元組(Octet)。共 12 個位元，故其允許的最大長度為 4095 個位元組。

- Service：此欄位保留不用(在 802.11b 有用到)

- Length(長度)：此欄位用來表示傳輸 MAC frame 總共要花掉的微秒(μs)數。這一點與 802.11 跳頻展頻實體層不同，802.11 跳頻展頻實體層的 PLW 欄位所代表的是 MAC 訊框的總位元組數。不過，就以位元組做為 MAC 訊框長度的單位來說，802.11 直接序列展頻對 MAC 訊框長度仍有最大值與最小值的限制，最大值為 8,191 個位元組，最小值則為 4 個位元組。

- CRC(表頭檢查碼)：此欄位為長度為 16 位元之 PLCP 表頭的 CRC 錯誤檢查碼。

無論是 1.0 Mbps PMD 或是 2.0 Mbps PMD，802.11 直接序列展頻實體層的 PLCP 序文及表頭都是使用 1.0 Mbps 的 DBPSK 來傳送，直到傳送 MAC 訊框時才分別使用 DBPSK 與 DQPSK 以達到 1.0 Mbps 與 2.0 Mbps 的資料速率。在載波偵測的功能方面，802.11 直接序列展頻實體層規範其 PMD 子層，至少必須提供下列三種 CCA 模式之一，回報 CCA 狀態給 PLCP 子層，以供其接續回報該 CCA 狀態給 MAC 層：

- CCA 模式 1：偵測所使用頻道之無線電波能量強度的大小。實體層有一可設定的組態參數稱為「能量偵測門檻」(Energy Detect Threshold, ED Threshold)，能量偵測門檻的大小與傳送時所耗費的能量有關。當偵測到無線電波能量比能量偵測門檻還高時，則回報無線媒介處於忙碌狀態。

- CCA 模式 2：偵測所收到的信號是否能解出正確的虛擬雜訊碼。若能解出，即使信號的能量強度低於能量偵測門檻，也都回報無線媒介處於忙碌狀態。

Chapter 7

- CCA 模式 3：綜合 CCA 模式 1 以模式 2，也就是必須信號強度高於能量偵測門檻，同時也可解出正確的虛擬雜訊碼，才回報無線媒介處於忙碌狀態。

802.11 直接序列展頻實體層有定義組態參數以供上層的管理程式查詢所支援的 CCA 模式為何，以及設定現用的 CCA 模式。

7-4 802.11b 實體層

原始的 802.11 標準定義了跳頻展頻以及直接序列展頻等兩種實體層，其所提供的資料速率皆為 1.0 Mbps 與 2.0 Mbps 等兩種。由於 1.0 Mbps 與 2.0 Mbps 的資料速率在做為區域網路使用上，其頻寬仍嫌太小，因此商業價值並不大。不過，在 802.11 標準制定的同時，參與標準制定的製造商也紛紛研究以原有實體層架構或是提出新實體層架構來提高資料速率的方法，因此在 1999 年便有 802.11b 與 802.11a 等兩種新的 802.11 實體層標準提出，且已成為目前無線區域網路產品的主流標準，而原始的 802.11 實體層已幾無任何商業產品存在。

本節將介紹 802.11b 實體層的基本運作原理及其其他重要項目，如訊框格式以及載波偵測方式等等。802.11b 的實體層為採用原有 802.11 的直接序列展頻的架構，在不改變數位調變方式—DQPSK—也就是盡量不改變射頻硬體的架構下，透過新的展頻方法--「互補碼鍵制」(Complementary Code Keying, CCK)，使得資料速率可以提高到 5.5 Mbps 以及 11 Mbps。而為跟原始的 802.11 相容，也為了在信號品質較為不好的狀況下，提供資料速率較低的傳送方式，802.11b 標準也將原始 802.11 所定義的 1.0 Mbps 與 2.0 Mbps 實體層含括在內。因此，802.11b 以直接序列展頻的技術提供了 1 Mbps、2 Mbps、5.5 Mbps、以及 11 Mbps

等四種資料速率，其中前二者的調變方式爲使用巴克碼做爲僞隨機碼加上 DBPSK 或 DQPSK 而得，後兩者使用的調變方式及爲下一節即將敘述之 CCK 調變。

7-4-1　CCK 調變

由第 7-2-2 節之 802.11 直接序列展頻實體層的描述中，我們知道在固定的符號速率之下，DBPSK 以一個符號代表一個資料位元，提供了 1.0 Mbps 的資料速率，而 DQPSK 以一個符號代表兩個資料位元，提供了 2.0 Mbps 的資料速率。因此，直覺上只要增加一個符號所代表的位元個數便可以提高資料速率。但是，此舉將增加所須的相角數量，例如以一個符號代表三個位元，則需要 8 個不同的相角，而相角之間的差距也會越來越小，而在具有多重路徑衰減的無線環境中，辨識差距越小的相角所需要的技術也就越複雜。

那麼是否有方法可以不增加相角的數量下，仍能達到增加資料速率的目的？CCK 就是爲了達到此目的的一個解決方案。原始 802.11 的直接序列展頻方法是將原始數位資料中的每個位元先乘上資料速率快 11 倍的巴克碼，然後再將所得到的展頻資料串列對應到不同的相角符號。由於巴克碼的格式是固定的，因此其對應的相角變化的順序也是固定兩種形式(位元 0 與 1 各一種)。因此若要增加資料速率只好從增加不同相角的數量著手。在 802.11b 的 CCK 調變中，便捨棄只使用單一展頻虛擬隨機信號(如固定格式的巴克碼)，轉而將原始資料以數個位元爲一組的方式，利用一特殊的運算公式，將該組位元轉換成不同的僞隨機序列。而在調變時所用的相角數量是固定的，將該僞隨機序列對應到傳送時所用的相角。也就是說，使用一組原始資料位元導出傳送時所使用之相角的先後順序。如此，便可以固定相角的數量，一次對應更多的資料位元，提高實際的位元速率。在 802.11b 的 CCK 調變方式中，便是採用原先 DQPSK 的調變方式中所使用的四個相角差(0、$\pi/2$、π、$3\pi/2$)，利用連續的 4 個或 8 個資料位元(稱之為一個四位元區塊(4-bit Block)或 8 位元區塊(8-bit Block))，經由互補碼(Complementary Code)的公式運算，一次產生 8 個傳送時的相角變化順序(也就是內含 8 個元素的互補碼序列)，此順序中的每個相角值就是 0、$\pi/2$、π、$3\pi/2$ 四者其中之一。這個動作相當於以原始資料位元區塊經過展頻的運算以產生偽雜訊序列，其中相角變化順序中的每個相角值相當於偽雜訊序列中的「片」(Chip)，每個片對應到 DQPSK 的一個調變符號。802.11b 仍採用 802.11 的 DQPSK 調變機制，其調變符號速率為固定為 11 M symbol/sec，但因 CCK 每次產生 8 個片，且每個片直接對應到一個 DQPSK 調變符號，故經 CCK 所產生的片序列之片速率亦為 11 M chip/sec，而系統必須以 $11/8 = 1.375$ MHz 的速率取用一個原始資料的位元區塊，以產生含 8 個片的互補碼。因此，在 802.11b 的 CCK 系統中，原始資料是以 1.375 MHz 的速率，每次傳送一筆 4 位元區塊或 8 位元區塊，因此其實際資料速率分別為 $1.375 \times 4 = 5.5$ Mbits 以及 $1.375 \times 8 = 8$ Mbits。

　　以下介紹 CCK 是如何將原始資料的位元區塊轉換成互補碼序列之 DQPSK 相角順序。802.11b 的 CCK 是採用所謂的「多相位互補碼」(Multiphase Complementary Code)，也就是其序列中的元素值不只兩種(如巴克碼的元素值只屬於 -1 或 +1 兩種)。802.11b 的 CCK 所採用的是複數型態的互補碼，也就是互補碼中的各個元素屬於 $+1$、-1、$+j$、$-j$ 等四種複數數值，在以 PSK 為主的信號調變上相當於相角值 0、π、$\pi/2$、$3\pi/2$。有關多相位互補碼的詳細定義及其應用在 CCK 調變上的效能，不在本書內容的範圍內，由興趣的讀者可以參考文獻[12][13]。

　　802.11b CCK 調變中，無論是對於 5.5 Mbps 或是 11 Mbps，所採用的是一個含有 8 個元素的互補碼序列，統一由下列相角公式所產生：

$$c = \{e^{j(\phi_1+\phi_2+\phi_3+\phi_4)}, e^{j(\phi_1+\phi_3+\phi_4)}, e^{j(\phi_1+\phi_2+\phi_4)}, -e^{j(\phi_1+\phi_4)}, e^{j(\phi_1+\phi_2+\phi_3)},$$
$$e^{j(\phi_1+\phi_3)}, -e^{j(\phi_1+\phi_2)}, e^{j\phi_1}\}$$

其中，序列 $C = \{c_0, c_1, c_2, c_3, c_4, c_5, c_6, c_7\}$。其傳送順序為 c_0 到 c_7。

　　注意在上式中，相角 ϕ_1 被加在所有的元素中，也就是說本互補碼各個元素所對應的調變符號都一定會旋轉 ϕ_1 角度。因此，在 802.11 的 CCK 調變中，無論是在 5.5 Mbps 或 11 Mbps，相角 ϕ_1 都是被獨立處理且以同一 DQPSK 的方式加到所有的 8 個互補碼序列所對應之調變符號的相角值當中。至於相角 ϕ_2、ϕ_3、ϕ_4 的值，在 5.5 Mbps 與 11 Mbps 的系統內各有其導出的公式。

　　如本節前面所述，802.11b 的 5.5 Mbps 以及 11 Mbps 分別使用 4 位元區塊與 8 位元區塊來導出互補碼序列。茲將位元區塊的位元以 $d_0, d_1, d_2, \cdots$ 的方式表示其先後順序。序列 C 公式裡的相角 ϕ_1 是由位元區塊裡的前兩個位元—位元 d_0 與 d_1 來產生，並以 DQPSK 的方式加入所有的對應到序列之 8 個調變符號的相角值。位元 d_0 與 d_1 所對應的的相角 ϕ_1 如表 7-10 所示。其中第偶數個與第奇數個位元區塊所得的相角值相差 π。位元區塊編號初始值為 0，視為偶數。

表 7-10　802.11b CCK 之位元 d_0 與 d_1 對應之 DQPSK 相角

$d_0\ d_1$	第偶數個位元區塊	第奇數個位元區塊
00	0	π
01	$\pi/2$	$3\pi/2(-\pi/2)$
11	π	0
10	$3\pi/2(-\pi/2)$	$\pi/2$

Chapter 7

在 5.5 Mbps 的 PMD 子層中，序列 C 相角公式中的 ϕ_2、ϕ_3、ϕ_4 值是由 4 位元區塊的後兩個位元—位元 d_2 與 d_3 代入下列公式所產生：

$$\phi_2 = (d_2 \times \pi) + \pi/2，\phi_3 = 0，\phi_4 = d_3 \times \pi$$

把序列 C 相角公式的 ϕ_1 分離出來，並以位元 d_2 與 d_3 的四種不同組合帶入上述公式以及序列 C 相角公式，可得如表 7-11 所示之不同 d_2 與 d_3 組合所導出的序列。

表 7-11　802.11b 5.5 Mbps CCK 之位元 d_2 與 d_3 所對應的序列

$d_2 d_3$	$c0$	$c1$	$c2$	$c3$	$c4$	$c5$	$c6$	$c7$
00	j	1	1	-1	j	1	$-j$	1
01	$-j$	-1	$-j$	1	j	1	$-j$	1
10	$-j$	1	$-j$	-1	$-j$	1	j	1
11	j	-1	j	1	$-j$	1	j	1

舉例來說，假設元 $d_2 d_3$ 值為 10，則代入上述 ϕ_2、ϕ_3、ϕ_4 的公式可得：

$$\phi_2 = (d_2 \times \pi) + \pi/2 = 3\pi/2，\phi_3 = 0，\phi_4 = d_3 \times \pi = 0，$$

帶入分離出 ϕ_1 的序列 C 相角公式，可得

$$C = \{e^{j(\phi_2 + \phi_3 + \phi_4)},\ e^{j(\phi_3 + \phi_4)},\ e^{j(\phi_2 + \phi_4)}, -e^{j(\phi_4)}, s^{j(\phi_2 + \phi_3)}, e^{j(\phi_3)}, -e^{j(\phi_2)}, 1\}$$
$$= \{e^{j(3\pi/2)}, 1, e^{j(3\pi/2)}, -1, e^{j(3\pi/2)}, 1, -e^{j(3\pi/2)}, 1\}$$

根據尤拉公式(Euler's Formula)：

$$e^{j\theta} = \cos\theta + j\sin\theta，$$

代入上式，可得：

$$C = \{e^{j(3\pi/2)}, 1, e^{j(3\pi/2)}, -1, e^{j(3\pi/2)}, 1, -e^{j(3\pi/2)}, 1\}$$
$$= \left\{\cos\frac{3\pi}{2} + j\sin\frac{3\pi}{2}, 1, \cos\frac{3\pi}{2} + j\sin\frac{3\pi}{2}, -1, \cos\frac{3\pi}{2} + j\sin\frac{3\pi}{2}, 1, -\cos\frac{3\pi}{2} - j\sin\frac{3\pi}{2}, 1\right\}$$
$$= \{-j, 1, -j, -1, -j, 1, j, 1\}$$

恰如表 7-12 所示。該序列對應到 8 個連續傳送之調變符號的相角值，即 $\{3\pi/2，0，3\pi/2, \pi, 3\pi/2, 0, \pi/2, 0\}$。傳送時則在加以 DQPSK 的方式，在每個調變符號的相角值加上 ϕ_1。

在 11 Mbps 系統中，序列 C 相角公式中的 ϕ_2、ϕ_3、ϕ_4 值則是由 8 位元區塊的後六個位元—位元 d_2 到 d_7 以 QPSK 的相角對應方式所產生，其中 $d_2 d_3$ 用來決定 ϕ_2，$d_4 d_5$ 用來決定 ϕ_3，$d_6 d_7$ 用來決定 ϕ_4。其相角對應的方式如表 7-12 所示。

表 7-12　802.11b 11 Mbps CCK 之位元 $d_2 d_3$、$d_4 d_5$、$d_6 d_7$ 對應之 QPSK 相角

$d_i\, d_{i+1}$	相角值
00	0
01	$\pi/2$
10	π
11	$3\pi/2(-\pi/2)$

與 5.5 Mbps 系統相同，ϕ_2、ϕ_3、ϕ_4 代入分離出 ϕ_1 的序列 C 相角公式，便可得到一組對應到調變符號相角值的序列。由於資料位元 d_2 到 d_7 總共有 6 個位元，共有 64 種不同的值，因此分別對應到 64 個不同的序列。傳送時則是以 DQPSK 的方式，在每個調變符號的相角值加上 ϕ_1。

Chapter 7

7-4-2　802.11b PLCP 及其他

　　如前所述，802.11b含括了原始802.11的直接序列展頻實體層，因此其PLCP子層的定義，包含訊框格式及組態參數等，都和802.11直接序列展頻實體層相容。802.11b定義了「長」與「短」等兩種PLCP訊框格式，如圖 7-55 所示。長訊框格式即為 802.11 直接序列展頻實體層所定義的 PLCP 訊框格式，短訊框格式則是 802.11b 為提升頻寬使用效率所提出之序文較短的 PLCP 訊框格式。長訊框格式的序文及表頭都是以 1.0 Mbps DBPSK 直接序列展頻的調變方式來傳遞，而短訊框格式的序文也是使用 1.0 Mbps DBPSK 直接序列展頻來傳遞，但其表頭則是以 2.0 Mbps DQPSK 直接序列展頻來傳遞。而在 MAC 訊框的傳遞速率方面，若使用長訊框格式則其 MAC 訊框可以使用所有 802.11b 支援的傳送速率來傳送，但若使用短訊框格式則不能支援 1 Mbps 的傳送模式。

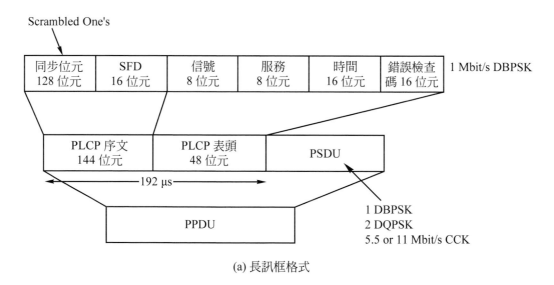

(a) 長訊框格式

圖 7-55　802.11b PLCP 訊框格式

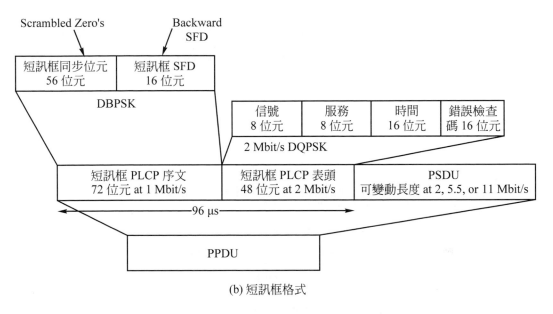

(b) 短訊框格式

圖 7-55　802.11b PLCP 訊框格式(續)

　　茲將長訊框格式與短訊框格式的各項欄位說明如下：

(1)　長訊框同步位元(sync)：經過攪亂程序之連續 128 個位元值 1。

(2)　短訊框同步位元(sync)：經過攪亂程序之連續 56 個位元值 0。

(3)　長訊框 Start Frame Delimiter(SFD)：16 位元串列 1111 0011 1010 0000。

(4)　短訊框 Start Frame Delimiter(SFD)：16 位元串列 0000 0101 1100 1111。

(5)　信號(Signal)：標示 MAC 訊框是以何種速率傳遞。其值如表 7-13 所示。在短訊框中，因其不支援 1 Mbps的模式，故第一列不使用。

(6)　服務(Service)：在原始的 802.11 中，本欄位是保留不使用。在 802.11b 中其欄位的意義如圖 7-56所示，其中：

①　位元 2：標示出傳送頻率與符號時脈的來源是否為同一個震盪器。

Chapter 7

② 位元3：標示出所使用的調變方式：CCK 或 PBCC。

③ 位元7：長度欄位的延伸。因為 PLCP 的長度欄位的內容為要傳遞 MAC 訊框必須耗費的時間，單位為微秒。當傳輸速率大於 8 Mbps時，長度欄位的 16 位元就不夠用了，因此使用本位元當作長度欄位的第 17 個位元。

(7) 時間(Length)：標示出要傳遞 MAC 訊框必須耗費的時間，單位為微秒。

(8) 錯誤檢查碼(CRC)：此欄位為長度為 16 位元之 PLCP 表頭的 CRC 錯誤檢查碼。

表 7-13　802.11 PLCP 訊框之 Signal 欄位值

速率	數值 (msb to lsb)	16 進位
1 Mbps	0000 1010	0x0A
2 Mbps	0001 0100	0x14
5.5 Mbps	0011 0111	0x37
11 Mbps	0110 1110	0x6E

b0	b1	b2	b3	b4	b5	b6	b7
Reserved	Reserved	Locked clocks bit 0 = not 1 = locked	Mod. selection bit 0 = CCK 1 = PBCC	Reserved	Reserved	Reserved	Length extension bit

圖 7-56　802.11 PLCP 訊框之 Service 欄位

在載波偵測的功能方面，如同原始 802.11 直接序列展頻實體層，802.11b 也規範了在 PMD 子層至少必須提供三種 CCA 模式之一。不過

802.11b 是在原始的 802.11 直接序列展頻的三種 CCA 模式的後面，新增了模式 4 與模式 5 兩種 CCA 模式，而規範 PMD 子層至少必須提供模式 1、模式 4、與模式 5 三者之一。

- CCA 模式 1：見 802.1 直接序列展頻實體層一節之敘述。
- CCA 模式 4：實作此 CCA 模式者將啓動一個 3.65 毫秒(ms)的計時器並開始倒數計時，如果在 3.65 毫秒之內沒有任何高速直接序列展頻的信號存在，則判定無線頻道處於閒置狀態。3.65 毫秒爲在 5.5 Mbps 的資料速率下，傳送一個最大長度訊框所要耗費的時間。
- CCA 模式 5：綜合 CCA 模式 1 以模式 4，也就是必須信號強度高於能量偵測門檻，同時也可接收到正確的高速直接序列展頻信號，才能回報無線媒介處於忙碌狀態。

   802.11b 也定義了以下兩個可選擇是否要實作(Optional)的功能：

- 封包二進制迴旋編碼(Packet Binary Convolutional Coding, PBCC)：PBCC 的編碼方式曾經出現在一些對於使用 ISM 頻帶的無線區域網路的未來提案當中，不過這些提案已在 2001 年夏季被駁回。因此，實際的 802.11 產品很少支援 PBCC 編碼方式。
- 機動跳頻(Channel Agility)：機動跳頻的功能是爲了要避免來自於 802.11 跳頻展頻網路的干擾。當使用此功能時，802.11b 的網路會週期性的跳到不同的頻道進行資料傳送，其經設計過的駐留時間與跳頻順序將會避免與同時同地運作的 802.11 跳頻展頻網路互相干擾。

7-5　802.11a 實體層

　　802.11a 定義了使用 5 GHz U-NII 頻帶的 802.11 無線區域網路的實體層，其支援的最高資料速率爲 54 Mbps。使用 5 GHz 頻帶的直接好

Chapter 7

處，就是避免與眾多使用 2.4 GHz 的通訊系統互相干擾。不過，使用更高的頻帶也有一些先天的缺點，例如信號衰減較快，較耗費能量等等，這些都會影響 802.11a 的市場。另外，還有一個比較大的問題是，目前只有美國有定義 5 GHz 的免使用執照頻帶，其他國家仍在陸續規範中，因此 802.11a 網路的佈建目前只能侷限在某些國家。802.11a 在標準的內容上與 802.11b 不同的是，802.11a 並沒有利用原始 802.11 標準中所定義的跳頻展頻或直接序列展頻實體層，而是定義一個全新的實體層，使用 OFDM 做為其無線信號調變方式。

　　由第 7-1-4 節 OFDM 基本原理可知，欲使用 OFDM 做為數位調變方式，有以下 OFDM 運作的相關參數必須決定：

(1)　與每一個子載波相關的參數：

　①　保護時間(Guard Time)T_{GT}

　②　符號時間(Symbol Time)$T_{Signal}(= T_{GT} + T_{FFT})$

　③　IFFT/FFT 積分時間(FFT Integration Time)T_{FFT}

　④　與鄰近頻道相隔頻帶寬度

(2)　與主載波中心頻率相關之參數：

　①　子載波總數

　　❶　用於資料傳輸的子載波數量(Data Subcarrier)

　　❷　用於度量信號品質的子載波數量(Pilot Subcarrier)

　②　佔用頻寬

　　這些參數的選定通常有一些經驗值可供參考，例如保護時間大概就是選用 2 到 4 倍的平均時間延遲(有些環境下可達 200 ns)，符號速率至少是 5 倍的保護時間等等。802.11a 選用的參數值如下：

- 保護時間(Guard Time)T_{GT}：800 ns(四倍於平均延遲)

- IFFT/FFT 積分時間(FFT Integration Time)T_{FFT}：3.2μs
- 符號時間(Symbol Time)T_{Signal}：4 μs(保護時間的五倍)
- 與鄰近頻道相隔頻帶寬度：$1/T_{FFT}=1/3.2\mu s=0.3125$ MHz
- 主載波佔用頻寬：20 MHz
- 用於資料傳輸的子載波數量：48
- 用於度量信號品質的子載波數量：4
- 子載波總數：52＝(48＋4)

　　從上述資料可以得知，802.11a 並沒有完全使用到所有的 20 MHz 頻寬，因為 20Mz 的頻寬如果每 0.3125 MHz 做為一個子載波的話，應該總共有 64 個子載波可用，但是 802.11 只使用了 52 個子載波，其中四個子載波用來專門收集信號品質的資料，稱之為「前導子載波」(Pilot Subcarrier)，故只剩下 48 個;子載波可以用來傳輸資料。802.11a 所使用的子載波及其編號的編號如圖 7-57 所示，以主載波頻率為中心，上下各 26 個子載波(中心頻率除外)，編號由-26 到 26(編號 0 沒有用到)其中，編號為-21、−7、7、與 21 的子載波被用來做為前導子載波。

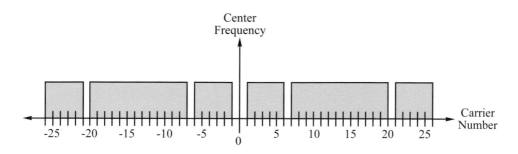

圖 7-57　802.11a OFDM 子載波結構圖

Chapter 7

　　對於 U-NII 5 GHz 頻帶的劃分，美國的 FCC 以每 5 Mhz 的頻寬劃為一個頻道。而 802.11a 的主載波的頻寬為 20 MHz，因此每個 802.11a 的網路便佔有 4 個 U-NII 頻道。802.11a 對於一個主載波所占用的頻寬內，也定義有如同 802.11 直接序列展頻實體層之「傳送頻譜遮罩」(圖 7-58)，規範各頻率的信號在傳送時的強度範圍，以避免傳輸能量散逸到較旁邊的頻帶裡去。該「傳送頻譜遮罩」規範信號強度為 0 dBr 的頻帶寬度不能超過 18 MHz；在離主載頻率 11 Mhz 處，信號強度必須為 −20 dBr；在離主載頻率 20 MHz 處，信號強度必須為 -28 dBr；在離主載頻率 30 Mhz 及以上處，信號強度必須為 −40 dBr。

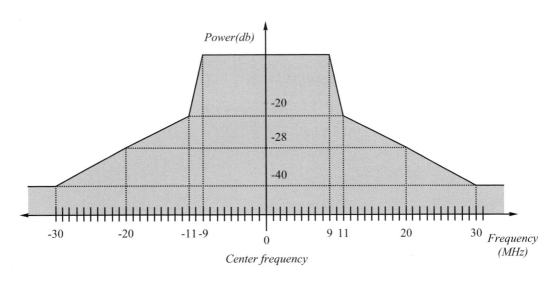

圖 7-58　802.11a 的傳送頻譜遮罩

　　表 7-14 為美國對 802.11a 所占用頻道的建議值，其對應的頻譜圖則如圖 7-59 所示。

　　在 802.11a 的 PMD 子層中，規範每個子載波的調變符號速率固定為 250 k symbols/sec，而依不同資料速率的要求，其子載波所使用的數位調變方式也不一樣。802.11a 總共定義了兩種編碼率分別為 1/2 與 3/4 的迴旋編碼方式，以及四種數位調變方式：BPSK、QPSK、16-QAM、64-QAM。不同的迴旋編碼與數位調變的組合提供了不同的資料傳送速率，如表 7-15 所示。以使用編碼率為 3/4 的迴旋編碼以及 16-QAM 調變為例，因每個16-QAM 調變符號代表4個迴旋編碼後的資料位元，而迴旋編碼率3/4，因此每個調變符號相當於3個原始資料位元，因 802.11a 一次有48個子載波可同時傳16-QAM 的調變符號，而符號速率又固定為250 k symbols/sec。因此，其資料速率為250 k symbols/sec×3 bits/symbol×48＝36 Mbps。

表 7-14　美國 802.11a 主載波頻道建議表

Band (GHz)	Operating channel numbers	Channel center frequencies (MHz)
U-NII lower band (5.15-5.25)	36 40 44 48	5180 5200 5220 5240
U-NII middle band (5.25-5.35)	52 56 60 64	5260 5280 5300 5320
U-NII upper band (5.725-5.825)	149 153 157 161	5745 5765 5785 5805

Chapter 7

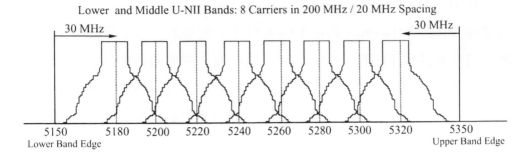

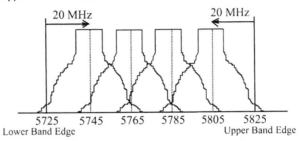

圖 7-59　美國 802.11a 頻道分配之頻譜圖

表 7-15　802.11 編碼與調變方式之組合及其所支援的資料速率

速率 (Mbps)	調變與編碼率 (R)	編號位元/載波	編碼位元/符號	資料位元/符號
6	BPSK, R = 1/2	1	48	24
9	BPSK, R = 3/4	1	48	36
12	QPSK, R = 1/2	2	96	48
18	QPSK, R = 3/4	2	96	72
24	16-QAM, R = 1/2	4	192	96
36	16-QAM, R = 3/4	4	192	144
48	32-QAM, R = 2/3	6	288	192
54	32-QAM, R = 3/4	6	288	216

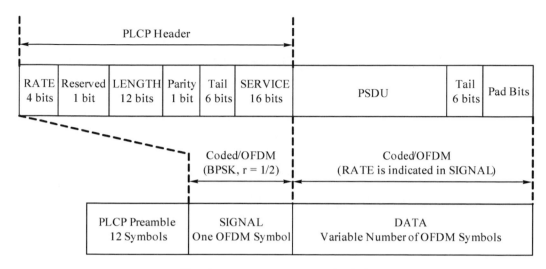

圖 7-60　802.11a PLCP 訊框格式

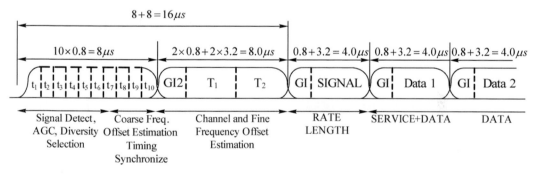

圖 7-61　802.11a PLCP 訊框的實際傳送方式

　　圖 7-60 為 802.11a 的 PLCP 訊框格式。其序文的部分為佔用固定 16 微秒的傳送時間且包括總共 12 個 OFDM 調變符號，如圖 7-61 所示。序文的 12 個 OFDM 調變符號包括先送出 10 個短符號稱之為「短訓練序列」(Short Training Sequence)，接下來再連續送出兩個長符號稱之為「長訓練序列」(Long Training Sequence)。短訓練序列的作用在於讓接收端鎖定信號、決定要從哪一支天線接收、以及做大尺度的時序同步

Chapter 7

等。「長訓練序列」則是用於進行更細緻的時序同步。注意,短訓練序列是沒有保護時間的。在序文傳送完之後,接下來是以一個OFDM符號來傳送之 Signal 部分,其包含了除 Service 欄位之外的 PLCP 表頭。再接下來才是傳送含 PLCP 表頭之 Service 欄位的資料部分,包含 MAC 訊框以及表尾部分。序文是以特殊的調變方式在某些選定的子載波頻道進行傳送,而 Signal 部分則是以 6 Mbps BPSK 的方式來傳送,資料部分則是依 Signal 部分所含之 PCLP 表頭的 Rate 欄位所標示的速率來傳送,且資料部分必須經過攪亂程序後才傳送。

茲將 PLCP 表頭的各個欄位說明如下:

- Rate:標示 PLCP 訊框之資料部分的傳送速率,其值與所對應的速率如表 7-16 所示。
- Length:標示 MAC 訊框長度。
- Parity:這個位元為前面 16 個位元(包含 Rate 與 Length 欄位)的偶同位元(Even Parity Bit),其目的在於防止這兩個重要欄位的錯誤發生。
- PLCP 表頭的 Tail:Signal 部分因為採用 6 Mbps 的方式傳送,其使用編碼率為 1/2 的迴旋編碼,此 Tail 部分即為讓迴旋編碼器做完整運算並將其狀態歸零所必須填入的尾碼,為連續的六個 0。
- Service:Service 欄位為 PLCP 訊框的在實際傳送時之資料部分的第一個欄位。Service 欄位總共有 16 個位元,其中前 7 個位元必須設為 0,以做為攪亂器的初始碼,後 9 個位元則保留不用,但都需填 0。
- PSDU 之後的 Tail:其作用如同 PLCP 表頭的 Tail 欄位,讓迴旋編碼器做完整運算並將其狀態歸零所必須填入的尾碼,為連續的六個 0。

- Pad bits：由表 7-16 可知，802.11a 的每個 OFDM 符號所對應的資料位元區塊大小是固定的，且不同的速率對應到不同的區塊大小。Pad bits 此即為用來填補 PLCP 的資料部分，使之長度成為區塊大小的整數倍。Pad bits 的值都是填 0。

表 7-16　802.11a PLCP 表頭 Rate 欄位值與傳送速率對照表

資料速率(Mbps)	位元(傳送順序)
6	1101
9	1111
12	0101
18	0111
24	1001
36	1011
48	0001

　　對於載波偵測與 CCA，802.11a 並沒有定義其作法，而是規範了將頻道視為忙碌狀態的條件以及 CCA 功能必須達到的效能：只要一個正確的 OFDM 信號大於或等於 6 Mbps 的最小靈敏度(−82 dBm)，則 CCA 功能必須要在 4 微秒內以超過 90% 的機率判斷出此頻道處於忙碌狀態。

7-6　802.11g 實體層

　　由 802.11b 以及 802.11a 的規格來看，802.11b 使用 2.4 GHz 的頻帶，以直接序列展頻的方法提供最高 11 Mbps 的資料速率，其收送器的硬體架構較為簡單，且 2.4 GHz 頻帶在許多國家都是免使用執照的頻

Chapter 7

帶，但是802.11b只能有三個網路同時同地存在，整個2.4 GHz頻帶所能達到的最大資料速率總和只有33Mbps。802.11a則是使用5 GHz的頻帶，以OFDM的調變技術提供最高達到54Mbps的資料速率，其收送器的硬體架構較為複雜，且5 GHz頻帶在美國之外的許多國家並非免使用執照的頻帶，不過在一個UNII頻帶下，其可以同時同地存在8個網路，整個頻帶所能提供的最大資料速率總和為432 Mbps，遠大於802.11b。如何整合這兩種實體層的優點，早已成為各家無線區域網路設備廠商亟於研發的方向。

　　802.11g即在此種需求下制定出來，其在原802.11標準中加入一個新的實體層章節，稱之為「延伸速率實體層」(Extended Rate PHY, ERP)，含括原802.11與802.11b之2.4 GHz直接序列展頻實體層完全相同的實體層功能，提供1, 2, 5.5,以及11 Mbps資料速率，並將802.11a OFDM實體層幾乎原封不動搬到2.4 GHz頻帶來運作，提供6, 9, 12, 18, 24, 36, 48,以及54 Mbps的資料速率。因此，802.11g相當於集802.11a與802.11b之大成，且與802.11b幾乎完全相容。

　　因整合了802.11、802.11b與802.11a，802.11g定義了以下數種運作模式，這些模式在一個BSS內是可以同時存在的：

- ERP-DSSS：相對於原始的802.11直接序列展頻實體層。
- ERP-CCK：相對於802.11b
- ERP-OFDM：相對於802.11a
- ERP-PBCC(Optional)：為802.11b之PBCC的加強，提供22 Mbps與33 Mbps兩種資料速率
- DSSS-OFDM(Optional)：使用DSSS模式的序文及表頭，但MAC訊框以OFDM調變方式來傳送。提供與ERP-OFDM模式相同的資料速率。

ERP 的 PLCP 訊框有三種：

- 長序文訊框：與 802.11b 之長訊框之格式相同，只在一些保留欄位做重新定義。使用此格式的 ERP 模式爲 ERP-DSSS/CCK 與 ERP-PBCC。
- 短序文訊框：與 802.11b 之短訊框之格式相同。使用此格式的 ERP 模式亦爲 ERP-DSSS/CCK 與 ERP-PBCC。
- OFDM 訊框：與 802.11a PLC 訊框相同。使用此格式的 ERP 模式爲 ERP-OFDM。

各訊框的序文及表頭的傳輸調變方式與其來源之 802.11b 與 802.11a 的定義亦完全相同，而整個 PLCP 訊框的傳送方式也與其所對應的標準完全相同。另外，ERP 也爲 DSSS-OFDM 模式定義了兩種選擇性的訊框格式：DSSS-OFDM 長訊框與 DSSS-OFDM 短訊框，其表頭與序文格式分別與上述的長序文訊框與短序文訊框相同。

ERP PLCP 訊框的傳送程序是根據其所指定的傳送速率而遵循 802.11b 或 802.11a 所定義的程序。而對於 ERP PLCP 訊框的接收，802.11g 要求接收器可以同時執行 DSSS 以及 OFDM 的序文及表頭的辨識，再依辨識所得結果執行 802.11b 或是 802.11a 的接收程序。至於 ERP 的 PMD 子層，除了新增的 DSSS-OFDM 以及 ERP-PBCC 模式之外，其他模式的 PMD 子層的定義大都承襲 802.11a 與 802.11b 的 PMD 子層定義。

7-7 參考文獻

[1]   ANSI/IEEE Std IEEE 802.11, 1999 Edition.

[2]   IEEE Std 802.11a-1999, "Wireless LAN Medium Access Control (MAC) and Physical Layer (PHY) Specifications: High-speed Physical Layer in the 5 GHz Band", September 1999.

Chapter 7

[3] IEEE Std 802.11b-1999, "Wireless LAN Medium Access Control (MAC) and Physical Layer (PHY) Specifications: High-speed Physical Layer Extension in the 2.4 GHz Band", September 1999.

[4] IEEE Std 802.11g-2003, "Wireless LAN Medium Access Control (MAC) and Physical Layer (PHY) Specifications Amendment 4: Further Higher Date Rate Extension in the 2.4 GHz Band", June 2003.

[5] A. R. S. Bahai and B. R. Saltzberg, "Multi-Carrier Digital Communications:Theory and Applications of OFDM," Kluwer Academic Publishers, 2002.

[6] P. Roshan and J. Leary, "802.11 Wireless LAN Fundamentals," Cisco Press, 2003.

[7] I. Glover and P. Grant, "Digital Communications," Prentice Hall, 1998.

[8] S. G. Wilson, "Digital Modulation and Coding," Prentice Hall, 1996.

[9] B. Sklar, "Digital Communications: Fundamentals and Applications," Pretice-Hall, 1988.

[10] R. L. Peterson, R. E. Ziemer, and D. E. Borth, "Introduction to spread-spectrum communications," Prentice Hall International, 1995.

[11] J. G. Proakis, "Digital Communications," 4th ed., McGraw-Hill, 2001.

[12] K. Halford, S. Halford, M. Webster, and C. Andren, "Complementary Code Keying for RAKE-based Indoor Wireless Communication," *In Proceedings of the 1999 IEEE Informational Symposium on Circuit and Systems*, vol. 4, pp. 427-430, May-June 1999.

[13] R. Sivaswamy, "Miltiphase Complementary Codes," *IEEE Trans. On Information Theory*, vol. IT-24, no. 5, pp. 546-552, September 1978.

習　題

1.　名詞解釋：

(a)　來源編碼(Source Coding)。

(b)　頻道編碼(Channel Coding)。

(c)　跳頻展頻傳輸(Frequency-hopping Transmission)。

(d)　循環前置碼延伸(Cyclic Prefix Extension)(in 802.11a)。

(e)　迴旋編碼(Convolution Coding)。

(f)　正交分頻多工(Orthogonal Frequency Division Multiplexing, OFDM)。

(g)　多重路徑干擾(Multipath Interference)。

(h)　擾亂器(Whitening)(in FH PHY Convergence)。

(i)　直接序列傳輸(Direct Sequence Transmission)。

2.　假設輸入位元序列為10100，利用迴旋編碼的方法，求出編碼後的輸出位元序列。

Chapter 7

第 **8** 章

802.11s 無線網狀網路

　　隨著無線區域網路使用的普及化，增加網路的涵蓋率為必然的發展，由於室外的佈線不易，於是多點跳躍式(Multi-hop)的技術受到重視，無線網狀網路(Wireless Mesh Network)隨之興起。IEEE 802.11s 工作小組針對無線網狀網路，來草擬運作標準。802.11s[1]擬提供一個分散式的網路環境，讓每一個節點都可以隨著周圍環境做自我安裝設定(Self-configuration)的動作，不需服務提供者來設定。802.11s 規格主要的目標如下：

- 增加網路的涵蓋範圍與使用上的彈性
- 可靠的運作效率
- 無縫隙的安全性
- 支援多媒體(Multimedia)的傳輸
- 運作要省電
- 與 802.11 相容
- 能經由網路的不同階層(Layer)來做溝通

本章將先針對 802.11s 無線網狀網路的運作模式作介紹，幫助讀者先對 802.11s 運作模式建立基本概念。接著說明 802.11s MAC 訊框格式。隨後分別針對 802.11s 無線網狀服務、網狀路徑選擇與轉送、與外部網路連結支援服務作進一步的探討。

8-1　802.11s 運作模式

802.11s 將節點分成兩類(Class)，包括網狀類節點與非網狀類節點，其中，網狀類節點是指能夠支援網狀服務的節點，而非網狀類的節點則沒有支援網狀服務，只有原來 802.11 的工作站(Station, STA)屬於非網狀類節點，主要是與之前協定的相容性。網狀類主要有兩種節點，分別是網狀擷取點(Mesh Access Point, MAP)和網狀節點(Mesh Point, MP)，說明如下：

- MAP：具有擷取點(AP)和網狀服務功能的節點。
- MP：只具有網狀服務功能的節點，如路徑的選取和封包的轉送(Forwarding)都是屬於網狀服務的功能。

而在 MP 中，由於節點不一定要提供所有的網狀服務，因此除了具備全部服務的 MP，還有另外兩種，分別是輕量型 MP(Lightweight MP, LMP)和非轉送 MP(Non-forwarding MP, NFMP)，說明如下：

- 輕量型 MP(LMP)：不提供分散式系統的服務，即不具備繞徑的功能，只能和它的鄰近節點做溝通，而且經由鄰近節點與網路其他節點連接，但它仍保有轉送的功能，可以協助其他節點傳遞封包。
- 非轉送 MP(NFMP)：此類型的 MP 只要自己連接上網即可，不具備轉送的功能，而「工作站」與「非轉送 MP」的最主要的差異在於，工作站只能經由 MAP 上網，也就是只能和提供分散式服務(Distributed

Service, DS)具有 AP 功能的 MAP 連結，而非轉送 MP 卻可以經由普通的 MP 連接上網，藉由相鄰 MP 的繞徑和轉送的功能與網路連接，不需要有 MAP 相鄰。

我們利用圖 8-1 來說明上述的 MP 節點。圖中有十字的是代表具有繞徑功能的 MP，LMP 和 NFMP 皆不具備此功能，MP1 可以經由 LMP 的轉送功能，與 MP2 做連結，如路徑 A 所示。而 NFMP 可以經由 MP3 與其他節點做聯繫，MP3 就如同是 NFMP 的代理者(Proxy)，LMP 欲與 NFMP 連結，則先連結至 MP3，如路徑 B 所示，然後 MP3 再與 NFMP 做連結，如路徑 C 所示，而 STA 則只能經由 MAP 與其他節點做溝通。

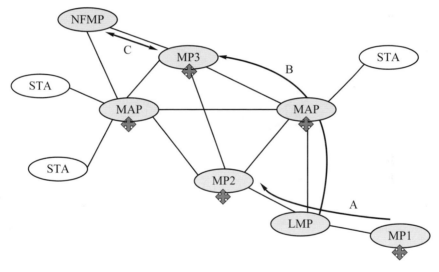

圖 8-1　網狀網路圖

當 MP 都只擁有一張介面卡(Interface)時，其頻道配置(Channel Allocation)是簡單的，只要將所有的介面都分配相同的頻道即可，如圖 8-2(a)所示。若有多重介面卡的節點存在，就需進階的頻道配置，同一個節點不同的介面會被指派不同的頻道，如圖 8-2(b)、(c)所示。所有介

Chapter 8

面在同一個頻道做溝通，即為一個單一頻道圖(Unified Channel Graph, UCG)，如圖中圈起來的介面，皆為單一的UCG，而且因為有很多不同的頻道，因此同一個區域有可能會存在很多個 UCG，而同一個節點不同的介面會參與不同的 UCG。

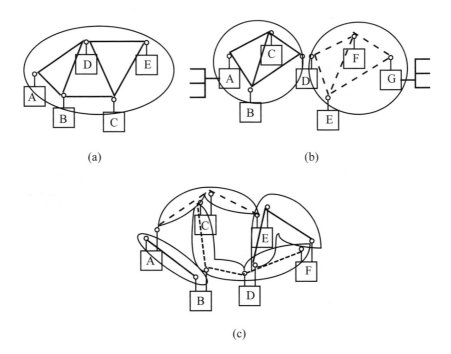

(a)   (b)

(c)

圖 8-2   多重頻道運作圖

　　網狀網路的節點可以有一個或兩個以上的無線網卡(Radio Interfaces)，而在同一個節點的無線網卡要使用相同的模式(Mode)，802.11a 或 802.11b，圖 8-3(a)是不合規定的，圖 8-3(b)與(c)才是使用相同的模式。如圖 8-3(b)與(c)所示，每個無線網卡可以在不同的頻道上運作，使得一個節點可能同時屬於很多個UCG。

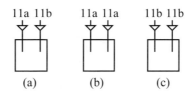

圖 8-3　多重無線網卡裝置圖

　　為了讓無線網狀網路與先前IEEE 802型式的 LAN相容，必須讓網狀網路能和其他的網路連結在一起，因此無線網狀網路必須擁有第二層的橋接(Bridging)和第三層的網路互連(Internetworking)的功能，而擁有這個功能的MP稱為網狀入口節點(Mesh Point Portal, MPP)，若是連結第二層，MPP則扮演橋接器的角色，如果是在第三層，則扮演路由器的角色，如圖 8-4(a)所示，整個網路是在同一個子網路(Subnet)底下，所以 MPP 做橋接器的工作，將網狀網路和802.11LAN 聯結在一起。圖8-4(b)顯示一個連接兩個不同的子網路的MPP，即MPP1 將子網路二與三和802.11LAN 聯結在一起。

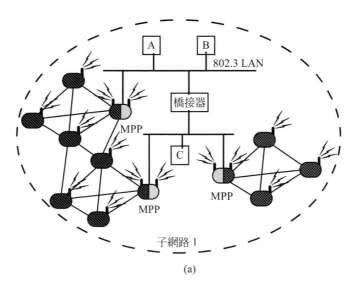

圖 8-4　網狀網路橋接與網路互連圖

Chapter **8**

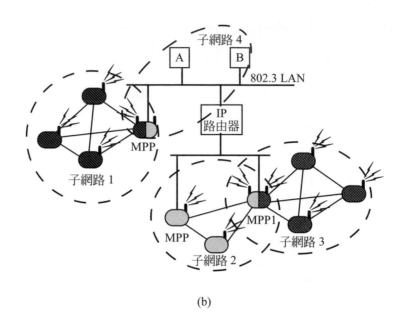

(b)

圖 8-4 網狀網路橋接與網路互連圖(續)

不同的網狀網路也可經由網狀入口做連結，如圖 8-5 所示，MP 就像扮演一個閘道器與外部網路做溝通。在同一個網狀下，每個節點所使用的繞徑協定必須一致，若某一個節點不支援繞徑協定#1，那它就無法加入 Mesh #1。

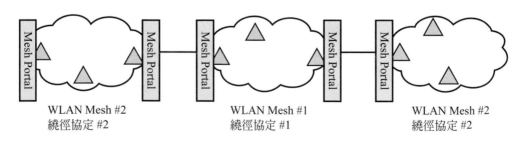

圖 8-5 網狀網路互連圖

　　目前在 802.11s 中，並沒有介紹省電的方法，只提出一個架構。其中，有執行省電的節點只能和有省電的節點做連結。因此，若有一省電的節點想和沒有省電的節點做連結，那它會收到拒絕(Reject)的訊息。如果MP本身就都沒有支援省電，亦可藉由改變模式來達到省電的效果，將自己設為單一工作站，經由AP提供的省電服務達到省電，而且由MP轉換為STA也可省去提供網狀服務所需耗費的電力，所以也可將MP轉換為NFMP或LMP以達到省電的效果。除此之外，MP可以動態的自行切換模式，例如，MP可以設定為若有電源提供，則提供網狀服務，若是使用電池供電，則變為STA。

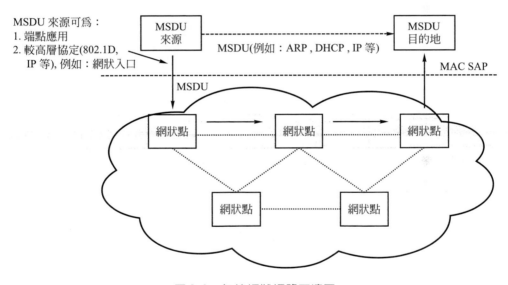

圖 8-6　無線網狀網路互連圖

　　另外，網狀網路是在第二層 MAC 層的規約，上層所擁有的功能和之前的區域網路是一樣的，可以做廣播或單點傳播的傳送，上層所看到的鏈結層(Link Layer)是每一個 MP 互相連結的情況，而看不到網狀網路的運作方法，如圖 8-6 所示，上層只會看到雲中的每個節點互相連結

Chapter 8

的情況，然後將所要傳送的封包往下傳送，再由另一端的 MP 鏈結層往上傳送。

8-2　802.11s MAC 訊框格式介紹

在 802.11s 的草案中，對於資料訊框(Data Frame)的標頭(Header)部分作了以下三項的修改，如圖 8-7 所示：

- 使用四個位址欄位的格式當作是預設的格式。
- 增加 QoS 控制欄位，作為支援 802.11e 的 QoS 標頭，此欄位已在 802.11e 中確定了。
- 增加網狀轉送控制欄位(Mesh Forwarding Control)，內容包含網狀點對點順序(Mesh E2E Seq)與訊框存活時間欄位(Time to Live, TTL)。網狀轉送控制欄位紀錄封包的順序，避免收到重複的封包，且能將收到的封包按照順序排列。TTL可以限制封包在網路上傳輸的時間(通常使用跳躍次數(Hop Count))，來避免傳送發生無窮迴圈(Loop)的情形。

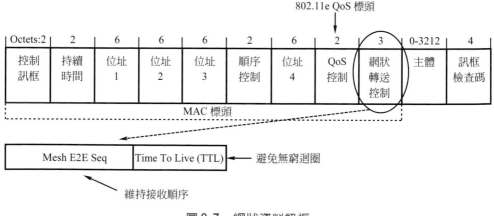

圖 8-7　網狀資料訊框

在管理訊框(Management Frame)方面，802.11s草案使用兩種位址格式(DA 和 SA)，如圖 8-8 所示，DA 是接收方的 MAC 位址，SA 是傳送方的 MAC 位址。此外，為了使得網狀網路有別於以往的 802.11 網路，其將 BSSID 的欄位填入傳送方的網卡 MAC 位址，避免讓不支援網狀網路的 STA，誤以為是 AP 傳出的訊息，而想要加入此網路。

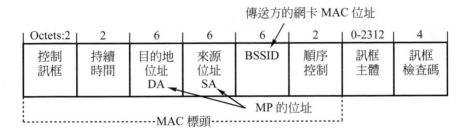

圖 8-8　管理訊框

802.11s 草案除了修改資料訊框和部分管理訊框格式，如訊標(Beacon)、連結要求(Association Request)、重新連結要求(Reassociation Request)、試探要求(Probe Request)，和試探回應(Probe Response)，亦新增許多網狀管理訊框(Mesh Management Frame)，說明如下：

- 區域連線狀況通告(Local Link State Announcement)：作為鄰近節點偵測之用，將偵測到的區域網路狀況，廣播出去。
- 路由要求(Route Request)、路由回應(Route Reply)、路由錯誤(Route Error)，與路由回應回覆(Route Reply Ack)：用於回應式路由規約，如 AODV 規約。
- 壅塞控制要求(Congestion Control Request)、壅塞控制回應(Congestion Control Response)，與鄰近節點壅塞通告(Neighborhood Congestion Announcement)：用於壅塞控制的部分，調整傳送速度，以免發生壅塞。

Chapter 8

- 舊有功能封裝封包(Legacy Action Encapsulation)：將之前的管理訊框封包格式，重新包裝成一個新的Legacy Action Encapsulation封包，讓它成為新的網狀封包格式。
- 廠商自定的網狀管理訊框：保留給未來廠商實作時，能夠自己開發新的管理訊框。

8-3　802.11s 無線網狀服務

　　本節將介紹網狀網路運作的方式與步驟，並輔以實例加以說明。首先說明身份識別(Identifiers)的部分，為了結合傳統 802.11 網路和網狀網路，故使用 SSID 和 Mesh ID 來識別這兩種網路型態，其中 SSID 只能由 MAP 發出，目的是讓 STA 能夠與 MAP 進行連結。Mesh ID 可以由所有 MP 發出，讓擁有相同 Mesh ID 的 MP 能夠進行連結，形成一個網狀網路。

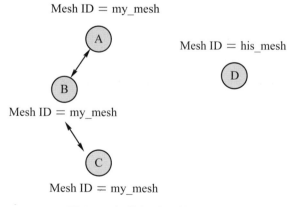

圖 8-9　網狀網路型態識別圖

　　如圖 8-9 所示，節點 A 的 Mesh ID 為 my_mesh，節點 B 與節點 C 的 Mesh ID 也為 my_mesh，所以節點 A、B、C 彼此可以互相連結，形成一個網狀網路。節點D的Mesh ID為his_mesh，因此不能加入my_mesh的網路中。

　　我們將一個MP的啟動步驟，分成五個部份來看：

步驟一：鄰近節點的搜尋(Neighbor Discovery)：MP偵測附近有哪些節點，將描述檔(Profile)相同的節點，加入到鄰近節點表格中。

步驟二：頻道選擇(Channel Selection)：MP為它的網路介面卡(NICs)選擇適當的頻道。

步驟三：連結建立(Link Establishment)：MP與它的候選端點(Candidate Peer)建立連線。

步驟四：連結狀態評估(Link State Measurement)：在傳送資料(Traffic)之前，需要先測量連結的狀態，以提供繞徑協定資訊。

步驟五：路徑選擇與轉送(Path Selection and Forwarding)：利用繞徑協定(AODV(Ad-hoc On-demand Distance Vector)[2] or OLSR (Optimized Link State Routing)[3])選擇適當的路徑進行傳輸。

8-3-1　鄰近節點的搜尋

　　在此步驟中，MP首先主動的發送探測訊框(Probe Request)或是被動的聽其他MP送來的訊標訊框(Beacon)執行鄰近節點偵測的動作。接著，將描述檔相同的節點，加入到鄰近節點表格中，並藉由主動或被動的鄰近節點偵測，將鄰近節點進行分類。

　　節點主要可分成以下幾類：

- 可忽略的節點(Ignore Node)：無法與之連接的節點，即為描述檔不相同的節點。

- 鄰近的MP：描述檔與搜尋的MP相同，但尚未建立連線的節點，且有可能因達連線最大數量，而無法建立新的連線(即無法成為候選端點)。

Chapter **8**

- 候選端點(Candidate Peer)：已準備好且可以與之建立連線的節點，即必須先成為鄰近節點且此節點連線總數未達上限。

我們利用一個例子來說明，如圖 8-10 所示，最上方有一個 Beacon 欄位，其中的 WLAN 網狀性能包含了版本(Version)、Active 規約 ID (Protocol ID)，和 Active 評估值 ID(Metric ID)。我們可以藉由這三樣資訊，看描述檔是否符合。節點 A 收到節點 B, C, D 所傳出的 Beacon。B,C 的 Beacon 顯示為描述檔編號 1；D 的 Beacon 顯示為描述檔編號 2。而節點 A 能夠使用的描述檔編號為 1,2,3。

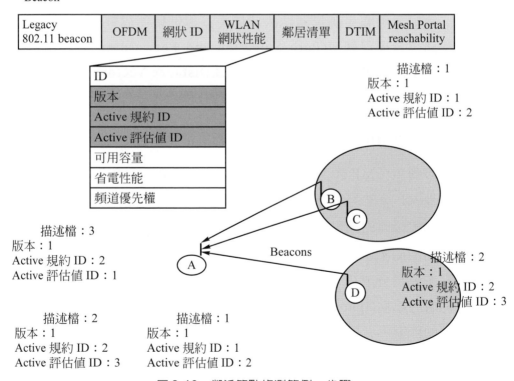

圖 8-10　鄰近節點偵測範例－步驟一

由於節點 A 無法同時使用描述檔 1 和 2，它必須選擇一個與之連結。

如圖8-11所示，在節點 A 中，描述檔 1 的優先權(Priority)高於描述檔 2。因此，A 將會設定成描述檔 1 的網狀網路。所以節點 B, C 都會成為 A 的鄰近節點。接下來，假設說明 B 和 C 誰能成為候選端點，且與 A 建立連線。如圖 8-12 所示，由之前收到的 Beacon 得知，B 的可用容量 (Peer Capacity)為 2，表示還有兩個連結可以建立。而 C 的可用容量為 0，表示不能與之建立新的連結。因此，在 A 的鄰近節點表格中，我們將節點 B 的狀態，從鄰近點改成候選端點。代表 B 可以與 A 建立連線。

　　另外，鄰近節點表格的主要 MAC 位址欄位，表示該節點目前使用的主要網路卡編號為何。

A 節點的鄰近節點表格(Neighbor Table)

MAC 位址	主要MAC 位址	狀態	方向性	操作頻道	頻道優先權	位元速率	封包錯誤率	收到的訊號強度
B 的位址#1	#1	鄰居		1	1			5dB
C 的位址#1	#1	鄰居		1	1			4dB

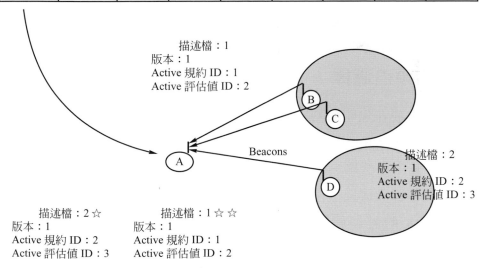

圖 8-11　鄰近節點偵測範例－步驟二

Chapter 8

A 節點的鄰近節點表格(Neighbor Table)

MAC 位址	主要 MAC 位址	狀態	方向性	操作頻道	頻道 優先權	位元速率	封包 錯誤率	收到的 訊號強度
B 的位址#1	#1	候選端點		1	1			5dB
C 的位址#1	#1	鄰居		1	1			4dB

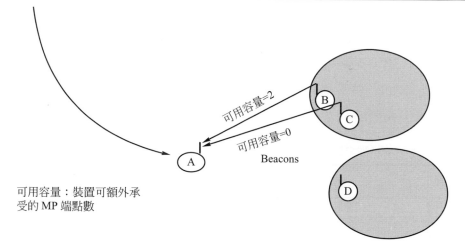

圖 8-12　鄰近節點偵測範例－步驟三

8-3-2　頻道選擇

　　此節主要在說明節點的網路卡如何選擇適當的頻道。選擇頻道的方法有兩種：整合單一模式(Simple Unification mode)與先進模式(Advanced Mode)，其中整合單一模式即為單一頻道整合模式，也就是將整個網狀網路的頻道都設成同一個頻道，實作上相當方便。而先進模式並不在此篇 802.11s 的討論範圍之內，只是說明另有一個頻道指派(Channel Assignment)的方法。就單一頻道整合模式而言，MP 會在它的鄰近節點表格裡，選擇候選端點的節點中，頻道優先權(Channel Precedence)最高的頻道，設定在自己的網路卡上。頻道優先權是用來表示目前頻道的新舊程度，數字越高代表爲最近被配置的頻道。

　　如圖 8-13 所示，節點 A 的鄰近節點表格中，只有 B 的狀態是候選端點，因此我們只要考慮 B 的頻道(頻道 1)，節點 A 將頻道 1 配置在自己的網路卡上。

節點 A 的鄰近節點表格(Neighbor Table)

MAC 位址	主要 MAC 位址	狀態	方向性	操作頻道	頻道 優先權	位元速率	封包 錯誤率	收到的 訊號強度
B 的位址#1	#1	候選端點		1	1			5dB
C 的位址#1	#1	鄰居		1	1			4dB

圖 8-13　頻道選擇範例一

A 節點的鄰近節點表格(Neighbor Table)

MAC 位址	主要 MAC 位址	狀態	方向性	操作頻道	頻道 優先權	位元速率	封包 錯誤率	收到的 訊號強度
B 的位址#1	#1	候選端點		1	1			5dB
C 的位址#1	#1	候選端點		6	3			4dB

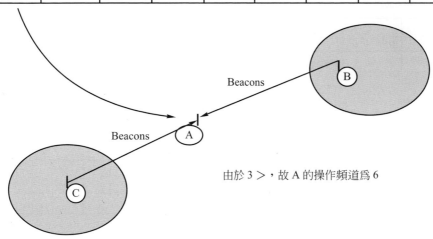

圖 8-14　頻道選擇範例二

Chapter 8

如圖 8-14 所示,當節點 A 的鄰近節點表格中,有兩個節點都為候選端點時,就必須考慮他們的頻道優先權。由表得知,C 的優先權大於 B,因此 A 會配置 C 的頻道(頻道 6)在網路卡上。

8-3-3 連結建立

頻道選好之後,就可以開始建立連線,其步驟如下:

1. MP 至少要與它的一個候選端點建立連線,以維持網路的連結性。
2. 至於要與哪個 MP 建立連線,要參考接收到的訊號強度,或其他的相關資訊。

以下的範例說明當節點 A 想要與節點 B 建立連線時的運作流程。首先,我們可以看到兩個節點 A 與 B,和他們的鄰近節點表格。如圖 8-15 所示,他們彼此都在對方的鄰近節點表格中,狀態為候選端點,並且使用相同的頻道,代表可以建立連線。

A 節點的鄰近節點表格(Neighbor Table)

MAC 位址	主要 MAC 位址	狀態	方向性	操作頻道	頻道 優先權	位元速率	封包 錯誤率	收到的 訊號強度
B 的位址#1	#1	候選端點		1	1			xdB

B 節點的鄰近節點表格(Neighbor Table)

MAC 位址	主要 MAC 位址	狀態	方向性	操作頻道	頻道 優先權	位元速率	封包 錯誤率	收到的 訊號強度
A 的位址#1	#1	候選端點		1	1			ydB

圖 8-15 連結建立範例－步驟一

　　一開始 A 發出連結要求(Association Request)與 B 連線，如圖 8-16 所示。在此同時，A 在它的鄰近節點表格中，記錄 B 的狀態為連結申請中，且選擇一個亂數當作方向性。至於設定方向性的目的，是建立連線方向的一個評量值(Metrics)，後面將會說明這種情形。

A 節點的鄰近節點表格(Neighbor Table)

MAC 位址	主要 MAC 位址	狀態	方向性	操作頻道	頻道 優先權	位元速率	封包 錯誤率	收到的 訊號強度
B 的位址#1	#1	連結申請中	123	1	1			xdB

亂數產生

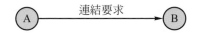

連結要求

B 節點的鄰近節點表格(Neighbor Table)

MAC 位址	主要 MAC 位址	狀態	方向性	操作頻道	頻道 優先權	位元速率	封包 錯誤率	收到的 訊號強度
A 的位址#1	#1	候選端點		1	1			ydB

圖 8-16　連結建立範例－步驟二

　　如圖 8-17 所示，當 B 收到連結要求之後，會送連結回應(Association Response 給 A)，並將 B 鄰近節點表格中 A 的狀態改成下屬點，連線未啟動(Subordinate,Link Down)。A 收到 B 的連結回應之後，也會將 A 鄰近節點表格中 B 的狀態設定成上級點，連線未啟動(Superordinate, Link Down)。連結未啟動代表連線已建立，但因尚未做連結狀態評估(Link State Measurement)，因此還無法傳送資料。

Chapter 8

A 節點的鄰近節點表格(Neighbor Table)

MAC 位址	主要 MAC 位址	狀態	方向性	操作頻道	頻道 優先權	位元速率	封包 錯誤率	收到的 訊號強度
B 的位址#1	#1	上級點， 連線未啓動	123	1	1			xdB

連結回應：OK

B 節點的鄰近節點表格(Neighbor Table)

MAC 位址	主要 MAC 位址	狀態	方向性	操作頻道	頻道 優先權	位元速率	封包 錯誤率	收到的 訊號強度
A 的位址#1	#1	下屬點， 連線未啓動		1	1			ydB

圖 8-17　連結建立範例－步驟三

A 節點的鄰近節點表格(Neighbor Table)

MAC 位址	主要 MAC 位址	狀態	方向性	操作頻道	頻道 優先權	位元速率	封包 錯誤率	收到的 訊號強度
B 的位址#1	#1	連結申請中	123	1	1			xdB

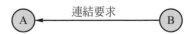

連結要求

B 節點的鄰近節點表格(Neighbor Table)

MAC 位址	主要 MAC 位址	狀態	方向性	操作頻道	頻道 優先權	位元速率	封包 錯誤率	收到的 訊號強度
A 的位址#1	#1	連結申請中	111	1	1			ydB

圖 8-18　連結建立範例－步驟四

　　下面發生另一種情況，如圖8-18所示，當A收到B的連結要求時，而自己也已經送出連結要求給B。此時就必須將B欄位的方向性和收到的方向性來做比較，選擇數字較大的那個，作為我們所要建立的連線方向。此時因為 B 送來的連結要求，內含的方向性(111)小於 A 鄰近節點表格中B的方向性(123)。因此，節點 A 回絕 B 送來的連結要求。

　　因此，如圖8-19所示，A送出連結回應給B，其中包含要回絕B連線要求的訊息。B收到之後，就將B鄰近節點表格中A的狀態改為候選端點，繼續等待 A 送來的連線訊息。

A 節點的鄰近節點表格(Neighbor Table)

MAC 位址	主要 MAC 位址	狀態	方向性	操作頻道	頻道 優先權	位元速率	封包 錯誤率	收到的 訊號強度
B 的位址#1	#1	連結申請中	123	1	1			xdB

B 節點的鄰近節點表格(Neighbor Table)

MAC 位址	主要 MAC 位址	狀態	方向性	操作頻道	頻道 優先權	位元速率	封包 錯誤率	收到的 訊號強度
A 的位址#1	#1	候選端點	111	1	1			ydB

圖 8-19　連結建立範例－步驟五

8-3-4　連結狀態評估

　　當連結建立好之後，就開始測量它的狀態，包括封包錯誤率(Packet Error Rate)與位元率(Bit Rate)，以便於繞徑協定使用。由於之前已經建立好連結，我們知道連結的一邊是上級節點、另一邊則是下屬節點。

Chapter 8

測量方法是由上級節點測量連結狀態,再將它藉由區域連結狀態通知(Local Link State Announcement)訊息,傳給下屬節點,讓雙方都能夠知道連結的狀態。此作法目的在於,可以讓一個非對稱性連結(Asymmetric Link)的兩個節點,都擁有相同的連結狀態資訊,以方便在繞徑協定時計算。

如圖 8-20 所示,圖中有兩個節點A, B。A為下屬節點,B為上級節點。且雙方的狀態都是處於連線未啟動的狀態。

A 節點的鄰近節點表格(Neighbor Table)

MAC 位址	主要 MAC 位址	狀態	方向性	操作頻道	頻道 優先權	位元速率	封包 錯誤率	收到的 訊號強度
B 的位址#1	#1	上級點, 連線未啟動	123	1	1			xdB

B 節點的鄰近節點表格(Neighbor Table)

MAC 位址	主要 MAC 位址	狀態	方向性	操作頻道	頻道 優先權	位元速率	封包 錯誤率	收到的 訊號強度
A 的位址#1	#1	下屬點, 連線未啟動		1	1			ydB

圖 8-20 連結狀態評估範例－步驟一

由於B為上級節點,因此B要負責偵測連結狀態。如圖 8-21 所示,偵測的結果假設為位元速率是 1Mbps,封包錯誤率是 0x0f1f。隨後,將此訊息傳送給下屬節點 A。A 收到後,會將它鄰近節點表格中,與 B 連線的欄位的位元速率和封包錯誤率更新,並且將B的狀態改成上級點,連線已啟動(Superordinate, Link Up)。且 A 回傳一個訊息給B,說明區域連結狀態通知(Local Link State Announcement)傳送成功。B 收到此訊息之後，會將它鄰近節點表格裡A欄位的狀態改成下屬點，連線已啓動。最後，在雙方表格的狀態都是連線已啓動的狀況下，此連結就可以用來傳送資訊。

A 節點的鄰近節點表格(Neighbor Table)

MAC 位址	主要 MAC 位址	狀態	方向性	操作頻道	頻道 優先權	位元速率	封包 錯誤率	收到的 訊號強度
B 的位址#1	#1	上級點， 連線未啓動	123	1	1	1Mb/s	0x0f1f	xdB

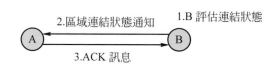

B 節點的鄰近節點表格(Neighbor Table)

MAC 位址	主要 MAC 位址	狀態	方向性	操作頻道	頻道 優先權	位元速率	封包 錯誤率	收到的 訊號強度
A 的位址#1	#1	下屬點， 連線未啓動		1	1	1Mb/s	0x0f1f	ydB

圖 8-21　連結狀態評估範例－步驟二

8-4　網狀路徑選擇與轉送

　　802.11s 在針對繞徑方面，提出一個可擴充性的架構，訂定最基本的路徑選擇協定(Path Selection Protocol)和評估標準(Metric)，所有不同廠牌的裝置至少都可以使用基本的協定來互相溝通，其中包括一個基本的與可選擇性的繞徑協定，以及一個基本的評估標準，評估標準主要是用來計算空中時間(Airtime)的成本，也就是依照封包在每個連結傳輸所耗費的時間，來選定該從哪個連結傳送封包。而基本必備的協定是由

Chapter 8

AODV(Ad hoc On-demand Distance Vector)的改進版本，另一選項則是 OLSR(Optimized Link State Routing)，我們將於第 8-4-1 節與第 8-4-2 節探討 AODV 與 OLSR 的運作。

　　即使在同一個區域中，不同的網狀網路，可能各自擁有不同的繞徑協定，但在同一個網狀網路下必須使用同一個協定來運作。路徑選擇訊息都是在鏈結層作傳送，使用 802.11 的管理訊框。

　　一個連結的連線品質可以用傳送測試訊框，所耗費的空中時間如下式來評估：

$$c_a = \left[O_{ca} + O_p + \frac{B_t}{r} \right] \frac{1}{1 - e_{pt}}$$

其中 c_a 值是用來評估每個連結的品質，O_{ca} 是指取得頻道的額外必需的時間(Overhead)，O_p 則是協定在運作時會產生的額外必需的時間，B_t 是指測試訊框的長度，r 是指傳輸的速度，$O_{ca} + O_p + B_t/r$ 的值則是測試訊框理論上傳輸所耗費的時間，但由於網路會有壅塞或碰撞的情況發生，所以必須增加一些錯誤率所浪費的時間，因此將算出來的值再乘以 $1/(1 - e_{pt})$。如表 8-1 所示，在 802.11a 與 802.11b 的網路下，路徑選擇參數分別所需的時間。

表 8-1　路徑選擇參數表

參數	數值 (802.11a)	數值 (802.11b)	說明
O_{ca}	75 μs	335μs	頻道存取 Overhead
O_p	110μs	364μs	協定 Overhead
B_t	8224	8224	測試訊框的位元數

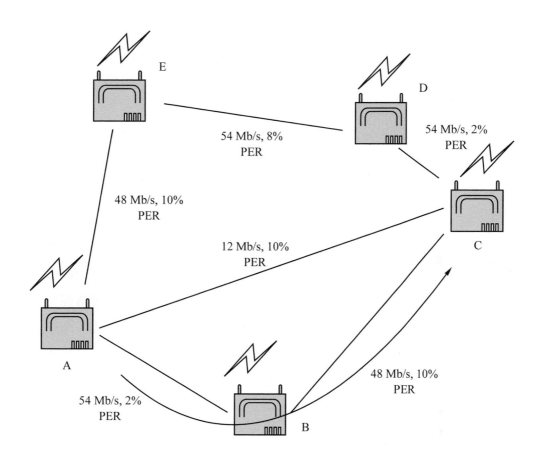

圖 8-22　連結品質圖

　　如圖 8-22 所示，此圖呈現出每個連結的品質都不一樣，每個節點都會依照連結的傳輸速度和錯誤率算出 ，例如：

　　BC的c_a值為：

$$C_a = \left[75 \times 10^{-6} + 110 \times 10^{-6} + \frac{8224}{48 \times 10^6} \right] \times \frac{1}{1 - 0.1}$$

$$= 0.000396$$

Chapter 8

AB的c_a值為：

$$C_a = \left[75 \times 10^{-6} + 110 \times 10^{-6} + \frac{8224}{54 \times 10^6} \right] \times \frac{1}{1 - 0.02}$$

$$= 0.000344$$

在評估連線品質之後，繞徑的協定可依此來選出最佳的路徑。

8-4-1　Radio Metric AODV 路徑選擇協定

802.11s 將原來的 AODV[4]改良，稱為 Radio Metric AODV，主要使用 AODV 基本的架構，並依照網狀網路可移動性的特性做一些改良。一開始，來源端點要尋找路徑，先廣播路徑要求封包(Router Request, RREQ)，接到RREQ封包的節點，建立自己到來源端點的繞徑路徑，如果不是目的地，則再將RREQ轉送出去，如果是目的地，則回傳路徑回覆封包(Router Response, RREP)，當來源端點接收到 RREP 封包，則建立起來源端點至目的地的繞徑路徑。

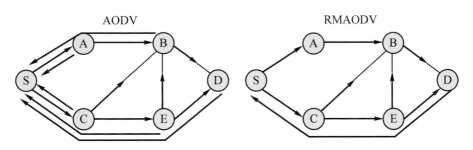

圖 8-23　AODV 與 RMAODV

RMAODV 與 AODV 最大的不同點在於，RMAODV 只有目的地可回傳RREP，而AODV只要中間點知道目的地的路徑就可以回傳RREP，RMAODV 的作法是為了減少繞徑封包的傳送，以及應付網狀網路的可移動性，如圖8-23所示。來源節點在兩種情況下會發出RREQ，一個就是需要尋找路徑時，另一個則是更新維持繞徑表格(Routing Table)的時候，而每個節點都會定期發出RREQ，更新繞徑表格。一般而言，繞徑表至少含三個欄位，即目的地、下一站與測量值三個欄位。

　　我們利用下面範例來說明RMAODV的概念，如圖8-24所示，當A和C接收到S的RREQ時，就會測量連結的品質，分別是2和3，然後將自己到S的路徑和連結評估值(Metric)記錄下來。

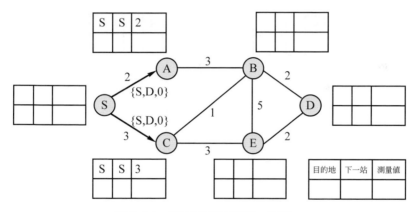

圖 8-24　RMAODV 範例－步驟一

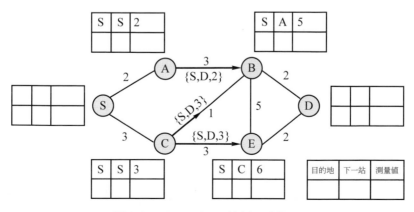

圖 8-25　RMAODV 範例－步驟二

Chapter 8

　　RREQ主要可以達成兩種目的，一個是建立終點和所有中間點至起始點的路徑，另一個則是驅使終點回傳RREP。在圖8-25中，第一欄是目的地，第二欄是下一個節點(Next Hop)，第三欄是至目的地的評估值，B和E也是先測量前一段連結的評估值，然後再將至起始點的路徑和連結評估值記錄下來，接著就再將RREQ轉送出去。

　　如圖8-26所示，B點又接收到RREQ，而此RREQ的連結評估值比之前接收到的還好，所以更新繞徑表格中至起始點的路徑記錄。

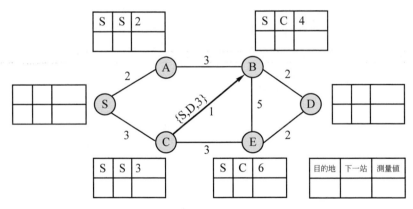

圖 8-26　RMAODV 範例－步驟三

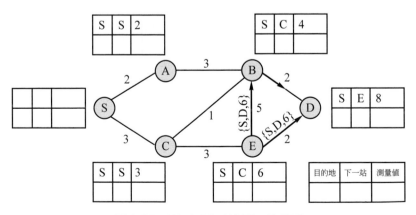

圖 8-27　RMAODV 範例－步驟四

當 D 接收到 RREQ 後，則馬上回傳 RREP，如圖 8-27 所示。

此 RREP 經由原先路徑回傳至起始點，接收到 RREP 的每個中間點會紀錄自己至終點的路徑，然後將 RREP 往起始點的方向回傳，當起始點接到 RREP 時，則在繞徑表格上增加至終點路徑的紀錄，如圖 8-28 所示。

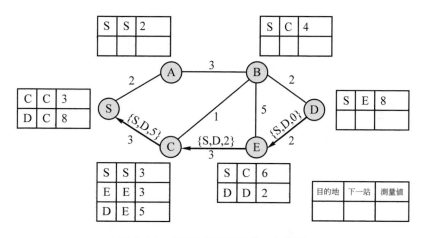

圖 8-28   RMAODV 範例－步驟五

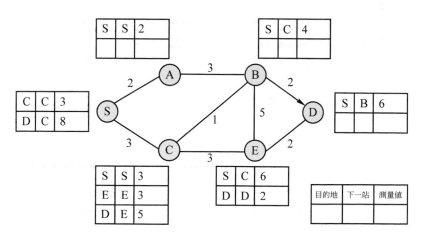

圖 8-29   RMAODV 範例－步驟六

Chapter **8**

當D又接收到RREQ時，而且評估值又比之前的好，則會更新繞徑表格，然後重新傳送RREP，如圖8-29所示。

B和C一樣會紀錄自己至D的路徑，而S會因為現在的RREP評估值比之前的還好，所以更新繞徑表格。這樣就找出S至D的路徑為S→C→B→D，如圖8-30所示。

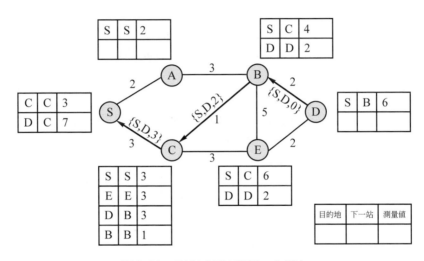

圖 8-30　RMAODV 範例－步驟七

RM-AODV除了依照網狀網路可移動性的特性做一些改良外，其餘的改良還包括：

- 如果同時有很多的繞徑要求，雖然目的地不一樣，也可以包成同一個訊息傳出去。
- MAP 就如同 STA 的代理者，替 STA 傳送和回覆繞徑訊息。
- 路徑選擇的演算法，包含每個容量的因素。
- 在維持路徑方面，原先的方法是，當有節點偵測到連結斷掉時，會產生錯誤訊息來更新繞徑表格，而RM-AODV則是使用定期更新的方式，來偵測和更新連結的狀態。

- 為增加繞徑路徑的穩定性，當接收到新的繞徑沒有比目前的好時，會先把新的繞徑儲存起來，暫時不更新，當已確定目前的繞徑路徑斷掉時，會從之前每回(round)收到的繞徑路徑中，挑出最好的作為目前的路徑，而不是挑最近的，目的是為了確保能夠使用到最好的繞徑路徑。

8-4-2　RA-OLSR 協定

　　RA-OLSR(Radio Aware- Optimized Link State Routing)是改進原來的 OLSR 而來，OLSR 是屬於連結狀態繞徑協定(Link-state Routing Protocol)，即每個節點都會紀錄部分的網路拓樸，且定期的維持這些資訊，也會隨著網路的變化，而跟著改變，所以它繼承了連結狀態的穩定性，且當需要傳送封包時，也可經由繞徑表格很快的得到路徑。每個節點做廣播時，並不是傳給它所有的鄰近節點，而是預先選擇一個 MPR (Multipoint Relays)集合，然後將訊息只傳給MPR集合裡的節點，主要是為了減少使用淹沒式廣播(Flooding)產生的額外耗費。MPR集合的正式定義將於8-4-2-3章節中定義。定期的傳送控制訊息(Control Messages)來應付拓樸的變化。而且還支援其他的擴充，如休眠模式(Sleep Mode)或群播繞徑(Multicast-routing)等等。

　　和AODV相同的是，OLSR是為分散式網路環境而設計的，並且使用序號來避免封包順序錯亂的問題。RA-OLSR 主要改進兩個地方，第一個是使用FSR(Fisheye State Routing)來控制封包交換的頻率，每個節點只和它的鄰近節點交換連結狀態資訊，並且將原先當事件驅動(Event-triggered)時，才交換封包，改成定期的交換，而另一個是可選擇的，在每一個節點使用來源樹(Source Tree)來維持網路的拓樸和路由的資訊。

Chapter 8

8-4-2-1   OLSR 封包和訊息格式

圖 8-31 為典型的 RA-OLSR 的訊息格式，訊息內容放在 Payload 位置，其真正的格式依訊息型態不同有所差異，訊息型態 (Message Type) 是用來區別各種不同的訊息，表 8-2 列出各種訊息型態。

位元組：	1	1	6	1	1	2	變數
	訊息型態	Vtime	Originator 位址	存活時間 (TTL)	跳躍數	訊息順序編號 (MSN)	Payload

圖 8-31   RA-OLSR 訊息格式

表 8-2   訊息型態

訊息型態	說明
HELLO	MPR 與 2-hop 鄰近點訊務用
TC	拓樸控制
MID	多重介面宣告
LABA	MAP 所有連結工作站訊息通告
LABCA	MAP 連結工作站核對總和通告
ABBR	MAP 連結工作站內容要求

8-4-2-2   Hello 訊息格式

HELLO 訊息主要是用來檢查連結是否存在，以及維持鄰近節點集合和 MPR Selector 集合的資訊，鄰近節點集合包括了 1-hop 和 2-hop 鄰近節點，而 MPR Selector 集合是紀錄誰選擇自己為 MPR，當從 HELLO 訊息得知，自己被其他節點選為 MPR，那當節點 A 廣播訊息時，自己就必須協助節點 A 轉送出去。圖 8-32 為 HELLO 訊息的格式，意願欄位主要是爲了告訴鄰近節點，自己是不是希望被它選爲 MPR，若當節點已經被很多節點選爲MPR，那它就會將意願設爲NEVER，即不希望有人再選它作爲MPR。HELLO訊息只是維持鄰近節點的資訊，所以不需要轉送出去，TTL設爲1。

圖 8-32　HELLO 訊息格式

8-4-2-3　MPR 選擇

對任意一個節點 A，他一個跳躍(hop)可到達的節點，稱爲他的 1-hop 鄰近點，我們以 N 表示所有 1-hop 鄰近點所成的集合。同樣的，二個跳躍可到達的節點，稱爲他的 2-hop 鄰近點，我們以 N2 表示所有 2-hop 鄰近點所成的集合。對任一節點 A 而言，他的 MPR 集合，是從集合 N 中挑出一組節點，經由這組節點跳躍，我們可以到任一個在 N2 中的 2-hop 鄰近點。當然 MPR 集合可能很多組，我們要的是個數最少的那一組。這也就是說，只要這組 1-hop 鄰近節點的轉送，節點 A 便可到達所有 N2 中的 2-hop 鄰近點。如此便可降低重送的額外耗費。

以下將說明 MPR 集合選擇的方式，如圖 8-33 所示，A 必須要從黑色的節點(1-hop 鄰近節點，即 B、C、D、E、F)中選出 MPRs，而選出的 MPRs 必須可以將 A 的訊息送到所有灰色的節點(2-hop 鄰近節點，即 G、H、I、J)。

首先，先檢查是否只有一個 1-hop 節點才可到達的 2-hop 節點，如圖 8-34 中節點I，只有節點C可以到達，所以先選擇節點C爲MPR，而它可以涵蓋到的 2-hop 鄰近節點包括節點I和J。

Chapter 8

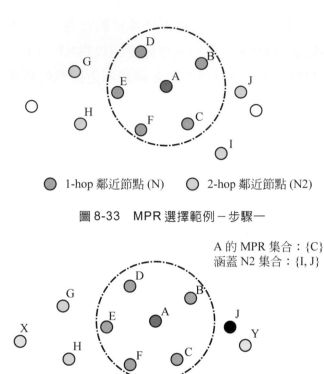

圖 8-33 MPR 選擇範例－步驟一

圖 8-34 MPR 選擇範例－步驟二

　　再來移除沒有涵蓋到還沒選取的 2-hop 節點的 1-hop 節點，如節點 B 就可移除，因節點 J 已可由 C 傳送，所以 B 不加入考慮，然後經由三個值來選擇 MPR，依序是 N 的意願值(N_willingness)、無線電量測值 (Radio-aware Metric)和連通性(Reachability)，假如前兩個值，E 和 F 皆相等，則依照節點所涵蓋的 2-hop 節點的數目來比較，E 可涵蓋 G 和 H，F 只可涵蓋 H，所以選擇 E 爲 MPR，因此 MPR 集合爲 C、E，當節點 A 有訊息要廣播時，只有 C 和 E 才需要幫它轉送，如圖 8-35 所示。

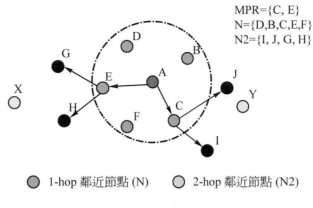

MPR={C, E}
N={D,B,C,E,F}
N2={I, J, G, H}

⬤ 1-hop 鄰近節點 (N)　　◯ 2-hop 鄰近節點 (N2)

圖 8-35　MPR 選擇範例－步驟三

8-4-2-4　拓樸偵測

拓樸控制訊息(Topology Control Message, TC)主要是用來維持拓樸表格，如圖 8-36 所示，在做繞徑選擇時需要用到，TC 訊息主要是記載傳送每個連結的主要位址和測量值，而 ANSN 則是序號，用來辨別資訊是否為最新，然後藉由 MPR 集合廣播出去。

位元組：　　　2　　　　　　　　　N*(6 + M)

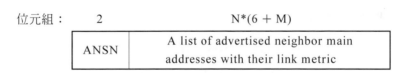

ANSN	A list of advertised neighbor main addresses with their link metric

圖 8-36　拓樸訊息格式

在兩種情況下需要傳送 TC 訊息，第一是在 MPR 選擇者集合改變時，表示有些連結可能斷掉了，需要更新拓樸，第二是在經過每一TC_Interval 時就需重送，以應付網路的變化。在每一節點都會有一個拓樸表格，如表 8-3 所示，其記錄網路的拓樸形狀。若節點 A 與 B 連接，即由 B 可到 A，T_目的地位址欄位為節點 A 的位址，T_最近位址的欄位為是 B 的位址，T_連線測量值則是 A 到 B 這條連結的測量值。

Chapter 8

表 8-3 拓樸表格欄位資訊

T_目的地位址	T_最近位址	T_序號	T_時間	T_連線測量值

8-4-2-5 繞徑選擇

繞徑選擇主要是經由區域連結資訊(Local Link Information)，如 1-hop 鄰近節點表格(連結表格)與拓樸資訊所建構而成的，繞徑表格比較特別的是，必須記載使用哪一個介面位址(Interface Address)與目的地做聯繫，而使用的繞徑協定則是最短路徑演算法，繞徑表格的格式如表 8-4 所示。

表 8-4 繞徑表格欄位資訊

R_目的地位址	R_最近位址	R_跳躍數	R_測量值	R_介面位址

下列分別為A的連結狀態表和部分拓樸狀態表，網路拓樸形狀請參考圖 8-37，A與各點的繞徑表主要是由以下兩表所建構出來，以下示範A如何建立繞徑表。

表 8-5 連結狀態表 (假設小寫表是各點的一個介面)

A 的介面位址	鄰居的介面位址	到期時間(s)	連結測量值
a	b	2	2
a	c	2	2
a	d	2	4
a	e	2	1
a	f	2	3

表 8-6　拓樸狀態表

T_目的地位址	T_最近位址	T_序號	T_時間(s)	T_連線測量值
g	e	100	2	2
h	e	100	2	3
h	f	100	2	2
i	c	100	2	3
j	b	100	2	4
x	g	100	2	3
x	h	100	2	1
y	i	100	2	1
y	j	100	2	3

　　RA-OLSR 是使用最短路徑演算法，如圖 8-37 所示，首先，A 以自己為原點，將距離一個跳躍數的節點加入候選列表(如圖 8-37)，然後每次將候選列表中測量值最低的節點取出來，加入繞徑表中。

　　例如一開始，至節點 E 的測量值最小，所以先將 E 放入繞徑表中，然後從表 8-6 中，找出與 E 相連的節點有 G 與 H，更新候選列表，而因為候選列表還不存在節點 G 和節點 H 的項目，所以新增了兩個項目，目的地位址為 g 和 h，如圖 8-38 所示。

Chapter 8

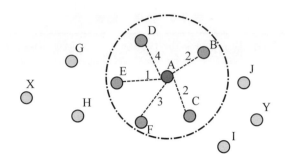

●已加入路徑表 (N)　　●已加入候選列表 (N)　　○未加入候選列表 (N)

候選列表(A)				
R_目的地位址	R_最近位址	R_跳躍數	R_測量值	R_介面位址
e	e	1	1	a
b	b	1	2	a
c	c	1	2	a
f	f	1	3	a
d	d	1	4	a

繞徑表(A)				
R_目的地位址	R_最近位址	R_跳躍數	R_測量值	R_介面位址
e	e	1	1	a

圖 8-37　繞徑選擇範例－步驟一

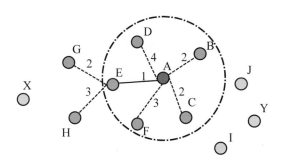

⬤已加入路徑表 (N)　　⬤已加入候選列表 (N)　　◯未加入候選列表 (N)

候選列表(A)				
R_目的地位址	R_最近位址	R_跳躍數	R_測量值	R_介面位址
b	b	1	2	a
c	c	1	2	a
f	f	1	3	a
g	e	2	3	a
d	d	1	4	a
h	e	2	4	a

繞徑表(A)				
R_目的地位址	R_最近位址	R_跳躍數	R_測量值	R_介面位址
e	e	1	1	a

圖 8-38　繞徑選擇範例－步驟二

Chapter **8**

　　將測量值最小的兩個節點 B 和 C，依序加入繞徑表中，然後新增了至節點 I 和節點 J 兩個項目，如圖 8-39 所示。

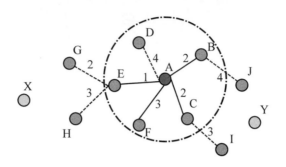

⬤ 已加入路徑表 (N)　　⬤ 已加入候選列表 (N)　　○ 未加入候選列表 (N)

候選列表(A)				
R_目的地位址	R_最近位址	R_跳躍數	R_測量值	R_介面位址
f	f	1	3	a
g	e	2	3	a
d	d	1	4	a
h	e	2	4	a
i	c	2	5	a
j	b	2	6	a

繞徑表(A)				
R_目的地位址	R_最近位址	R_跳躍數	R_測量值	R_介面位址
e	e	1	1	a
b	b	1	2	a
c	c	1	2	a

圖 8-39　繞徑選擇範例－步驟三

接下來是測量值為 3 的節點 F 與 G，將它加入繞徑表中，並且新增了一個至節點 X 的項目，如圖 8-40 所示。

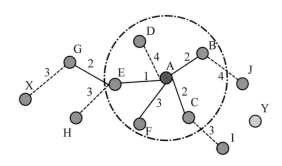

● 已加入路徑表 (N)　　● 已加入候選列表 (N)　　○ 未加入候選列表 (N)

候選列表(A)				
R_目的地位址	R_最近位址	R_跳躍數	R_測量值	R_介面位址
d	d	1	4	a
h	e	2	4	a
i	c	2	5	a
j	b	2	6	a
x	e	3	6	a

繞徑表(A)				
R_目的地位址	R_最近位址	R_跳躍數	R_測量值	R_介面位址
e	e	1	1	a
b	b	1	2	a
c	c	1	2	a
f	f	1	3	a
g	e	2	3	a

圖 8-40　繞徑選擇範例－步驟四

Chapter 8

　　依序將測量值為 4 的節點 D 和節點 H 加入繞徑表中，因為經由 H 至
X 的測量值較低，所以更新候選列表中至節點X的測量值為 5，如圖 8-41
所示。

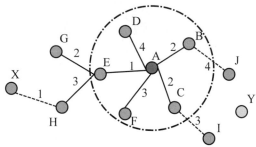

⬤ 已加入路徑表 (N)　　⬤ 已加入候選列表 (N)　　◯ 未加入候選列表 (N)

候選列表(A)				
R_目的地位址	R_最近位址	R_跳躍數	R_測量值	R_介面位址
i	c	2	5	a
x	e	3	5	a
j	b	2	6	a

繞徑表(A)				
R_目的地位址	R_最近位址	R_跳躍數	R_測量值	R_介面位址
e	e	1	1	a
b	b	1	2	a
c	c	1	2	a
f	f	1	3	a
g	e	2	3	a
d	d	1	4	a
h	e	2	4	a

圖 8-41　繞徑選擇範例－步驟五

　　將測量值爲 5 的節點 I 和節點 X 加入繞徑表中，並且在候選列表中，新增一個至節點 Y 的項目，如圖 8-42 所示。

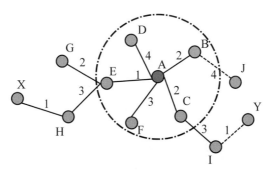

⬤ 已加入路徑表 (N)　　⬤ 已加入候選列表 (N)　　◯ 未加入候選列表 (N)

候選列表(A)				
R_目的地位址	R_最近位址	R_跳躍數	R_測量值	R_介面位址
j	b	2	6	a
y	c	3	6	a

繞徑表(A)				
R_目的地位址	R_最近位址	R_跳躍數	R_測量值	R_介面位址
e	e	1	1	a
b	b	1	2	a
c	c	1	2	a
f	f	1	3	a
g	e	2	3	a
d	d	1	4	a
h	e	2	4	a
i	c	2	5	a
x	e	3	5	a

圖 8-42　繞徑選擇範例－步驟六

Chapter 8

　　最後，將節點 J 和節點 Y 加入繞徑表中，此時，候選列表中已無項目可選，所以路徑表已建構完成，如圖 8-43 所示。因此每個節點都可以建立自己的路徑表。

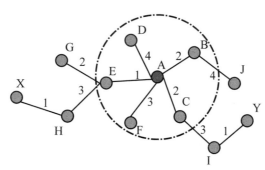

●已加入路徑表 (N)　　●已加入候選列表 (N)　　○未加入候選列表 (N)

繞徑表(A)				
R_目的地位址	R_最近位址	R_跳躍數	R_測量值	R_介面位址
e	e	1	1	a
b	b	1	2	a
c	c	1	2	a
f	f	1	3	a
g	e	2	3	a
d	d	1	4	a
h	e	2	4	a
i	c	2	5	a
x	e	3	5	a
j	b	2	6	a
y	c	3	6	a

圖 8-43　繞徑選擇範例－步驟七

8-4-2-6　多重介面宣告(MID)

MID(Multiple Interfaces Declaration)訊息主要是用來告知其他的節點，自己的介面個數。每個節點會有很多個介面，因此需要定義出一個主要位址(Main Address)作為辨識之用，如圖 8-44 所示，當節點不論由哪個介面傳送訊息，訊息的原始位址(Originator Address)都是主要位址，使得其他的節點看到主要位址就可以知道是誰送的訊息，在MID訊息裡，則需要包含主要位址以外的介面位址(Interface Address)，然後經由 MPR 轉送至整個網路，在每個節點都會有一組資料，如表 8-7 所示，每個節點的每個介面記為一項，每一項記載介面的位址，以及那個介面的節點的主要位址。

圖 8-44　MID 訊息格式

表 8-7　節點介面資訊表

欄位	描述
I_iface_addr	節點的介面位址
I_main_addr	節點的主要位址
I_time	記錄到期的時間

8-4-2-7　連結站偵測

MAP 必須要將底下與之連結的工作站(Station)資訊廣播出去，這樣別的 MP 才知道如何與那些站台連結，所以 MAP 有一個 LABA 訊息

Chapter 8

(Local Association Base Advertisement)，格式如圖 8-45 所示，是用
來傳送它底下站台的資訊，LABA 的格式包含很多的區塊(Block)，每
個區塊包含幾個站台的資料，若站台的數目超過區塊的上限，則再新增
一個區塊，區塊裡則是包含站台的位址和序號，區塊列表如圖 8-46 所示。

位元組：　　　　　　6　　　　　　　2　　　　　　變數

| 原始網狀擷取點 NAC 位址 | 生命週期 | 區域列表 |

圖 8-45　LABA 訊息格式

欄位	數值／描述
區塊 1 索引	儲存 802.11 站台位址及其序號列表的區塊索引
區塊訊息長度	區塊中 802.11 站台個數
站台位址 1	連結站台的 MAC 位址
站台序號 1	站台發送的連結管理訊框中的序號
站台位址 2	連結站台的 MAC 位址
站台序號 2	站台發送的連結管理訊框中的序號

圖 8-46　區塊列表

　　若每次都要傳送完整的站台資訊出去，則會耗費太多時間，當發送
過 LABA 後，就可以使用 LABCA(Local Association Base Checksum
Advertisement)，就是只傳送每個區塊的核對總和(Checksum)，如圖
8-47 所示，當有發現區塊的核對總和不一樣時，其他的 MP 會送出 ABBR
(Association Base Block Request)，如圖 8-48 所示，指明它哪幾個區
塊與之不符，然後請它重送。

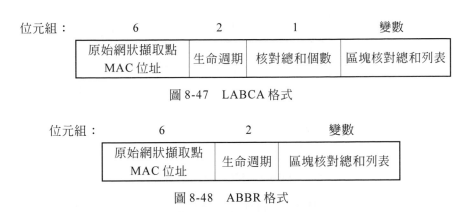

圖 8-47　LABCA 格式

圖 8-48　ABBR 格式

　　每個 MAP 都會有兩個表格，一個是 LAB(Local Association Base) 記載了它底下有幾個站台，另一個是 GAB(Global Association Base) 記載網路中所有站台的資訊，做為尋找路徑時用，而每個 MAP 會定期依照 LAB 傳送 LABA，使得其他 MAP 可以更新 GAB，而 LABA 是廣播到整個網路。經由 MAP 1 傳送的 LABA 中，發現包含 MAP 2 的節點時，使得 MAP 2 可以間接得到站台已經離開它的範圍的資訊。

表 8-8　MAP 表格欄位資訊

表格	欄位				
LAB	區塊索引	工作站位址		工作站序號	
GAB	區塊索引	擷取點位址	工作站位址	工作站序號	到期時間

8-5　外部網路連結支援

　　802.11s 使用 MPP(Mesh Point Portal 是可以連接到外部網路的 MP) 做一橋接器與其他 802 LAN 作連接。圖 8-49 是一個 MPP 的邏輯架構，可以看到 802.11s 和 802 LAN 藉由橋接器轉送和橋接器協定做溝通。

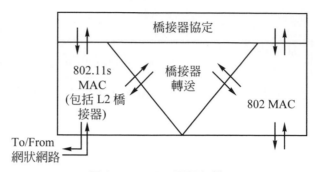

圖 8-49　MPP 邏輯架構

　　由於傳送群播和廣播封包的作法，都與之前相同，因此我們僅就單點傳播作介紹。

　　當節點有單點傳播封包要傳送時：

(1)　先檢查目的地位置是否在網狀網路裡面。

(2)　如果目的地在網狀網路裡面的話，即使用網狀路徑選擇，找出至目的地的繞徑路徑(AODV 或 OLSR)。

(3)　如果目的地在網狀網路之外，即將封包傳送廣播給所有MPP。直到有正確的 MPP 收到此封包。正確的 MPP 是指它的繞徑表格中有目的地的下一站(Next Hop)資訊，因此可以將封包傳送到目的地。知道正確的 MPP 之後，接下來要傳送的封包，就使用單點傳播傳送給該 MPP。

　　要判斷目的地是在網狀網路裡面或是外面的方法，可分為兩類情況加以討論：

● 要求式繞徑(On Demand Routing)：此繞徑協定使用轉送表(Forwarding Table)和路徑偵測(Path Discovery)的機制，去判斷目的地是否在網狀網路之中。因為是要求式繞徑，有些資訊可能不知道，所以在轉送表格搜尋失效之後，必須做路徑偵測，繼續尋找目的地的位置。

● 主動式繞徑(Proactive Routing)：此繞徑協定只需觀察轉送表格

中,是否含有目的地的 Next Hop 資訊,而不需要做路徑偵測的動作。因為它是主動式繞徑協定,平時就已經維持網路資訊的交換。因此,當表格查不到的時候,就代表目的地在網狀網路之外。

在判斷完目的地的位置之後,如果目的地的位置是在網狀網路之外,我們就將它的 Next Hop 設成廣播位址。在 Layer-2 轉送表格中的 Next Hop 欄位,會出現三種可能的表示法,說明如下:

- MAC 位址:代表目的地在網狀網路裡面。
- MPP 識別符:代表目的地在網狀網路之外,且知道應該傳給哪個 MPP。
- 廣播位址:代表目的地在網狀網路之外,但是不知道要傳給哪個 MPP。

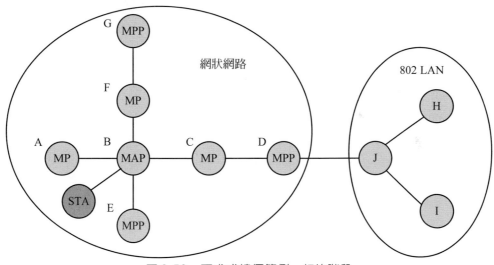

圖 8-50　要求式繞徑範例－初始階段

以下我們利用幾個範例來說明要求式繞徑的設計概念。如圖 8-50 所示,左邊的圈圈是網狀網路,右邊的圈圈是傳統的 802 LAN。網狀網路中有 MP、MAP、MPP、STA。802 LAN 中的 J 則是負責做閘道器的功用,與網狀網路相連結。

Chapter 8

情況一：當 A 想要傳送封包給 H

　　如圖 8-51 所示，A 先檢查它的轉送表格，發現 H 在表格中，且 Next Hop 為 D(MPP 的 ID)。因此，再看表格中有無目的地到 D 的資訊。剛好表格中有一欄位，其目的地為 D，Next Hop 為 B。因此，我們已經得知該如何傳送到 D，再讓 D 傳送到 H，完成 A 到 H 的傳送。

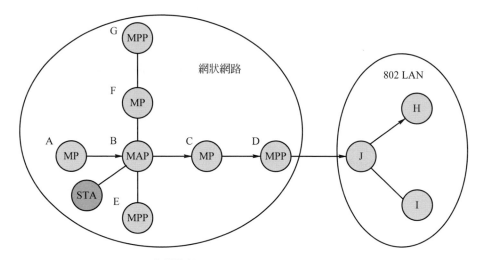

A 的轉送表

目的地	Next Hop	Metric
B	B (MAC 位址)	1
C	B (MAC 位址)	3
H	D (ID)	5
D	B (MAC 位址)	3
E	B (MAC 位址)	3

圖 8-51　要求式繞徑範例－情況一

情況二：當 A 想要傳送封包給 F

　　A 同樣先檢查它的轉送表格，發現它找不到 F 在表格中。此時，就必須使用路徑偵測的機制。以AODV爲例的話，A會廣播RREQ給它的鄰近節點，且每個鄰近節點都會幫忙轉送，如圖 8-52 所示。

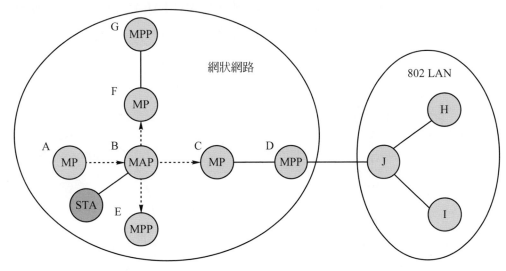

A 的轉送表

目的地	Next Hop	Metric
B	B (MAC 位址)	1
C	B (MAC 位址)	3
H	D (ID)	5
D	B (MAC 位址)	3
E	B (MAC 位址)	3

圖 8-52　要求式繞徑範例－情況二：步驟一

Chapter 8

　　隨後，F收到此RREQ的封包，發現封包的目的地就是自己，所以它會送出RREP，沿原路徑回到A，如圖8-53所示。A再去修改它的轉送表格，將F加入其中，且設定Next Hop為B(MAC)。在知道F如何傳送之後，即可用單點傳播完成A到F的傳送，如圖8-54所示。

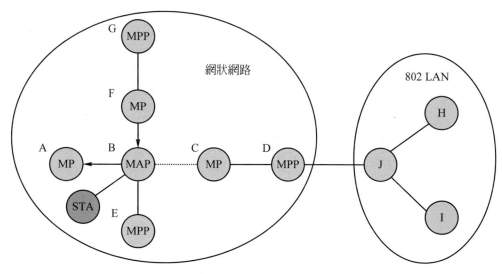

圖 8-53　要求式繞徑範例－情況二：步驟二

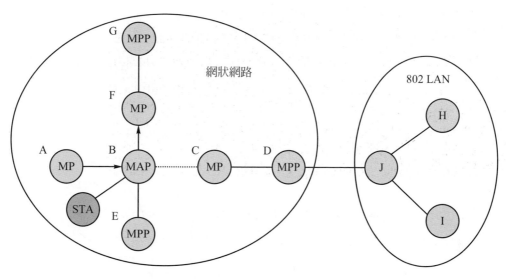

A 的轉送表

目的地	Next Hop	Metric
B	B (MAC 位址)	1
C	B (MAC 位址)	3
H	D (ID)	5
D	B (MAC 位址)	3
E	B (MAC 位址)	3
F	B (MAC 位址)	2

圖 8-54　要求式繞徑範例－情況二：步驟三

情況三:當 A 想要傳送封包給 I

　　A 還是一樣先檢查它的轉送表格,但是並無法發現 I,且作路徑偵測也找不到 I。所以,就判定 I 在網狀網路之外,且不知道要送往哪個 MPP。因此,A 先將封包以廣播的方式送給所有的MPP,如圖 8-55 所示。

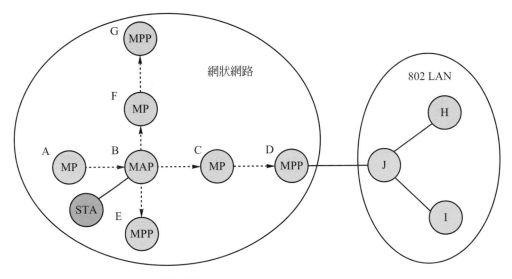

A 的轉送表

目的地	Next Hop	Metric
B	B (MAC 位址)	1
C	B (MAC 位址)	3
H	D (ID)	5
D	B (MAC 位址)	3
E	B (MAC 位址)	3
I	廣播位址	

圖 8-55　要求式繞徑範例-情況三:步驟一

當 D 收到此封包時，發現它可以傳送到 I，因此 D 會先幫忙轉送此封包給 H。然後再將它可以到達 I 的資訊傳送給 A，如圖 8-56 所示。

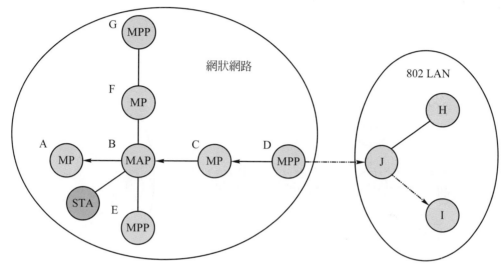

D 的轉送表

目的地	Next Hop	Metric
B	C (MAC 位址)	2
C	C (MAC 位址)	1
E	C (MAC 位址)	3
H	J (MAC 位址)	2
I	J (MAC 位址)	2

圖 8-56   要求式繞徑範例－情況三：步驟二

Chapter 8

A收到此訊息之後，會將它的轉送表格中I的Next Hop改為D(ID)，如圖8-57所示。代表以後，如果有封包要送給I的話，必須要先送給D這個MPP。

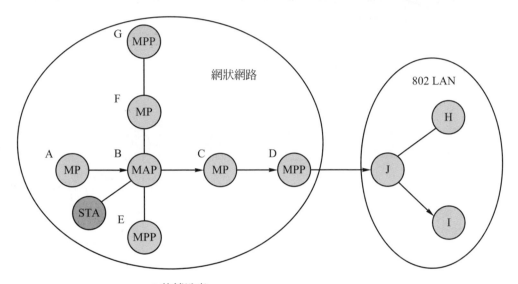

A 的轉送表

目的地	Next Hop	Metric
B	B (MAC 位址)	1
C	B (MAC 位址)	3
H	D (ID)	5
D	B (MAC 位址)	3
E	B (MAC 位址)	3
F	D (ID)	5

圖 8-57 要求式繞徑範例－情況三：步驟三

8-6 結 論

　　無線網狀網路具有自我組織(Self-oganization)的能力,能大幅降低佈建及維護的複雜度和成本,其利用無線媒介所構成的骨幹(Backbone)可提供使用者便利且隨處可得的網路取存,而網狀的架構更可同時提昇行動無線網路的可靠度(Reliability)。無線網狀網路具有高度的相容性,可建立在現有的裝置、技術和標準之中,許多大廠商目前已推出相關的產品,並對多家企業不同的應用需求提供完整的解決方案。

　　儘管如此,這項新技術仍存在相當多的問題,就目前從實驗與實際建構環境所測得的實驗數據皆顯示,現有技術的效能與能力仍遠低於所預期中的水準,因此有多項議題均需要更深入的研究與改進,如下所列:

- 規模度(Scalability):當網路節點數量增加時,現有的技術將會面臨到效能遞減的問題,主要的原因是來自於多個節點在單一通道(Channel)傳輸時所帶來的碰撞(Collision)問題,因此未來的趨勢將傾向於資料分散在不同頻道中傳輸,為了達到這個目的,節點必須同時裝配多張網路介面(Multi-interface),才可有效的在多個通道中切換,然而現有的存取、繞徑、傳輸協定並無法支援多通道多介面的網路環境,因此這一項技術急待新的研究成果。

- 自我組織(Self-organization)與自我調整能力(Self-configuration)自我組織與調整是無線網狀網路最根本也最為重要的能力需求,這項能力的達成則有賴於分散式協定(Distributed Protocol)的設計。

- 安全問題(Security):網線網狀網路延伸了無線的涵蓋範圍,但同時也意味著更多的網路取存將受到威脅,而分散式的特性更增加控管的難度,如何達到有效的加密、認識、授權和監控、將會是這項技術可否被廣大市場接受的關鍵。

Chapter 8

- 網路整合(Network Integration)：未來的趨勢，將是一個結合異質性網路及電信的整合式無線通訊網路，使用者將可透過單一的手持裝置在多個網路中移動，並仍維持穩定不間斷的網路品質，這些都有賴於整合式網路技術的提出。

8-7 參考文獻

[1] 802.11 TGs Simple Efficient Extensible Mesh (SEE-Mesh) Proposal.

[2] C. E. Perkins and E. M, Royer, "Ad-hoc On-Demand Distance Vector Routing", *In Proceedings of WMCSA '99*, pp. 90-100, February 1999.

[3] P. Jacquet, P. Muhlethaler, T. Clausen, A. Laouiti, A. Qayyum, and L. Viennot,"Optimized Link State Routing Protocol for Ad Hoc Networks", *In Proceedings of IEEE INMIC 2001*, pp. 62-68, December 2001.

[4] E. M. Royer and C. — K. Toh, "A Review of Current Routing Protocols for Ad Hoc Mobile Wireless Networks", *IEEE Personal Communications*, vol. 6, no.2, pp. 46-55, April 1999.

習 題

1. 給定一個 Ad hoc 網路，其中有6個工作站：A、B、C、D、E 與 F。工作站A、B、C、D、E 與 F 的座標分別為(0, 3)、(3, 6)、(3, 0)、(6, 6)、(6, 0)，及(10, 3)。工作站A、B、E 與 F 的傳輸範圍為5；工作站C與D的傳輸範圍為7。每條連結的空中時間成本是指工作站間的距離。Ad hoc 網路所使用的繞徑演算法為 AODV。一開始，每個工作站的轉送表為空值。現在工作站 A 利用 AODV 來找至工作站 F 的路徑。(a)請列出當工作站 F 接收到從 A 傳來的 RREQ 訊息後，各個工作站的轉送表。(b)請列出當工作站 A 接收到從 F 傳來的 RREP 訊息後，各個工作站的轉送表。(c)請列出 Radio Metric AODV 與 AODV 最主要的差異。

2. 在 OLSR 協定中，何謂 MPR(Multipoint Relay)？如上題，請找出工作站 A 的 MPR 集合。

3. 請列出無線網狀網路與 Ad Hoc 網路最主要的差異。

Chapter 8

附　錄

實驗一　無線封包的分析－ **Wireshark** 的使用

實驗目的

1. 學習與使用網路協定分析軟體－Wireshark。
2. 熟悉並了解802.11無線區域網路的封包格式。

知識背景

802.11 無線區域網路

　　802.11無線區域網路(WLAN)的封包分為三種：控制訊框(Control Frame)、管理訊框(Management Frame)，以及資料訊框(Data Frame)，控制訊框是用來作為頻道的宣告，載波感測的維護，以及資料接收的回應等工作，而管理訊框主要是用來執行管理功能，例如加入或離開某一個無線區域網路，與擷取點的連接，身分認可等工作。另外，資料訊框就是一般用來傳遞網路上層所託付的資料的訊框格式，以下是802.11相

關的訊框，詳細的訊框內容與功能，同學可以參考教科書上的描述或
802.11 無線區域網路的協定規格：

控制訊框：

控制訊框的型別辨識碼為 01b，可以分為下列幾種：

序號	子型別辨識碼	訊框名稱
01	1010	PS-Poll
02	1011	RTS
03	1100	CTS
04	1101	ACK
05	1110	CF End
06	1111	CF End + CF - Ack

管理訊框：

管理訊框的型別辨識碼為 00b，可以分為下列幾種：

序號	子型別辨識碼	訊框名稱
01	0000	Association Request
02	0001	Association Response
03	0010	Reassociation Request
04	0011	Reassociation Response
05	0100	Probe Request
06	0101	Probe Response

(續前表)

序號	子型別辨識碼	訊框名稱
07	0110-0111	Reserved
08	1000	Beacon
09	1001	ATIM
10	1010	Disassociation
11	1011	Authentication
12	1100	Deauthentication
13	1101-1111	Reserved

資料訊框：

資料訊框的型別辨識碼為10b，可以分為下列幾種：

序號	子型別辨識碼	訊框名稱
01	0000	Data
02	0001	Data + CF - Ack
03	0010	Data + CF - Poll
04	0011	Data + CF - Ack + CF-Poll
05	0100	Null Function (no data)
06	0101	CF-Ack (no data)
07	0110	CF-Poll (no data)
08	0111	CF - Ack + CF-Poll (no data)
09	1000-1111	Reserved

Wireshark

Wireshark 是一個支援 Unix 與 Windows 平台之開放源碼的網路協定分析軟體(其前身稱為 Ethereal)。它可以讓使用者直接在線上觀察網路封包,或是離線觀察先前抓取並存在磁碟上的資料,藉由與Wireshark操作介面的互動,使用者可以觀察抓取的資料,瀏覽全部封包的摘要或是各個封包的詳細資訊。Wireshark 有許多強大的功能,包括豐富的封包顯示過濾功能,以及觀察 TCP Session 重建的能力。

針對不同的來源主機或目的主機,使用者可利用它來擷取各種不同型態的封包,進行封包解析的工作。Wireshark 支援的網路封包型態很多,例如:IP、 APPLETALK、 NetBUEI、 TCP、 UDP、 TELNET或 HTTP 等協定,其中當然也包括 802.11 無線區域網路通訊協定的封包。其操作介面非常簡單,同時具有圖表顯示功能,可顯示各項網路統計資訊與協定分佈。

以下是它具備的特色:

- 可以直接在線上觀察資料,或是抓取後並存在磁碟上,於日後離線觀察。

- Wireshark可以讀取許多封包擷取軟體所抓下來的檔案格式,如: tcpdump (libpcap), NAI's Sniffer™ (compressed and uncompressed), Sniffer™ Pro, NetXray™, Sun snoop and atmsnoop, Shomiti/ Finisar Surveyor, AIX's iptrace, Microsoft's Network Monitor, Novell's LANalyzer, RADCOM's WAN/LAN Analyzer, HP-UX nettl, i4btrace from the ISDN4BSD project, Cisco Secure IDS iplog, the pppd log (pppdump-format), the AG Group's/WildPacket's EtherPeek/TokenPeek/AiroPeek, or Visual Networks' Visual UpTime 等等。

- 在Ethernet, FDDI, PPP, Token-Ring, IEEE 802.11, Classical IP over ATM 的系統上都支援線上觀察。
- 可以經由 GUI 介面觀察所抓取的資料，或經由 TTY-mode 的 "tshark" 程式來觀察。
- 抓取的檔案可以經由命令列程式"editcap"轉換為不同網路監控工具的格式。
- 具有多種統計分析工具，以及網路電話解析。
- 輸出檔可以儲存或以純文字或PostScript的方式印出。
- 資料的顯示可以用 display filter 達到較佳的分類觀察。

實驗設備與環境

1. 硬體。
   (1) 電腦一台。
2. 軟體。
   (1) 作業系統：Linux 或 Windows 皆可。
   (2) wireshark軟體。

實驗方法與步驟

1. 安裝wireshark。
   到http://www.wireshark.org/download.html下載最新的wireshark檔案。
2. 由下列的網址下載兩個由無線網路卡截取封包的檔案：
   http://hccc.ee.ccu.edu.tw/courses/wlan/lab/lab2/1.cap
   http://hccc.ee.ccu.edu.tw/courses/wlan/lab/lab2/2.cap。
3. 從wireshark的選單中選擇開啟1.cap檔案。

4. 在 filter 的地方填入：

wlan.sa ＝＝ 00:02:2d:46:12:3a 或 wlan.da ＝＝ 00:02:2d:46:12:3a 1.3，找第一個 probe request 與第一個 Probe Response。

5. 試著在 filter 的地方填入不同的參數找出各種不同的 802.11 無線區域網路訊框。

6. 重覆步驟 3，開啓 2.cap 檔案，在 filter 填入 wlan.fc ＝＝ 0x00A4 根據問題表格，觀察分析並紀錄。

實驗記錄

1. 在無線封包分析表格(見下頁)詳細描述並填寫相關的問題。

2. 心得報告題目：這次的實驗你得到什麼？寫下實驗後對 802.11 訊框的認知與 Wireshark 使用的心得。

無線封包分析表格

1. 開啓 1.cap 檔案

　(1)　在 filter 欄位填入 wlan.sa ＝＝ 00:02:2d:46:12:3a，找出第四個 probe request 封包，並且於下列表格填入 16 進位的值：

Frame control		Duration	

Destination Address					

Source Address					

BSSID					

Frag num & seq num	Tag num	Tag len	Tag Interpretation	Tag num	Tag len

Tag Interpretation		

(2) 在 filter 欄位填入 wlan.da ＝ ＝ 00:02:2d:46:12:3a，找出第四個 probe response 封包，並且於下列表格填入 16 進位的值：

Destination Address					

Source Address					

Beacon Interval	

(3) probe response 封包比 probe request 封包多一個 tagged parameter 欄位的值，請用十進位的值寫下 tagged parameter 的資訊：

Tag num	
Tag len	
Tag interpretation	

(4) 請解釋此額外的 tagged parameter 的功能與此 tagged parameter 的目的：

---

2. 開啟 1.cap 檔案

(1) 請找出編號第 496 與第 568 的封包，請問這兩個封包的 type 為何？

⑵ 請找出Frame Control欄位16進位的值爲何？(寫下填入此值的理由)

⑶ 此兩個封包的差別是什麼？

⑷ 請找出編號第569的封包的type爲何？

⑸ 第568的封包比第569的封包多一個欄位，此欄位的名稱是什麼？

3. 開啓 2.cap 檔案

(1) 在 filter 欄位填入 wlan.fc == 0x00A4，並在下列表格填入觀察到的值：

Type & Subtype	Association ID
BSS Id	Transmitter address

(2) 此封包的 type 爲何？

(3) 此封包的目的爲何？

4. 開啓 2.cap 檔案

(1) 請找出編號第 201 的封包，並在下列表格填入 16 進位的值：

Frame control		Duration			
Destination Address					
Source Address					
BSSID					
Fragment num & seq num		Authentication algorithm		Authentication SEQ		Status code	

5. 開啓 2.cap 檔案

(1) 編號第 171 與編號第 173 的封包都有"Tag num: 1"此欄位，下一個欄位是"Tag interpretation: (supported rates)"，編號第 171 的封包的"Tag interpretation: (supported rates)"的欄位有"(B)"在裡面，而編號第 173 的封包沒有，請說明此"(B)"所代表的意義。

⑵　編號第173的封包沒有(B)的原因是什麼？

問題討論

1. 安裝與使用Wireshark所遇到的問題與困難？原因為何？如何解決？
2. 自行練習使用Wireshark網路管理監看的功能(有線與無線的監聽模式)。

參考資料

1. wireshark: http://www.wireshark.org
2. Mattbew S. Gast, 802.11 wireless networks, 2nd Ed., O'REILLY, 2005

實驗二　802.11 BSS 無線區域網路架設與無線封包擷取

實驗目的

1. 瞭解與學習 802.11 基礎架構式網路（BSS）架設與各項系統參數設定。

2. 瞭解與學習 Windows 與 Linux 下 802.11 無線網卡之設定與相關工具應用。

3. 瞭解與學習如何在 Linux 上，利用網路協定分析軟體－Wireshark 來擷取無線網路的封包。

背景知識

　　在上一個實驗裡，我們學會了如何使用封包抓取程式-Wireshark 來分析已經抓到的封包，這一次的實驗我們將使用坊間容易購得的無線接取點(Access point)以及無線網路卡，學習如何自己建構並設定一個 IEEE 802.11 BSS 無線區域網路，同時也讓我們自己的機器也可以用來抓取無線網路的封包。

　　一般的網路卡在正常運作的情況下只會接收要送給自己的封包(當然也包括廣播與群播的訊息)，為了讓我們的網路卡能夠監聽網路上傳送的訊息，首要之務當然是讓網路卡變成無所不收的型態運作，這樣的運作型態稱之為 Promiscuous mode。目前市面上的乙太網路卡以及 802.11 無線網路卡，大都支援 Promiscuous mode 的運作。

　　不過就擷取完整的802.11協定封包而言，單將網路卡的Promiscuous mode啓動仍是不夠的。因爲現今的802.11的網路卡在啓動Promiscuous mode之後，只能擷取其已連結(associated)之無線網路的所有封包，而當該網路卡尚未連結到任何無線網路時，是沒有任何封包可以被擷取進來的。若要將所有802.11協定封包都擷取進來(包括Association Request/Response、Probe Request/Response、Beacon等等)，則要將網路卡設定爲「Monitor mode」(又稱爲「RFMON mode」)。在Monitor mode之下，無線網路卡將處於單純信號監聽的狀態，使用者可以指定其監聽的無線頻道，此時無線網路卡將接收該頻道所出現的任何封包，再交由上層的應用程式處理。搭配Wireshark等支援802.11封包解析的軟體，便可以對802.11網路的行爲作完整的追蹤。使用Monitor mode必須注意的是，網路卡所接收到的封包乃是在這個無線頻道出現的所有封包，因此若多個BSS同時使用此頻道架設無線網路，則會觀察到除了想要監聽的BSS的封包之外，也會有大量其他BSS封包出現。

　　另外要注意的是，使用Monitor mode並非一定可以將所有在此頻道出現的所有封包都接收進來，必須視信號的相對品質而定。若封包信號品質對Monitor mode網路卡來說是不好的話，那麼就有可能無法成功被解碼出來，因此無法擷取到這個封包。另外，處於Monitor mode的網路卡是無法同時當作一般正常的網路卡使用，不像處於Promiscuous mode的網路還可以正常地用來收送資料。不過目前有些無線網路晶片的Linux驅動程式，有支援在Monitor mode可以臨時發送一個802.11封包。

　　無線網路卡的Monitor mode支援，除了需要晶片製造商的提供之外，也需要作業系統內的驅動程式來配合。就目前的發展來說，微軟的Windows系統的無線網路卡驅動程式介面對此沒有完整的定義，而各家廠商所提供的驅動程式也大都沒有完整支援。而 Linux 系統對 Monitor mode 的支援就相對完整許多，不僅在驅動程式介面的定義上就有完整的定義，且幾乎所有網路晶片製造商所提供的驅動程式也都有實作出來，因此就教學與實驗來說，使用 Linux 系統來做 802.11 協定解析是比較方便的。

實驗設備與環境

1. 具 USB 埠的 PC 三部：

   (1) 其中兩部作為 802.11 工作站，另一部則作為專門擷取封包的主機(Monitor)。

   (2) 三部 PC 位置需盡量靠近，以免擷取封包時擷取不到，最好是前後三台 PC，中間那台做擷取用)。

   (3) 作業系統：

   • 802.11 主機：Windows XP。

   • Monitor 主機：BackTrack Linux (在 Windows 上使用 Vmware 虛擬機器執行)。(註：BackTrack Linux 已不再維護，讀者可至 www.kali.org 下載 Kali Linux 的 Vmware 映像檔來執行)

   (4) 必要軟體：

   • 802.11 主機：無線網卡驅動程式。

   • Monitor 主機：Vmware Player、BackTrack Linux Vmware virtual machine。

2. USB 無線網卡(TL-WN821N)三支。

3. IEEE 802.11 Access Point 一部(本實驗使用 TP-Link TL-WR1043ND)。

實驗步驟

1.　實驗之前，請先觀察 AP 與你所使用的無線網卡，在其外殼的標示中，找到其 MAC Address，並記錄下來備用(實驗報告會用到)。若外殼未標示，則請在安裝完驅動程式之後利用系統所提供的工具軟體觀察。

2.　將 Access Point (AP)接上電源啟動，並將可連接網際網路的網路線插到 AP 的 WAN 埠(如下圖)，使得 AP 可以連上網際網路。

3.　用一條 Ethernet 線將其中一部 802.11 主機的 Ethernet 網路卡連到 AP 的任一個 LAN 埠(如下圖)，稍後將使用該主機連線到 AP 進行 AP 的組態設定。

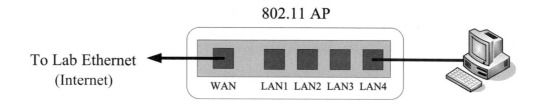

4.　觀察 802.11 主機是否從 AP 取得 192.168.1.xxx 的 IP 地址。若無，則自行設定一個 192.168.1.xxx 的 IP 地址給連線到 AP 的這張網路卡。（注意，不可以使用 192.168.1.1，因為這是 AP 預設的 IP 地址），將此 IP 地址記錄下來備用。

5.　在此 802.11 主機執行 Web 瀏覽器(如 Internet Explorer 或 Google Chrome 等等)，於網址列鍵入「http://192.168.1.1」，此時應會連線到 AP 的組態設定網頁，當詢問帳號及密碼時，兩者都鍵入「admin」，即可進入 AP 的設定網頁，如下圖。

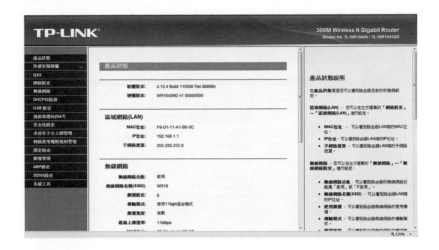

6. 選擇畫面左邊「無線網路」，則會出現「無線網路設定」畫面(如下圖)，請變更以下欄位之設定值：

(1) 無線網路名稱(SSID)—設定為你想要的名稱(例如："Test AP 123")。

(2) 地區：請選台灣(Taiwan)。

(3) 頻道：選用你想要用的頻道。

(4) 模式：請選用「使用11bgn混合模式」。

(5) 最高上傳速率：請選擇300Mbps。

(6) 啟用「無線網路功能」：打勾。

(7) 啟用「無線網路名稱(SSID)顯示」：打勾。

設定完成之後按下方「儲存」鈕，再依畫面指示，點選重新開機(Reboot)的連結。重新開機後，請檢查是否設定成功。

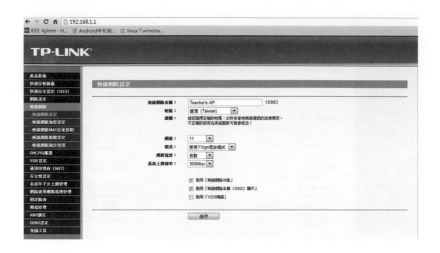

7.　重新開機後，選擇畫面左邊「無線網路」，再點選其下的「無線
　　網路加密設定」(Wireless Security)，檢查目前是否設定在"取
　　消「無線網路加密(安全性)設定」"(Disable Security)(如下圖)。
　　若不是，則改選成這個設定，然後儲存並重新開機。(註：沒有
　　加密的封包才能觀察其內容)

8. 仍舊選擇畫面左邊「無線網路」，再點選其下的「無線網路進階設定」(Wireless Advanced)，請變更以下欄位之設定值(如下圖)：

⑴ Beacon間隔(Beacon Interval)：設定為「500」。

- 即為將Beacon訊框發送週期定為500 ms，如此在擷取封包時才不會出現太多的Beacon訊框。

⑵ 取消「啟用WMM」的勾選：

- 不啟動 IEEE 802.11e 的 EDCA 功能，即是讓此 AP 不支援802.11的QoS Enhancement功能。(註：目的是讓本實驗的協定解析單純化)

設定完按下下方「儲存」鈕，再依畫面指示，點選重新開機的連結。重新開機後，請檢查是否設定成功。

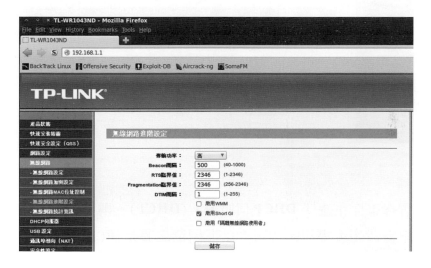

9.　選擇畫面左邊「網路設定」(Network)，則會出現「網際網路 (WAN)」設定畫面，請變更以下欄位之設定值(請教師公告以下各項設定值)(如下圖)：

(1)　WAN連線方式。

(2)　IP位址(IP Address)。

(3)　子網路遮罩(Subnet Mask)。

(4)　預設閘道 (Default Gateway)。

(5)　主要DNS (Primary DNS)。

10.

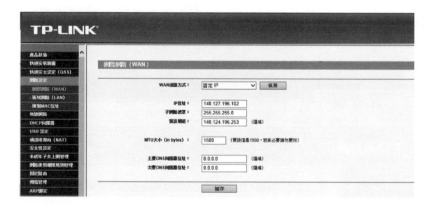

選擇畫面左邊「 DHCP伺服器」(DHCP)，則會出現「DHCP伺服器設定」畫面，請變更以下欄位之設定值(註：此設定的主要目的是讓連接到 LAN 埠的主機，可以透過 DHCP 自動得到 192.168.1.100～199之間的IP Address)：

(1)　DHCP伺服器：請選擇 "啟用"(Enable)。

(2)　開始發放的IP位址(Start IP Address)：設定為 192.168.1.100。

⑶　結束發放的IP位址(End IP Address)：設定為 192.168.1.199。

⑷　預設閘道(Default Gateway)：設定為 192.168.1.1。

　設定完按下下方「儲存」鈕，再依畫面指示，點選重新開機的連結。重新開機後，請檢查是否設定成功。

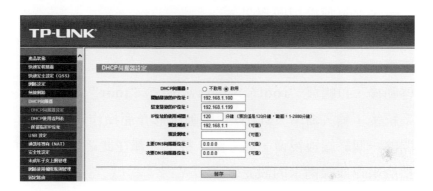

11. 檢查各項參數是否成功變更，以及WAN連線狀態（可以選擇「產品狀態」(Status)來觀察），若均OK則AP設定完成，此時應拔掉設定AP的所用 802.11 主機的Ethernet線，使得此主機不再與AP作有線連結。

12. 在兩部 802.11 主機上，分別插上 USB 無線網路卡並安裝驅動程式。當網路卡成功啟動後，Windows 將會自動進行無線網路搜尋，此時點選螢幕右下角的無線網路圖示，可以看到附近無線網路的列表，裡面可以看到你的 AP 的網路名稱。若沒有，則必須重新檢查你的 AP 的無線網路設定，直到成功為止。

13. 在兩部 802.11 主機上，分別選擇與你的 AP 的無線網路建立連線，連線成功後，請檢查是否有從 AP 成功取得 IP Address 及相關設定。記錄兩部 802.11 主機所得到 IP Address 備用。

⑴　可在"網路上的芳鄰"按滑鼠右鍵,然後點選"內容",在跳出的"網路狀態"視窗中,雙擊無線網路卡的圖示,觀看其內容即可獲得相關資訊。

⑵　或是開啓一個"命令提示字元"視窗,在其中鍵入ipconfig指令,亦可獲得相同資訊。

14. 接下來,在 Monitor 主機上以 Vmvare Player 啓動 BackTrack 虛擬機器。

15. 啓動後,以帳號"root",password爲"toor"登入系統。登入系統後,輸入命令"startx"啓動圖形介面操作環境。

16. 開啓一個終端機視窗,如下圖。接下來都在此終端機視窗中鍵入指令來作無線網卡的設定。

17. 插入USB無線網卡，然後在終端機內輸入「dmesg」指令，印出系統訊息，以確認無線網卡有被Linux偵測到，並正常載入驅動程式。

⑴　系統可能會將此無線網卡命名為"wlanx"其中 x 為一個整數（例如：wlan0）。

⑵　若再使用"lsusb"指令便可列出目前連接到 USB 埠的所有裝置名稱，其中應會包含此無線網路卡。

⑶　也可以使用"iwconfig"指令來觀察目前無線網路卡的狀態。

```
^  v  x  root@bt: ~
File Edit View Terminal Help
root@bt:~# iwconfig
lo        no wireless extensions.

wlan1     IEEE 802.11bgn  ESSID:off/any
          Mode:Managed  Access Point: Not-Associated   Tx-Power=0 dBm
          Retry  long limit:7   RTS thr:off   Fragment thr:off
          Encryption key:off
          Power Management:off

eth0      no wireless extensions.

root@bt:~#
```

18. 因為Monitor主機上的USB無線網卡將作為擷取封包使用，必須
先將其運作模式改為 Monitor mode，並指定其監聽的頻道。在
終端機視窗，執行下列指令：

⑴　iwconfig wlan0 channel 11 (設定網卡監聽頻道 11。此為範
例，你必須聽取你的 AP 所設定的網路頻道)。

⑵　ifconfig wlan0 down (先關掉網卡)。

⑶　iwconfig wlan0 mode monitor (設定網卡為 monitor 模式)。

⑷　ifconfig wlan0 up (重新啟動網卡)。

設定完成後可以使用iwconfig指令以及ifconfig指令來確認設定的
結果。

```
^  v  x  root@bt: ~
File Edit View Terminal Help
root@bt:~# iwconfig
lo        no wireless extensions.

wlan1     IEEE 802.11bgn  Mode:Monitor  Frequency:2.462 GHz  Tx-Power=20 dBm
          Retry  long limit:7   RTS thr:off   Fragment thr:off
          Power Management:off

eth0      no wireless extensions.
```

```
^ ^ × root@bt: ~
File Edit View Terminal Help
root@bt:~# ifconfig
eth0      Link encap:Ethernet  HWaddr 00:0c:29:2c:d0:eb
          inet addr:192.168.189.129  Bcast:192.168.189.255  Mask:255.255.255.0
          inet6 addr: fe80::20c:29ff:fe2c:d0eb/64 Scope:Link
          UP BROADCAST RUNNING MULTICAST  MTU:1500  Metric:1
          RX packets:135745 errors:0 dropped:0 overruns:0 frame:0
          TX packets:6661 errors:0 dropped:0 overruns:0 carrier:0
          collisions:0 txqueuelen:1000
          RX bytes:18450826 (18.4 MB)  TX bytes:789585 (789.5 KB)
          Interrupt:19 Base address:0x2000

lo        Link encap:Local Loopback
          inet addr:127.0.0.1  Mask:255.0.0.0
          inet6 addr: ::1/128 Scope:Host
          UP LOOPBACK RUNNING  MTU:16436  Metric:1
          RX packets:14847 errors:0 dropped:0 overruns:0 frame:0
          TX packets:14847 errors:0 dropped:0 overruns:0 carrier:0
          collisions:0 txqueuelen:0
          RX bytes:1084523 (1.0 MB)  TX bytes:1084523 (1.0 MB)

wlan1     Link encap:UNSPEC  HWaddr 90-F6-52-0F-AE-81-30-30-00-00-00-00-00-00-00-00
          UP BROADCAST RUNNING MULTICAST  MTU:1500  Metric:1
          RX packets:139 errors:0 dropped:0 overruns:0 frame:0
          TX packets:0 errors:0 dropped:0 overruns:0 carrier:0
          collisions:0 txqueuelen:1000
          RX bytes:40801 (40.8 KB)  TX bytes:0 (0.0 B)
```

19. 接下來，執行Wireshark程式，應可在interface列表中看到wlan0
    網路介面，請嘗試選取該介面開始擷取封包，看看可否擷取到你
    的 AP 與網卡所送出的 IEEE 802.11 封包，觀察每個封包是否有
    IEEE 802.11 的 header 結構在內。

    (1)　請注意，會看到其它使用相同頻道的網路封包，請設法將其他
    　　網路的封包過濾。(提示：可以使用 802.11 主機網卡與 AP 的
    　　MAC Address 來過濾)

    (2)　請觀察是否有封包漏接的現象，如何察覺？(提示：使用 802.11
    　　的封包序號來判斷)

20. 此步驟將擷取 802.11 主機在做連線上網時的所有封包：

    (1)　將一部 802.11 主機的無線網卡與 AP 斷線。

    (2)　啟動 Monitor 主機的 Wireshark，開始擷取無線網路封包。

(3) 在 802.11 主機上，點選螢幕右下方無線網路圖示，在所有列出來的網路中，找到自己所建立的無線網路名稱，重新與其建立連線。

(4) 在建立連線成功後，就可以停止Wireshark的擷取，並在擷取結果中找到以下封包，表示整個連線上網過程的封包都有收到，否則必須重新擷取：

① 網路卡所送出的 Probe Request。

② AP所送出的 Probe Response。

③ 網路卡所送出的 Authentication Request。

④ AP所送出的 Authentication Response。

⑤ 網路卡所送出的 Association Request。

⑥ AP所送出的 Association Response。

(5) 將擷取結果存檔為 exp802.11-1.pcap。

21. 接下來，在一部 802.11 主機上執行 ping 程式，ping 另外一台 802.11 主機，使用 Monitor 主機的 Wireshark 擷取 ping 過程中的所有封包，並加以存檔為 exp802.11-2.pcap。

問題討論

1. (1)在連結上網過程的擷取檔中(exp802.11-1.pcap)，找出一個所使用的 AP 所送出 Beacon 封包，記錄其封包編號。

(2)從這個 Beacon 封包中找出此擷取點所支援的資料速率，記錄並標示這些資訊的欄位名稱與內含值。

2. ⑴請寫出使用在 802.11 主機的兩支無線網路卡的 MAC Address。

⑵在連結上網過程的擷取檔中(exp802.11-1.pcap)找出，802.11 主機無線網卡所送出的 ProbeRequest、Authentication、Association Request 等封包、以及 AP 回應之 ProbeResponse、Authentication、Association Response 等封包，並寫下各個封包的編號。

3. 在 ping 過程的擷取檔中(exp802.11-2.pcap)，將兩支無線網路卡因執行 ping 程式而互相傳送的 ICMP Echo Request 以及 ICMP Echo Response 封包找出。注意，必須包括所有從來源端網卡送到 AP 的封包、AP 送到目的端網卡的封包、以及以上各封包所對應的 ACK 封包。寫下以上這些封包的編號(至少一組)。

4. 架設 BSS 所遇到的問題與困難？原因為何？如何解決？

5. 無線封包擷取時所遇到的問題與困難？原因為何？如何解決？

6. 請自行利用本實驗的方法在家(或宿舍)練習無線網路管理監看的功能，並紀錄你的實驗步驟與觀察結果。

實驗三　無線網路的傳輸特性

實驗目的

　　觀察當 MS 與 AP 的距離有所變化的時候，其資料速率(Data Rate)
與訊號強度有何變化。

Mobile Station (MS)

距離縮短

知識背景

　　在 802.11 無線網路中，以 infrastructure 為主要的設置環境，其大
多使用在校園、咖啡店，機場等，供使用者能夠在 AP 的覆蓋範圍內隨
意無線上網。通常在建築內安裝多個AP，讓室內的使用者能接收AP的
訊號，與 AP 做溝通以收送資料，但是在室內有許多影響 RF 訊號的傳
遞，包括天然物理現象，如多重路徑干擾(multipath interference)，以
及人為競爭現象，如同一個頻道(channel)下有多個使用者。我們應該都
有一些經驗，在室內使用無線網路，訊號強度極度不穩定，這是由於上
述兩種可能的因素造成，但是天然物理現象干擾不是我們所能控制，我
們只能控制人為因素，所以本次實驗採用較少被使用 5-GHz 頻帶的

802.11n，以減少頻道中碰撞的機會，然後觀察 MS 和 AP 間的距離，與資料速率有何關係。

實驗環境需求

1. 硬體。
   (1) 筆記型電腦一台。
   (2) 支援 5GHzIEEE 802.11n 規格 Access Point 一台(實驗室提供)(本實驗使用 TP-Link TL-WDR3500)。
   (3) 支援 5Ghz IEEE 802.11n 規格 USB 網卡一支(實驗室提供)。
2. 軟體。
   (1) Windows XP 作業系統。

實驗方法與步驟

1. 設定 Access Point：
   (1) 主機連接 Ethernet 埠到 AP 的 LAN 埠，執行 Internet Explorer (或其他 Web 瀏覽器)，在網址列鍵入「http://192.168.1.1」，此時會被詢問帳號及密碼，請都鍵入「admin」，即可進入 AP 的設定網頁。
   (2) 選擇畫面左邊「無線網路」，則會出現「無線網路設定」畫面，請變更以下欄位之設定值：
     ① 無線網路名稱(SSID) 一設定為你想要的名稱(例如：Teacher's AP)。
     ② 地區：請選台灣(Taiwan)
     ③ 頻道：選用你想要的頻道。
     ④ 模式：請選用「使用 11an 混合模式」。

設定完畢再依畫面指示，點選重新開機(Reboot)的連結。重新開
機後，請檢查是否設定成功。

(3)　重新開機後，選擇畫面左邊「無線網路」，再點選其下的「無
線網路加密設定」(Wireless Security)，檢查目前是否設定在
"取消「無線網路加密(安全性)設定」"(Disable Security)。
若不是，則改選成這個設定，然後儲存並重新開機。

(4)　設定完成後，將 AP 移至教室門口固定位置放好。

2.　在主機插入無線網路卡並安裝驅動程式，完成後將該網卡的IPv4
設定為自動取得 IP 位址。

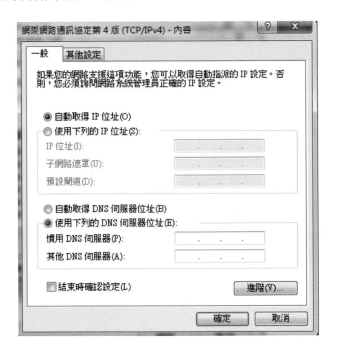

3.　在畫面右下角的無線網路圖示按下滑鼠左鍵，從無線網路列表中
選擇先前步驟所設定好的網路，開始進行連線。

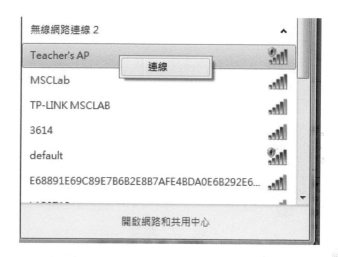

4. 連線完成後，開啓無線網路狀態視窗，將電腦從教室門口持續移動遠離 AP，觀察資料速率以及訊號強度的變化。

5. 重覆以上步驟，以不同距離測試實驗結果。

問題討論

1. 請詳細敘述實驗的過程，並指出遭遇何種困難以及如何解決？

2. 這次實驗你得到了什麼？請寫下你的心得報告。

3. 由實驗結果得知，資料速率和傳輸距離有何關係？試著思考說明為何有這樣結果。

實驗四　使用 Openwrt 韌體建置嵌入式 AP 系統

實驗目的

1. 學習如何在 Linux 環境下建置 Openwrt 系統編譯環境。

2. 學習如何將 Openwrt 系統移植到嵌入式 AP 硬體。

3. 學習如何設定 Openwrt 系統，使之成為一個 802.11 無線頻寬分享器。

背景知識

　　Openwrt 是一套運行在嵌入式設備上的 Linux 系統韌體，它有許多優點，包括整合式的設定檔編修工具，以及已被移植到相當多市面上的有線/無線頻分享器平台，支援多種處理器(ARM、MIPS、PowerPC、…)，穩定性佳等等。它也移植了 3000 多種開放源碼套件可供使用者下載使用，因此使用者可以在安裝 Openwrt 韌體之後，選用各項現有 Linux 軟體套件來擴充頻寬分享器的功能，也可以自行安裝程式開發工具，自行發展可以執行於此平台上的應用軟體，相當適合在嵌入式網路系統的教學實驗中使用。

　　在 Openwrt 套件中有一個稱為 "Luci" 的應用套件，Luci 提供了透過 Web 網頁進行所有操控網路以及應用服務安裝與設定的功能，本實驗將透過此套件來對已安裝好的 Openwrt 系統進行各項組態設定。

實驗設備與環境

1. 具 USB 埠的個人電腦一部。

　(1)　需安裝 Vmware Player 虛擬主機執行器(可自行至 http://www.vmware.com/go/downloadplayer 下載)。

　(2)　需準備 Backtrack Linux 作業系統虛擬主機映像檔(使用 Vmware Player 開啓)(可自行至 http://www.backtrack-linux.org/downloads/下載)。

2. IEEE 802.11 Access Point (本實驗使用 TP-Link TL-WR1043ND) 一部。

實驗步驟

1. 使用 Vmware player 啓動 Backtrack Linux 虛擬主機系統：

　(1)　開機後始用 root 登入(密碼：toor)，並在進入系統後執行 startx 指令來啓動圖形化操作介面。

2. 下載 Openwrt 套件原始碼：

　(1)　開啓一個 Terminal 視窗輸入如下指令(從 Openwrt 的原始碼 subversion 倉儲中取出目前最新版號的版本)：

svn co svn://svn.openwrt.org/openwrt/branches/backfire

(或 svn co svn://svn.openwrt.org/openwrt/branches/attitude_adjustment 亦可，只是版本不同，其他操作方式相同)。

下載完成的畫面如下圖。

3.　在Terminal視窗中依序執行以下命令，下載所有的應用程式套件：

⑴　變更工作目錄：cd backfire/。

⑵　使用vim文字編輯器編輯檔案prereq-build.mk：vim include/
prereq-build.mk。

將不能使用root身分來編譯openwrt的限制取消掉(如下圖)。

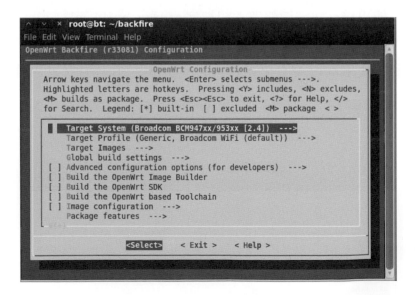

(3)　更新並下載所有openwrt所支援的應用服務套件原始碼：執行
　　　以下兩個批次命令。

　　① 　./scripts/feeds update -a

　　② 　./scripts/feeds install -a

4. 　設定各項openwrt目標平台組態與編譯選項：

　(1)　執行指令make menuconfig

(1)　選擇需要安裝的套件與平台設定，條列如下：

① Target system　Atheros ar71xx/ar7240/ar913x

② Target profile　TP-Link TL WR1043ND v1

③ Base system　base-files、block-hotplug、busybox、dnsmasq、dropbear、libc、libgcc、mtd、opkg、swconfig、ucitrigger、udevtrigger

④ Base system　Busybox　Configuration　Linux system utilities--->mount

⑤ LUCI　Applications　luci-app-statistics、luci-app-wol

⑥ LUCI　Collections　luci

⑦ LUCI　Translations　luci-i18n-chinese

⑧ Kenral modules　Block devices　kmod-dm、kmod-nbd、kmod-scsi-genetic

⑨ Kenral modules　Filesystems　kmod-fs-ext2、kmod-fs-ext3、kmod-fs-ntfs、kmod-fs-vfat、kmod-nls-cp437、kmod-nls-iso8859-1、kmod-nls-utf8

⑩ Kenral modules　Network Support　kmod-mppe、kmod-ppp-synctty、kmod-pppoa、kmod-pppol2tp、kmod-wprobe

⑪ Kenral modules　Other modules　kmod-button-hotplug

⑫ Kenral modules　USB support　kmod-usb-core、kmod-usb-hid、kmod-usb-ochi、kmod-usb-storage-extras、kmod-usb-uhci、kmod-usb2

⑬ Kenral modules　Wireless Drivers　kmod-ath9k、kmod-lib80211、kmod-madwifi、kmod-mwl8k

⑭ Network　Captive Portals　chillispot、pepeerspot

⑮ Network　File Transfer　atftp、atftpd、vsftpd、wget、wput

⑯　Network　wpad-mini

⑰　Utilities　mount-utils、mountd

設定完後儲存並離開。

5. 編譯openwrt套件(含Linux作業系統核心與選用的應用服務套件)：

(1) 在 Terminal 視窗中繼續執行命令：make　V＝99　2＞&1　｜　tee build.log　｜　grep-i error(以下為編譯完成時的畫面)。

(2) 編譯完成後可在目錄/backfire/bin/ar71xx/中找到韌體檔，檔名為openwrt-ar71xx-tl-wr1043nd-v1-squashfs-factory.bin。

6. 將編譯好的韌體燒錄到Access Point平台，並重新啟動平台，開始執行新韌體(此處以 TP-Link WR-1043ND 為例)：

(1) 將網路線連接電腦的Ethernet埠與AP的LAN埠，使得電腦自動取得 AP 給的 IP Address (應為 192.168.1.xxx)。

(2) 以 Web 瀏覽器連接網址 192.168.1.1(即 AP 的 IP Address)，並登入其 web 管理介面(預設的使用者名稱與逆碼都是 "admin")。

(3) 將 openwrt-ar71xx-tl-wr1043nd-v1-squashfs-factory.bin 上傳到 AP：

① 選擇 "系統管理" "韌體升級" (如下圖)。

(4) 韌體上傳完成後必須等待一段時間(大約 2～3 分鐘)，然後將機器電源拔除後再重新接上啓動。(註：第一次啓動會花比較久的時間，因爲系統會格式化內部的 flash，使其剩餘空間可以當作磁碟空間使用。)

(5) 當 AP 重新啓動完成之後，可以在電腦主機上觀察到 Ethernet 埠已重新取得一個 IP Address (應該也爲 192.168.1.xxx 的形式，只不過尾碼 xxx 可能跟先前不同)。

7.　登入 Luci 組態管理介面：

(1)　透過瀏覽器重新連線到 192.168.1.1 就可看到如下圖的登入畫面：

第一次登入不須密碼，直接按Login便可登入，登入後會看到Status
頁面(如下圖)。

8. 進行無線網路(WiFi)組態設定：

⑴ 點選 network 標籤→wifi 標籤，得到如下圖畫面。

⑵ 將 Generic 802.11bgn Wireless Controller (radio0)無線網路
介面啓動：按下右方 Enable 按鈕。

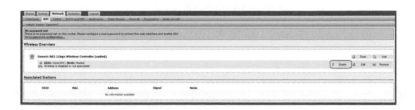

⑶ 接著按下Edit按鈕進入組態設定畫面(如下圖)，進行如下設定：

① Channel：設定爲 11 (或其他頻道號碼亦可)。

② ESSID：設定爲 Openwrt (或其他你喜歡的網路名稱)。

③ Mode：設定爲 Access Point。

④ Network 選擇 lan。

⑤ 其它設定：使用預設值即可。

(4)　再到下方 Interface Configuration 窗格中，點選 Wireless security 標籤，以設定加密類型與密碼(如下圖)。

①　Encryption：選擇 WPA-PSK/WPA2-PSK Mixed Mode。

②　Cipher：選擇 auto。

③　KEY：自行設定喜歡的密碼。

④　設定完先按 Save 按鈕暫時儲存設定值。(注意，此時尚未眞正執行設定。)

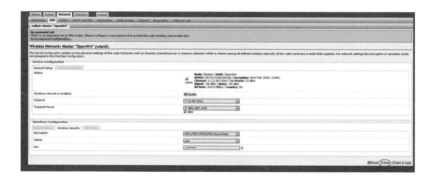

9.　進行 LAN 端的組態設定：

(1)　點選 network 標籤→Interface 標籤，得到如下圖畫面。

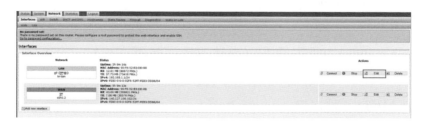

①　點選 LAN 介面右方的 Edit 按鈕，出現 LAN 端組態設定畫面(如下圖)：

②　Protocol：設為 Static address

③　IPv4 address：設為 192.168.1.1 (此即 AP 在 LAN 端的 IP Address)

④　IPv4 netmask：設為 255.255.255.0

⑤　其它使用設定使用預設值即可

⑥　設定完請按下方 Save 按鈕暫存設定。

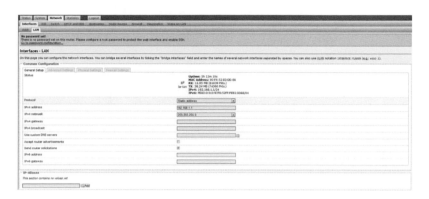

10.　進行 WAN 端組態設定 (此處使用固定 IP Address 為例)：

(1)　點選 network 標籤→Interface 標籤，進入畫面後，點選 WAN 介面右方的 Edit 按鈕，出現 WAN 端組態設定畫面 (如下圖)：

①　Protocol：設為 Static address。

②　IPv4 address：設為固定對外聯網的 IP Address (例如 140.127.196.102)。

③　IPv4 netmask：依當地對外聯網規範來設定 (例如 255.255.255.0)。

④　IPv4 gateway：依當地對外聯網規範來設定 (例如 140.127.196.253)。

⑤　User Custom DNS Servers：依當地對外聯網規範來設定 (例如 192.83.191.8、192.83.191.9)。

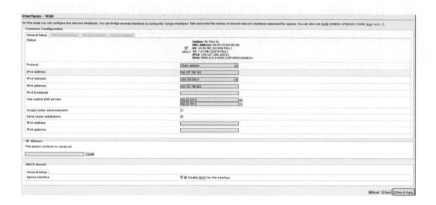

11. 此時已全部設定完成，按下下方的 Save&Apply按鈕，將所有的
    組態設定真正執行。

12. 當畫面顯示組態設定執行完成時，使用電腦來測試是否能透過此
    AP連網。

實驗五　802.11 WEP 加密破解

實驗目的

1. 透過破解金鑰工具軟體之協助，了解駭客破解 802.11 網路金鑰之方法及流程。

2. 體驗原始 802.11 的 WEP 加密技術的脆弱程度，由此可知 802.11i (WPA/WPA2) 技術發展的必要性。

背景知識

從本書的第五章可知，原始的 802.11 標準制定了兩種無線網路 client 端認證機制：

(1) 開放式系統(Open System)。

(2) 金鑰共享(Shared Key)。

其中，開放式系統若不搭配其他認證機制，等同於完全不過濾使用者的身分，一律接受連線。因此，開放式系統應搭配其他認證機制以強化系統的安全性。以下兩種認證機制常被採用：

(1) 強制使用特定服務識別碼 SSID：

利用不同的 SSID 來區分不同無線網路服務的區域，客戶端需要設定無線網路卡，使其連線到指定服務識別碼的無線網路才能成功連線上網。不過，此種方法並沒有提供任何資料保密的功能，也沒有提供客戶端端連到無線網路的完整認證。

(2) 利用 MAC 位址認證：事先在 AP 內部設定好的一個允許連線的 MAC 位址清單，或是透過認證伺服器來對客戶端的 MAC 地址進行認證，限制未經過授權的客戶端裝置對網路進行連線上網的動作。在 802.11 標準中雖然沒有定義 MAC 位址認證，但有大部分無線網路設備製造商都有在其所生產的 AP 內支援這個機制。

而對於資料保密的方式，原始的 802.11 是採用所謂的 WEP 加密機制來保護 AP 與客戶端網路介面間的資料安全。而金鑰共享的認證機制，也是使用 WEP 機制中的金鑰(即密碼)來進行客戶端認證。WEP 的加密方式為利用 64 位元或 128 位元長度的金鑰，透過 RC4 串流加密演算法對資料進行加密。WEP 的弱點主要在於：

① 只有 24bits 的 IV (Initial Vector)：IV 總數不夠多，很容易用暴力列舉的方式做比對。

② 金鑰管理問題：WEP 金鑰為共享金鑰，且沒有自動更換金鑰的機制，只要知道金鑰值便可以解密資料。

③ RC4 演算法的漏洞：只要收集足夠多的資料樣本，並且找到符合的 IV，就可反推出使用者所指定的金鑰。

因此，WEP 已被視為相當脆弱的一種資料安全機制，而且已有公開的工具可以快速的解出金鑰。

實驗設備與環境

1. 具 USB 埠的個人電腦一部。

(1) 需安裝 Vmware Player 虛擬主機執行器 (可自行至 http://www.vmware.com/go/downloadplayer 下載)。

(2) 需準備 Backtrack Linux 作業系統虛擬主機映像檔(使用 Vmware Player 開啟) (可自行至 http://www.backtrack-linux.org/downloads/下載)。

2. IEEE 802.11 Access Point (本實驗使用TP-Link TL-WR1043ND)
   一部。

3. USB無線網卡(本實驗使用 TP-Link TL-WN821N)一支。

実驗步驟

1. 將電腦的 Ethernet 埠連接到AP的任一 LAN 埠，待自動從 AP 取
   得IP Address 後(應為 192.168.1.xxx 形式)，開啓瀏覽器連接到
   AP的組態設定網址(http://192.168.1.1)，進行以下設定：
   ⑴ 選取"無線網路"項目下的"無線網路加密設定"(如下圖)，
      將此 AP的加密方式設定為WEP且金鑰寬度為 64-bit，並自行
      輸入一個金鑰。
   ⑵ 接下來，將使用的無線頻道設定為號碼 11。(其他號碼亦可，
      但要記錄下來備用。)
   進入完畢後記得儲存，以讓以上設定生效。

2. 使用 Vmware player 啓動 Backtrack Linux 虛擬主機系統：
   ⑴ 開機後使用root登入(密碼：toor)，並在進入系統後執行startx
      指令來啓動圖形化操作介面。

3. 將無線網路卡插入USB槽，並設法讓此無線網路卡接上Backtrack Linux 虛擬主機系統，使得 Backtrack Linux 新增一個無線網路介面 wlanx (x為一個數字)，以下以 wlan1 為例。

⑴ 可以開啟一個Terminal視窗，以ifconfig-a指令來列出所有網路介面的狀態，便可得知是否有新增這個無線網路介面。

4. 開啟一個Terminal視窗，輸入指令airmon-ng start wlan1，將網卡啟動為 Monitor mode，以便監聽所用頻道的所有封包。

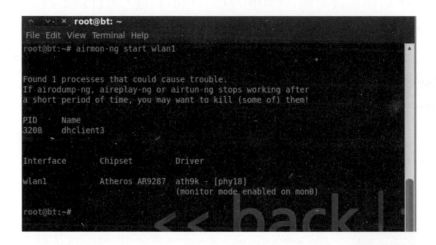

5. 在終端輸入指令airodump-ng --ivs -w wep --channel 11 wlan1。

⑴ airodump-ng是被設定用來收集IV封包，將收集結果存入檔案 "wep"，監聽頻道(channel)設為為 11(即這個無線網路所使用的頻道)，封包監聽與擷取是使用 wlan1 網卡。執行後便會出現如下圖的 AP 列表。

```
BSSID          PWR RXQ  Beacons    #Data, #/s CH  MB   ENC  CIPHER AUTH ESSID
F8:D1:11:7F:51:FA  -34   7    ª107     387 148  11  54e. WEP  WEP        Teacher's AP

BSSID          STATION           PWR   Rate    Lost    Frames  Probe
F8:D1:11:7F:51:FA  90:F6:52:0F:DB:B1   -27   54e-54e     1      419
```

6. 在 BackTrack Linux 上啓動另一個 Terminal 視窗，執行指令：
aireplay-ng -3 -b AP_MAC -h ST_MAC wlan1。

　(1)　此舉的主要目的在於收集在此頻道出現的眞實 ARP 封包，並
　　　依此製造大量僞 ARP 封包傳到 AP 上。

```
^  ∨  ×  root@bt: ~
File Edit View Terminal Help
root@bt:~# aireplay-ng -3 -b F8:D1:11:7F:51:FA -h 90:F6:52:0F:AD:B7 wlan1
11:29:00  Waiting for beacon frame (BSSID: F8:D1:11:7F:51:FA) on channel 11
Saving ARP requests in replay_arp-1102-112900.cap
You should also start airodump-ng to capture replies.
Read 4178 packets (got 0 ARP requests and 0 ACKs), sent 0 packets...(0 pps)
```

7. 若收集不到 ARP 封包，則以下列方式製造斷線訊框：在 Backtrack
Linux 系統上啓動另一個新的 Terminal 視窗，輸入指令 aireplay-
ng -0 0 -a AP_MAC wlan1。

```
^  ∨  ×  root@bt: ~
File Edit View Terminal Help
root@bt:~# aireplay-ng -0 0 -a F8:D1:11:7F:51:FA wlan1
11:30:54  Waiting for beacon frame (BSSID: F8:D1:11:7F:51:FA) on channel 11
NB: this attack is more effective when targeting
a connected wireless client (-c <client's mac>).
11:30:54  Sending DeAuth to broadcast -- BSSID: [F8:D1:11:7F:51:FA]
11:30:55  Sending DeAuth to broadcast -- BSSID: [F8:D1:11:7F:51:FA]
11:30:55  Sending DeAuth to broadcast -- BSSID: [F8:D1:11:7F:51:FA]
11:30:56  Sending DeAuth to broadcast -- BSSID: [F8:D1:11:7F:51:FA]
11:30:56  Sending DeAuth to broadcast -- BSSID: [F8:D1:11:7F:51:FA]
11:30:57  Sending DeAuth to broadcast -- BSSID: [F8:D1:11:7F:51:FA]
11:30:57  Sending DeAuth to broadcast -- BSSID: [F8:D1:11:7F:51:FA]
11:30:58  Sending DeAuth to broadcast -- BSSID: [F8:D1:11:7F:51:FA]
11:30:58  Sending DeAuth to broadcast -- BSSID: [F8:D1:11:7F:51:FA]
11:30:59  Sending DeAuth to broadcast -- BSSID: [F8:D1:11:7F:51:FA]
```

8. 觀察 airodump 的統計資訊，直到收集到一定數量的封包後，就
可以開始進行破解 WEP。(一般來說達到 3 萬個以上，破解的機
會就很大。)此時，分別按下 Ctrl＋C 以結束此三個指令的執行。

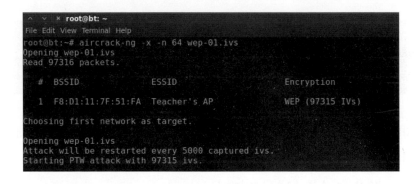

9.　在原本執行airodump收集封包的Terminal視窗中輸入指令aircrack-ng -x -n 64 wep-01.ivs，會出現如下初始畫面：

接下來進入破解階段則會出現如下畫面，經過一段時間就會顯示是否破解成功,若成功則會顯示金鑰內容。

實驗六　WiFi WMM 傳輸效能實驗

實驗目的

1. 練習與瞭解 WMM 功能之設定與運用。
2. 觀察並瞭解 WMM 在多媒體串流傳輸上的 QoS 效果。
3. 練習與瞭解如何運用封包產生工具來進行網路傳輸效能的檢驗。

知識背景

　　WiFi 的 WMM 規格的制定主要是爲了要在無線區域網路上提供多媒體串流所需要的 QoS 服務。一般來說，有許多人認爲 WMM 認證規格其實就是對應到 IEEE 802.11e 標準內容，但實際上 WMM 只納入 IEEE 802.11e 的部分內容，如下表所示，僅包括 EDCA、Traffic Specification、以及 Schedule APDS 省電機制等三大項目。本實驗即爲檢視 EDCA 對於 QoS 的效果。

IEEE 802.11e Features	WMM & WMM Power Save
EDCA	✓
HCCA	
Traffic Spec (ADDTS/DELTS)	✓
Scheduled APSD	
Unscheduled APSD	✓
Block Ack.	
Direct Link Serup	

　　EDCA 運作原理簡述如下。簡單來說，EDCA 就是把 DCF 原先只有一種在資料訊框傳送時的 IFS(即 DIFS)以及 Contention Window 大小，擴充爲不同種類的資料有其對應的 IFS(即 AIFS)以及不同的 Contention

Window 的大小。在工作站搶到傳輸權之後，系統將允許其傳送一段時間(即TXOP)，而在這段TXOP時間內，工作站可以連續傳送多個訊框。(原先在DCF中，只允許取得傳輸權的工作站傳送一個資料訊框。)每個資料訊框必須標示其所屬的 Priority 編號，而每種 Priority 隸屬於一個存取類別(Access Category)。EDCA 總共定義了四個存取類別(由上而下優先權越高)：

1. Background (AC_BK)。
2. Best-Effort (AC_BE)。
3. Video (AC_VI)。
4. Voice (AC_Vo)。

　　Priority 與存取類別的對應如第六章表 6-5 所示。每個存取類別依據其所對應的 AIFS 以及 Contention Window 的大小來競爭頻道的傳輸權(或可說是競爭一個TXOP)(詳見表 6-9 與表 6-10)。同一存取類別中，屬於較高優先權的資料訊框會被先傳送出去。

　　AP 會在 Beacon 訊框中或是 Probe Response 訊框中加上 AIFS、Contention Windows Size 以及 TXOP 值的公告。下圖為以 Wireshark 擷取一個Beacon封包的結果。

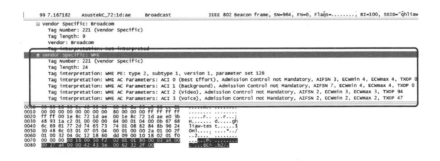

　　在實際應用上，當我們把一個802.11裝置的 WMM 功能啟動後，這個裝置在傳送一個802.11訊框的時候，它的user priority是如何決定

的？有關這一點，在 802.11e 以及 WMM 規格中並沒有定義一個統一的做法，這是因為訊框內的資料是來自上層的應用程式，唯有應用程式才能指出它所產生的資料是屬於哪一種 Priority，另外也需要網路佈建者與應用服務開發者經過協調後才能有明確的做法。而目前有一個簡單而且通用的做法(Linux 系統支援這種作法)，就是將 IP 封包中的 Type-of-Service (TOS)欄位值(長度為 1 個 byte)與 802.11 訊框中的 Priority 值做一個明確的對應。這樣子一來，網路卡的驅動程式就可以依據 IP 表頭的 TOS 欄位值來決定此訊框的 Priority 值。

TOS 欄位隨相關協定的演進而有不同的格式(如下圖)，而用在目前 Differential Service 架構中的 TOS 格式，則是分為兩部分：

1. Differentiated Services Code Point (DSCP)。
2. Explicit Congestion Notification (ECN)。

	7	6	5	4	3	2	1	0
RFC1349	Priority			TOS				0

	7	6	5	4	3	2	1	0
RFC3168	DSCP						ECN	ECN

一個通用的做法是把 RFC1349 之 TOS 格式中的 priority 欄位與 802.1D 所定義的 user priority 值直接做對應，而因為 802.11e 的 User Priority 值也是採用與 802.1D 相同的定義，故目前通用的做法就是以 IP 封包 TOS 欄位的前三個 bits(即 priority 欄位)的值做為 802.11 資料訊框的 User Priority 值。目前有許多多媒體通訊軟體(如網路電話軟體)，可以指定所送出之 IP 封包表頭的 DSCP 值，只要指定對應到所想要之 Priority 的 DSCP 值，那麼這個軟體所送出的資料就可以自動享有 WMM 所提供的 QoS 傳輸服務。本實驗所用的 Access Point 即是如此的做法。

實驗環境需求

1. 具 USB 埠的個人電腦三部。

    (1) 需安裝Vmware Player虛擬主機執行器 (可自行至http://www.vmware.com/go/downloadplayer 下載)。

    (2) 需準備Backtrack Linux作業系統虛擬主機映像檔(使用Vmware Player 開啓) (可 自 行 至 http://www.backtrack-linux.org/downloads/下載)。

    (3) 需在BackTrack Linux虛擬主機中事先安裝D-ITG分散式資料流產生/接收軟體(Distributed Internet Traffic Generator)(可到http://traffic.comics.unina.it/software/ITG/自行下載原始碼編譯安裝)。

2. IEEE 802.11 Access Point (本實驗使用TP-Link TL-WR1043ND)一部。

3. USB 無線網卡(本實驗使用 TP-Link TL-WN821N)兩支。

實驗情境佈置

　　本實驗主要是在配有IEEE 802.11網卡的電腦以及支援WMM規格的擷取點所組成的無線區域網路中,使用封包產生軟體注入不同QoS規格的資料流,觀察EDCA機制的實際效果,並根據實驗結果探討相關問題。需布置如下圖之實驗情境:

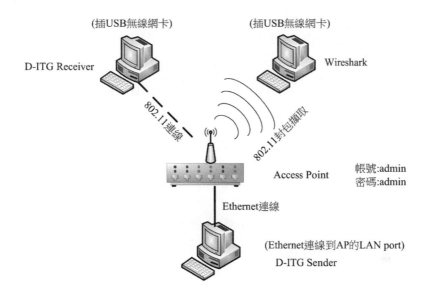

　　其中三部電腦在本實驗中的名稱與功能敘述下：

1.　Wireshark 電腦：透過設為 Monitor mode 的無線網路卡，以 Wireshark軟體擷取所有Access point與D-ITG Receiver電腦所發送出來的封包。

2.　D-ITG Sender 電腦：接在頻寬分享器的 LAN 埠，使用D-ITG 資料流產生/接收軟體，發送特定型態的資料串流給D-ITG Receiver電腦接收。

3.　D-ITG Receiver 電腦：安裝無線網路卡，使用 D-ITG 資料流產生/接收軟體，接收來自D-ITG Sender電腦的資料串流，並產生統計資訊。

以下為詳細實驗步驟。

1. 啓動三部電腦的 BackTrack Linux 虛擬主機系統：

(1) 開機後，三部電腦皆選用 root 登入(密碼：toor)。

(2) 登入後，在 D-ITG Receiver 電腦與 Wireshark 電腦分別插入 USB 無線網路卡。

(3) 當 D-ITG SenderServer 開機之後，應會自動以 DHCP 向 AP 取得一個 IP Address (應為 192.168.1.xxx 形式)，記錄此 IP Address 備用。

① 可以開啓一個 terminal 視窗，輸入 ifconfig 指令來觀看 eth0 網路介面資料，即可得知該介面的 IP Address。

2. 設定 Access Point：

(1) 在任一部 802.11 主機執行 Internet Explorer(或其他 Web 瀏覽器)，在網址列鍵入「http://192.168.1.1」，此時會被詢問帳號及密碼，兩者都鍵入「admin」，即可進入 AP 的設定網頁，如下圖。

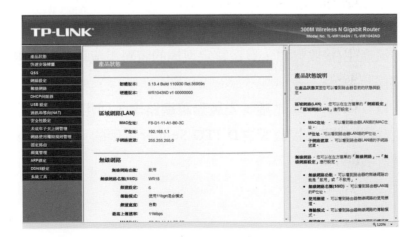

2. 選擇畫面左邊「無線網路」，則會出現「無線網路設定」畫面，
請變更以下欄位之設定值：

⑴ 無線網路名稱(SSID)：設定爲你想要的網路名稱(例如：Teacher's
AP)。

⑵ 地區：請選台灣(Taiwan)。

⑶ 頻道：選用你想要的頻道。

⑷ 模式：請選用「使用11b only模式」。

　① 本實驗使用速率較低，速率種類較少的模式，其目的在於比
較能看出QoS效果。

⑸ 最高上傳速率：請選擇11Mbps。

⑹ 啓用「無線網路功能」打勾。

⑺ 啓用「無線網路名稱(SSID)顯示」打勾。

設定完按下下方「儲存」鈕，再依畫面指示，點選重新開機(Reboot)
的連結。重新開機後，請檢查是否設定成功。

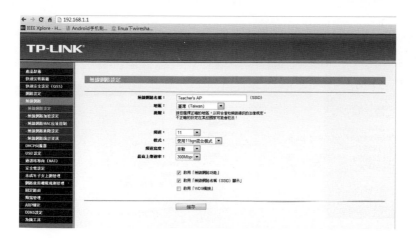

3. 重新開機後，選擇畫面左邊「無線網路」，再點選其下的「無線網路加密設定」(Wireless Security)，檢查目前是否設定在"取消「無線網路加密(安全性)設定」"(Disable Security)。若不是，則改選成這個設定，然後儲存並重新開機。

4. 接下來，仍舊選擇畫面左邊「無線網路」，再點選其下的「無線網路進階設定」(Wireless Advanced)，請變更以下欄位之設定值：

   ⑴ 勾選「啓用WMM」：啓動 IEEE 802.11e 的 EDCA 功能。

   設定完按下下方「儲存」鈕，再依畫面指示，點選重新開機的連結。重新開機後，請檢查是否設定成功。

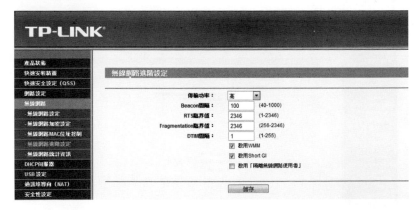

5. 讓 D-ITG Receiver 電腦加入到 AP 所形成的無線網路：

⑴　在 D-ITG Receiver 電腦上，開啓一個 Terminal 視窗，執行 iwconfig 指令以確認 USB 無線網路卡是否已連上此虛擬主機（如下圖），若有看到 wlanx (x 爲數字)的名稱，此即爲 USB 無線網卡的名稱。

⑵　若沒有看到任何無線網卡的名稱，則必須透過 Vmware Player 的介面操作，使得 USB 無線網卡連入此虛擬主機。

⑶　鍵入以下的指令讓無線網卡加入 AP 的無線網路中：

①　ifconfig wlan2 down。

- 作用：停止 wlan0 網路介面，即無線網路卡的活動。

②　iwconfig wlan2 essid ＜你的 BSS 網路名稱＞。

- 作用：指定要加入的網路名稱。

- 以前例而言，指令爲：iwconfig wlan2 essid "Teacher's AP"。

③　iwconfig wlan2 channel ＜你的 AP 所用的頻道編號＞。

- 作用：設定 wlan2 無線網路卡所使用的頻道。

- 例如：如果你的 AP 選用頻道"11"，則鍵入 iwconfig wlan2 channel 11。

④　ifconfig wlan2 up。

- 作用：重新啓動 wlan2 網路介面。

⑤　使用 ifconfig wlan2 與 iwconfig wlan2 檢查結果。

最後使用iwconfig觀察是否已經加入指定的無線網路，若有成功加入，則輸出訊息中的Access Point欄位會是AP的MAC Address，否則是"Not Associated"。

⑥　使用 DHCP 爲 D-ITG Receiver 電腦的無線網卡取得 IP Address：輸入指令 dhclient wlan2。

⑦　當指令執行結束後，使用"ifconfig wlan2"來檢查是否取得 IP Address，並記錄所得的 IP Address 備用(如下圖)。

6. 將 Wireshark 電腦的無線網路卡設定為監聽(monitor)模式：

⑴ 在Monitor電腦中，開啟一個Terminal視窗，如前一步驟，先登入為root身分。

⑵ 接下來，同上一步驟以iwconfig檢驗無線網路卡是否有連接到此虛擬主機。

⑶ 若無線網路卡是正常連接到此虛擬主機，則接下來依序鍵入以下指令：

　① ifconfig wlan1 down (此指令第一次可以不用做)。

　 • 作用：停止 wlan1 網路介面，即無線網路卡的活動。

　② iwconfig wlan1 mode monitor。

　 • 作用：將 wlan1 無線網路卡設定為監聽模式。

③　iwconfig wlan1 channel ＜你的 AP 所用的頻道編號＞。

- 作用：設定 wlan1 無線網路卡所監聽的頻道。
- 例如：如果你的 AP 選用頻道 "11"，則鍵入：
  iwconfig wlan1 channel 11。

④　ifconfig wlan1 up。

- 作用：重新啟動 wlan0 網路介面。

(4)　設定完成後，可在 Terminal 視窗鍵入 "iwconfig" 指令以顯示無線網卡的相關資訊，確認是否設定成功。

7.　接下來，要在 D-ITG Sender 電腦與 D-ITG Receiver 電腦啟動並設定 D-ITG 軟體。D-ITG 軟體的主要功能為：

(1)　產生指定格式與指定速率的封包。

(2)　做為封包的接收端並統計效能相關資訊。

分別在D-ITG Sender電腦與D-ITG Receiver電腦執行以下動作：

⑶　更換工作目錄到itggui-0911，然後執行java -jar ITGGUI.jar，就會出現如下圖之D-ITG的GUI視窗。

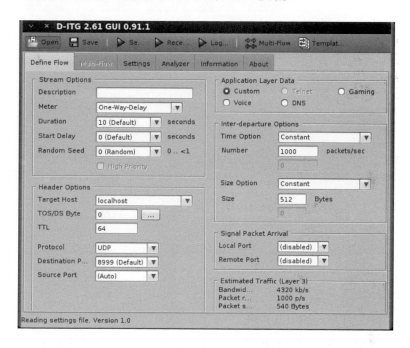

8.　設定D-ITG Receiver電腦的D-ITG軟體。

⑴　在D-ITG Receiver電腦的D-ITG軟體視窗中切換到Setting標籤的畫面(如下頁圖)。

⑵　在Local Receiver Options窗格中，把LoggingType選項改為"Local"。

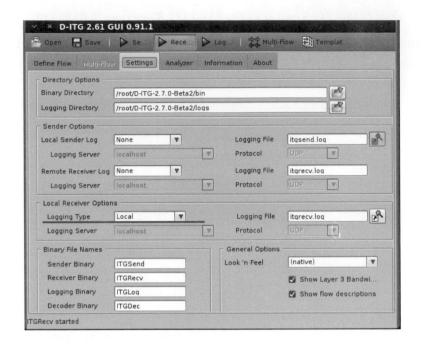

9.　接下來，共分6個子實驗來進行：

(1)　從 D-ITG Sender 電腦送出以下三個串流的組合，並透過設定每個串流的 DSCP 值，改變其 802.11 封包的 User Priority 與所屬的 Access Category，觀察對各串流的 Delay Jitter 與 Packet Loss 的影響。

①　Flow 1: UDP CBR stream with about 8.2 Mbps。

②　Flow 2 & Flow 3: UDP VoIP G.711 stream with 80 Kbps。

實驗 0：取得 Access Point 的 EDCA 參數

步驟 0-1. 在 Wireshark 電腦上，啓動 Wireshark 程式依照以下設定，開始擷取從 Access Point 送出的 Beacon 封包：

1. 選擇無線網卡(例如 wlan0)做爲擷取封包的 interface。
2. 進入 Capture Options 畫面，將 Display Options 的三個選項都打勾。(如此才能在封包擷取時即時顯示結果。)
3. 按下 Start 按鈕，開始擷取封包。
4. 在封包開始擷取時，於主畫面上端的 Display Filter 欄位塡入以下字串，以過濾出你所用的 AP 所發出的 Beacon 封包(如下圖)：

> wlan.addr == xx:xx:xx:xx:xx:xx and wlan.fc.type_subtype == 0x8

   (1) 其中 xx:xx:xx:xx:xx:xx 爲 AP 的 MAC Address。(應可在 AP 機殼底部看到 MAC Address 的標示。)

5. 按下 Display Filter 欄位旁的 Apply 按鈕即可開始過濾。

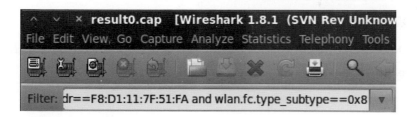

6. 當發現此 AP 發送的 Beacon 封包被擷取到時，即可停止封包擷取。
7. 將擷取結果儲存成 result0.cap 檔案，並將其轉存到隨身碟，以便隨實驗報告繳交。

8. 在擷取結果中任選一個Beacon封包，找出Beacon資料中的WME
資料結構(如下頁圖)，將此結構中各 Access Category 所對應的
AIFSN、Cwmin、Cwmax、以及 TXOP Limit 數值填寫在本實
驗紀錄的第 1 題表格中。

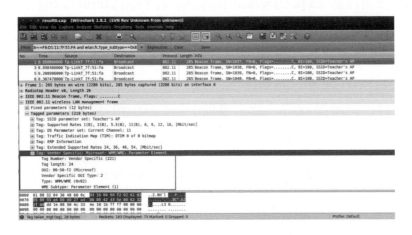

實驗 1：模擬一個 CBR 資料串流(Flow 1)的傳送

實驗大綱說明：

1. D-ITG Sender電腦將送出一個CBR (Constant-Bit-Rate)串流(記
為 Flow 1)，規格如下：
   ⑴ 封包傳送間隔為常數。
   ⑵ 傳送速率：1000 Packets/Sec。
   ⑶ 封包大小：固定為 1000 Bytes。
   ⑷ 傳輸層協定：UDP。
   ⑸ 持續時間：10秒。

2. 在 D-ITG Receiver 電腦接收此串流，儲存解析資料並記錄其相
關資料。

3. 同時在 Wireshark 電腦上監聽並擷取從 AP 傳出的串流封包，觀
察每個封包的 User Priority 及所屬的 Access Category。

步驟 1-1. 在 D-ITG Sender 設定串流參數：

1. 在 D-ITG Sender 電腦的 D-ITG 視窗中，設定此 Flow 1 的串流參數，如下圖所示。

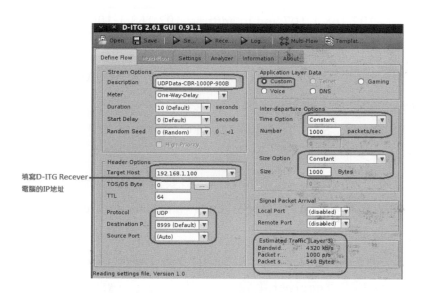

步驟 1-2. 在 D-ITG Receiver 啟動串流的接收：

1. 在 D-ITG Receiver 電腦的 D-ITG 視窗中，切換到 "Information" 標籤的畫面。

2. 稍後在此畫面將會即時顯示接收串流時的相關資訊。

3. 按下上方的 "Recei…" 按鈕，即可開始等待 D-ITG Sender 電腦將串流傳送過來。此時 Information 畫面會顯示訊息： "RECEIVER_ STARTING: ……" 。

步驟 1-3. 設定 Wireshark 並開始擷取封包：

1. 在 Wireshark 電腦上啟動 Wireshark 程式，依照以下設定，開始擷取 D-ITG Sender 與 D-ITG Receiver 兩部電腦之間的串流封包：

   ⑴ 選擇無線網卡(例如 wlan0)為擷取封包的 interface。

(2)　按下 start 按鈕開始擷取封包。

(3)　在主畫面的 Display Filter 中可設定成只顯示 D-ITG Sender 與 D-ITG Receiver 兩部電腦之間的封包。設定如下：

```
ip.addr ==192.168.1.107 and ip.addr == 192.168.1.100 and wlan.bssid ==
xx:xx:xx:xx:xx:xx
```

①　其中 xx:xx:xx:xx:xx:xx 為 AP 的 MAC Address。

步驟 1-4.　在 D-ITG Sender 電腦啓動串流傳送：

1.　在 D-ITG Sender 電腦的 D-ITG 視窗中，按下上方的 "Sen…" 按鈕，便會開始串流的傳送。

2.　此時，在 D-ITG 視窗右下方應有長條橫棒顯示傳送進度。

3.　同時觀察在 D-ITG Receiver 電腦的 Information 畫面，會顯示開始接收串流的訊息。

步驟 1-5.　當串流傳送結束時，分別做以下兩個動作：

1.　在 D-ITG Receiver 電腦中，再按一次上方的 "Recei…" 按鈕，此時便會停止接收串流，而在 Information 畫面上也會顯示停止接收的訊息。

2.　在 Wireshark 電腦上，停止封包的擷取，並將擷取的結果儲存成一個檔案，檔名為 "result01.cap"，並將其轉存到隨身碟，以便隨實驗報告繳交。

步驟 1-6.　在 D-ITG Receiver 電腦上進行結果分析：

1.　在 D-ITG Receiver 電腦的 D-ITG 視窗中，切換到 "Analyzer" 標籤的畫面，先做以下設定(如下圖)：

(1)　Input file：改為/root/D-ITG-2.7.0-Beta2/logs/itgrecv.log。

(2)　勾選 Readable result file，並塡寫檔名爲 result01.txt。

2.　按下畫面下方的"Run Analyzer"按鈕，稍後便會出現的分析結果圖(如下圖)。

(1)　該圖的文字會原封不動的被儲存到/root/D-ITG-2.7.0-Beta2/logs/目錄下的 result01.txt 檔案中。

3.　根據分析結果圖的內容，塡寫本實驗問題討論第 2 題記錄表。

4.　將 result01.txt 檔案複製到隨身碟，以便隨實驗報告繳交。

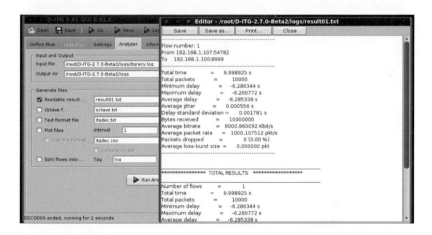

實驗 2：模擬一個 VoIP 語音串流(Flow 2)的傳送

實驗大綱說明：

1.　D-ITG Sender送出一個VoIP語音串流(記爲Flow 2)，規格如下：

(1)　每個封包固定內含 20 ms 的語音資料(＝160 Bytes)。

(2)　傳送速率：50 Packets/Sec (i.e. 每 20 ms 送出一個封包)。

(3)　封包大小：固定爲200Bytes(因爲用 UDP 與 RTP 來封裝，含 IP Header 共 40 Bytes)。

(4)　傳輸層協定：UDP。

(5)　持續時間：10 秒。

2.　在D-ITG Receiver接收此串流，儲存解析資料並記錄其相關資料。

3.　在 Wireshark 電腦上監聽並擷取從 AP 傳出的串流封包，觀察每個封包的 User Priority 及所屬的 Access Category。

步驟 2-1.　在 D-ITG Sender 電腦設定串流參數：

1.　在D-ITG Sender 電腦的D-ITG視窗中，設定此Flow 2的串流參數，如下圖：

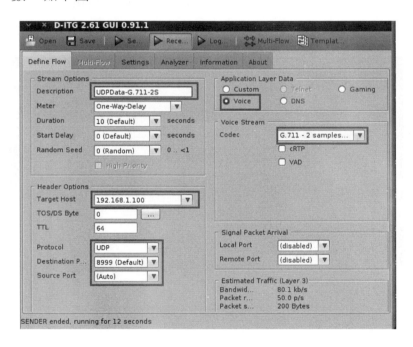

步驟 2-2.　在 D-ITG Receiver 電腦啟動串流的接收：

1.　在D-ITG Receiver電腦的D-ITG視窗中，切換到"Information"標籤的畫面。

(2)　稍後在此畫面將會即時顯示接收串流時的相關資訊。

2. 按下上方的 "Recei…" 按鈕，即可開始等待 D-ITG Sender 電腦將串流傳送過來。此時 Information 畫面會顯示如下訊息： "RE-CEIVER_STARTING: ……"。

步驟 2-3. 設定 Wireshark 並開始擷取封包：

1. Wireshark 電腦上啟動 Wireshark 程式，依照以下設定，開始擷取 D-ITG Sender 與 D-ITG Receiver 兩部電腦之間的串流封包：

   ⑴　選擇 wlan0 為擷取封包的 interface。

   ⑵　按下 start 按鈕開始擷取封包。

   ⑶　在主畫面的 Display Filter 中可設定成只顯示 D-ITG Sender 與 D-ITG Receiver 兩部電腦之間的封包。設定如下：

---

ip.addr ==192.168.1.107and ip.addr == 192.168.1.100 and wlan.bssid == xx:xx:xx:xx:xx:xx

---

　　① 　xx:xx:xx:xx:xx:xx 為 AP 的 MAC Address。

步驟 2-4. 在 D-ITG Sender 電腦啟動串流傳送：

1. 在 D-ITG Sender 電腦的 D-ITG 視窗中，按下上方的 "Sen…" 按鈕，便會開始串流的傳送。

2. 此時，在 D-ITG 視窗右下方應有長條橫棒顯示傳送進度。

3. 而在 D-ITG Receiver 電腦的 Information 畫面上會顯示開始接收串流的訊息。

步驟 2-5. 當串流傳送結束時，分別做以下兩個動作：

1. 在 D-ITG Receiver 電腦中，再按一次上方的 "Recei…" 按鈕，此時便會停止接收串流，而在 Information 畫面上也會顯示停止接收的訊息。

2. 在 Wireshark 電腦上，停止封包的擷取，並將擷取的結果儲存成一個檔案，檔名為 "result02.cap"，並將其轉存到隨身碟，方便隨實驗報告繳交。

步驟 2-6. 在 D-ITG Receiver 電腦上進行結果分析：

1. 在 D-ITG Receiver 電腦的 D-ITG 視窗中，切換到 "Analyzer" 標籤的畫面，先做以下設定(如下頁圖)：

   (1) Input file：改為/var/nst/D-ITG/itgrecv.log。

   (2) 勾選 Readable result file，並填寫檔名為 result02.txt。

2. 按下畫面下方的 "Run Analyzer" 按鈕，分析結果會被儲存到/var/nst/D-ITG 目錄下的 result02.txt 檔案中。

3. 打開實驗報告的 doc 檔案，根據分析結果圖的內容，填寫實驗記錄第 2 題記錄表。

4. 將 result02.txt 檔案複製到隨身碟，方便隨實驗報告繳交。

實驗 3：模擬一個 CBR 串流(Flow 1)與一個 VoIP 串流(Flow 2)同時傳送

實驗大綱說明：

1. D-ITG Sender 同時送出如同實驗 1 與實驗 2 的兩個串流(即 Flow 1 與 Flow 2)。

2. 在 D-ITG Receiver 接收此二串流，儲存解析資料並記錄其相關資料。

3. 在 Wireshark 電腦上監聽並擷取從 AP 傳出的串流封包，觀察兩個串流之封包的 User Priority 及所屬的 Access Category。

步驟 3-1. 在 D-ITG Sender 建立兩個串流並設定其參數：

1. 在 D-ITG Sender 電腦的 D-ITG 視窗中，切換到 "Multi-Flow" 標籤的畫面：

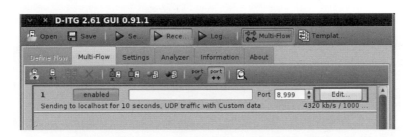

2. 在前一頁畫面中點選 Edit 按鈕，便會開啓如下畫面，依下圖設定 Flow 1 參數：

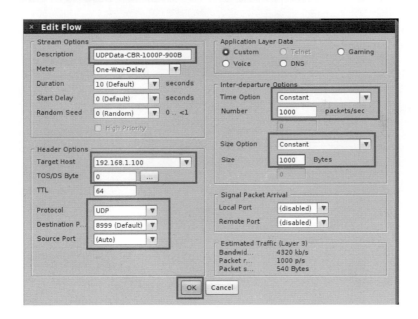

3. 前一頁畫面按下OK按鈕後會出現以下畫面，再按下畫面上方"新增串流"按鈕後便會現新的一列串流簡述，如以下畫面，按下該串流之"Edit"按鈕便可開始編輯。

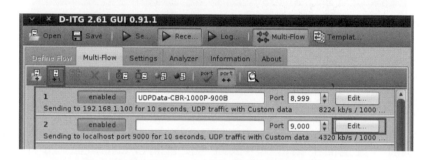

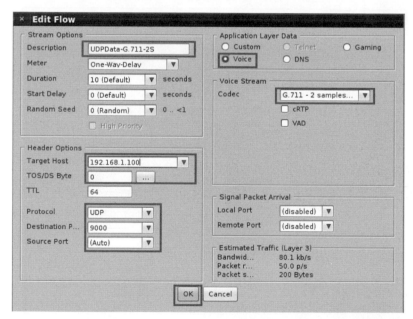

4. 最後結果如下圖：

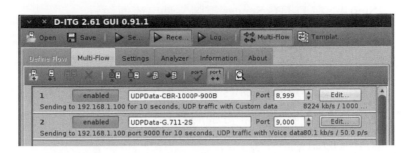

步驟 3-2. 在 D-ITG Receiver 啟動串流的接收：

1. 在 D-ITG Receiver 電腦的 D-ITG 視窗中，切換到 "Information" 標籤的畫面

　⑴稍後在此畫面將會即時顯示接收串流時的相關資訊。

2. 按下上方的 "Recei…" 按鈕，即可開始等待 D-ITG Sender 電腦將串流傳送過來。

　⑵此時 Information 畫面會顯示如下訊息： "RECEIVER_STARTING:……" 。

步驟 3-3. 設定 Wireshark 並開始擷取封包

1. 在 Wireshark 電腦上啟動 Wireshark 程式，依照以下設定，開始擷取 D-ITG Sender 與 D-ITG Receiver 兩部電腦之間的串流封包：

　⑴　選擇 wlan0 為擷取封包的 interface。

　⑵　按下 start 按鈕開始擷取封包。

　⑶　在主畫面的 Display Filter 中可設定成只顯示 D-ITG Sender 與 D-ITG Receiver 兩部電腦之間的封包。設定如下：

> host 192.168.1.107 and host 192.168.1.100 and wlan.addr == xx:xx:xx:xx:xx:xx

①　xx:xx:xx:xx:xx:xx 為 AP 的 MAC Address。

步驟 3-4.　Step 4：在 D-ITG Sender 電腦啟動串流傳送。

1.　在 D-ITG Sender 電腦的 D-ITG 視窗中，按下上方的 "Sen…" 按鈕，便會開始串流的傳送。

⑴　此時，在 D-ITG 視窗右下方應有長條橫棒顯示傳送進度。

⑵　而在 D-ITG Receiver 電腦的 Information 畫面上會顯示開始接收串流的訊息。

步驟 3-5.　當串流傳送結束時，分別做以下兩個動作：

1.　在 D-ITG Receiver 電腦中，再按一次上方的 "Recei…" 按鈕，此時便會停止接收串流，而在 Information 畫面上也會顯是停止接收的訊息。

2.　在 Wireshark 電腦上，停止封包的擷取，並將擷取的結果儲存成一個檔案，檔名為 "result03.cap"，並將其轉存到隨身碟，以便隨實驗報告繳交。

步驟 3-6.　在 D-ITG Receiver 電腦上進行結果分析

1.　在 D-ITG Receiver 電腦的 D-ITG 視窗中，切換到 "Analyzer" 標籤的畫面，先做以下設定(如下頁圖)：

⑴　Input file：改為 /var/nst/D-ITG/itgrecv.log。

⑵　勾選 Readable result file，並填寫檔名為 result03.txt。

2.　按下畫面下方的 "Run Analyzer" 按鈕，分析結果會被儲存到 /var/nst/D-ITG 目錄下的 result03.txt 檔案中。

3.　打開實驗報告的 doc 檔案，根據分析結果圖的內容，填寫實驗記錄第 2 題記錄表。

4.　將 result03.txt 檔案複製到隨身碟，以便隨實驗報告繳交。

實驗 4：模擬一個 CBR 串流(Flow 1)與一個 VoIP 串流(Flow 2)同時傳送，但改變 VoIP 串流的 DSCP 值

實驗大綱說明：

1. D-ITG Sender 同時送出如同實驗#1 與實驗#2 的兩個串流(即 Flow 1 與 Flow 2)。

2. 但 Flow 2 的 DSCP 值設為 224，Flow 1 的 DSCP 值不變(仍為預設值 0)。

3. 在 D-ITG Receiver 接收此二串流，儲存解析資料並記錄其相關資料。

4. 在 Wireshark 電腦上監聽並擷取從 AP 傳出的串流封包，觀察兩個串流之封包的 User Priority 及所屬的 Access Category。

步驟 4-1. 在 D-ITG Sender 建立兩個串流並設定其參數：

1. 在 D-ITG Sender 電腦的 D-ITG 視窗中，切換到 "Multi-Flow" 標籤的畫面。

2. 如同實驗#3 建立 Flow 1 與 Flow 2 兩個串流，但在設定 Flow 2 時將其 DSCP 值設為 224。方法有二：
    - ⑴ 直接鍵入數值 224 於欄位之中，或是
    - ⑵ 如下圖開啟 DSCP 設定視窗點選 DSCP 欄位中要設定的 bits(如下頁圖)。

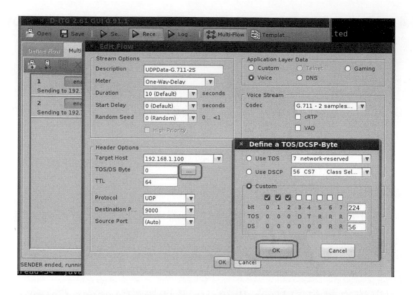

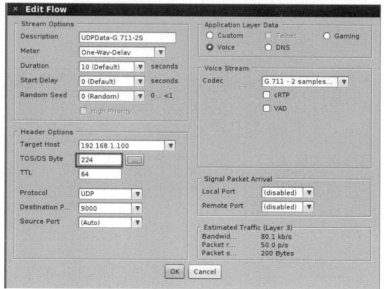

步驟 4-2. 在 D-ITG Receiver 啓動串流的接收

1. 在 D-ITG Receiver 電腦的 D-ITG 視窗中，切換到 "Information" 標籤的畫面。

⑴ 稍後在此畫面將會即時顯示接收串流時的相關資訊。

2. 按下上方的 "Recei…" 按鈕，即可開始等待 D-ITG Sender 電腦將串流傳送過來。

⑵ 此時 Information 畫面會顯示如下訊息： "RECEIVER_ STARTING: ……"。

步驟 4-3. 設定 Wireshark 並開始擷取封包

1. 在 Wireshark 電腦上啓動 Wireshark 程式，依照以下設定，開始擷取 D-ITG Sender 與 D-ITG Receiver 兩部電腦之間的串流封包：

⑴ 選擇 wlan0 爲擷取封包的 interface。

⑵ 按下 start 按鈕開始擷取封包。

⑶ 在主畫面的 Display Filter 中可設定成只顯示 D-ITG Sender 與 D-ITG Receiver 兩部電腦之間的封包。設定如下：

```
host 192.168.1.107 and host 192.168.1.100 and wlan.addr == xx:xx:xx:xx:xx:xx
```

① xx:xx:xx:xx:xx:xx 爲 AP 的 MAC Address。

步驟 4-4. 在 D-ITG Sender 電腦啓動串流傳送

1. 在 D-ITG Sender 電腦的 D-ITG 視窗中，按下上方的 "Sen…" 按鈕，便會開始串流的傳送。

⑴ 此時，在 D-ITG 視窗右下方應有長條橫棒顯示傳送進度。

⑵ 而在 D-ITG Receiver 電腦的 Information 畫面上會顯示開始接收串流的訊息。

步驟 4-5. 當串流傳送結束時，分別做以下兩個動作：

1. 在 D-ITG Receiver 電腦中，再按一次上方的 "Recei…" 按鈕，此時便會停止接收串流，而在 Information 畫面上也會顯是停止接收的訊息。

2. 在 Wireshark 電腦上，停止封包的擷取，並將擷取的結果儲存成一個檔案，檔名為 "result04.cap"，並將其轉存到隨身碟，以便隨實驗報告繳交。

步驟 4-6. 在 D-ITG Receiver 電腦上進行結果分析：

1. 在 D-ITG Receiver 電腦的 D-ITG 視窗中，切換到 "Analyzer" 標籤的畫面，先做以下設定(如下頁圖)：

   (1) Input file：改為/var/nst/D-ITG/itgrecv.log。

   (2) 勾選 Readable result file，並填寫檔名為 result04.txt。

2. 按下畫面下方的 "Run Analyzer" 按鈕，分析結果會被儲存到/var/nst/D-ITG 目錄下的 result04.txt 檔案中。

3. 打開實驗報告的 doc 檔案，根據分析結果圖的內容，填寫第 3 題記錄表。

4. 將 result04.txt 檔案複製到隨身碟，以便隨實驗報告繳交。

實驗 5：模擬一個 CBR 串流(Flow 1)與兩個 VoIP 串流(Flow 2)同時傳送，但改變各串流的 DSCP 值

實驗大綱說明：

1. D-ITG Sender 同時送出三個串流：

   (1) Flow 1：如同實驗 1 串流。

   (2) Flow 2：如同實驗 2 的串流。

   (3) Flow 3：如同 Flow 2。

2.　但Flow 2的DSCP值設為224，Flow 1與Flow 3的DSCP值為0)。

3.　在 D-ITG Receiver 接收此三個串流，儲存解析資料並記錄其相關資料。

4.　在 Wireshark 電腦上監聽並擷取從 AP 傳出的串流封包，觀察兩個串流之封包的 User Priority 及所屬的 Access Category。

步驟 5-1.　在 D-ITG Sender 建立三個串流並設定其參數：

1.　在 D-ITG Sender 電腦的 D-ITG 視窗中，切換到 "Multi-Flow" 標籤的畫面。

2.　如同實驗 3 建立 Flow 1、Flow 2、Flow 3 等三個串流，但將 Flow 2 的 DSCP 值設為 224，而 Flow 1 與 Flow 3 的 DSCP 值為 0。

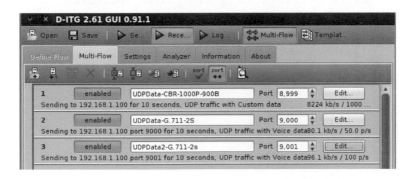

步驟 5-2.　在 D-ITG Receiver 啟動串流的接收：

1.　在 D-ITG Receiver 電腦的 D-ITG 視窗中，切換到 "Information" 標籤的畫面。

　⑴　稍後在此畫面將會即時顯示接收串流時的相關資訊。

2.　按下上方的 "Recei…" 按鈕，即可開始等待 D-ITG Sender 電腦將串流傳送過來。

　⑴　此時 Information 畫面會顯示如下訊息："RECEIVER_ STARTING: ……"。

步驟 5-3.　設定 Wireshark 並開始擷取封包：

1.　在 Wireshark 電腦上啓動 Wireshark 程式，依照以下設定，開始擷取 D-ITG Sender 與 D-ITG Receiver 兩部電腦之間的串流封包：

(1)　選擇 wlan0 爲擷取封包的 interface。

(2)　按下 start 按鈕開始擷取封包。

(3)　在主畫面的 Display Filter 中可設定成只顯示 D-ITG Sender 與 D-ITG Receiver 兩部電腦之間的封包。設定如下：

---

host 192.168.1.107 and host 192.168.1.100 and wlan.addr == xx:xx:xx:xx:xx:xx

---

①　xx:xx:xx:xx:xx:xx 爲 AP 的 MAC Address。

步驟 5-4.　在 D-ITG Sender 電腦啓動串流傳送

1.　在 D-ITG Sender 電腦的 D-ITG 視窗中，按下上方的 "Sen…" 按鈕，便會開始串流的傳送。

(1)　此時，在 D-ITG 視窗右下方應有長條橫棒顯示傳送進度。

(2)　而在 D-ITG Receiver 電腦的 Information 畫面上會顯示開始接收串流的訊息。

步驟 5-5.　當串流傳送結束時，分別做以下兩個動作：

1.　在 D-ITG Receiver 電腦中，再按一次上方的 "Recei…" 按鈕，此時便會停止接收串流，而在 Information 畫面上也會顯是停止接收的訊息。

2.　在 Wireshark 電腦上，停止封包的擷取，並將擷取的結果儲存成一個檔案，檔名爲 "result05.cap"，並將其轉存到隨身碟，以便隨實驗報告繳交。

步驟 5-6. 在 D-ITG Receiver 電腦上進行結果分析：

1. 在 D-ITG Receiver 電腦的 D-ITG 視窗中，切換到 "Analyzer" 標籤的畫面，先做以下設定(如下頁圖)：

  ⑴ Input file：改爲/var/nst/D-ITG/itgrecv.log。

  ⑵ 勾選 Readable result file，並填寫檔名爲 result05.txt。

2. 按下畫面下方的 "Run Analyzer" 按鈕，分析結果會被儲存到/var/nst/D-ITG 目錄下的 result05.txt 檔案中。

3. 打開實驗報告的 doc 檔案，根據分析結果圖的內容，填寫實驗記錄第 2 題記錄表。

4. 將 result05.txt 檔案複製到隨身碟，以便隨實驗報告繳交。

實驗記錄

1. 請將實驗 0 中所看到的 EDCA 參數填入下表，並與背景知識三的表格比較，看看是否有與 IEEE 802.11e 的建議預設值有所不同。

AC_BK					
AC_BE					
AC_VI					
AC_VO					

提示：TXOP 的單位是 32μs。

2.　請在實驗的過程中，填寫以下的記錄表：

		實驗 1	實驗 2	實驗 3	實驗 4	實驗 5
Flow 1	封包 DSCP 值					
	所屬 Access Category					
	Average jitter					
	Dropped Packets					
Flow 2	封包 DSCP 值		0	0	224	224
	所屬 Access Category					
	Average jitter					
	Dropped Packets					
Flow 3	封包 DSCP 值					
	所屬 Access Category					
	Average jitter					
	Dropped Packets					

問題討論

1.　請比較實驗 1、實驗 2、與實驗 3 的結果，回答下列問題：

(1)　對於實驗 1 與實驗 3 之 Flow 1 來做比較，何者的 average jitter 比較大？何者的 dropped packets 較多？請解釋為何會有如此的結果。

(2) 對於實驗 2 與實驗 3 之 Flow 2 來做比較，何者的 average jitter 比較大？何者的 dropped packets 較多？請解釋為何會有如此的結果。

2. 請比較實驗 3 與實驗 4 的結果，回答下列問題：

(1) 對於這兩個實驗中的 Flow 1 來做比較，何者的 average jitter 比較大？何者的 dropped packets 較多？請解釋為何會有如此的結果。

(2) 對於這兩個實驗中的 Flow 2 來做比較，何者的 average jitter 比較大？何者的 dropped packets 較多？請解釋為何會有如此的結果。

實驗 4 average jitter 比較大實驗#4dropped packets 較多

3. 請比較實驗 4 與實驗 5 的結果，回答下列問題：

(1) 對於這兩個實驗中的 Flow 1 來做比較，何者的 average jitter 比較大？何者的 dropped packets 較多？請解釋為何會有如此的結果。

(2) 對於這兩個實驗中的 Flow 2 來做比較，何者的 average jitter 比較大？何者的 dropped packets 較多？請解釋為何會有如此的結果。

(3) 比較實驗 5 中的兩個 VoIP 串流(即 Flow 2 與 Flow 3)，請問何者的 average jitter 比較大？何者的 dropped packets 較多？以此推論，何者的語音品質會比較好？請解釋為何會有如此的結果。

實驗七　WiFi WMM 視訊串流傳輸實驗

實驗目的

1. 在配有IEEE 802.11 網卡的電腦以及支援WMM規格的擷取點所組成的無線區域網路中，傳送實際的視訊串流，並透過效能分析工具程式來計算 dealy，loss，jitter，以及 PSNR 等效能指標數據，觀察 WMM 的實際效能。

2. 實驗過程中並使用封包產生軟體注入其他規格的資料流，觀察 EDCA 機制的對於視訊串流 QoS 維護的實際效果。

實驗設備與環境

1. 具 USB 埠的個人電腦三部。
   (1) 需安裝Vmware Player虛擬主機執行器(可自行至http://www.vmware.com/go/downloadplayer 下載)。
   (2) 需準備Backtrack Linux作業系統虛擬主機映像檔(使用Vmware Player 開啟)(可自行至 http://www.backtrack-linux.org/downloads/下載)。

2. IEEE 802.11 Access Point(本實驗使用TP-Link TL-WR1043ND) 一部。

3. USB 無線網卡(本實驗使用 TP-Link TL-WN821N)兩支。

4. 需準備下列軟體：

　(1)　tcpdump 一封包擷取與收集軟體，用來擷取視訊串流封包。

　(2)　Wireshark 一協定分析軟體，用來監視並擷取 802.11 無線頻道內的所有封包，用以觀察封包中 802.11MAC frame 中各欄位的設定。

　(3)　ffmpeg、GPAC 一視訊檔製作套件。

　(4)　Evalvid 一視訊傳輸與播放品質評估工具。

實驗大綱

本實驗包含下三個子實驗：

1. 實驗一：使用 WMM 功能來傳輸一個視訊串流。

　(1)　將視訊串流歸類為 AC_VI，Priority＝5。

2. 實驗二：使用 WMM 功能來傳輸一個視訊串流，同時加上一個大流量的 Best-Effort 干擾串流。

　(1)　視訊串流的歸類同實驗一。

3. 實驗三(對照組)：不使用 WMM 功能來傳輸一個視訊串流，同時加上一個大流量的 Best-Effort 干擾串流。

　(1)　視訊串流與干擾串流都歸類為 Best-Effort。

　(2)　干擾串流的設定同實驗二。

實驗情境佈置

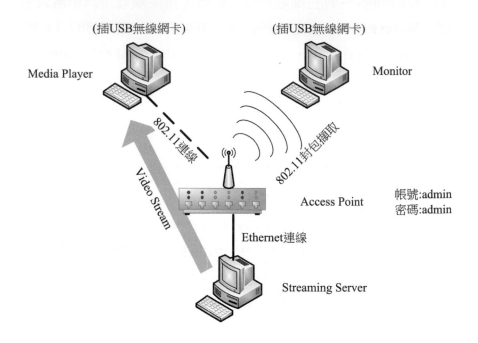

1. 在本實驗中，三部電腦都須進入 BackTrack Linux 虛擬主機來進
   行實驗，其個別扮演的角色如下：
   ⑴ Streaming Server：串流伺服器(採用 mp4trace 軟體來實現)，
      以有線網路連(Ethernet)接到 AP，發送視訊串流給 Media Player。
   ⑵ Media Player：視訊播放器(也是以 VLC 軟體來實現)，以 802.11
      無線網路連接到 AP，接收來自 Streaming Server 的視訊串流
      並在螢幕播放出來。
   ⑶ Monitor：監聽實驗過程中的所有無線封包。

2.　在 BackTrace Linux 虛擬主機上安裝 VLC 影音串流播放軟體：

(1)　啟動 BackTrace Linux 虛擬主機，登入後進入圖形操作介面，開啟一個 Terminal 視窗。注意：因為要下載套件，所以必須讓此虛擬主機連接到網際網路。

(2)　在 Terminal 視窗中執行以下命令：apt-get install vlc，下載並安裝 vlc 套件。

(3)　安裝完成後，在 Application 選單裡的 Sound & Video 清單中應該可以找到 "vlc media player"，點選此項目以啟動 vlc 程式。

(4)　若沒有 vlc 的視窗出現時，則請必須修改 vlc 主程式的內容：

　　①　在 Terminal 視窗中執行以下命令，編輯 vlc 主程式：hexedit /usr/bin/vlc。

　　②　將位址 0x00000627 處的兩個 bytes 改成 0x7070，如下圖：

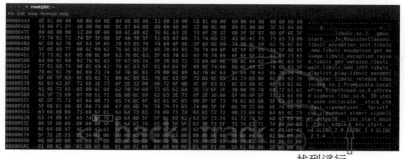

找到這行

　　修改完成後，按 Ctrl + x 存檔離開。

　　③　再重新執行一次 vlc media player，應可出現如下圖的 vlc 操作介面視窗。

3. 安裝 Evalvid 工具程式以及視訊檔案：

⑴ EvalVid爲德國柏林工業大學的Telecommunication Networks Group(TKN)所開發的一套網路視訊品質評估的工具程式，可量測傳送一個視訊片段的 delay，jitter，PSNR 等數值，請參考官方網址介紹：http://www2.tkn.tu-berlin.de/research/evalvid/。

⑵ 需準備好包裝成mp4格式的視訊檔案來傳送，可從現成的視訊檔利用轉檔工具來轉。本實驗使用的工具包含：ffmpeg、GPAC、MP4BOX(其中 MP4Box 爲 GPAC 專案中的一個工具程式)。

⑶ 將步驟1做好的BackTrack Linux虛擬主機啓動，打開Firefox瀏覽器，點選以下網址下載：

① EvalVid 2.7 binaries(Linux)：http://www2.tkn.tu-berlin.de/research/evalvid/EvalVid/evalvid-2.7.tar.bz2。

⑷ 下載完成後，開啓一個 Terminal 視窗，更換工作目錄到下載處，鍵入以下命令解壓縮，即得所有工具程式：tar jxvf evalvid-2.7-lin.tar.bz2。

⑸ 因原始Evalvid套件中的mp4trace串流傳輸程式沒有設定TOS/

DSCP 欄位的功能，也無法送出群播式(Multicast)的串流，因此本實驗必須使用修改過的 mp4trace 版本—"mp4trace-dscp-mc"，此程式可在本書網站中下載。

(6) 安裝 ffmpeg、GPAC、MP4Box 等視訊轉檔套件：打開一個 Terminal 視窗，鍵入以下指令：

① apt-get install ffmpeg。

② apt-get install GPAC(GPAC 套件安裝完後即包含 MP4Box 程式)。

(7) 下載未壓縮的視訊原始檔(YUV格式)，經過編碼後再轉成要使用 VLC Streaming Server 傳輸的格式(MP4 格式)：

① 本實驗以在視訊壓縮研究上常用的 foreman 視訊短片為例。

② 可 到 http://www2.tkn.tu-berlin.de/research/evalvid/cif.html 下載 foreman_cif.264 檔案。

③ 下載完成後要先用 ffmpeg 轉成 YUV 格式的檔案(foreman_cif.yuv)：

ffmpeg -i foreman_cif.264 foreman_cif.yuv。

④ 再轉成想要的視訊編碼格式，例如使用 ffmpeg 轉成 mpeg-4 格式(輸出檔為.m4v 檔案)：

ffmpeg -s cif -i foreman_cif.yuv -vcodec mpeg4 -r 30 -b 64000 -bt 3200 -g 30 forman_cif_64.m4v。

(視訊參數：frame rare＝30 f/s，bit-rate＝64kbps，bit-rate tolerance＝3.2kbps，GOP＝30 frames，沒有 B-frame。)

⑤ 可以再做一個不同參數(例如不限至其 bitrate)的輸出：

ffmpeg -s cif -i foreman_cif.yuv -vcodec mpeg4 -r 30 -g 30 foreman_cif_no.m4v

(8)　包裝成 mp4 格式(內帶 RTP hint 資訊)以便 VLC 做串流傳輸：

①　因爲在實驗中 Streaming Server 會以一個個的 RTP 封包將 mp4 檔案傳送出去，而 Media Player 端的 VLC 程式無法從 RTP封包的內容得知其內含的視訊編碼方式爲何，所以還要再準備一個 SDP(Session Description Protocol)的敘述檔。

②　該 SDP 敘述檔即內含傳輸此串流所使用的 UDP 埠號，以及所用的視訊編碼方式。

③　用 MP4Box 即可產生 SDP 敘述檔：

MP4Box -std -sdp foreman_cif_64.mp4 > foreman_cif_64.sdp。

④　以文字編輯器開啓所產的SDP檔(foreman_cif_64.sdp)，做如下編修(如下圖)：

將首行註解去掉。

找到"m＝video 0 RTP/AVP 96"這一行，並其中的 0 改爲實驗中要用來傳輸串流的 UDP 埠號(本例爲 5004)。

⑤　稍後在實驗中以VLC程式打開此SDP檔，即可開始接收串流。

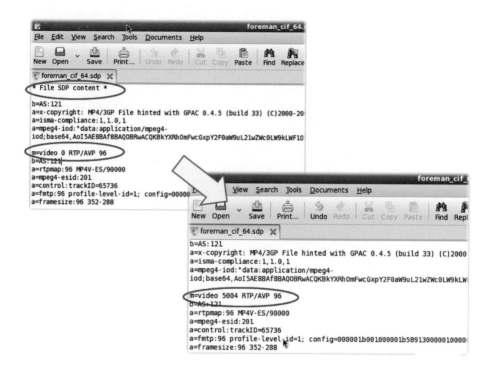

(9)　最後，還需要準備在評估視訊播放品質(即算出 PSNR 值)時要用到的原始視訊參考檔：

① 在計算PSNR值時，是拿Media Player所接收到並播出之視訊短片的 YUV 值，與未經網路傳輸而直接播放該視訊短片檔的 YUV 值來做比較。因此，需要的是播放以上步驟製作出來的mp4檔案，所得到的 YUV 檔，以下列指令產生：ffmpeg -i foreman_cif_64.mp4 foreman_cif_64_ref.yuv。

知識背景

1. 視訊品質指標 — PSNR

(1) PSNR 為 "Peak Signal to Noise Ratio" 的縮寫，其主要定義是計算每張畫面的最大可能訊號能量與雜訊能量強度的比值，是一種量測視訊播放品質的客觀指標，其計算公式如下：

$$PSNR(n)_{dB} = 20\log_{10}\left(\frac{V_{peak}}{\sqrt{\frac{1}{N_{col}N_{row}}\sum\limits_{i=0}^{N_{col}}\sum\limits_{j=0}^{N_{row}}[Y_S(n,i,j) - Y_D(n,i,j)]^2}}\right)$$

$$V_{peak} = 2^k - 1$$

k = number of bits per pixel (luminance component)

(2) 一般來說，PSNR 的值越高表示視訊品質越好。

2. QoS 指標 — Jitter。

(1) Jitter 是封包(或畫面)延遲的變異程度，定義如下：

① Frame jitter：(視訊)畫面的延遲變異程度

② Packet jitter：封包延遲的變異程度

(2) Jitter 的計算方式如下：

inter-packet time $\quad it_{P_o} = 0$

$$it_{P_n} = t_{P_n} - t_{P_{n-1}}$$

where: t_{P_n}：time-stamp of packet number n

inter-frame time $\quad it_{F_o} = 0$

$$it_{F_n} = t_{F_n} - t_{F_{n-1}}$$

where: t_{F_m}: time-stamp of last segment of frame number m

packet jitter $\quad j_P = \dfrac{1}{N} \overset{N}{\underset{i=1}{\Sigma}} (it_i - \bar{it_N})^2$

N: number of packets

$\bar{it_N}$: average of inter-packet times

Frame jitter $\quad j_F = \dfrac{1}{M} \overset{m}{\underset{i=1}{\Sigma}} (it_i - \bar{it_M})^2$

where:

M: number of frames

$\bar{it_M}$: average of inter-frame times

實驗 1：使用 WMM 功能來傳輸一個視訊串流

實驗過程概述

1. 設定 Access Point，打開 WMM 功能。

2. 播放串流前的準備：(如下圖)

   (1) Monitor 電腦：開啓 Wireshark 軟體，設定成擷取所有 Streaming Server 與 Media Player 電腦所發出來的封包。

   (2) Streaming Server 電腦、Media Server 電腦：分別以 Terminal 視窗執行 tcpdump 指令，設定成擷取 port 5004 的 udp 封包。

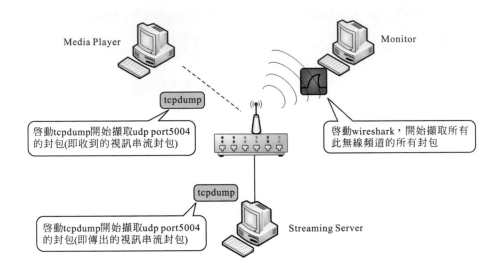

3. 開始播放視訊串流，同時擷取封包：(如下圖)

(1) 先在 Media Player 電腦啓動 vlc media player，開始等待接收 Streaming Server 所傳輸的視訊串流。

(2) 接下來在 Streaming Server 電腦開啓另一個 Terminal 視窗，執行 mp4trace-dscp-mc 指令傳輸視訊串流給 Media player。

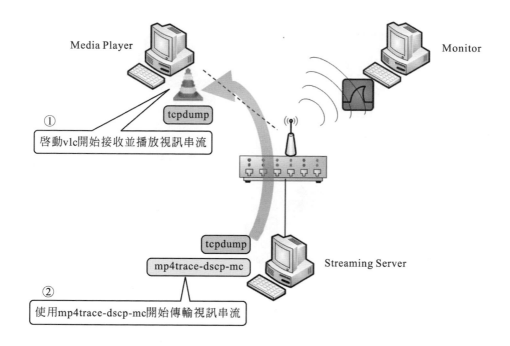

4.　視訊播放完畢後的動作：(如下圖)

(1)　Monitor 電腦：等待視訊串流撥放完畢，停止 Wireshark 擷取封包。

(2)　Streaming Server電腦：等待視訊串流撥放完畢，終止 tcpdump。

(3)　Media Player 電腦：等待視訊串流撥放完畢，終止 vlc media player 和 tcpdump。

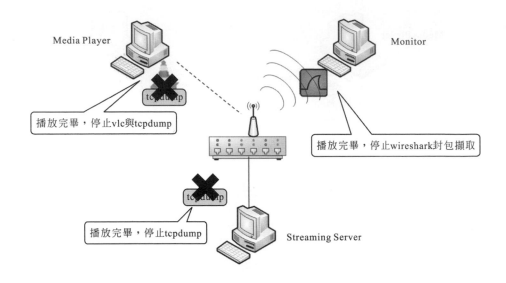

5.　實驗結果觀察與整理：

⑴　在Monitor電腦上，觀察 Wireshark擷取的封包(port 5004)內
　　容，封包速率是否合乎 AP的設定？

⑵　在 Media Player 電腦上，將 tcpdump 所產生的封包擷取檔複
　　製到 Streaming Server 中。

⑶　在 Streaming Server 電腦上，將 Media Player 收集來的封包
　　擷取檔與自身的封包擷取檔，利用 Evalvid 工具來計算效能並
　　填寫實驗記錄。

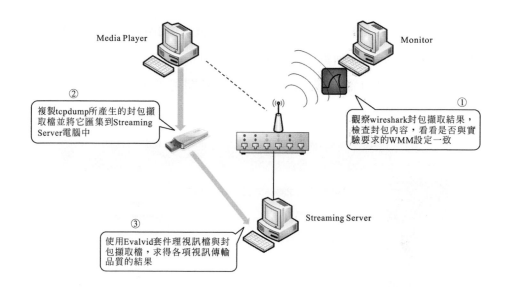

Media Player

複製tcpdump所產生的封包擷取檔並將它匯集到Streaming Server電腦中 ②

使用Evalvid套件理視訊檔與封包擷取檔，求得各項視訊傳輸品質的結果 ③

Streaming Server

Monitor

觀察wireshark封包擷取結果，檢查封包內容，看看是否與實驗要求的WMM設定一致 ①

實驗步驟

1. 啓動三部 PC 的 BT Linux 系統。

(1) 開機後，三部電腦皆選用 root 登入(密碼：toor)。

(2) 登入後，在Media Player電腦與Wireshark電腦分別插入USB 無線網路卡。

(3) 當 Streaming Server開機之後，應會自動以DHCP向AP取得一個IP Address(應為 192.168.1.xxx形式)，記錄此IP Address 備用。

① 可以開啓一個 terminal 視窗，輸入 ifconfig 指令來觀看eth0 網路介面資料，即可得知該介面的 IP Address。

2. 設定 Access Point。

⑴　在任一部 802.11 主機執行 Internet Explorer(或其他 Web 瀏覽器)，在網址列鍵入「http://192.168.1.1」，此時會被詢問帳號及密碼，請都鍵入「admin」，即可進入 AP 的設定網頁，如下圖。

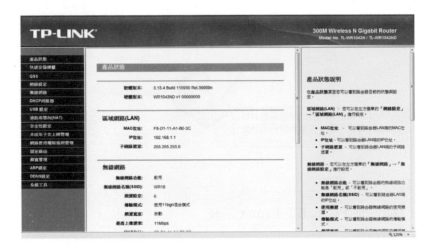

⑵　選擇畫面左邊「無線網路」，則會出現「無線網路設定」畫面，請變更以下欄位之設定值：

①　無線網路名稱(SSID)—設定為你想要的名稱
(例如：Teacher'sAP)。

②　地區：請選台灣(Taiwan)。

③　頻道：選用你想要的頻道。

④　模式—請選用「使用11b only」。

⑤　最高上傳速率—請選擇 11 Mbps。

⑥　啟用「無線網路功能」打勾。

⑦　啟用「無線網路名稱(SSID)顯示」打勾。

　　設定完按下下方「儲存」鈕，再依畫面指示，點選重新開機(Reboot)的連結。重新開機後，請檢查是否設定成功。

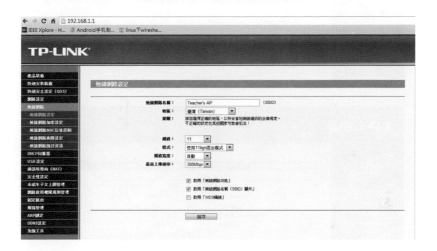

3.　重新開機後，選擇畫面左邊「無線網路」，再點選其下的「無線網路加密設定」(Wireless Security)，檢查目前是否設定在 "取消「無線網路加密(安全性)設定」"(Disable Security)。若不是，則改選成這個設定，然後儲存並重新開機。

4.　接下來，仍舊選擇畫面左邊「無線網路」，再點選其下的「無線網路進階設定」(Wireless Advanced)，請變更以下欄位之設定值(如下頁)：

(1)　勾選「啟用 WMM」：啟動 IEEE 802.11e 的 EDCA 功能。

　　設定完按下下方「儲存」鈕，再依畫面指示，點選重新開機的連結。重新開機後，請檢查是否設定成功。

5. 讓 Media Player 電腦加入到 AP 所形成的無線網路。

(1) 在 Media Player 電腦上，開啓一個 Terminal 視窗，執行 iwconfig 指令以確認 USB 無線網路卡是否已連上此虛擬主機(如下圖)，若有看到 wlanx(x 爲數字)的名稱，此即爲 USB 無線網卡的名稱。

(2)　若沒有看到任何無線網卡的名稱，則必須透過Vmware Player
　　的介面操作，使得USB無線網卡連入此Virtual Machine。
(3)　鍵入以下的指令讓無線網卡加入AP的無線網路中：
　①　ifconfig wlan2 down。
　　　(作用：停止wlan2網路介面，即無線網路卡的活動)。
　②　iwconfig wlan2 essid＜你的BSS網路名稱＞。
　　　　(作用：指定要加入的網路名稱)。
　　　以前例而言，指令為：iwconfig wlan2 essid "Teacher's AP"。
　③　iwconfig wlan2 channel＜你的AP所用的頻道編號＞。
　　　(作用：設定wlan2無線網路卡所使用的頻道)。
　　　例如：如果你的AP選用頻道 "11"，則鍵入iwconfig wlan2
　　　channel 11。
　④　ifconfig wlan2 up。
　　　(作用：重新啟動wlan2網路介面)。
　⑤　使用ifconfig wlan2與iwconfig wlan2檢查結果。
　　最後使用iwconfig觀察是否已經加入指定的無線網路，若有成功加
入，則輸出訊息中的Access Point欄位會是AP的MAC Address，否則
是 "Not Associated"。

```
root@bt: ~
File Edit View Terminal Help
root@bt:~# ifconfig wlan2 down
root@bt:~# iwconfig wlan2 essid "Teacher's AP"
root@bt:~# ifconfig wlan2 up
root@bt:~# iwconfig wlan2 channel 11
root@bt:~# ifconfig wlan2
wlan2     Link encap:Ethernet  HWaddr 90:f6:52:0f:ad:b7
          inet6 addr: fe80::92f6:52ff:fe0f:adb7/64 Scope:Link
          UP BROADCAST RUNNING MULTICAST  MTU:1500  Metric:1
          RX packets:91 errors:0 dropped:0 overruns:0 frame:0
          TX packets:12 errors:0 dropped:0 overruns:0 carrier:0
          collisions:0 txqueuelen:1000
          RX bytes:24415 (24.4 KB)  TX bytes:1176 (1.1 KB)

root@bt:~# iwconfig wlan2
wlan2     IEEE 802.11bgn  ESSID:"Teacher's AP"
          Mode:Managed  Frequency:2.462 GHz  Access Point: F8:D1:11:7F:51:FA
          Bit Rate=300 Mb/s   Tx-Power=20 dBm
          Retry  long limit:7   RTS thr:off   Fragment thr:off
          Encryption key:off
          Power Management:off
          Link Quality=70/70  Signal level=-36 dBm
          Rx invalid nwid:0  Rx invalid crypt:0  Rx invalid frag:0
          Tx excessive retries:0  Invalid misc:7  Missed beacon:0

root@bt:~#
```

(4)　使用DHCP為Media Player電腦的無線網卡取得IP Address：
　　　輸入指令 dhclient wlan2

(5)　指令執行結束後，使用"ifconfig wlan2"來檢查是否取得IP
　　　Address，並記錄所得的IP Address備用(如下圖)。

```
root@bt: ~
File Edit View Terminal Help
root@bt:~# dhclient wlan2
Internet Systems Consortium DHCP Client V3.1.3
Copyright 2004-2009 Internet Systems Consortium.
All rights reserved.
For info, please visit https://www.isc.org/software/dhcp/

Listening on LPF/wlan2/90:f6:52:0f:ad:b7
Sending on  LPF/wlan2/90:f6:52:0f:ad:b7
Sending on  Socket/fallback
DHCPDISCOVER on wlan2 to 255.255.255.255 port 67 interval 7
DHCPOFFER of 192.168.1.100 from 192.168.1.1
DHCPREQUEST of 192.168.1.100 on wlan2 to 255.255.255.255 port 67
DHCPACK of 192.168.1.100 from 192.168.1.1
bound to 192.168.1.100 -- renewal in 3590 seconds.
root@bt:~# ifconfig wlan2
wlan2     Link encap:Ethernet  HWaddr 90:f6:52:0f:ad:b7
          inet addr:192.168.1.100  Bcast:192.168.1.255  Mask:255.255.255.0
          inet6 addr: fe80::92f6:52ff:fe0f:adb7/64 Scope:Link
          UP BROADCAST RUNNING MULTICAST  MTU:1500  Metric:1
          RX packets:398 errors:0 dropped:0 overruns:0 frame:0
          TX packets:14 errors:0 dropped:0 overruns:0 carrier:0
          collisions:0 txqueuelen:1000
          RX bytes:102566 (102.5 KB)  TX bytes:1900 (1.9 KB)

root@bt:~#
```

6. 將Monitor電腦的無線網路卡設定為監聽(monitor)模式。

(1) 在Monitor電腦中，開啓一個Terminal視窗，如前一步驟，先登入為root身分。

(2) 接下來，同上一步驟以iwconfig檢驗無線網路卡是否有連接到此虛擬主機。

(3) 若無線網路卡是正常連接到此虛擬主機，則接下來依序鍵入以下指令：

① ifconfig wlan1 down(此指令第一次可以不用做)。

(作用：停止wlan1網路介面，即無線網路卡的活動)。

② iwconfig wlan1 mode monitor。

(作用：將wlan1無線網路卡設定為監聽模式)。

③ ifconfig wlan1 up。

(作用：重新啓動wlan1網路介面)。

④ iwconfig wlan1 channel ＜你的AP所用的頻道編號＞。

(作用：設定wlan1無線網路卡所監聽的頻道)。

例如：如果你的AP選用頻道 "11" ，則鍵入：iwconfig wlan1 channel 11。

(4) 設定完成後，可在Terminal視窗鍵入 "iwconfig" 指令以顯示wlan0無線網卡的相關資訊，確認是否設定成功。

7.　啟動 tcpdump 以及 Wireshark。

⑴　為了分辨實驗，所以我們在 Streaming Server 電腦上開啟一個
　　Terminal 視窗鍵入 "mkdir" 指令來建立一個名為 data-exp1
　　的目錄，並利用指令 "cd" 進入到目錄內。

⑵　在 Streaming Server 電腦上啟動 tcpdump 封包擷取程式，只擷
　　取 udp port 5004 的封包，並將擷取結果存檔為 sd_foreman_
　　cif_64(如下頁圖)。

　　①　鍵入以下指令：

```
tcpdump -i eth0 -n -tt -v udp port 5004 > sd_foreman_cif_64。
```

⑶　為了分辨實驗，我們也在 Media Player 電腦上開啟一個 Terminal
　　視窗鍵入 "mkdir " 指令來建立一個名為 data-exp1 的目錄，
　　並利用指令 "cd" 進入到目錄內。

(4)　在 Media Player 電腦上也啟動 tcpdump 封包擷取程式，也只擷取 udp port 5004 的封包，將擷取結果存檔爲 rd_foreman_cif_64(如下頁圖)。

①　鍵入以下指令：

```
tcpdump -i wlan2 -n -tt -v udp port 5004 > rd_foreman_cif_64。
```

(5)　在 Monitor 電腦上，啟動 Wireshark 程式依照以下設定，開始擷取從 Access Point 送出的 Beacon 封包：(如下圖)

①　選擇無線網卡(例如：wlan1)做爲擷取封包的 interface。

②　進入 Capture Options 畫面，將 Display Options 的三個選項都打勾。

③　(如此才能在封包擷取時即時顯示結果)。

④　按下 Start 按鈕，開始擷取封包。

⑤　在封包開始擷取時，於主畫面上端的 Display Filter 欄位填入以下字串，以過濾出你所用的 AP 所發出的 Beacon 封包：

```
wlan.addr == xx：xx：xx：xx：xx：xx and wlan.fc.type_subtype == 0x8
```

- xx：xx：xx：xx：xx：xx 爲 AP 的 MAC Address。(應可在 AP 機殼底部看到 MAC Address 的標示。)

⑥　按下 Display Filter 欄位旁的 Apply 按鈕即可開始過濾。

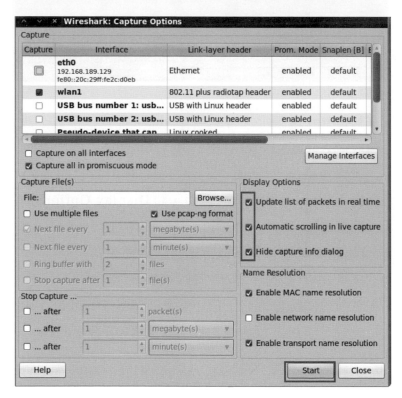

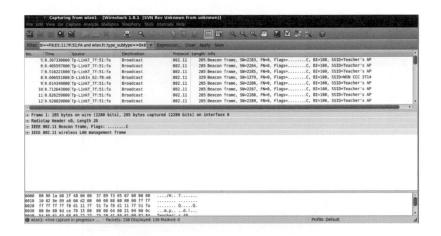

8.　在Media Player啟動VLC程式，準備接收視訊串流並播放出來。

　(1)　在Media Player中，Application->Sound&Video->啟動VLC程式。

　(2)　點選 Media-->Open File…，在跳出的視窗中點選 foreman_cif_64.sdp檔案，再按下下方的Open按鈕便可開啟(如下圖)。

　(3)　此時，VLC 會馬上開始進行串流的接收與播放，但是若在 10 秒內都無串流資料進來，VLC 會自動停止播放。

　(4)　在 Streaming Server 準備好要傳送串流前，再次按下 VLC 的 Play 按鈕即可重新開始播放串流。

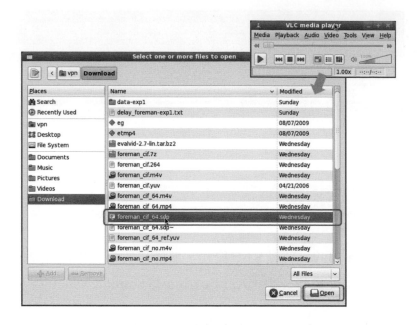

9.　在 Streaming Server 準備傳送串流。

⑴　在 Streaming Server 開啓另一個 Terminal 視窗。

⑵　以 mp4trace-dscp-mc 來播放 foreman_cif_64.mp4 視訊串流，
　　串流封包內的 TOS/DSCP 欄位設爲 160(即 Priority 爲 5)，且
　　輸出檔案爲 st_foreman_cif_64。

　　指令如下：(如下圖)

　　①　mp4trace-dscp-mc -f -c 160 -s ＜Media Player 的 IP 地址＞
　　　　5004 foreman_cif_64.mp4 ＞ st_foreman_cif_64

⑶　注意！此時先不要按下 Enter 鍵，應該等 Media Player 電腦的
　　VLC 開始播放串流後再按下。

```
^  ∨  ×  root@bt: ~
File  Edit  View  Terminal  Help
root@bt:~# ./mp4trace-dscp-mc -f -c 160 -s 192.168.1.100 5004 foreman cif 64.mp4 > st foreman cif 64
```

10. 開始傳送&播放視訊串流。

(1) 先在 Media Player 電腦上，按下 VLC 的 Play 鈕，使其開始播放視訊串流。

(2) 在 10 秒內，在上一個步驟於 Streaming Server 電腦已輸入好 mp4trace-dscp-mc 串流傳送指令的 Terminal 視窗中，按下 Enter 鍵，使得串流開始傳送(如下圖)。

(3) 此時應會在 Media Player 電腦中，看到 VLC 播放出收到的 Foreman 短片，請記錄是否有影片播放不流暢的現象。

```
^  ∨  ×  root@bt: ~
File  Edit  View  Terminal  Help
root@bt:~# ./mp4trace-dscp-mc -f -c 160 -s 192.168.1.100 5004 foreman cif 64.mp4 > st foreman cif 64
Track 1: Video (MPEG-4)  - 352x288 pixel, 359 samples, 00:00:11.966
Track 4: Hint (RTP) for track 1  - 359 samples, 00:00:11.966
send: Connection refused
- check if a receiver is listening on the destination port
- check the max. packet size (MTU) for your system and transport protocol (probably 163840 byte)
```

11. 串流播放結束，計算效能指標。

(1) 中止在 Streaming Server 與 Media Player 電腦的 tcpdump 程式。

① 在 Terminal 視窗中按下 Ctrl-C 即可中止 tcpdump 執行。

(2) 中止 Monitor 電腦的 Wireshark 之封包擷取，觀察擷取結果，確認 Streaming Server 所送出的視訊封包，其 TOS/DSCP 欄位是否為 160(即 0xa0)(如下圖)。

① 先設定 Display Fileter，使得只顯示 udp port 5004 的封包。

② 任選一個封包，觀察其 IP 層欄位的解析，看 "Differentiated Services Field" 的分析結果。

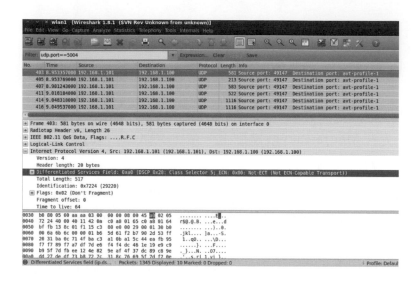

(3)　確認封包內容無誤後，將Wireshark的擷取結果，存檔為exp1. pcap。

(4)　在 Streaming Server 電腦中，將本實驗中所產生的檔案：sd_ foreman_cif_64、st_foreman_cif_64、 rd_foreman_cif_64、 exp1.pcap 全部複製進來。

(5)　在 Setream Server 電腦中打開一個 Terminal 視窗中，更換工 作目錄到data-exp1，計算 PSNR：

①　因為 PSNR 的計算是採用每個畫面的 YUV 值，故需先取得 傳輸用串流檔(foreman_cif_64.mp4)的YUV畫面檔f01_ref. yuv指令如下：

ffmpeg -i foreman_cif_64.mp4 f01_ref.yuv

(6)　計算傳輸用串流檔(f01_ref.yuv)與原始未壓縮檔(foreman_cif. yuv)之間的 PSNR 值，指令如下：

① psnr 352 288 420 foreman_cif.yuv f01_ref.yuv > psnr_ref.txt

(7) 會產生 psnr_ref.txt 檔，其內容為每個畫面的 PSNR 值，程式最後也會算出平均(mean)的 PSNR 值及其標準差(stdv)，將這些數值記錄下來。

(8) 執行 etmp4 以產生接收端串流相關結果檔案指令如下：

① etmp4 -F -x sd_foreman_cif_64 rd_foreman_cif_64 st_foreman_cif_64 foreman_cif_64.mp4 f01e。

(9) 會產生以下檔案：

① f01e.mp4(接收端所收到並播放出來的視訊檔)。

② loss_f01e.txt(包含 I，P，B 和全部封包遺失率)。

③ delay_f01e.txt。(包含 frame-number.，lost-flag，end-to-end delay，inter-frame gap sender，inter-frame gap receiver，and cumulative jitter in seconds)。

④ rate_s_f01e.txt。(包含 time，bytes per second(current time interval)，and bytes per second(cumulative)measured at the sender)。

⑤ rate_r_f01e.txt。(same as rate_s_f01e.txt，but measured at the receiver)。

(9) 取得接收端視訊檔(f01e.mp4)所對應的YUV畫面檔，指令如下：

① ffmpeg -i f01e.mp4 f01e.yuv。

(10) 計算接收端的 YUV 檔(f01e.yuv)與未壓縮原始視訊檔之間的 PSNR 值：

① psnr 352 288 420 foreman_cif.yuv f01e.yuv > psnr_f01e.txt。

②　如同前面，會產生 psnr_f01e.txt 檔，其內容為每個畫面的 PSNR 值，也會算出平均(mean)的 PSNR 值及其標準差(stdv)，將這些數值記錄下來。

③　比較接收端與傳送端視訊的 PSNR 值，並參考之前所觀察從 VLC 撥放視訊的結果，評估本次實驗視訊傳輸品質的好壞。

⑴⑴　觀察記錄 loss_f01e.txt 檔的內容，記錄 I，P，B 畫面的遺失率。

⑴⑵　使用 excel 讀入 delay_f01e.txt 檔，找出播放過程中最大的 jitter，並計算出平均的 jitter 值，將這些數值記錄下來，供後續實驗比較。

實驗 2：使用 WMM 功能來傳輸一個視訊串流，同時加上一個大流量的 Best-Effort 干擾串流

實驗過程概述

1.　設定 Access Point，打開 WMM 功能。

2.　播放串流前的準備：(與實驗一相同)。

⑴　Monitor 電腦：開啟 Wireshark 軟體，設定成擷取所有 Streaming Server 與 Media Player 電腦所發出來的封包。

⑵　Streaming Server 電腦、Media Server 電腦：分別以 Terminal 視窗執行 tcpdump 指令，設定成擷取 port 5004 的 udp 封包。

3.　開始播放視訊串流，同時擷取封包：(如下圖)

⑴　在 Media Player 電腦先啟動 D-ITG 並設定為準備接收干擾串流，等到有干擾串流出現，再啟動 vlc media player，開始等待接收 Streaming Server 所傳輸的視訊串流。

(2)　在 Streaming Server 電腦先啓動 D-ITG 程式，傳送一個干擾
　　　串流給 Media Player 電腦，然後另開一個 Terminal 視窗，等
　　　待 Media Player 電腦開始執行 vlc media player 之後，再執行
　　　mp4trace-dscp-mc 指令傳輸視訊串流給 Media player。

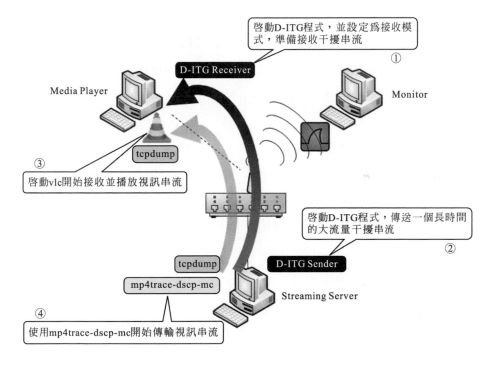

4.　視訊播放完畢後的動作：(與實驗一相同)。

(1)　Monitor 電腦：等待視訊串流撥放完畢，停止 Wireshark 擷取
　　　封包。

(2)　Streaming Server 電腦：等待視訊串流撥放完畢，終止 tcpdump。

(3)　Media Player 電腦：等待視訊串流撥放完畢，終止 vlc media
　　　player 和 tcpdump。

5.　實驗結果觀察與整理：

⑴　在 Monitor 電腦上，觀察 Wireshark 擷取的封包(port 5004)內容，封包速率是否合乎 AP 的設定？

⑵　在 Media Player 電腦上，將 tcpdump 所產生的封包擷取檔複製到 Streaming Server 中。

⑶　在 Streaming Server 電腦上，將 Media Player 收集來的封包擷取檔與自身的封包擷取檔，利用 Evalvid 工具來計算效能並填寫實驗記錄。

實驗步驟

1.　步驟 1～7：跟實驗一相同。

2.　步驟 8：以 D-ITG 建立一個長時間(大約 30 秒)的大流量干擾串流。

3.　步驟 9～12：跟實驗一步驟 8～11 幾乎相同，差別只在於開始視訊串流的傳送之前要先開始干擾串流的傳送。

(以下僅敘述步驟 8～12。)

1.　準備 D-ITG 干擾串流：

⑴　在 Streaming Server 電腦上打開 D-ITG 程式，在 Define Flow 標籤頁面內，做如下設定(如下圖)：

① Description：可自訂名稱。

② Duration：30 秒(可以依自己的狀況選定時間，不過至少要大於 10 秒，因為要在視訊串流傳送時全程干擾)。

③ Target Host：Media Player 的 IP Address。

④ TOS/DS Byte：0。

⑤ Application Layer Data：選 Custom。

⑥ Time Option：Constant。

⑦ Number：1000 packets/sec。

⑧　Size Option：Constant。

⑨　Size：1000 Bytes。

(2)　所建立的干擾串流為：每秒鐘以等速率的方式送出 1000 個封包，而每個封包內容的大小為 1000 Bytes(含 UDP 與 IP 表頭則為 1028 Bytes)，所耗頻寬為 8224 Kbps 。

(3)　注意，輸入完成後先不要按上方"Sen…"按鈕，要等到傳送視訊前才按下開始傳干擾串流。

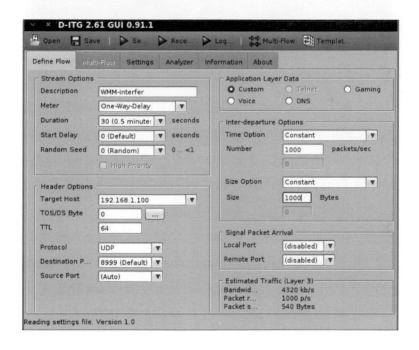

(4)　在 Media Player 電腦上打開 D-ITG 程式，按下上方"Recei…"按鈕，使其進入接收狀態。

①　此時，按下"Information"標籤則會顯示如下頁圖的訊息，表是已開始等待接收串流資料。

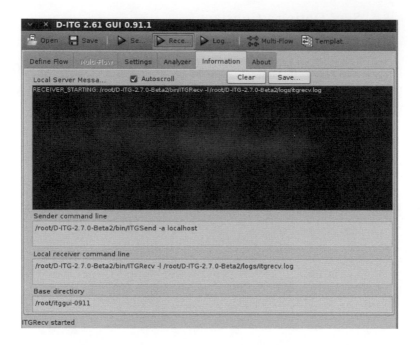

2. 在Media Player啓動VLC程式，準備接收視訊串流並播放出來。

(1)　在 Media Player 中，啓動 VLC 程式。

(2)　點選 Media-->Open File…，在跳出的視窗中點選 foreman_ cif_64.sdp檔案，再按下下方的Open按鈕便可開啓(如下頁圖)。

(3)　此時，VLC 會馬上開始進行串流的接收與播放，但是若在 10 秒內都無串流資料進來，VLC 會自動停止播放。

(4)　在 Streaming Server 準備好要傳送串流前，再次按下 VLC 的 Play 按鈕即可重新開始播放串流。

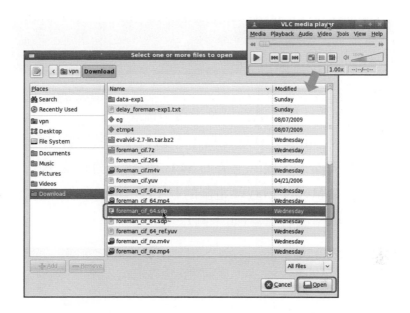

3. 在 Streaming Server 準備傳送串流。

(1) 在 Streaming Server 開啓另一個 Terminal 視窗。

(2) 以 mp4trace-dscp-mc 來播放 foreman_cif_64.mp4 視訊串流，
串流封包內的 TOS/DSCP 欄位設爲 160(即 Priority 爲 5)，且
輸出檔案爲 st_foreman_cif_64。

指令如下：(如下圖)

① mp4trace-dscp-mc -f -c 160 -s ＜Media Player 的 IP 地址＞
5004 foreman_cif_64.mp4 ＞ st_foreman_cif_64。

(3) 注意！此時先不要按下 Enter 鍵，應該等 Media Player 電腦的
VLC 開始播放串流後再按下。

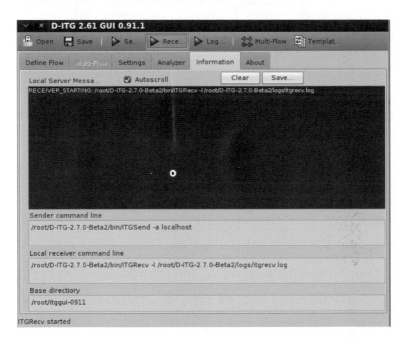

4. 開始傳送&播放視訊串流以及干擾串流。

(1)　先在 Streaming Server 電腦上，在 Step 6 所開啟並輸入完成的
D-ITG 畫面上，按下上方的 Sen… 按鈕，開始傳送干擾串流。

(2)　此時，在 Media Player 電腦的 D-ITG Information 畫面會顯示
開始接收串流的訊息(如下圖)。

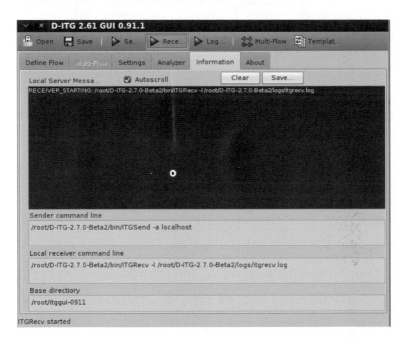

⑶　接下來，先在 Media Player 電腦上，按下 VLC 的 Play 鈕，使其開始播放視訊串流。

⑷　在 10 秒內，在上一個步驟於 Streaming Server 電腦已輸入好 mp4trace-dscp-mc 串流傳送指令的 Terminal 視窗中，按下 Enter 鍵，使得串流開始傳送(如下頁圖)。

⑸　此時應會在 Media Player 電腦中，看到 VLC 播放出收到的 Foreman 短片，請記錄是否有影片播放不流暢的現象。

5.　串流播放結束，計算效能指標。

⑴　中止在 Streaming Server 與 Media Player 的 tcpdump 程式。

①　在 Terminal 視窗中按下 Ctrl-C 即可中止 tcpdump 執行。

⑵　中止 Monitor 電腦的 Wireshark 之封包擷取，觀察擷取結果，確認 Streaming Server 所送出的視訊封包，其 TOS/DSCP 欄位是否為 160(即 0xa0)(如下頁圖)。

①　先設定 Display Fileter，使得只顯示 udp port 5004 的封包。

②　任選一個封包，觀察其 IP 層欄位的解析，看"Differentiated Services Field"的分析結果。

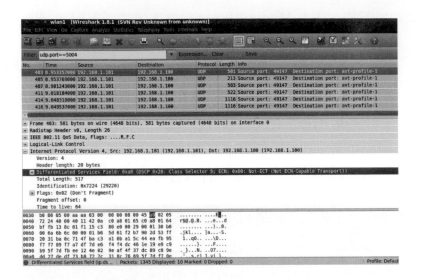

(3)　確認封包內容無誤後，將Wireshark的擷取結果，存檔為exp2. pcap。

(4)　在 Streaming Server 電腦中 data-exp2 的資料夾，將本實驗中所產生的檔案：sd_foreman_cif_64、 st_foreman_cif_64、rd_foreman_cif_64、exp1.pcap 全部複製進來。

(5)　在 Stream Server 的一個 Terminal 視窗中，更換工作目錄到 data-exp2，計算 PSNR 方式和上一個實驗室相同的。

實驗 3：不使用 WMM 功能來傳輸一個視訊串流，同時加上一個大流量的 Best-Effort 干擾串流

1. 視訊串流與干擾串流都歸類為 Best-Effort(視訊串流的 DSCP 值改為 0)。
2. 干擾串流的設定同實驗二。
3. 其餘步驟同實驗二。

實驗過程概述

1. 設定 Access Point，打開 WMM 功能。
2. 播放串流前的準備：(與實驗二相同)
   ⑴ Monitor 電腦：開啟 Wireshark 軟體，設定成擷取所有 Streaming Server 與 Media Player 電腦所發出來的封包。
   ⑵ Streaming Server 電腦、Media Server 電腦：分別以 Terminal 視窗執行 tcpdump 指令，設定成擷取 port 5004 的 udp 封包。
3. 開始播放視訊串流，同時擷取封包：(如下圖)
   ⑴ 在 Media Player 電腦先啟動 D-ITG 並設定為準備接收干擾串流，等到有干擾串流出現，再啟動 vlc media player，開始等待接收 Streaming Server 所傳輸的視訊串流。
   ⑵ 在 Streaming Server 電腦先啟動 D-ITG 程式，傳送一個干擾串流給 Media Player 電腦，然後另開一個 Terminal 視窗，等待 Media Player 電腦開始執行 vlc media player 之後，再執行 mp4trace-dscp-mc 指令傳輸視訊串流給 Media player(注意：TOS/DSCP 的值改成設為 0)。

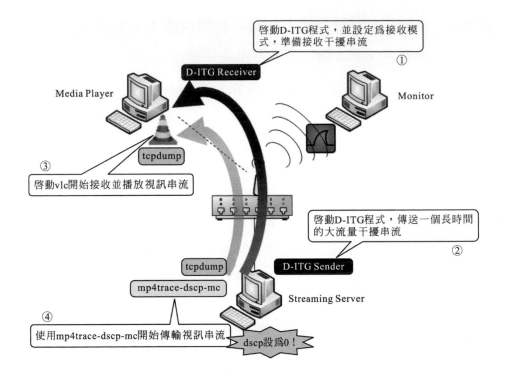

4. 視訊播放完畢後的動作：(與實驗二相同)。

(1) Monitor 電腦：等待視訊串流撥放完畢，停止 Wireshark 擷取封包。

(2) Streaming Server電腦：等待視訊串流撥放完畢，終止tcpdump。

(3) Media Player 電腦：等待視訊串流撥放完畢，終止 vlc media player 和 tcpdump。

5. 實驗結果觀察與整理：(與實驗二相同)。

　(1)　在 Monitor 電腦上，觀察 Wireshark 擷取的封包(port 5004)內容，封包速率是否合乎 AP 的設定？

　(2)　在 Media Player 電腦上，將 tcpdump 所產生的封包擷取檔複製到 Streaming Server 中。

　(3)　在 Streaming Server 電腦上，將 Media Player 收集來的封包擷取檔與自身的封包擷取檔，利用 Evalvid 工具來計算效能並填寫實驗記錄。

實驗步驟

跟實驗二完全一樣，除了步驟 10 傳送視訊串流時，將 TOS/DSCP 的值改成設為 0。

(以下僅敘述步驟 10)

1. 在 Streaming Server 準備傳送串流。

　(1)　在 Streaming Server 開啓另一個 Terminal 視窗。

　(2)　以 mp4trace-dscp-mc 來播放 foreman_cif_64.mp4 視訊串流，串流封包內的 TOS/DSCP 欄位設為 0(即 Priority 為 0，與干擾串流相同)，且輸出檔案為 st_foreman_cif_64。

　　　　指令如下：

　①　mp4trace-dscp-mc -f -c 0-s ＜Media Player 的 IP 地址＞ 5004 foreman_cif_64.mp4 ＞ st_foreman_cif_64。

注意！此時先不要按下 Enter 鍵，應該等 Media Player 電腦的 VLC 開始播放串流後再按下。

附錄：Trouble Shooting

1. 有時在 D-ITG Receiver 電腦上要停止 Receiver 的時候，會出現無法正常停止的訊息，這將會導致接下來的 Receiver 無法正常啟動，該如何解決？

   (1) 此現象應為當按下圖形介面的 "Recei…" 按鈕後，D-ITG 的 ITGRecv 程式沒有正常停止。

   (2) 此時要用手動的方式將此 process 停掉，作法如下：

   ① 結束 D-ITG GUI 程式的執行。

   ② 打開一個 Terminal 視窗。

   ③ 鍵入如下指令：killall ITGRecv。

2. 有時在 D-ITG Sender 電腦上的 D-ITG 程式會有不能動狀況(無論按任何滑鼠鈕都無反應)，甚至連關掉視窗也不能，該如何解決？

3. 此時要用手動的方式將 D-ITG GUI 的 process 停掉，作法如下：

   (1) 打開一個 Terminal 視窗。

   (2) 鍵入如下指令：killall java。

   (3) (因為 D-ITG GUI 是用 java 寫的程式，需要 java virtual machine 來執行)。

實驗記錄

1. 請記錄你的 Streaming Server 與 Media Player 的 IP 地址：

2. 請在實驗的過程中，填寫以下的記錄表：

	實驗 1	實驗 2	實驗 3
mean PSNR of server			
mean PSNR of player			
Loss % of I-frame			
Loss % of P-frame			
Loss % of B-frame			
Cumulative jitter(sec)			
maximum jitter			
average jitter			

問題討論

請比較實驗 1、實驗 2、與實驗 3 的結果，回答下列問題：

1. 就你在 Media Player 端所觀察到的實際視訊播放結果來看，請依播放品質的好壞將此三個實驗的結果排出順序。

2. 你的品質結果排序和上一題所記錄的 player 端的 mean PSNR 值排序的結果相同嗎？

3. 就實驗一與實驗二的觀察結果與數據統計結果來看，請問兩者有何差別？請就 WMM 機制所產的影響推論為何會有如此的結果。

4. 就實驗二與實驗三的觀察結果與數據統計結果來看，請問兩者有何差別？請就 WMM 機制所產的影響推論為何會有如此的結果。

實驗八　無線網路與 802.1x 與 RADIUS

實驗目的

1. 瞭解無線網路的認證機制。

2. 瞭解 802.1x 的認證機制。

3. 瞭解 EAP 與 RADIUS 的封包內容。

知識背景

　　無線區域網路少了許多實體上的限制，例如：網路孔、網路線，與 IP。但是有線網路的這些限制也提供了某種程度的存取控制(Access Control)與安全性，所以無線網路的認證與存取控制相形重要。現在無線網路常用的認證機制為 802.1x 與 RADIUS，這個實驗會實際架設一個無線網路的認證環境。

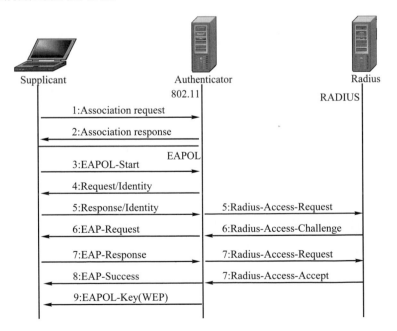

　　這是無線網路認證的概念圖。右半部為有線網路上的的RADIUS認證封包，左半邊為無線網路上面的 EAP 認證封包。請參考 802.1x 與 RADIUS 的 RFC。

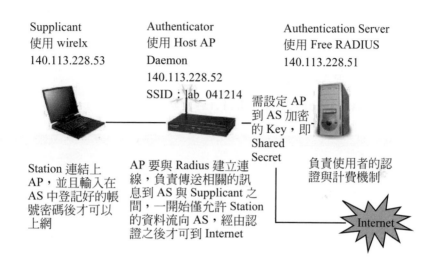

實驗設備與環境

1. 硬體

　　⑴　電腦一台：接上有線網路當作RADIUS Server使用

　　⑵　Access Point 一台：必須支援802.1x 與 EAP-MD5，或使用 Host AP。

　　⑶　筆記型電腦：必須支援EAP-MD5。

2. 軟體

　　⑴　作業系統：Linux 或 Windows 皆可。

　　⑵　RADIUS server：freeRADIUS。

　　⑶　Ethereal：抓無線網路封包，抓有線網路封包。也可在RADIUS Server上抓封包。

實驗方法與步驟

1. 抓取 Free RADIUS 版本。

(1)到 http://www.freeradius.org/ 網址上抓取 download 目前的版本。

(2)　wget ftp://ftp.freeradius.org/pub/radius/old/freeradius-1.0.1.tar.gz

2. 抓取 Free RADIUS 版本。

(1)　tar zxvf freeradius-1.0.1.tar.gz

3. 切換到解壓縮的目錄，並且執行.configure設定編譯相關參數。

(1)　cd freeradius-1.0.1

(2)　/configure

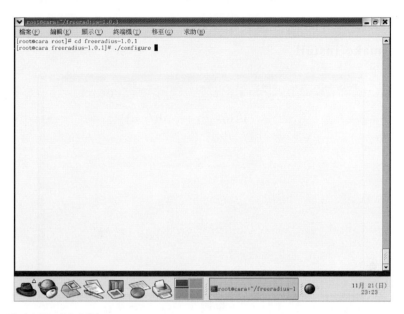

4.　進行程式編譯。

　(1)　make

5.　安裝編譯好的執行檔與相關設定檔。

(1)　make install

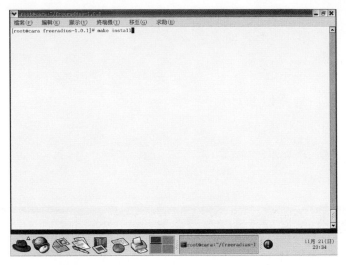

6.　切換到設定檔預設安裝的目錄，並且對 RADIUS　Server 進行設定，首先修改允許連線到此台RADIUS Server的AP，即 802.1x 中的 Authenticator 相關資訊。

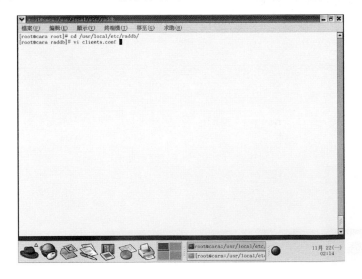

⑴　cd /usr/local/etc/raddb

⑵　vi clients.conf

7.　設定連線進來的AP相關資訊，包括此段session所使用的加密的
key，以及AP的名稱。

⑴　在第99行中新增四行資訊：

client 140.113.167.211/24 {

　secret = secret

　shortname = netlab15

　}

8.　修改可允許連線進來的Supplicant檔案，對使用者的設定檔進行
設定。

⑴　cd /usr/local/etc/raddb

⑵　vi users

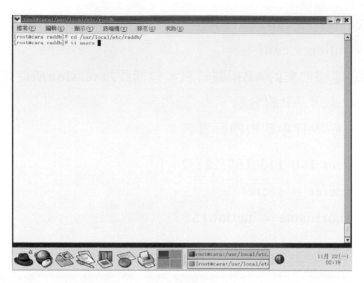

9.　增加使用者帳號，並且設定使用者密碼與認證的方式。

　(1)　在第96行新增兩行資訊：

　　　　"netlab" Auth-Type ：= EAP, User-Password ＝ ＝ "hello"
　　　　Reply-Message＝"Hello, %u"

10. 最後將 RADIUS Server 執行起來。

(1)　radiusd -f -X

11. 利用實驗三的 AP，來扮演 Authenticator，即修改內部跑的 Host AP Daemon 的設定檔來啓用 802.1x 的功能。

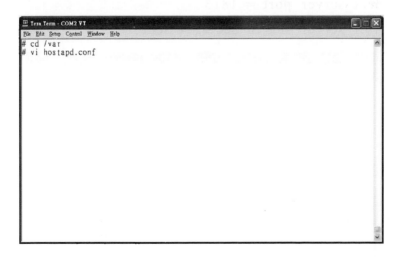

(1)　cd /var

(2)　vi hostapd.conf

12. 將 hostapd.conf 內容作修改，啓用 802.1x 的功能，可參照原本完整的 hostapd.conf 設定檔內有說明。

新增或修改部份資訊：

Require IEEE 802.1X authorization

ieee8021x = 1

The own IP address of the access point (used as NAS-IP-Address)

own_ip_addr = 127.0.0.1

RADIUS authentication server

auth_server_addr = 140.113.167.210

auth_server_port = 1812

auth_server_shared_secret = secret

RADIUS accounting server

acct_server_addr = 140.113.167.210

acct_server_port = 1813

acct_server_shared_secret = secret

```
interface=wlan0
debug=0
dump_file=/tmp/hostapd.dump
daemonize=1
ssid=lab5_041214
ieee8021x=1
minimal_eap=0
eap_message=hellow
own_ip_addr=127.0.0.1
auth_server_addr=140.113.167.210
auth_server_port=1812
auth_server_shared_secret=secret
acct_server_addr=140.113.167.210
acct_server_port=1813
acct_server_shared_secret=secret

-- Insert --
```

13. 找到原本正在跑的 hostapd 此 process。

　⑴　ps

```
# ps
  PID  Uid      VmSize Stat Command
    1 root        2548 S    /bin/sh /init.sh
    2 root             S    [keventd]
    3 root             S    [ksoftirqd_CPU0]
    4 root             S    [kswapd]
    5 root             S    [bdflush]
    6 root             S    [kupdated]
    7 root             S    [mtdblockd]
   38 root        2488 S    init
   49 root        2956 S    syslogd
   51 root        2496 S    klogd
  167 root        2360 S    crond
  243 root        1980 S    ntpclient -s -h 137.92.140.80
  253 root        2608 S    /usr/bin/webs -d
  269 root        2756 S    snmpd
  310 root        2140 S    hostapd /var/hostapd.conf -B
  326 root        1976 S    mdp_service
  333 root        2548 S    /bin/sh /etc/init.d/sw_reset_wait
  335 root        2488 S    init
  336 root        2880 S    -sh
  340 root        2484 S    cat /dev/idt_led
  341 root        2816 R    ps
#
```

14. 將原先跑的 hostapd 此 process 砍掉。

　⑴　kill -9 310

```
# ps
  PID  Uid      VmSize Stat Command
    1 root        2548 S    /bin/sh /init.sh
    2 root             S    [keventd]
    3 root             S    [ksoftirqd_CPU0]
    4 root             S    [kswapd]
    5 root             S    [bdflush]
    6 root             S    [kupdated]
    7 root             S    [mtdblockd]
   38 root        2488 S    init
   49 root        2956 S    syslogd
   51 root        2496 S    klogd
  167 root        2360 S    crond
  243 root        1980 S    ntpclient -s -h 137.92.140.80
  253 root        2608 S    /usr/bin/webs -d
  269 root        2756 S    snmpd
  310 root        2140 S    hostapd /var/hostapd.conf -B
  326 root        1976 S    mdp_service
  333 root        2548 S    /bin/sh /etc/init.d/sw_reset_wait
  335 root        2488 S    init
  336 root        2880 S    -sh
  340 root        2484 S    cat /dev/idt_led
  341 root        2816 R    ps
# kill -9 310
```

15. 重新執行hostapd，並且讀取修改後的hostapd.conf以啓用802.1x
的功能。

(1)　hostapd /var/hostapd.conf

16. 到清大 wire1x 方案的網頁抓取相關程式

http://wire.cs.nthu.edu.tw/wire1x/

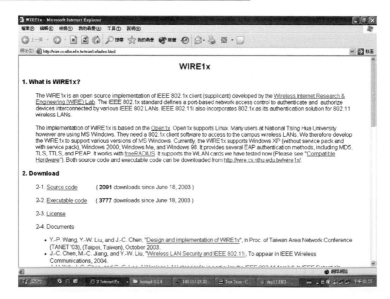

17. 抓取 Supplicant 所需要的 code

　　到 Download 的 2-2 Executable Code 抓取

18. 裝 WinPcap_3_0

19. 裝相關的 dll 檔案到 C:\WINDOWS\system32

20. 執行 Supplicant 程式，選擇 EAP-MD5 的方式進行認證

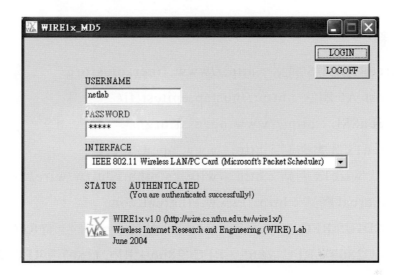

實驗記錄

1. FreeRADIUS 架設過程中更改了哪些設定，遇到哪些困難？

2. AP 的更改了哪些設定，遇到哪些困難？

3. Mobile Station 採用哪種方法，遇到哪些困難？

4. 所抓取的無線端 EAP 封包。且分析其封包結構。

5. 所抓取的有線端 RADIUS 封包。且分析其封包結構。

問題討論

1. 分析 EAP 的封包結構。

2. 分析 RADIUS 的封包結構。

3. 故意打錯密碼,再抓一次封包,分析其運作方式與封包內容有何不同。

參考資料

1. freeRADIUS 網站:http://www.freeradius.org/

2. Host AP 網站:http://hostap.epitest.fi/

3. OpenSSL:http://www.openssl.org/

4. open1x 計畫網站:http://www.open1x.org

5. 清大 wire1x 網站:http://wire.cs.nthu.edu.tw/wire1x/

6. Ethereal 網站:http://www.ethereal.com/

7. RADIUS RFC:http://www.freeradius.org/rfc/,有 RFC 2548、RFC2809、RFC 2865、RFC 2866、RFC 2867、RFC 2868、RFC 2869、RFC 2882 與 RFC 3162。

8. 802.1x RFC:RFC 3580

實驗九　隨意網路的路由實作(Ad Hoc Network Routing)

實驗目的

1. 瞭解基本的 Ad Hoc Network Routing 機制。

2. 學習如何設計並且實作一個簡單的 Ad Hoc Network Routing Protocol。

知識背景

　　Ad Hoc 是 802.11 中的一個有趣的運作模式，其沒有 AP 作為主控端，每台網路上的電腦都是分散式的運作方式。裡面有許多有趣的研究課題，也有許多難題。802.11 並沒有規範 Ad Hoc Network 如何運作。我們可以自行設計 Protocol，然後實作 protocol，以達到 Ad Hoc Network Routing 的機制。

實驗設備與環境

1. 硬體

(1) 電腦三台

(2) 無線網路卡三張或是電腦需內建無線網路卡(無線網路卡必須支援 Ad Hoc Mode)

2. 軟體

(1) 作業系統：Linux 或 Windows 皆可。

(2) 自行撰寫程式來實作 Routing Protocol。

(3) 在其中某一台電腦上架設 service，以驗證第三台可透過第二台電腦當路由連至第一台電腦上的 Service，如 http、ftp 等等類似服務。

實驗方法與步驟

1. 運作機制最主要為開啟 fordward 機制，使用方法如下：

```
・ Enable IP forward function
   − sysctl -w  net.ipv4.ip_forward = 1
   − /etc/sysctl.conf
```

2. 主要還有改變 routing table 的指令，route。

```
・"route" command
   − route add -host "Destination" gw "Gateway" dev "Iface"
   − ex: Station A
     ・ route add -host 192.168.0.13 gw 192.168.0.11 dev eth0
   − route del "Destination"
     ・ route del 192.168.0.13
・ 請 man route。
```

3. 可以設計內部的資料結構，用這個資料結構維護 Ad Hoc Network 的狀況，例如下圖：

　　以本台電腦為 192.168.0.1 來看，其內部的資料結構紀錄連線情形，可分別記載連線至其他台電腦所需經過的 gateway 為哪一台電腦，其中需要經過多少個 hops，接收到廣播的封包來更新每一筆資料，根據每一筆資料被更新後的那一刻，重新設定 time-out 的值，如果 time-out 的值變為零時，則刪除此筆資料。

Destination	Gateway	hop	Time
192.168.0.2	*	1	10
192.168.0.3	*	1	10
192.168.0.102	192.168.0.2	2	10
192.168.0.103	192.168.0.3	3	8
…	…	…	…

　　可以發出這樣的封包，當然細節由各位設計，以本台電腦192.168.0.1
來看，發出的封包可爲連線至其他端點的情形，所包含的資訊有其他台
電腦的IP address、所經過的hops數目，目前電腦保留此筆資料的time-
out值。

```
· 192.168.0.1
  – (192.168.0.2          ,1 , 10 )
  – (192.168.0.3          ,1 , 10)
  – (192.168.0.102        ,2 , 10)
  – (192.168.0.103        ,3 , 8)
  – End
```

4.　或者採用 bit map 的方式交換封包結構，利用 bit map 的格式，
　　首先前面是本台電腦的 IP address，接下來1到254間，用1代
　　表此連線成立，最後在記載 lifetime 值的設定。

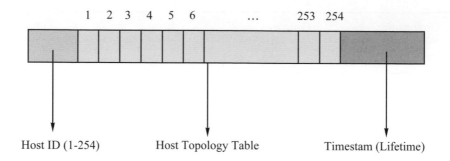

Host ID (1-254)　　　　Host Topology Table　　　　Timestam (Lifetime)

5. 最後可利用此封包來建立出網路的拓樸，譬如說如下左圖的連線情形，1 可連至 2 再連至 3，所呈現的拓樸就如下左表所示，1 可連至 2 且自己本身，2 可連至 1、3 且自己本身，3 可連至 2 且自己本身。

	1	2	3	...	254
1	1	1	0	0	0
2	1	1	1	0	0
3	0	1	1	0	0
...	0	0	0	1	0
254	0	0	0	0	1

實驗記錄

1. 以 A ↔ B ↔ C 表示 AC 互相聽不到，AB 與 BC 可互相聽到。請問這種狀況下的 routing table。

2. 當 A 靠近 BC，ABC 三台電腦互相聽得到的狀況下的 Routing Table。

3. 然後變成 B ↔ A ↔ C，這狀況下的 Routing Table。

4. 然後變成 B 獨立與 AC 聽得到，這狀況的 Routing Table。

5. 請在 C 上架設一些 Service，以利測試。

問題討論

1. 請問你的 Routing Protocol 是基於那個理論或者哪種想法？請描述之。

2. 請問你實作時各部分的考量，例如：

   (1) 為何實作時用 TCP/UDP？為什麼？

   (2) Default Gateway 如何處理？

   (3) 收到 Packet 時做何處理？與內部的資料結構對應？

   (4) 收送 Packet 兩部分是獨立運作或者合作關係？

   (5) 若有多個 Routing 路徑，如何決定使用哪一個？

   (6) 其他考量？

3. 請問你覺得你們的程式有何優點，缺點？有哪些特點？

4. 請問你們如何分工合作，負責的部分？遭遇到的困難？

參考資料

1. TCP/IP Illustrated, Volume 1

2. TCP/IP Network Administration, 2/e

國家圖書館出版品預行編目資料

無線區域網路 / 簡榮宏, 廖冠雄編著. -- 三版. --
　新北市 : 全華圖書, 2016.05
　　面 ;　公分
　ISBN 978-986-463-199-5(平裝)

　1.無線網路　2.區域網路

312.16　　　　　　　　　　　　　105005427

無線區域網路

作者 / 簡榮宏、廖冠雄

發行人 / 陳本源

執行編輯 / 張繼元

出版者 / 全華圖書股份有限公司

郵政帳號 / 0100836-1 號

印刷者 / 宏懋打字印刷股份有限公司

圖書編號 / 0591602

三版二刷 / 2018 年 07 月

定價 / 新台幣 550 元

ISBN / 978-986-463-199-5 (平裝)

全華圖書 / www.chwa.com.tw

全華網路書店 Open Tech / www.opentech.com.tw

若您對書籍內容、排版印刷有任何問題，歡迎來信指導 book@chwa.com.tw

臺北總公司(北區營業處)
地址：23671 新北市土城區忠義路 21 號
電話：(02) 2262-5666
傳真：(02) 6637-3695、6637-3696

中區營業處
地址：40256 臺中市南區樹義一巷 26 號
電話：(04) 2261-8485
傳真：(04) 3600-9806

南區營業處
地址：80769 高雄市三民區應安街 12 號
電話：(07) 381-1377
傳真：(07) 862-5562

歡迎加入 全華會員

● 會員獨享
會員享購書折扣、紅利積點、生日禮金、不定期優惠活動…等。

● 如何加入會員
填妥讀者回函卡直接傳真 (02) 2262-0900 或寄回，將由專人協助登入會員資料，待收到 E-MAIL 通知後即可成為會員。

如何購買 全華書籍

1. 網路購書
全華網路書店「http://www.opentech.com.tw」，加入會員購書更便利，並享有紅利積點回饋等各式優惠。

2. 全華門市、全省書局
歡迎至全華門市（新北市土城區忠義路21號）或全省各大書局、連鎖書店選購。

3. 來電訂購
(1) 訂購專線：(02) 2262-5666 轉 321-324
(2) 傳真專線：(02) 6637-3696
(3) 郵局劃撥（帳號：0100836-1　戶名：全華圖書股份有限公司）
※ 購書未滿一千元者，酌收運費 70 元。

OpenTech 全華網路書店 www.opentech.com.tw

全華網路書店 www.opentech.com.tw
E-mail: service@chwa.com.tw

※ 本會員制如有變更則以最新修訂制度為準，造成不便請見諒。

讀者回函卡

（請由此線剪下）

填寫日期： ／ ／

姓名： 生日：西元 年 月 日 性別：□男 □女

電話：（ ） 傳真：（ ） 手機：

e-mail：（必填）

註：數字零，請用 ◎ 表示，數字 1 與英文 L 請另註明並書寫端正，謝謝。

通訊處：□□□□□

學歷：□博士 □碩士 □大學 □專科 □高中・職

職業：□工程師 □教師 □學生 □軍・公 □其他

學校／公司： 科系／部門：

・需求書類：
□ A. 電子 □ B. 電機 □ C. 計算機工程 □ D. 資訊 □ E. 機械 □ F. 汽車 □ I. 工管 □ J. 土木
□ K. 化工 □ L. 設計 □ M. 商管 □ N. 日文 □ O. 美容 □ P. 休閒 □ Q. 餐飲 □ B. 其他

・本次購買圖書為： 書號：

・您對本書的評價：
封面設計：□非常滿意 □滿意 □尚可 □需改善，請說明
內容表達：□非常滿意 □滿意 □尚可 □需改善，請說明
版面編排：□非常滿意 □滿意 □尚可 □需改善，請說明
印刷品質：□非常滿意 □滿意 □尚可 □需改善，請說明
書籍定價：□非常滿意 □滿意 □尚可 □需改善，請說明
整體評價：請說明

・您在何處購買本書？
□書局 □網路書店 □書展 □團購 □其他

・您購買本書的原因？（可複選）
□個人需要 □公司採購 □親友推薦 □老師指定之課本 □其他

・您希望全華以何種方式提供出版訊息及特惠活動？
□電子報 □DM □廣告 （媒體名稱 ）

・您是否上過全華網路書店？（www.opentech.com.tw）
□是 □否 您的建議

・您希望全華出版那方面書籍？

・您希望全華加強那些服務？

～感謝您提供寶貴意見，全華將秉持服務的熱忱，出版更多好書，以饗讀者。

全華網路書店 http://www.opentech.com.tw

客服信箱 service@chwa.com.tw

2011.03 修訂

親愛的讀者：

感謝您對全華圖書的支持與愛護，雖然我們很慎重的處理每一本書，但恐
仍有疏漏之處，若您發現本書有任何錯誤，請填寫於勘誤表內寄回，我們將於
再版時修正，您的批評與指教是我們進步的原動力，謝謝！

全華圖書 敬上

勘 誤 表

頁 數	行 數	書 名	作 者
		錯誤或不當之詞句	建議修改之詞句

我有話要說： （其它之批評與建議，如封面、編排、內容、印刷品質等・・・）